从入门到精通

电网调度运行操作手册

李乃永◎主编

中国电力出版社
CHINA ELECTRIC POWER PRESS

内 容 提 要

电是当今，乃至未来人类社会须臾不能离开的二次能源，“一日无电，百事荒芜，万事成空”。电力调度控制中心是电网系统运行的“指挥中枢”，总结分享多年来电网调控运行实践经验，旨在进一步提高调控运行专业人员的理论水平和业务技能，提升电网驾驭能力，保证电网安全运行和优质可靠供电。

本书遵循“知识体系系统化、经验介绍专家化、典型业务标准化”宗旨，突出“实战、实用、实效”，聚焦电网调度运行操作、一二次风险分析预控、故障异常快速处置、电力现货市场等8方面调度运行核心业务，共9章。第一章至第三章简要介绍调度运行基本知识、变电站运行、发电厂运行等基本专业知识，第四章至第九章深入剖析电网一次风险分析预控、电网二次风险分析预控、电力平衡分析调整、电力现货市场、电网异常及故障处置。

本书特别注重理论联系实际，结构系统、内容丰富、逻辑严密，针对性和实用性强，参考价值高。本书可供电网公司、发电厂及新能源场站从事调度运行、变电运行、变电检修、继电保护等工作的技术人员和管理人员阅读使用，也可供高等院校电力系统自动化专业的师生学习参考。

图书在版编目（CIP）数据

电网调度运行操作手册 / 李乃永主编. —北京：中国电力出版社，2023.9（2024.4 重印）
ISBN 978-7-5198-8057-6

Ⅰ. ①电… Ⅱ. ①李… Ⅲ. ①电力系统调度–手册②电力系统运行–手册 Ⅳ. ①TM73-62

中国国家版本馆 CIP 数据核字（2023）第 152919 号

出版发行：中国电力出版社
地　　址：北京市东城区北京站西街 19 号（邮政编码 100005）
网　　址：http://www.cepp.sgcc.com.cn
责任编辑：刘　薇　罗　艳（010-63412315）　贾丹丹
责任校对：黄　蓓　常燕昆
装帧设计：张俊霞
责任印制：石　雷

印　　刷：三河市航远印刷有限公司
版　　次：2023 年 9 月第一版
印　　次：2024 年 4 月北京第三次印刷
开　　本：787 毫米×1092 毫米　16 开本
印　　张：21.5
字　　数：469 千字
印　　数：3001—4000 册
定　　价：130.00 元

编写组

主编 李乃永

副主编 王江涛 阚常涛 陶琪 刘静利

编写人员	毛晨旭	吕霏	王茗	张文栋	聂坤凯	仇玉强
	王晓鹏	王鑫	尹传雷	刘磊	卢恒	刘世超
	孙玉杰	陈泽伟	黎昊	徐中一	张连垚	王鹤飞
	韩德顺	张继勇	王银照	李图强	王顺浦	姚光
	纪东涛	王昕	李玉敦	李聪聪	刘海鹏	吴金玉
	惠杰	姬帅	朱训华	孙宏宇	秦子健	武诚
	朱元振	辛晓	张雯芳	韩宗耀	王国平	陈鹏
	赵斌	闫志恒	董铁孝	侯保刚	张亚宁	潘也

前　　言

莎士比亚曾说过“生活里没有书籍，就好像没有阳光；智慧里没有书籍，就好像鸟儿没有翅膀”。古今中外无数智者学者通过著书立作传承文化、改变世界、授业解惑，它们是人类智慧的结晶，是思想的火花，科技的钥匙，知识的宝藏。说来惭愧，编者既不是思想家、哲学家，也不是文学家、科学家，只是从事电网运行工作20余年的电力工作者，积累了一定的理论与实践经验，历经多年推敲打磨汇编成书，欣喜万分将这些浅薄的理解认知与同行们共享，期许对读者有一点点帮助和一丝丝启发。

新型电力系统是新型能源体系的重要组成和实现“双碳”目标的关键载体，当前，我国传统电力系统正加快向清洁低碳、安全可控、灵活高效、开放互动、智能友好的新型电力系统演进。特高压交直流交织混联、高占比风光新能源并网运行、资源跨区大范围优化配置、源网荷储协调互动都给电网运行带来新的挑战，亟需一套系统性、针对性、实战性、规范性较强的电网运行操作指南，助力电网调控运行人员快速从“青铜”到“王者”，提高调度操作的规范性、科学性和故障处置的正确性和快速性，进一步提升大电网驾驭能力。

针对调度运行人员培养周期长的特点，本书编写遵循“知识体系系统化、经验介绍专家化、典型业务标准化”宗旨，突出“实战、实用、实效”，聚焦电网调度运行操作、一二次风险分析预控、故障异常快速处置、电力现货市场等8方面调度运行核心业务，深入剖析典型案例，制定16项标准化作业指导卡，全心全力服务读者“知其然，知其所以然”。第一章至第三章简要介绍调度运行基本知识、变电站运行、发电厂运行等基本专业知识，第四章至第九章深入剖析电网一次风险分析预控、电网二次风险分析预控、电力平衡分析调整、电力现货市场、电网异常及故障处置等核心业务知识。

限于编者理论水平和实践经验，书中难免存在不足和疏漏之处，敬请广大读者批评指正。

编　者

2023年7月

目　　录

第一章

调度运行基本知识

电力系统是由发电、供电（输电、变电、配电）、用电设施及为保障其正常运行所需的调节控制及继电保护和安全自动装置、计量装置、调度自动化、电力通信等二次设施构成的统一整体。发电机的功能是与动能部分一起将自然界的一次能源（风能、太阳能、化石能源）转化成电能。电能经变压器、输电线路、配电线路分配到用户，进而转化为消费者需要的动能、热、光等不同形式的能量，为地区经济和人民生活服务。

电力系统和发电厂动力部分的总和又称为动力系统，其中动力部分包括火电厂的锅炉、汽轮机，水电厂的水库、水轮机等，核电厂的核反应堆、风电场的风机、光伏电站的光伏元件等。电力系统中输送、变换和分配电能的部分，又称为电力网络。动力系统、电力系统和电力网络三者的关系如图 1－1 所示，详细定义见表 1－1。

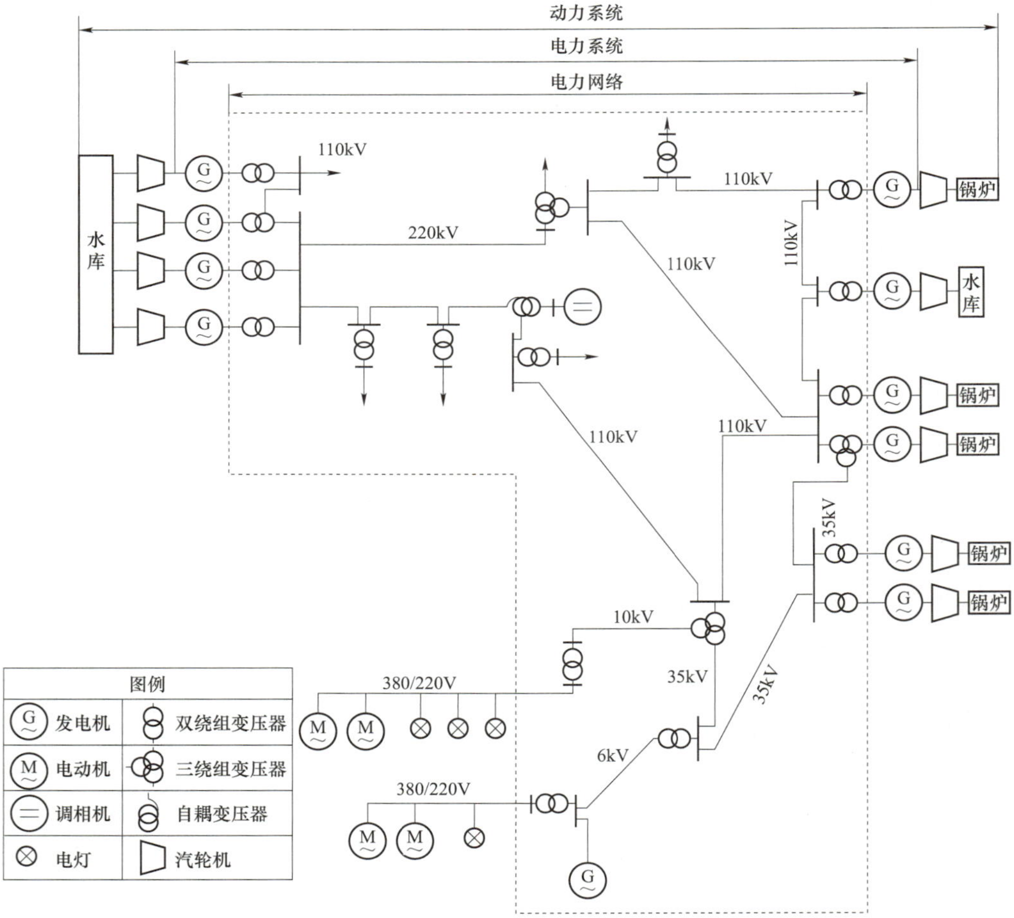

图 1－1　动力系统、电力系统和电力网络三者关系示意图

电能是一种特殊的商品，不能大量储存，电能的生产、输送和消费是同时进行的，即发电设备任何时刻生产的电能必须等于该时刻用电设备消耗与输送损耗电能之和，而且电能的功率因用户的负荷需要而时刻发生变化。因为电能不能大量储存，所以必须保持电能

生产、输送、消费流程的连续性，这些环节构成的电力系统，也就成了不可分割的统一整体。电能的产生源自电磁感应，电能的传输依靠电源在整个电力系统中建立的电磁场进行传输，所以其生产、输送、消费工况的改变十分迅速，速度达到 30 万 km/s。既然电能是一种商品，它就会有自己的质量要求，电能质量是指电压的大小、频率偏移和波形谐波含量是否满足一定的限额要求。因为电压的大小、频率偏离要求值过多或波形因污染而偏离标准正弦时，会导致工厂产出废品、设备损坏，甚至造成大面积停电，所以电网调度需要时刻监视电力系统各环节的电能质量是否在限额之内。

表 1－1　动力系统基本概念简介

名称	定义
动力系统	动力系统包括火电厂的锅炉、汽轮机，水电厂的水库、水轮机等，核电厂的核反应堆、风电场的风机、光伏电站的光伏元件等
电源	电源是提供电能的装置。因为它可以将其他形式的能转换成电能，所以我们把这种提供电能的装置叫作电源
电力网络	电力系统中，由变压器、电力线路等变换、输送、分配电能设备所组成的部分通常称为电力网络，简称电网

保证可靠地持续供电是电力系统运行的首要基本要求。供电中断将使生产停顿、生活混乱，甚至危及人身和设备安全，造成十分严重的后果，给国民经济造成严重的损失。供电中断是由电力系统中故障引起的，形成故障的原因有很多，包括设备质量、自然灾害、继电保护误动作、人员过失、运行管理水平低等。

第一节　电网调度控制基本任务

电力生产各环节同时进行，需要实时、连续地监视与调整电网运行，确保电力系统的电压、频率、谐波分量等指标在合理范围之内，在发生异常或故障时，要及时采取措施，防止事故扩大。电力生产的这一内在规律，要求对电力系统的运行进行统一组织、指挥、协调和管理，也就是需要电网调度统一进行管理协调，来保证系统正常运行和电力合理供需。

一、电网调度的基本概念

《电网调度管理条例》所称电网调度是指电网调度机构（简称调度机构）为保障电网的安全、优质、经济运行，对电网的倒闸操作、电网故障和事故处理进行的组织、指挥、指导和协调。电网调度要在满足国家相关法律法规（社会主义市场经济）的要求、尊重电网运行客观规律和商品价值规律的要求下进行。要按照有关合同或者协议，保证发电、供电、用电等各方面的利益，使电力生产、输送、使用各环节直接或间接地纳入市场经济体系之中。电网调度基本任务如图 1－2 所示。

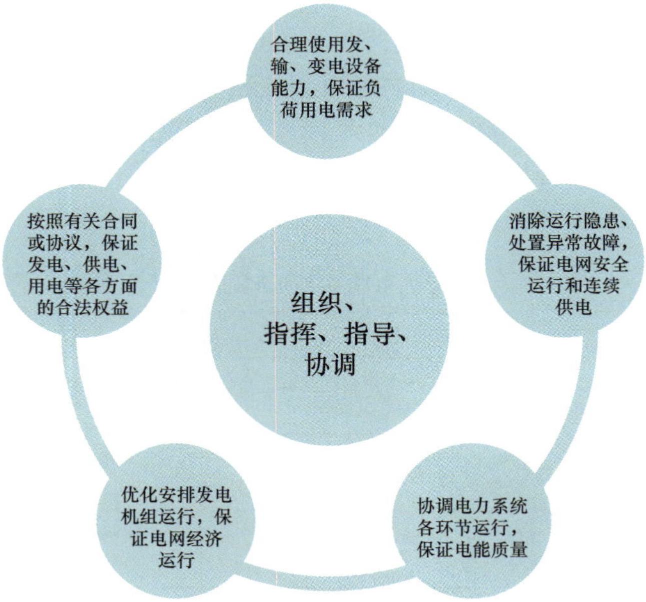

图 1－2　电网调度基本任务

二、电网调度管理的基本概念

《电网调度管理条例》中电网调度管理是指调度机构为确保电网安全、优质、经济运行，依据有关法律或法规，按照一定原则对电网生产运行、调度系统及其人员职务所进行的管理活动，由各级调度机构负责具体实施。

三、电网调度管理的基本原则

《电网调度管理条例》对我国电力调度的基本原则进行了规定。

（1）统一调度、分级管理原则。《电网调度管理条例》中明确指出，电网实行统一调度、分级管理，两者是一个有机整体，统一调度以分级管理为基础，分级管理是为了有效地实施统一调度，以及为了有效保证电网安全、可靠、优质、经济运行，确保全社会的有序供电，维护社会的公共利益。

统一调度是指在具体调度业务上，下级调度机构必须服从上级调度机构的指挥，主要包括以下内容：

1）统一组织全网调度计划（或运行方式）编制和执行。

a. 平衡全网电力供需和实施全网发电、供电调度计划。

b. 协调组织和安排全网主要发电、供电设备的检修进度。

c. 安排全网的主接线方式。

d. 布置和落实全网安全稳定措施。

e. 统一指挥全网的运行操作和事故处理。

2）统一协调和规定全网继电保护、安全自动装置、调度自动化系统和调度通信系统的运行。

3）统一布置和指挥全网的调峰、调频和调压。

4）统一协调水泥厂水库的合理运用。

5）按照规章制度统一协调有关电网运行的各种关系。

分级管理是指根据电网分层运行的特点，为明确各级调度机构的责任和权限，有效地实施统一调度管理，由各级调度管理机构在其管辖范围内具体落实电网调度管理的分工安排。

（2）按照调度计划发电、用电原则。为统筹安排电力供应，合理分配电能资源，最优化全社会整体利益，《电网调度管理条例》中对电网调度机构、发电厂/变电站、电力用户提出了明确的发电、用电要求。

调度机构：应根据国家计划、有关供电协议和并网协议、电网设备能力，并考虑备用容量后，合理制定发电计划和用电计划，不得克扣电力、电量，并报送有关部门备案。

发电厂、变电站：必须按照调度机构下达的调度计划和规定的电压范围进行，并根据调度指令调整功率和电压，不能以任何借口（另有规定额除外）拒绝或拖延执行调度指令或不执行调度计划等，不能自行任意多发或者少发电能。

电力用户：必须严格执行用电计划，不得超计划用电，对于超计划用电的用户，调度机构可予以警告或发布限电指令，可以强行扣还部分电力、电量；当超计划用电威胁电网安全运行时，调度机构可以部分地或者全部暂时对超计划用电用户停止供电，后果由超计划使用电力或者电量的单位和个人负责。

（3）值班调度员履行职责受法律保护的原则。

1）任何单位和个人不得非法干预调度系统值班人员发布或执行调度指令，调度值班人员依法执行公务，有权拒绝各种非法干预。

2）电网管理部门的主管领导发布的一切有关调度业务的指示，应当通过调度机构负责人转达值班调度员。

3）非调度机构负责人，不得直接要求值班人员发布任何调度指令。

4）任何人均不得阻挠值班人员执行上级值班调度员的调度指令。

（4）调度指令具有强制执行力的原则。调度指令具有强制力，这样才能保证调度指挥的畅通和有效，才能及时处理电网事故，保证电网安全、优质和经济运行。

（5）应维护电网整体利益，与保护有关单位和电力用户合法权益相结合的原则。

电网实际运行中，电力企业、电力用户的局部利益要服从电网整体利益，电网调度应维护整体利益，确保电网安全、优质和经济运行，实现全设备利益最优。例如限电序位表的制定应根据本级人民政府的生产调度部门的要求、用户的特点和电网安全运行的需要，由调度机构提出事故及超计划用电的限电序位表，经本级人民政府的生产调度部门审核，报本级人民政府批准后，由调度机构执行。

（6）应符合社会主义市场经济的要求和电网运行客观规律的原则。

调度管理应服从社会主义市场经济。

1）服务于发展社会主义市场经济的大局。

2）充分认识电能具有价值和使用价值等商品属性。

3）遵守国家法律法规、相关政策、标准和规范要求。

4）维护并网运行各方的合法权益，公平、公正、公开。

同时，调度管理应符合电网运行客观规律。

四、电网调度机构的构成

在我国，电网调度系统包括各级电网调度机构及调度管辖范围内的发电厂、变电站的运行值班单位。调度机构在电网运行中具有双重角色，一方面是电网生产运行单位，负责指挥电网内发、输、变、配电设备的运行、操作和事故处理，向用户有计划地供应满足质量标准的电能，保证电网安全、优质、经济运行；另一方面调度机构又是电网管理部门的职能机构，代表本级电网管理部门在电网运行中行使调度权。

我国电网调度机构分为五级如图 1－3 所示，国家电力调度控制中心负责整个国家电网有限公司区域的电力调度（简称国调）；调控分中心共有六个，分别负责华北、华东、东北、华中、西北、西南区域电网的电力调度；省调（地调）负责各省、自治区、直辖市区域的电力调度；县调负责地级市中的县、区电力调度。各级调度在电网业务活动中是上、下级关系，下级调度机构必须服从上级调度机构调度。电网调度机构见表 1－2。

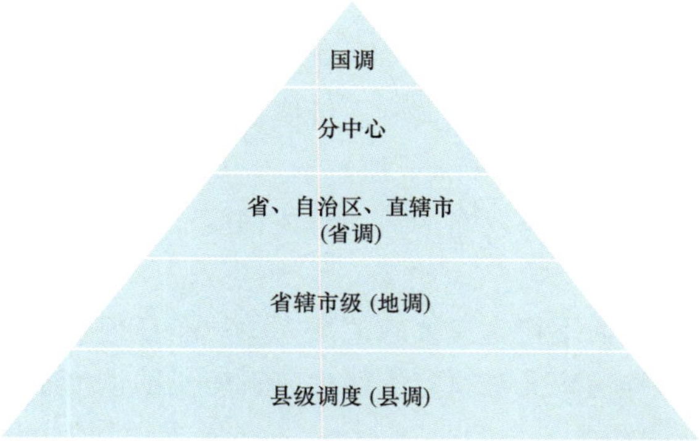

图 1－3 调度体系

表 1－2 电网调度机构

调度机构	数量	职责
国家调度机构（国调）	1	（1）负责各大区电力系统间 500kV 及以上电压等级联络线运行管理。 （2）协调确定各大区电力系统间的交换功率。 （3）负责大区电力系统互联的安全稳定运行。 （4）协调各大区电力系统的经济运行。 （5）收集全国各电力系统的信息，并进行统计分析

续表

调度机构	数量	职责
跨省、自治区、直辖市调度机构（分中心）	5	（1）直接调度大区内大型水力和火电发电厂，500（330）kV 及以上电压的线路和变电站，220kV 省级电力系统间联络线路和变电站及直接调度的发电厂的送电线路。 （2）负责大区电力系统的安全经济运行和电能质量的管理。 （3）监督各省级电力系统执行发电和用电计划，或监督省级电力系统按计划控制联络线的交换功率。 （4）收集全电力系统的信息，并进行统计分析和上报国调
省、自治区、直辖市级调度机构（省级）	28	（1）调度省内 220kV 线路和变电站，以及部分水、火电厂（由大区直接调度的除外）；调度地区电力系统间 110kV 的联络线。 （2）负责省级电力系统调度范围内的安全经济运行和电能质量的管理。 （3）按计划完成发电任务和控制用电负荷，或控制与相邻省级电力系统间的联络线功率。 （4）收集本省级电力系统的信息并进行统计分析和上报大区电力系统，独立的省级电力系统则直接上报国调
省辖市级调度机构（地调）	325	（1）调度 110kV 及以下电压线路变电站（由省级电力系统调度的除外）。 （2）负责地区电力系统和配电网的运行管理工作。 （3）掌握和分析用电负荷情况，并对高压大用户和县供电所进行调度管理。 （4）负责地区小水电厂、小火电厂的调度管理。 （5）收集地区电力系统的信息，并进行统计分析和上报省级电力系统调度
县级调度机构（县调）	1523	（1）负责 35kV 及以下配网的调度运行管理。 （2）协调所辖范围内的涉及电网运行管理的其他工作。 （3）接受上级电力管理部门，调度机构授权或委托与电力调控相关的工作

五、电网调度管理的主要工作内容

电网调度管理的主要工作内容通常包括调度运行管理、调度计划管理、调度运行方式管理、继电保护和安全自动装置管理、电网调度自动化管理、设备监控管理、水库及新能源调度管理、安全及应急机制管理、调度系统人员培训管理等，见表 1－3。

表 1－3　　电网调度管理的主要内容

电网调度管理	职责	主要工作内容
调度运行管理	负责电网实时安全、优质运行	（1）负责指挥全网的安全、优质、经济运行，负责对电网实施专业管理和技术监督，对电网进行组织、指挥、指导、协调和控制。 （2）执行电网调度计划安排，严格控制按计划指标发电和用电。 （3）指挥电网的调频、调峰和调压工作。 （4）指挥调度管辖范围内的设备操作。 （5）指挥电网事故的处理，负责电网事故分析，制定并组织实施提高电网安全运行水平的措施。 （6）统计与分析电网运行数据
调度计划管理	负责安排电力系统生产的计划	（1）负责电力负荷预测及负荷分析，进行电力平衡分析，制定日前电能平衡计划，组织短期电力市场。 （2）参加编制发电、供电计划，严格控制按计划指标发电、用电。 （3）编制调度管辖范围内设备的检修进度表，根据情况批准设备检修计划。 （4）参与签订所辖电网的并网协议，负责编制、签订相应并网调度协议

续表

电网调度管理	职责	主要工作内容
继电保护和安全自动装置管理	负责设备保护装置、安全自动装置的技术管理、运行管理和定值计算工作	（1）负责本调度机构管辖的继电保护装置、安全自动装置的运行管理。 （2）负责本调度机构管辖的继电保护装置、安全自动装置的整定计算及管理。 （3）负责本调度机构管辖的继电保护装置、安全自动装置的缺陷管理。 （4）负责本调度机构管辖的继电保护装置、安全自动装置的检修管理
运行方式管理	负责年度、月度、日前方式计算及检修计划的审核	（1）编制并执行管辖系统的年、月、日运行方式和特殊日、节日运行方式。 （2）进行电网计算参数管理。 （3）负责工程前期可行性研究审查。 （4）编制新设备启动调试调度方案并组织实施。 （5）负责电网仿真计算模型与参数、机网协调、无功电压的技术管理
电网调度自动化管理	负责本调度机构管辖的电网调度自动化设备的运行管理	（1）负责自动化系统设备检修。 （2）负责自动化系统设备缺陷处理。 （3）负责所辖厂站自动化信息接入工作。 （4）负责电网模型、图形和数据维护。 （5）负责自动化相关系统的建设和技术改造。 （6）负责自动化相关工程的设计审查、招评标、调试和验收。 （7）负责二次安全防护
设备监控管理	负责本调度机构管辖的电网设备运行信息及相关业务管理	（1）负责监控设备的集中监视、信息处置、远方操作等运行管理。 （2）负责监视设备技术管理。 （3）负责监控业务相关的统计、分析与评价等工作
其他		（1）组织调度系统有关人员的业务培训、考核工作。 （2）协调有关所辖电网运行的其他关系

第二节　调度运行工作职责及岗位责任

电网调度的职责是按照客观规律和相关规定，对电力系统运行进行组织、指挥、指导和协调，保障电力系统的安全稳定运行；按最大范围优化配置资源的原则，充分发挥电力设备能力和电网资源优化配置作用；最大限度满足人民生活的用电需要，并使电能质量符合国家规定标准。

各级调度机构的岗位职责如下：

（1）省调的主要职责。

1）负责省网的安全、优质、经济运行及调度管理工作。

2）组织编制和执行电网的年、月、日调度计划（运行方式）。

3）指挥调度管辖范围内设备的操作。

4）根据网调的指令调峰、调频或控制联络线潮流及负责所辖范围内无功电压的运行和管理。

5）指挥省网事故处理，负责运行电网事故分析，制定并组织实施提高电网安全运行水平的措施。

6）参与编制调度管辖范围内设备的年度检修计划，并根据年度检修计划安排月、日检修计划。

7）负责对省网继电保护和安全自动装置、电网调度自动化和电力通信系统进行专业管理，并对下级调度机构管辖的上述设备和装置的配置进行技术指导。

8）参与网省规划编制工作及电网工程项目的可行性研究和设计审查工作，批准新建、扩建和改建工程接入电网运行，参与工程项目的验收，负责制定新设备投运、试验方案。

9）参与电力生产年度计划的编制，依据年度及年度分月计划并结合电网实际，组织编制和实施月、日调度生产计划，负责实时调度中相关指标的统计考核。

10）负责指挥省网的经济运行及管辖范围内的网损管理。

11）负责制定事故和超计划用电限电序位表，报省人民政府的有关部门批准后执行。

12）组织调度系统有关人员的业务培训和召开有关调度会议。

13）统一协调水电厂水库的合理运用。

14）负责与有关单位签订并网调度协议。

15）协调有关所辖电网运行的其他关系。

16）行使本电网管理部门或者上级调度机构批准（或者授予）的其他职权。

（2）地调的主要职责。

1）负责本地区（市）电网的调度管理，执行上级调度机构发布的调度指令；执行上级调度机构及上级有关部门制定的有关标准和规定；负责制定本地区（市）电网运行的有关规章制度和对县调调度管理的考核办法，并报省调备案。

2）参与制定本地区（市）电网运行技术措施、规定。

3）维护本地区（市）电网的安全、优质、经济运行，按计划和合同规定发电、供电，并按省调要求上报电网运行信息。

4）组织编制和执行本地区（市）电网的运行方式；运行方式中涉及上级调度管辖设备的要报该级调度核准。

5）根据省调下达的日供电调度计划制定、下达和调整本地区（市）电网日发、供电调度计划；监督计划执行情况；批准调度管辖范围内设备的检修。

6）根据省调的指令进行调峰、调频或控制联络线潮流；指挥、实施并考核本地区（市）电网的调峰和调压。

7）负责指挥调度管辖范围内的运行操作和事故处理。

8）负责划分本地区（市）所辖县（市）级电网调度机构的调度管辖范围。

9）负责制定本地区（市）电网超计划限电序位表和事故限电序位表，经本级人民政府批准后执行。

10）参与本地区（市）电网规划编制工作，批准新建、扩建和改建工程投入电网运行，参与工程项目的验收，负责制定新设备投运、试验方案。

11）负责本地区（市）和所辖县（市）电网继电保护及安全自动装置、电力通信、电网调度自动化系统规划的制定及运行管理和技术管理。

12）负责与有关单位签订所辖范围内的并网调度协议。

13）负责本地区（市）电网调度系统值班人员的业务培训，负责所辖县（市）电网调度值班人员的业务指导技术培训。

14）行使上级电网管理部门或上级调度机构授予的其他职权。

（3）县调的主要职责。

1）负责本县（市）电网的调度管理，执行上级调度及有关部门制定的有关规定；负责制定本县（市）电网运行的有关规章制度。

2）维护本县（市）电网的安全、优质、经济运行，按计划和合同规定发电、供电，并按上级调度要求上报电网运行信息。

3）负责根据地调下达的日供电调度计划制定、下达和调整本县（市）电网日发、供电调度计划；监督计划执行情况；批准调度管辖范围内设备的检修；运行方式中涉及上级调度管辖设备的要报上级调度核准。

4）根据上级调度的指令进行调峰、调频或控制联络线潮流，指挥、实施并考核本县（市）电网的调峰和调压。

5）负责指挥调度管辖范围内的运行操作和事故处理。

6）参与本县（市）电网继电保护及安全自动装置、电力通信、电网调度自动化系统规定的制定并负责其运行管理和技术管理。

7）负责本县（市）电网调度系统值班人员的业务指导和培训。

第三节　调度运行规章制度

电网调度管理工作依据主要包含法律、条例、规程、规章制度，根据制定单位和约束力高低可以将其分为四大类，分别是由全国人民代表大会常务委员会制定的《中华人民共和国电力法》、国务院制定的《电网调度管理条例》、国家电网有限公司（简称国家电网）调控机构制定的《电力调度规程》及电力行业规章制度。调度运行规章条例如图 1－4 所示。

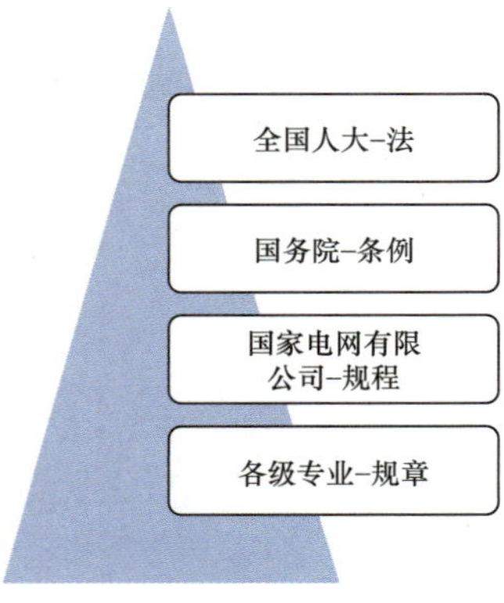

图 1－4　调度运行规章条例

《中华人民共和国电力法》制定目的是保障和促进电力事业的发展，维护电力投资者、经营者和使用者的合法权益，保障电力安全运行。它包含总则、电力建设、电力生产与电网管理、电力供应与使用、电价与电费、农村电力建设和农业用电、电力设施保护、监督检查、法律责任和附则共十章内容。《中华人民共和国电力法》中第三章电力生产与电网管理对电网调度作出了多项规定。

电力生产与电网运行应当遵循安全、优质、经济的原则，电网运行应当连续、稳定，保证供电可靠性。电力企业应当加强安全生产管理，坚持安全第一、预防为主的方针，建立、健全安全生产责任制度。我国电网运行实行统一调度、分级管理，任何单位和个人不得非法干预电网调度。国家提倡电力生产企业与电网、电网与电网并网运行。具有独立法人资格的电力生产企业要求将生产的电力并网运行的，电网经营企业应当接受。并网运行必须符合国家标准或者电力行业标准。并网双方应当按照统一调度、分级管理和平等互利、协商一致的原则，签订并网协议，确定双方的权利和义务；并网双方达不成协议的，由省级以上电力管理部门协调决定。

《电网调度管理条例》制定的目的是加强电网调度管理，保障电网安全，保护用户利益，适应经济建设和人民生活的需要。《电网调度管理条例》包括总则、调度系统、调度计划、调度规则、调度指令、并网与调度、罚则、附则共 8 章 33 条内容。

《电力监管条例》是为了加强电力监管，规范电力监管行为，完善电力监管制度而制定的条例。《电力监管条例》包括总则、监管机构、监管职责、监管措施、法律责任、附则、实施时间共 7 章 37 条内容。电力监管的任务是维护电力市场秩序，依法保护电力投资者、经营者、使用者的合法权益和社会公共利益，保障电力系统安全稳定运行，促进电力事业健康发展。电力监管应当依法进行，并遵循公开、公正和效率的原则。

根据《中华人民共和国电力法》《电网调度管理条例》，以及上述规程、规定，为了加强电网调度管理，保障电网安全、优质和经济运行，保护用户利益，按照统一调度、分级管理的原则，结合各级电网实际情况，制定所在调度机构的电力系统调度规程。调度规程是组织、指挥、指导和协调电网运行的规范性文件，由于各级调度机构的职能和所管辖范围不同，但一般都详细规定了电网调控运行、电网操作、故障处置等业务过程中所涉及的调控管辖范围及职责，电网运行、设备管理制度、运行操作故障处置规定等内容。

《电力安全工作规程》是国家电网有限公司为加强电力生产现场管理，规范各类工作人员的行为，保证人身、电网和设备安全，依据国家有关法律、法规，结合电力生产实际制定的规程。

电网调度法律法规条例见表 1－4。

表 1－4 电网调度法律法规条例

名称	颁布时间	颁布部门	面向对象
《中华人民共和国电力法》	2018 年 12 月	全国人民代表大会常务委员会	中华人民共和国境内的电力建设、生产、供应和使用活动
《电网调度管理条例》	2011 年 1 月	中华人民共和国国务院	中华人民共和国境内的发电、供电、用电单位及其他有关单位和个人
《电力监管条例》	2005 年 2 月	中华人民共和国国务院	各发电企业、电力企业、供电企业及电力调度交易机构、电力市场及电力交易的主体

续表

名称	颁布时间	颁布部门	面向对象
《电网运行规则》	2006 年 10 月	国家电力监管委员会	省级以上调度机构及其调度管辖范围内的电网企业，电网使用者和相关规划设计、施工建设、安装调试、研发开发等单位
《电网运行准则》	2022 年 12 月	国家发展和改革委员会	所有参与电网运行的电网企业、发电企业、电力用户的规划设计、建设施工、试验调试、研究开发等单位和有关管理部门
电网调度控制管理规程	2015 年 11 月	国家电网有限公司	国家电网有限公司经营区域内的省、地、县级电网，包括并入上述电网的发电、输配电、用电等所有一次设施及相关的继电保护、安全自动装置、电网调度自动化及通信等二次设施构成的整体
国家电网公司安全事故调查规程	2021 年 12 月	国家电网有限公司	为规范国家电网有限公司系统生产安全事故事件的报告和调查工作，防止和减少安全事故，根据相关法律法规，制定本规程。本规程适用于国家电网总部（分部）和所属各级全资、控股、管理（包括省管产业）的单位。国家电网系统承包和管理的境内外工程项目及所属其他相关单位参照执行

第二章

变 电 站 运 行

第一节　变电站概述

一、变电站的基本概念

变电站是电力系统中改变电压、接受和分配电能的场所，通过变压器将各级电压的电网联系在一起，是控制电力流向和调整电压的重要电力设施，是联系发电厂和用户的重要中间环节。

三相交流输电线路传输的有功功率 P 和线路功率损耗 P_{loss} 公式如下：

$$P=\sqrt{3}UI\cos\varphi \tag{2-1}$$

$$P_{loss}=3I^2R \tag{2-2}$$

式中：U 为线路线电压；I 为线路电流；$\cos\varphi$ 为线路传输功率因数；R 为电路电阻。

当输送功率一定时，线路电压越高，线路中的电流越小，所用导线截面积越小，导线投资也越少，同时线路中有功功率损耗就会越低，所以远距离输电，变压主要是为了降损，且靠近居民区后，降低电压，用户用电的安全性也会提高。

二、变电站的划分

按照变压器主要功用来分，变压器可分为升压变压器和降压变压器。将低电压等级电能升压至高电压等级电能的变压器称为升压变压器，所在的厂站称为升压站；将高电压等级电能降为低电压等级电能的变压器称为降压变压器，所在的厂站称为降压站。一般来讲，发电厂侧变压器大多为升压变压器，按照变比将发电机机端低电压升高至系统电压并网；变电站侧变压器大多为降压变压器，按照变比将电源侧高电压降至低电压。

按照电能的传输过程，可分为系统枢纽变电站、地区中间变电站、地区终端变电站等，如图 2－1 所示，详细地位作用及适用电压等级见表 2－1。

按照建设形式划分，可分为室外变电站、室内变电站、地下变电站、箱式变电站、移动变电站等；按照值班方式可划分为有人值班变电站、无人值班变电站等。按照建设形式划分变电站见表 2－2。

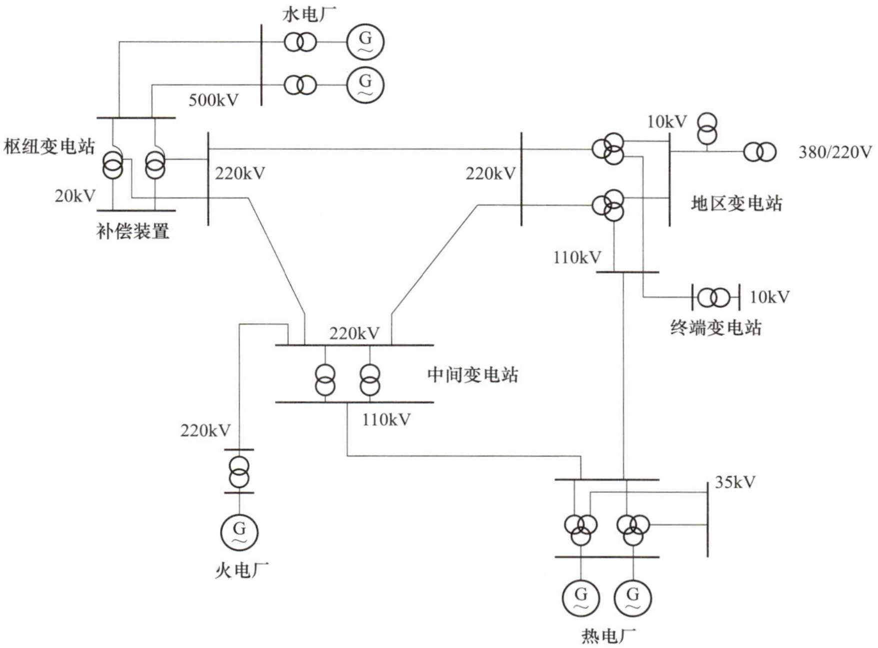

图 2-1 电力系统不同作用变电站的分布

表 2-1 按照地位作用划分变电站

变电站类型	地位作用	电压等级
枢纽变电站	位于电力系统枢纽点，环网连接，全站停电后，可能引起系统解列甚至整个系统瘫痪，可靠性要求较高；主变压器容量大、供电范围广	220、330、500、750、1000kV
中间变电站	位于地区电网的枢纽点，与输电主网相连，从主网受电，向供电区域供电；全站停电后，可能引起地区电网瓦解，影响整个区域供电；主变压器容量较大，出线回路数多；供电可靠性要求较高	220、330kV
地区变电站	从地区中间变电站受电，直接向本地区负荷供电，供电范围小；主变压器容量与台数是根据电力负荷而定，全站停电后，只有本地区中断供电	220、110、35kV
终端变电站	由于输电线路终端接近负荷点，经降压后直接向用户供电，全站停电后，仅需终端用户停电	35kV

表 2-2 按照建设形式划分变电站

变电站类型	建造分布	优缺点
室外变电站	除控制、直流电源等设备放在室内以外，变压器、断路器、隔离开关等主要设备均布置在室外	建筑面积小，建设费用低，适用于高电压等级变电站
室内变电站	主要设备均放在室内	减少占地总面积，但建筑费用高，适用于城区和空气污秽等级较高地区
地下变电站	变电站主建筑物建于地下，主变压器和其他主要电气设备均装设于地下建筑内，地上只建有变电站通风口和设备、人员出入口等少量建筑，以及有可能布置在地上的大型主变压器的冷却设备和主控制室等	减少占地，环境友好，建设费用高昂
箱式变电站	将变压器降压、低压配电等功能有机地组合在一起，安装在一个防潮、防锈、防尘、防鼠、防火、防盗、隔热、全封闭、可移动的钢结构箱	广泛用于居民小区、公园矿山、工厂企业、油气田和风力发电站

按照内部实现原理划分为传统变电站、数字化变电站。传统变电站是其信息采集来源于常规的电磁、电容式互感器（TA/TV），其二次设备多半是依赖足够多的电缆，再加以空触点的利用，以模拟信号为载体进行信息交换的变电站。对于该类变电站，设备之间相对独立，缺乏整体的协调和功能优化，输入信息不能共享，接线比较复杂，系统扩展难度大。数字化变电站是由智能化一次设备（电子式互感器、智能化开关等）和网络化的二次设备分层（过程层、间隔层、站控层）构建，建立在 IEC 61850 通信规范基础上，能够实现变电站传输和处理信息全数字化，站内智能电气设备间信息共享和互操作的现代化变电站。传统变电站和数字化变电站信息采集系统如图 2-2 所示。

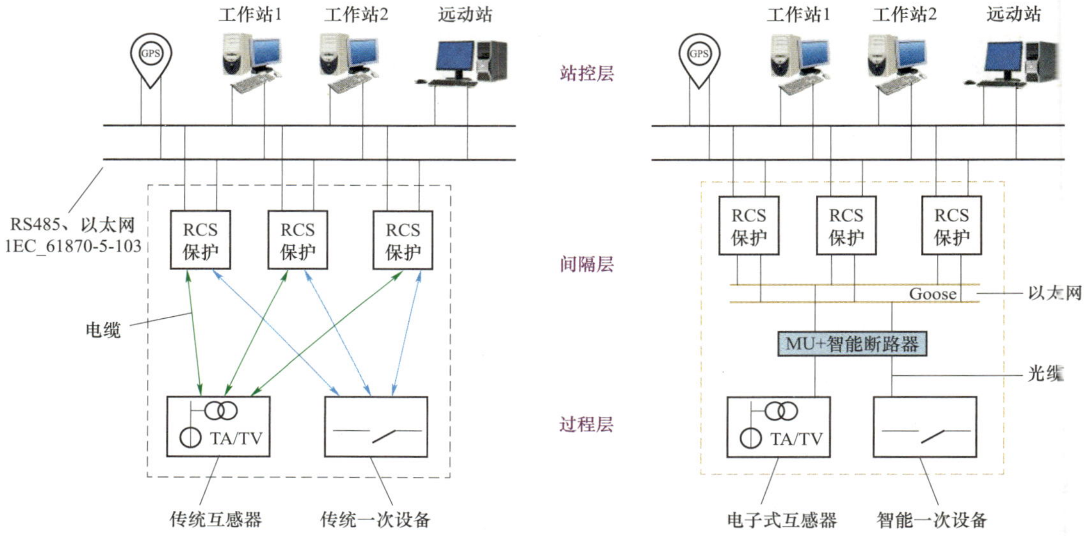

图 2-2 传统变电站和数字化变电站信息采集系统

三、变电站的构成

变电站是由很多个设备组建而成的，用来切断或接通，汇集、分配电能，改变或者调整电压。变电站内的电气设备可分为一次设备和二次设备，以及为这些设备正常工作提供电源的交直流系统设备。一次设备主要用来切断、传输、汇集、分配、使用电能的设备，主要包括变压器、断路器、隔离开关、互感器、电力电容器、电抗器、母线、避雷器等。变电站的二次设备是指对一次设备和系统的运行工况进行测量、监视、控制和保护的设备，主要包括继电保护设备、通信自动化设备、安全自动装置及其相关的附属设备。变电站具体一次、二次设备的功能见表 2-3。

表 2-3　变电站一次、二次设备的功能

设备分类	设备名称	功能
一次设备	变压器	变换电压；为系统提供中性点接地
	断路器	闭合、承载及分断线路正常运行电流及故障电流
	隔离开关	隔离运行设备与检修设备；配合方式调整；开断允许电流或旁路电流
	母线	传输、汇集、分配电能
	电容器组、消弧线圈	补偿容性无功；补偿感性无功
	电流互感器、电压互感器	按比例变换母线、线路电流和电压
	避雷针、避雷器	防止直接雷击危害；防止雷电、操作、陡波过电压对变电设备造成危害
二次设备	继电保护设备	区分一次设备正常、不正常及故障状态，并发告警信号或跳闸信号，以保证电力系统安全、稳定、经济运行
	安全自动设备	防止电力系统失去稳定和避免电力系统发生大面积停电

第二节　典型电气主接线

电气主接线是指根据电能输送和分配要求，由主要电气设备按生产流程连成的电路，表明电能生产、汇集、转换、分配关系，体现电力系统运行方式，是运行操作、电路切换的基础，通常用接线图表示。电气主接线方式对电气设备的选择、配电装置的布置及电能质量的好坏有直接的影响，同时也是调控人员和运维人员进行倒闸操作和事故处理的重要依据。

通常，发电厂和变电站的主接线应满足下列基本要求：

（1）根据系统和用户的要求，保证必要的供电可靠性和电能质量。在运行中供电被迫中断的机会越少，则主接线的可靠性就越高。

（2）主接线应具有一定的灵活性和以适应电力系统及主要设备的各种运行工况的要求，此外还要便于检修。

（3）主接线应简单明了，运行方便，使主要元件投入或切除时所需的操作步骤最少。

（4）在满足上述要求的条件下投资和运行费用最少。

（5）具有扩建的可能性。

当进出线数较多时（大于 4 回），为了便于电能的汇集和分配，常设置母线作为中间环节，包括单母线接线、双母线接线、3/2 接线、4/3 接线、变压器母线组接线。

当进出线数较少时（小于等于 4 回），为了节省投资，可不设母线，包括单元接线、桥形接线、角形接线。

一、单母线接线

（一）普通接线方式

只有一组母线的接线称为单母线接线，如图 2–3 所示。电源和供电线路都连接在同一组母线上。为了便于投入或切除任何一条进、出线，需要在每条引线上装设一个断路器和两个隔离开关。

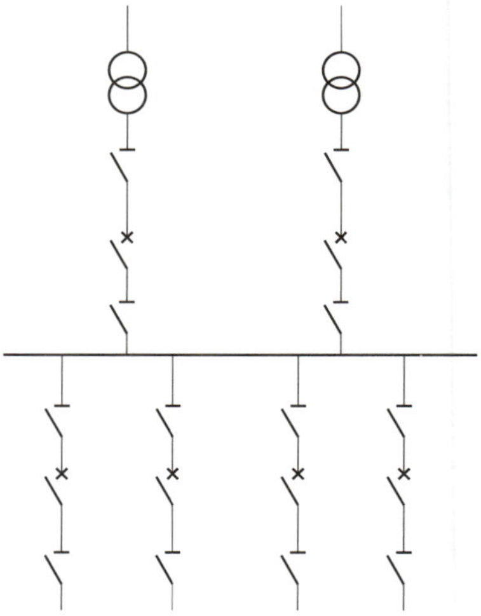

图 2–3　单母线接线图

单母线接线特点：简单、明显，操作方便，不易发生误操作，投资少，便于扩建。当母线隔离开关发生故障或检修时必须断开全部电源，造成整个装置停电。此外，当出现断路器检修时，也必须在整个检修期间停止该回路的工作。因为上述缺点的存在，使得单母线接线无法满足对重要用户供电的要求。适用于 6～220kV 系统中，只有一台发电机或一台主变压器，且出线回路数不多的中小型发电厂或变电站。

（二）单母线单分段接线

单母线接线的缺点可以通过分段办法来加以克服，接线方式如图 2–4 所示，由断路器及隔离开关将单母线分成两段，当其中一段母线或母线隔离开关需要检修时，可以拉开分段断路器及两侧隔离开关，则另一段母线仍正常工作。

双电源线路一路工作，另一路备用时，分段断路器接通运行。任一段母线故障，分段断路器可在保护装置作用下自动断开。双电源线路同时工作，互为备用时，分段断路器则断开运行。任一电源故障，分段断路器可自动投入。

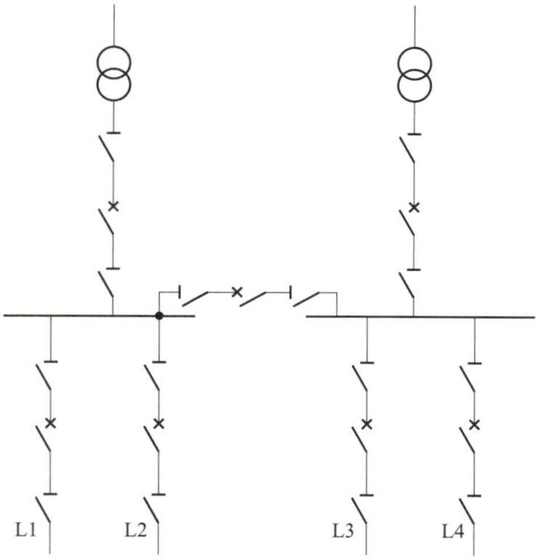

图 2–4　单母线分段接线图

单母线分段接线方式的特点：单母线分段接线简单、经济，操作方便，运行灵活性有所提高，可并列运行，也可以分列运行。当母线故障或任一母线隔离开关发生故障或检修时，该母线上所连接的全部引线都要在检修期间长期停电，不适用于大容量发电厂和枢纽变电站。对于重要用户可以由分别接在两段母线上的两条线路供电，当任一段母线故障时，都不至于使重要用户全部停电。另外，对两段母线可以分别进行清扫和检修，可以减少对用户停电。单母线分段接线适用于中小容量发电厂的 6～10kV 接线和 6～220kV 的变电站中。

二、双母线接线

（一）常规双母线接线

双母线接线方式是针对单母线分段接线的缺点提出来的，其基本接线形式如图 2–5 所示，除了工作母线外，还增设了一组备用母线。每一个回路都是一台断路器和两组隔离开关分别连接到两组母线上。当运行时，接至工作母线上的隔离开关接通，接至备用母线上的隔离开关断开。

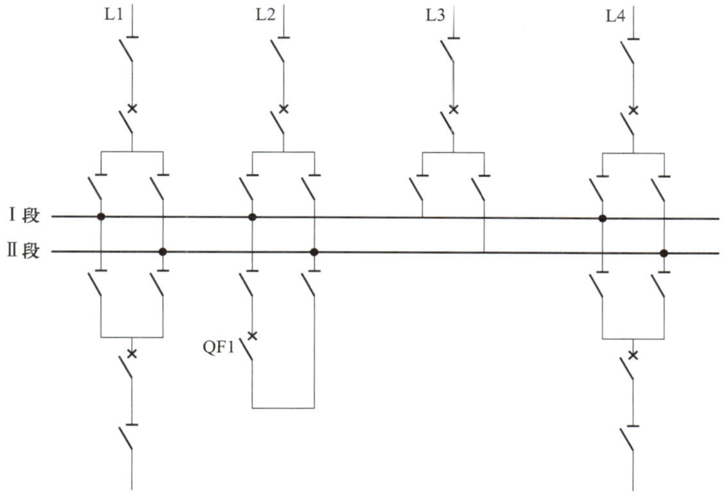

图 2–5　双母线接线图

双母线接线方式的特点如下：

（1）通过倒闸操作，各回路可以实现在两组母线之间的切换，轮流检修母线而不致使供电中断。当修理任一回路的母线隔离开关时只断开该回路。

（2）工作母线故障时，可将全部回路转移到备用母线上，从而使装置迅速恢复供电。

（3）任何一个回路的断路器检修时，不致使该回路的供电长期中断。

（4）在个别回路的断路器需要单独进行试验时，可将该回路分出来，并单独接至备用母线上。

双母线接线的最主要操作是切换母线，下列以检修工作母线和检修出线断路器为例来说明其操作步骤。

1. 检修工作母线

要检修工作母线必须将所有电源和线路都换接到备用母线上去。为此，首先应检查备用母线是否完好，方法是先接通母联断路器 DL1 使备用母线带电，如图 2–5 所示。如备用母线存在绝缘不良或故障时，则断路器在继电保护装置作用下自动断开；当备用母线无故障时，母联断路器 DL1 即保持在接通状态。这是由于两组母线是等电位的，可以先接通备用母线上的所有隔离开关，再断开工作母线上的所有隔离开关，这样就完成了母线的转换。最后，还必须断开母联断路器 DL1 及它和工作母线之间的隔离开关，以便隔离起来，进行检修。

2. 检修一条出线上的断路器

当检修任何一条出线上的断路器而不希望该线路长时间停电时，例如图 2–6 所示中当检修出线 L 的断路器时，可先用母线联络断路器 QF1 试验备用母线良好，即断开 QF1，随后断开断路器 QF2 及两侧的隔离开关 QS1 和 QS2，再拆开断路器 QF2 的引线接头，并用临时跨条代替断路器 QF2，然后接通与备用母线相连的隔离开关 QS2，再合上线路侧隔离开关 QS1，最后合上母线联络断路器 QF1，于是线路 L 重新投入运行，这时母线联络断路器代替了线路断路器的功能，使得线路 L 得以继续供电。

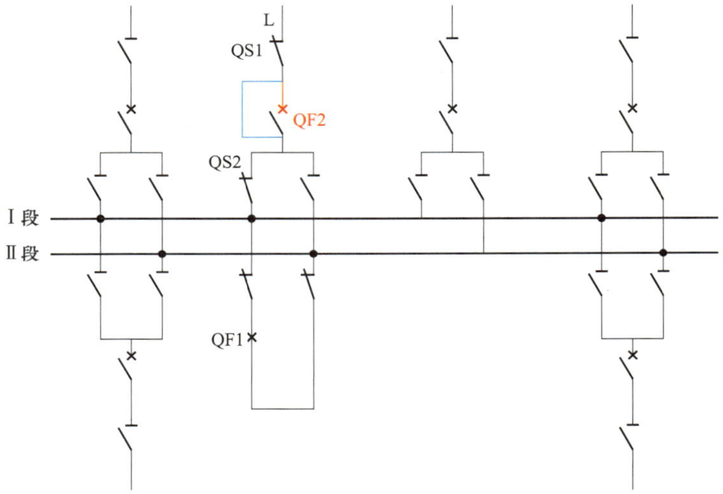

图 2–6　检修双母线出线断路器

综上可知，双母线的主要优点是可以在不影响供电的情况下对母线系统进行检修。但双母线接线却存在着下列缺点：

（1）双母线接线隔离开关的操作闭锁条件比较复杂，当回路较多时，倒母线操作项目多，而且由于母线侧隔离开关的辅助触点会对某些二次回路进行切换（例如：保护，测量、计量装置所使用的电压取自哪组母线电压互感器二次；母差保护判别该回路上哪组母线运行等），在操作过程中需要检查很多二次回路，操作复杂，易发生误操作。

（2）当工作母线故障时，在切换母线的过程中仍要短时停电。检修断路器时尽管可以用母线联络断路器来代替，但是装接跨条期间仍需短时停电，这种停电对重要用户是不容许的。

（3）母线隔离开关数较单母线接线大为增加，从而增大配电装置占地面积，增大投资。

（二）双母线带旁路接线

为了避免在检修线路断路器时造成短时停电，可采用双母线带旁路母线的接线，如图 2－7 所示。与双母线接线相比，双母线带旁路母线多了一组旁路母线和旁路断路器间隔。

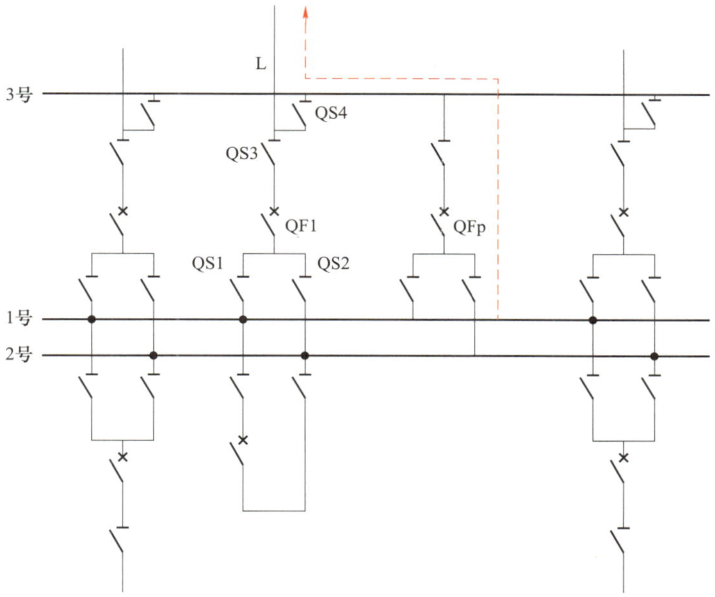

图 2－7　双母线带旁路接线

图 2－7 中母线 3 为旁路母线，断路器 QFp 为接到旁路母线的断路器，正常运行时它处于断开位置。当需要检修任何一个线路断路器时，可用 QFp 来代替而不致造成停电。例如，当需要对线路 L 上的断路器 QF1 进行检修时，可以先合上断路器 QFp 使旁路母线带电，然后再合上旁路母线隔离开关 QS4，最后再断开线路断路器 QF1，再切断隔离开关 QS1、QS2、QS3 后，即可对 QF1 进行检修。

双母线带旁母接线方式的特点：当对任一线路间隔的断路器、电流互感器或母线侧隔离开关进行检修时，可通过旁路断路器代路运行，线路可不必停电。旁路断路器代路操作比较特殊，对二次保护切换及一、二次操作顺序都有较高的要求，易发生误操作，且操作过程中存在保护拒动、误动风险。旁路断路器正常为冷备用状态。

（三）双母线单分段接线

双母线单分段接线方式如图 2－8 所示，当进出线回路数较多时，将一组母线分段。

双母线单分段接线方式的特点：相当于增加了一段母线，运行方式更加灵活，分段母线故障或检修时，受影响的回路减少；但增加设备（如分段和一个母联断路器间隔）和投资，而且保护的配置及操作也较复杂，所以这种接线方式大都在回路数较多或 3 台主变压器时使用。

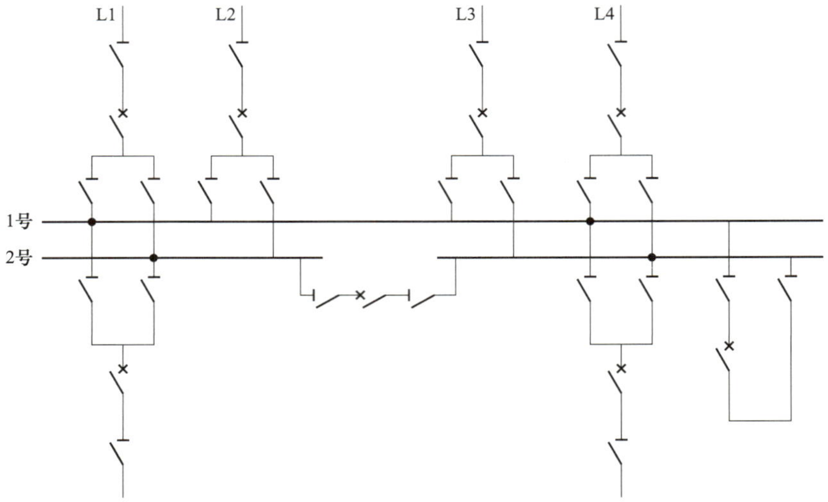

图 2-8　双母线单分段接线图

（四）双母线双分段接线

双母线双分段接线方式如图 2-9 所示，当进出线回路数多时，可将两组母线分段。

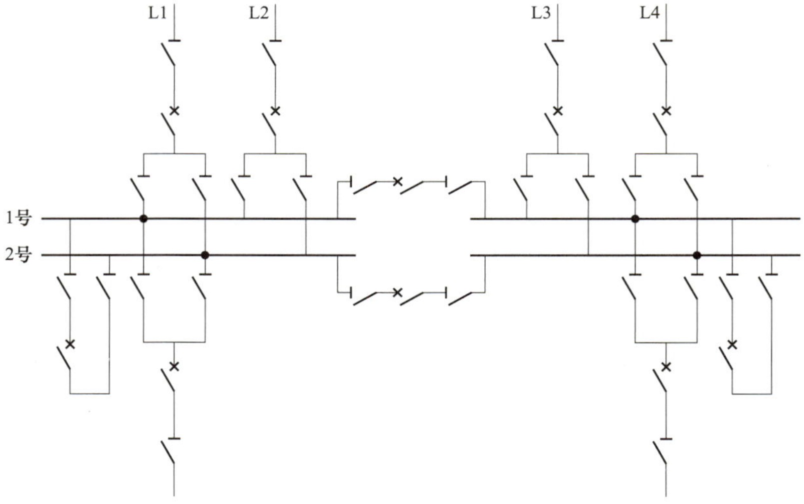

图 2-9　双母线双分段接线图

双母线双分段接线方式的特点：相当于增加了两段母线，运行方式更灵活，分段母线故障或检修时，受影响的回路减少；但增加设备（如分段和母联断路器间隔）和投资，而且保护的配置及操作也更复杂，所以这种接线方式经济性差，常见出线特别多的 500kV 变电站或者大型公用电厂的 220kV 母线。

三、3/2 断路器接线

3/2 断路器接线方式如图 2－10 所示，每两个元件（线路或主变压器）通过三台断路器构成一串接至两组母线。

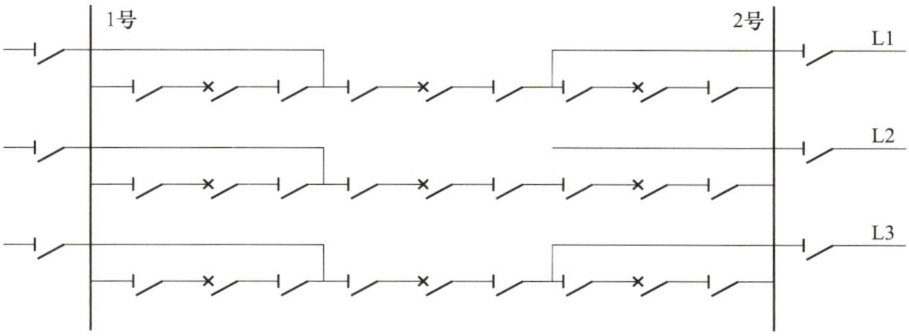

图 2－10　3/2 断路器接线图

3/2 断路器接线方式的特点：运行时两组母线和每串上的三台断路器都投入运行，称为完整串运行，形成多环路供电，具有很高的可靠性。任一母线故障或检修，任一断路器检修，甚至于两组母线同时故障（或一组母线检修，另一组母线故障）的极端情况下，功率仍能继续输送。一串中任何一台断路器检修都不会影响元件（线路或主变压器）的运行。

这种接线方式设备多，投资较大，而且运行方式改变时保护方式的调整也较复杂，因此 220kV 变电站采用得较少，常见于 500kV 母线。

另外有些变电站采用的是不完全的 3/2 断路器接线，即线路出串运行，而变压器上母线运行。正常运行方式一般都采用完整串运行，才能发挥这种接线方式的优点。

四、线路变压器组接线

线路变压器组接线就是线路和变压器通过断路器直接连接，中间无母线，断路器两侧安装有隔离开关，如图 2－11 所示。该种接线方式简单、设备少、操作简单；但线路、变压器、断路器等任何设备故障或检修时，供电中断，灵活性差、可靠性差。

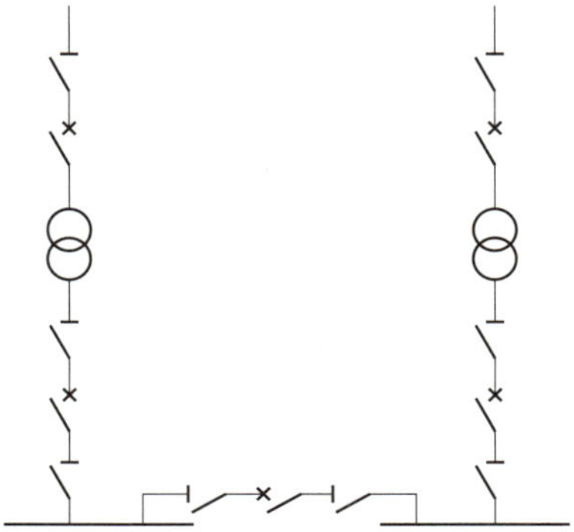

图 2－11　线路变压器组接线方式

五、无母线接线

在以上介绍的单母、双母线，3/2 断路器接线中，断路器的数目一般都大于所连接回路的数目。因为高压断路器的价格昂贵，所需的安装占地面积也大，特别当电压等级越高时，这种情况越明显。因此，从经济方面考虑，力求减少断路器的数目。当引出线不多时，可以考虑采用无母线的桥形接线方式。

1. 内桥和外桥接线

当电路只有两台变压器和两条输电线路时，采用桥式接线所需的断路器较少，桥式接线按照连接桥的位置可分为“内桥接线”和“外桥接线”，桥式接线具有工作可靠、灵活、使用电器少、装置简单清晰、建造费用低、易于发展成单母线分段接线等优点。这种接线中，四条回路中只用了三台断路器，所用断路器数量较少。

内桥接线的连接桥设置在变压器侧，并装设了桥断路器，如图 2－12 所示。两侧断路器在引出线上，使引出线的操作灵活、方便。当线路需要检修时，可以通过先合上断路器，再拉开线路断路器的方式将线路所带负荷转移，不影响主变压器的正常运行。但在变压器投、切操作时需要将相应线路停电，适用于线路故障率高、线路较长、变压器不需要经常切换的变电站。

城区最常见的 110kV 桥形接线变电站多为内桥，这种变电站一般作为 110kV 电压等级的终端变电站使用，以 10kV 电压等级向城区用户输出电能。两条 110kV 线路互为备用，无 110kV 穿越功率，不配置 110kV 线路保护，按照进线备自投方式配置高压侧备自投。

外桥接线如图 2－13 所示，外桥接线的特点则与内桥接线相反，当变压器发生故障或运行中需要断开时，只需断开断路器 QF1 和 QF2，而不致影响线路的工作。可是，当线路发生故障时却要影响到变压器的运行。因而，这种接线适用于线路较短且需要经常切换变压器的情况。一般在降压变电站应用较多。

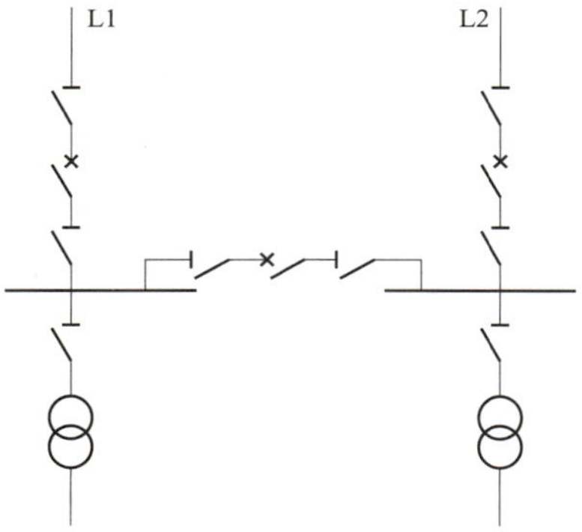

图 2－12　内桥接线

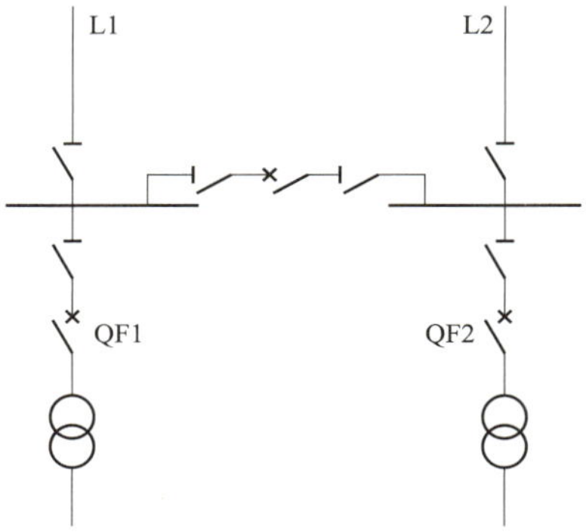

图 2－13　外桥接线

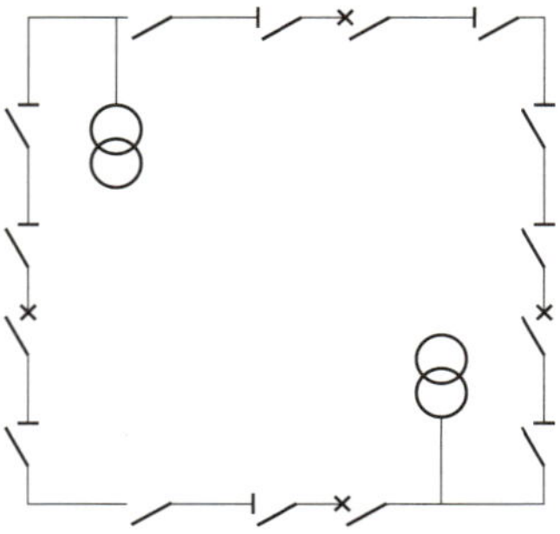

图 2－14　角形接线

外桥变电站多作为 110kV 电压等级环网中的联络变电站使用，在外桥断路器处配置双向线路保护，站内不配置高压侧备用电源自投装置（简称备自投装置）。

2. 角形接线

角形接线方式没有母线，每一边由线路、断路器和两侧隔离开关组成，通常有三角形接线、四角形接线方式，线路回路数与断路器数及边数目相等。角形接线如图 2－14 所示。

角形接线方式的特点：设备少、投资省；运行灵活、可靠；没有母线，任意部分故障时，对电网运行影响小。但是任一边断路器检修时，多角形接线变成开环运行，可靠性显著降低；回路数受限制；保护接线复杂，运行方式改变时，一、二次回路倒换操作较多、相应继电保护的整定比较复杂；多角形接线闭合成环，难以扩建。角形接线方式适用于110kV 电厂中。

六、小结

各种电气主接线之间演化的关系如图 2－15 所示。

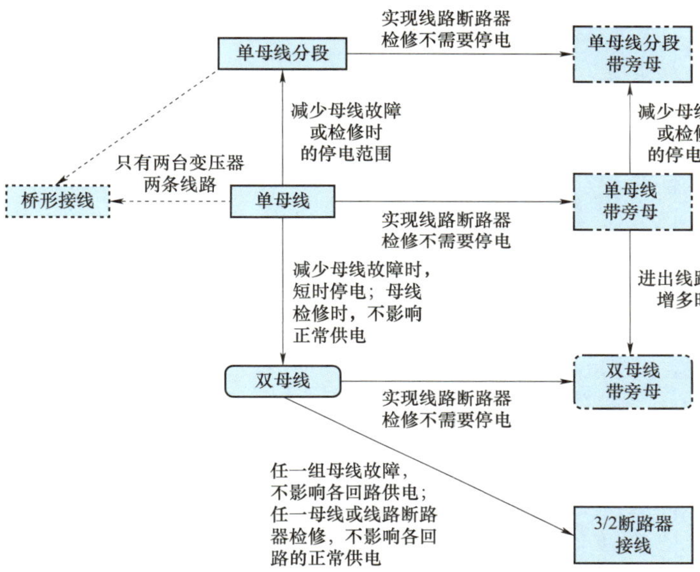

图 2－15　各种电气主接线之间演化的关系

为直观、醒目地掌握变电站不同主接线方式的优缺点及适用范围，现将前述主要接线方式分类、比较，见表 2－4。

表 2－4　　主接线方式比较

主接线方式		运行优点	运行缺点	适用范围
单母线接线	普通方式	（1）接线简单清晰。 （2）设备少，投资小，占地少。 （3）运行操作方便。 （4）有利于扩建	（1）母线或隔离开关故障或抢修时，必须断开接在该分段母线上的全部电源和出线。 （2）任一出线断路器停运时，该回路必须停电	单母线接线
	分段方式	（1）具有单母线接线的所有优点。 （2）供电可靠性和灵活性较单母线接线高	（1）任一段母线或隔离开关故障或抢修时，必须断开接在该分段母线上的全部电源和出线。 （2）任一出线断路器停运时，该回路必须停电	6～110kV 变电站、中小容量发电厂 6～10kV 接线

续表

主接线方式		运行优点	运行缺点	适用范围
双母线接线	常规方式	（1）供电可靠性高。 （2）运行方式灵活。 （3）便于异常故障处理。 （4）便于扩建	（1）倒闸操作复杂。 （2）任一回断路器停运时。 （3）该回路需停电。 （4）母线隔离开关数量多。 （5）配电装置结构复杂	双母线接线
	分段接线	（1）具有双母线接线的所有优点。 （2）比双母线接线有更高的可靠性与灵活性	（1）电气设备投资较大。 （2）其他缺点和双母线接线相同	110kV 及以上
	带旁路母线	（1）具有双母线接线的所有优点。 （2）任一回路断路器停运时，该回路均可由旁路断路器代供，供电可靠性和运行灵活性更高	（1）投资大，经济性较差。 （2）母线隔离开关数量较多，配电装置结构复杂，倒闸操作复杂	110kV 及以上
3/2 断路器接线方式		（1）可靠性较高。 （2）运行方式灵活。 （3）运行操作方便。 （4）设备检修方便	（1）二次接线复杂。 （2）串数少于 3 串时可靠性不高。 （3）限制短路电流困难，设备较多、投资大	500kV 及以上
线路变压器组接线		（1）设备少、投资少。 （2）接线简单。 （3）操作简单	（1）灵活性差。 （2）可靠性差	110kV 及以上
其他接线方式	内桥接线	（1）便于线路投停操作。 （2）适用于输电线路较长，线路故障率较高、穿越功率小和变压器不需要经常切换的情况	若变压器投切，则线路断路器必须短时退出运行	
	外桥接线	（1）便于变压器投停操作。 （2）适用于线路较短，故障率较低，变压器经常停投及穿越功率较大的情况	若线路投停，则变压器必须短时退出运行	35～110kV
	角形接线	（1）设备少，投资省。 （2）运行灵活、可靠。 （3）没有母线，任意部分故障时，对电网运行影响小	（1）回路数受限。 （2）保护接线复杂，一、二次回路倒换操作较多	110kV 及以上

第三节　变电站运行方式

一、变电站运行方式

变电站运行方式是指为保障电网安全、稳定、经济、运行，各级电力调度系统根据变电站母线接线方式，安排可行的运行形式。变电站运行方式规定了站内各元件的运行状态。

变电站每一个一次设备都存在“运行”“热备用”“冷备用”“检修”四种状态。为使

系统安全、经济、合理运行，或者满足检修工作的要求，需要经常变更系统的运行方式，由此相应引起了系统参数的变化。例如：变压器运行方式调整，可以并联运行也可以单独运行；变电站母线运行方式调整；变压器中性点运行方式调整；变压器分接开关的调整；消弧线圈挡位的调整。这些都属于变电站运行方式的变化。

在安排运行方式时首先应编制无故障情况下的运行方式，确保其最安全、经济、可靠、灵活；其次根据设备检修或某些设备运行状况等，制定非正常运行情况下的特殊运行方式，保障变电站安全运行。变电站常见运行方式见表 2-5。

表 2-5　　　　变电站常见运行方式

主接线方式	正常运行方式	非正常（特殊）运行方式
单母线运行方式	母线及其所连接单元均正常运行（无功补偿装置根据调压情况决定）	当母线停电时，母线上所连接单元也必须停电
单母线分段接线	母线及其所连接单元均正常运行	分列运行方式
双母线接线	双母线并列运行，出线及电源均衡接在两条母线上	（1）双母线分列运行或变为单母线运行方式。 （2）一段母线上无电源点的运行方式。 （3）通过母联断路器串联其他断路器运行方式
双母线分段接线方式	双母线并列运行，出线及电源均衡接在两条母线上	（1）双母线分列运行或一组母线变为单母线运行方式。 （2）一段母线上无电源点的运行方式。 （3）通过母联或分段断路器串联其他断路器运行方式
双母线双分段接线方式	双母线并列，四段工作母线运行，母联断路器、分段断路器及其隔离开关均在合闸位置，出线及电源分别接在四段工作母线上	（1）双母线分列运行或一组母线变为单母线。 （2）两段母线因检修或故障退出运行。 （3）旁路转代出线或变压器的断路器
3/2 断路器接线	母线所有断路器和隔离开关均在合闸位置，为闭环运行方式	（1）开环运行方式：任一台断路器断开或检修状态。 （2）单母线运行方式：任一母线停运。 （3）线路停电方式：仅线路停电或线路及其断路器同时停电
线路变压器组接线方式	变压器和线路同时运行	线路或变压器停运

二、变电站运行方式的安排要求

变电站运行方式直接影响电网的安全、可靠、经济运行，在安排考虑各种情况下的电气主接线的运行方式时，应遵循以下原则：

（1）合理安排电源和负荷。在双母线接线中，电源（发电机、变压器、电网联络线）接入每组母线上的数量要相当，电源容量基本平分，双回联络线分开接入两组母线；负荷安排要合理，双回线路分开接入两组母线，使两组母线上的电源容量与负荷容量基本平衡，通过母联断路器的交换功率（电流）为零或尽量小。

（2）变压器中性点接地满足要求。大电流接地系统中，电源变压器中性点的接地要分配合理，当高压母线有两个接地中性点时，运行方式的安排应考虑电源变压器的中性点在每一组母线上均有一个接地点，而不应集中在同一组母线上。否则，一旦母联断路器跳闸，将会使其中一组母线失去接地中性点，从而影响零序保护的正确配合。如果电网只需要一个接地中性点，则无须对此专门考虑。

（3）限制短路电流，合理选择设备。主接线形式和运行方式的安排，直接影响短路时的电流大小和影响电气设备的选择。例如在发电厂主接线中，应适当限制接入发电机电压母线的发电机台数和容量，采用单元接线，母线分段运行，合理断开环网等措施，都可增大系统电抗，减少机压母线系统的短路电流，但必须经过仔细分析计算，保证满足发电厂和系统两方面的运行要求。

（4）运行方式简便易于记忆。各变电站不同电压等级的母线、回路和电气设备的分配方法（包括设备的编号及所在母线的位置），要有一定的规律性，便于调控人员和运维人员掌握和记忆。

第四节　变电站一次设备

变电站一次设备主要包括变压器、断路器、隔离开关、母线、输电线路、电力电缆、高压电抗器、串联补偿装置、低压无功补偿装置等。

一、变压器

（一）变压器结构及分类

变压器是变电站最主要的电气设备之一，利用电磁感应原理进行不同电压等级电路之间的功率传递，升高或降低电压，以便于功率传输和用户使用。变压器有多种分类形式，如按绕组数量、电源相数、冷却方式、调压方式等，详细分类见表 2－6，变压器型号含义如图 2－16 所示，变压器主要参数含义见表 2－7。

表 2－6　　变压器分类

分类形式	具体类别
按绕组数量分类	自耦、双绕组、三绕组和多绕组变压器
按电源相数分类	单相、三相和多相变压器
按冷却方式分类	自然冷却、风冷、水冷、强迫油循环风（水）冷和水内冷式变压器
按冷却介质分类	干式、液（油）浸式和充气变压器等
按调压方式分类	无载调压和有载调压变压器
按中性点绝缘水平分类	全绝缘和半绝缘（分级绝缘）变压器

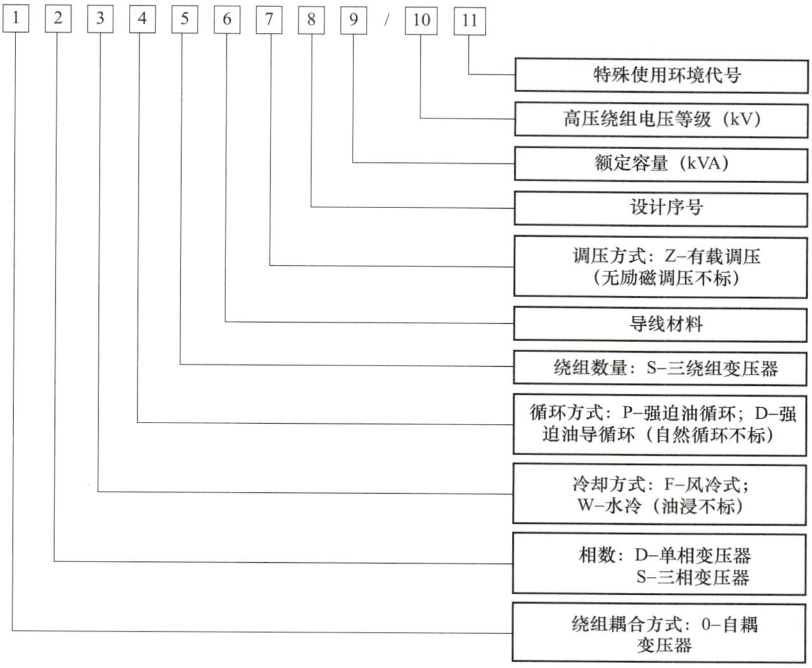

图 2–16　变压器型号含义

表 2–7　　变压器主要参数含义

参数名称	含义
额定容量（kVA）	额定电压和额定电流下连续运行时，能输送的容量
额定电压（kV）	变压器长时间运行时所能承受的工作电压
额定电流（A）	变压器在额定容量下，允许长期通过的电流
效率 η	变压器二次输出功率 P_2 与一次输入功率 P_1 之比
容量比	变压器各侧额定容量之比
电压比	变压器各侧额定电压之比
空载损耗（kW）	以额定频率的额定电压施加一个绕组端子上，其余绕组开路时所吸取的有功功率
空载电流（%）	当变压器在额定电压下二次侧空载时，一次绕组中通过的电流
负载损耗（kW）	把变压器的二次侧短路，在一次绕组额定分接位置上通入额定电流，此时变压器所消耗的功率
阻抗电压（%）	把变压器的二次绕组短路，慢慢升高一次绕组电压，当二次绕组的短路电流为额定值时，一次绕组所施加的电压
联结组标号	根据变压器一、二次绕组的相位关系，把变压器绕组连接成各种不同的组合，称为绕组的联结组别，常用时钟表示法。220kV 变电站主要联结组别为双绕组变压器为 YNd11、三绕组变压器为 YNyn0d11
温升与冷却	变压器绕组或上层油温与变压器环境温度之差，称为绕组或上层油面的温升。在长期温度作用下，变压器绝缘材料绝缘性能会降低，且温度越高，绝缘老化越快。以油浸式变压器为例：运行中各部分温度不同，绕组最高、铁芯次之、变压器油温最低。运行中的变压器不仅要监视上层油温，而且还要监视上层油温的温升。油浸自冷或风冷变压器上层油温允许温升（周围环境温度为 40℃，额定负荷）为 55℃

变压器内部绝缘和绕组结构示意如图 2－17 所示。变压器主要由外壳、铁芯、绕组、绝缘及辅助设备（套管、压力释放器、冷却系统、气体继电器、调压装置、储油柜、呼吸器等）组成，详细功能描述见表 2－8。

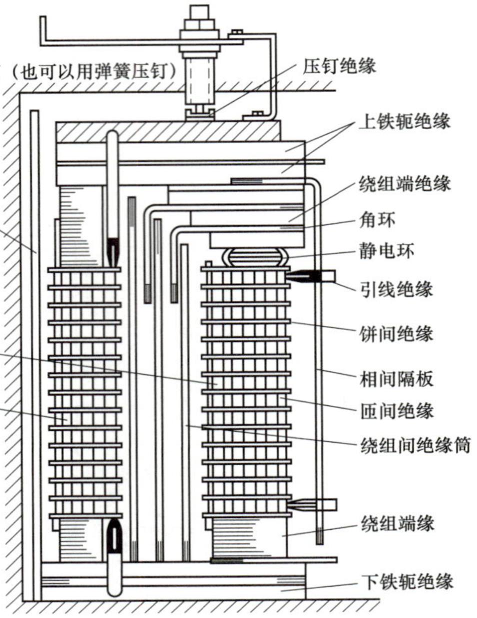

图 2－17　变压器内部绝缘和绕组结构示意图

表 2－8　变压器各元件功能

元件名称	功能
铁芯	铁芯是变压器磁路主体，是导磁部分，分为铁芯柱和铁轭，铁芯柱上套装绕组，铁轭的作用是使磁路闭合
绕组	绕组是变压器的电路导电部分，用绝缘铜线或铝线绕制而成；绕组的作用是电流的载体，产生磁通和感应电动势
油箱	变压器器身装在充满变压器油的油箱内，变压器油有绝缘和散热作用
储油柜	装在油箱上，使油箱内部与外界隔绝，起着储油和补油的作用，确保油箱内充满油，并缩小了油与空气的接触面，减缓油的劣化速度
绝缘套管	装在变压器的油箱盖上，作用是把线圈引线端头从油箱中引出，并使引线与油箱绝缘
呼吸器	从储油柜上部用一铁管引下，连通到一个内装干燥剂的玻璃容器构成呼吸器，是储油柜与外部的通道
冷却器	直接装配在变压器油箱壁上，帮助变压器将铁芯和绕组产生的热量散发出去
压力释放器	当变压器内部发生严重故障而产生大量气体时，油箱内压力迅速增加，为防止变压器发生爆炸，油箱上安装压力释放器
气体继电器	变压器的一种保护装置，安装在油箱与储油柜的连接管道中，当变压器内部发生故障时产生的气体和油流，迫使气体继电器动作
分接断路器	变压器一次绕组中配有分接头，利用开关与不同接头连接，可改变一次绕组的匝数，控制变压器的输出电压在允许范围内
变压器油	加强绝缘和散热
测温装置	监测变压器油温和绕组温度

（二）变压器运行规定

1. 过负荷的一般规定

（1）变压器允许的过负荷倍数和时间按照厂家说明书或现场运行规程掌握。

（2）有缺陷的变压器不宜过负荷运行。

（3）变压器的载流附件和外部回路元件应能满足超额定电流运行的要求，当任一附件和回路元件不能满足要求时，应按负载能力小的附件和元件限制负载。

2. 运行电压要求

变压器的运行电压一般不应高于105%的运行分接电压。

3. 运行温度要求

油浸式变压器顶层油温一般不应超过表2－9的规定（制造厂另有规定的除外）。当冷却介质温度较低时，顶层油温也相应降低。

表2－9　变压器温升规定

冷却方式	冷却介质最高温度	顶层最高油温
油浸自冷/风冷	40℃	一般85℃，最高95℃
油浸强迫风冷	40℃	85℃
油浸强迫水冷	40℃	70℃

4. 冷却装置的运行要求

（1）不允许在带负荷的情况下将强油冷却器全停，以免产生过大的铜油温差，使变压器绝缘受损伤。在运行中，当冷却系统发生故障切除全部冷却器时，变压器在额定负载下允许运行20min。当油面温度尚未达到75℃时，允许上升到75℃，但冷却器全停的最长运行时间不得超过1h。

（2）冷却器装置部分故障时，变压器的允许负载和运行时间应按制造厂的规定。

5. 变压器并列运行要求

（1）变压器并列运行条件是：一次和二次额定电压分别相等或电压比相等，联结组别相同，短路阻抗百分值相近。

（2）电压比不等或短路阻抗不等的变压器并列运行时，每台变压器并列运行绕组的环流应满足制造厂的要求。

（3）路阻抗不同的变压器，可通过调整分接头位置，适当提高短路阻抗大的变压器的二次电压，使并列运行变压器的容量均能充分利用。

（4）变压器三相负载不平衡时，应监视最大一相的电流。

（5）变压器间隙过电流保护与零序过电流保护采用共用中性点电流互感器，变压器投入运行时，中性点放电间隙保护应退出运行，合上变压器中性点接地开关。送电结束后，根据运行方式安排拉开中性点接地开关，投入间隙零序保护连接片。间隙零序保护必须在变压器中性点隔离开关合上前停用，拉开后投入。变压器间隙过电流保护采用间隙回路单独电流互感器，在变压器中性点切换时，间隙保护连接片可不用切换。

6. 变压器冲击合闸试验

变压器新装或大修后，在投入运行前需要做冲击合闸试验，其目的是检验变压器及其回路的绝缘、变压器差动保护和变压器的机械强度；按规定，新装变压器冲击合闸试验为5次，大修变压器为3次，每次冲击时间间隔不少于5min。

二、高压开关设备

（一）高压断路器

高压断路器（又可称为开关）是变电站的重要设备，既用来承载、断开或闭合正常工作电流，也用来闭合、承载一定时间或断开短路电流。高压断路器主要由导流部分、绝缘部分、灭弧部分和操动机构组成。断路器主要部件功能见表2－10。断路器设备如图2－18所示。

表2－10　断路器主要部件功能

部件名称	基本作用
导电主回路	通过动触头、静触头的合、分实现电路的通、断
灭弧室	使电路分断过程中产生的电弧在密闭小室的高压力下快速熄灭、切断电路
操动机构	使动触头按指定的方式和速度运行，实现电路的断、合
绝缘支撑件及传动部分	通过绝缘支柱实现对地的电气隔离，传动部件实现操作传递
底座	用来支撑和固定断路器

图2－18　断路器设备

断路器分类：按灭弧介质来分类，断路器可以分为 SF_6 断路器、真空断路器和油断路器，目前使用最广泛的是 SF_6 断路器和真空断路器。操动机构应用最多的是液压机构、气动机构和弹簧储能机构。断路器主要参数及含义见表 2-11。

表 2-11　断路器主要参数及含义

主要参数	含义
额定电流 I_N（A）	额定电压下，断路器长期允许通过的最大工作电流
最高工作电压 U_{alm}	断路器能承受的正常工作电压。当额定电压 $U_N \leqslant 220$kV 时，$U_{alm}=1.15U_N$；当 $U_N>220$kV 时，$U_{alm}=1.1U_N$
额定开断电流 I_{Nbr}	在额定电压下能保证正常开断的最大短路电流
关合电流 I_{Ncl}	在额定电压下，断路器能正常接通的最大短路电流
t 秒热稳定电流 I_t	t 秒内，通过断路器使其各部分发热不超过短时发热允许温度的最大短路电流
动稳定电流 I_{es}	断路器在合闸位置时，允许通过的短路电流最大峰值，而不损坏
开断时间（ms）	从断路器接到开断指令时起，到三相电弧完全熄灭的时间间隔，为分闸时间和燃弧时间之和，开断时间标准值为（28±4）ms
合闸时间（ms）	自断路器的机构接到合闸指令起，到各相触头接触时为止的一段时间，合闸时间标准值为（80±20）ms
全开断时间 t	断路器接到分闸命令瞬间起到各相电弧完全熄灭为止的时间间隔，为断路器固有分闸时间 t_1 和燃弧时间 t_2 之和
分闸相间同步（ms）	由断路器接到分闸指令，自首先分离相的触头分开起，到最后相触头刚分开为止的一段时间，分闸相间同步时间一般不应大于 3ms
合闸相间同步（ms）	由断路器接到合闸指令，自首先接触相的触头刚接触起，到最后相触头刚接触为止的一段时间，合闸相间同步时间一般不应大于 5ms

断路器运行规定如下：

（1）具备能长期承受最高工作电压，而且还能承受操作过电压和大气过电压，额定开断容量必须大于安装地点的最大短路容量。

（2）高压断路器外露的带电部分应有醒目的相色漆；本体无锈蚀，液压系统无渗漏；机构箱密封良好，无漏雨进水。

（3）外壳、支架、机构箱应有明显的接地标志，并可靠接地；断路器相连接的引线连接牢固、接触良好，符合规范要求。

（4）本体及操动机构的分、合闸机械指示正确并与断路器的实际位置相符。

（5）油位、油色正常，SF_6 气体压力，绝缘介质在合格范围内。

（6）操动机构应有合格的操作能源，分、合闸无卡涩，动作可靠。

（7）高压断路器规定了额定负荷下允许切断次数及故障电流下允许切断次数。当达到规定跳闸次数时，应汇报申请检修，一般不再投入运行。当达到停用重合闸次数时，应退出重合闸。操动机构在断路器动作次数达到允许切断次数时，报缺陷，要求检修，各计数器不得随意复零。

（8）发出 SF_6 压力低闭锁的断路器即认为失去断路能力，不得投入运行。SF_6 断路器的气体压力与断路器的灭弧能力和绝缘能力相关，运行中必须严密监视 SF_6 气体压力及其泄漏情况。定期记录 SF_6 气体压力、温度。

（9）装有“远方”和“就地”操作方式选择开关的断路器，正常操作时，应采用“远方”操作，仅在调试或紧急事故处理时，才可使用“就地”操作。

（10）长期停运、检修后的断路器，在送电前，试操作 2～3 次，无异常后方能正式操作。

（11）断路器及操动机构有若干加热器防止结霜，加热器应始终处于接通状态。低温加热器在 0℃时投入，在 10℃时退出。

（12）断路器液压机构，应通过监视信号和压力表对油压进行严密的监视，保证断路器有足够的操作动力和良好的操作性。

（二）高压隔离开关

高压隔离开关（又可称为刀闸）需与断路器配合使用，主要由导电部分、绝缘部分、操动机构三部分组成，比断路器少了灭弧部分。隔离开关触头裸露在空气中，有明显的断开点，因此不能用隔离开关来开断负荷电流和短路电流。高压隔离开关如图 2－19 所示。

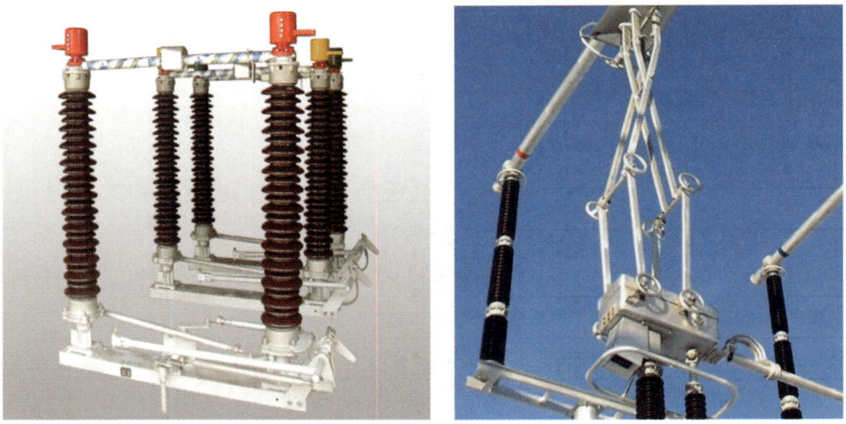

图 2－19　高压隔离开关

隔离开关主要有以下用途：

（1）隔离电源。设备检修时，用来隔离有电和无电部分，形成明显的断开点，以保证工作人员和设备的安全。

（2）倒闸操作。投入备用母线或旁路母线以改变运行方式时，常用隔离开关配合断路器，协同操作来完成。

（3）分、合小电流。隔离开关具有一定的分、合小电感电流和电容电流的能力。在实际操作中，既能用断路器开断又能用隔离开关开断的电路，用断路器开断。

按所担负的工作任务，隔离开关应满足以下基本要求：

（1）应具有明显可见的断开点，使检修、运行人员能清楚地观察隔离开关的分、合状态。

（2）断开点应具有可靠的绝缘，即使在恶劣的气候条件下，也不能发生漏电或闪络现象，以确保检修、运行人员的人身安全。

（3）应具有足够的短路稳定性。

（4）结构简单，动作可靠。

（5）隔离开关装有接地开关时，主隔离开关与接地开关之间应具有机械的或电气的联锁以保证“先断开主隔离开关，后闭合接地开关；先断开接地开关，后闭合主隔离开关”的操作顺序。

隔离开关的基本参数有额定电压、额定电流、动稳定电流、t秒热稳定电流等，各参数的意义与断路器相同。

隔离开关运行规定如下：

（1）对于3/2接线，当某一串中间断路器出现分合闸闭锁时，可用隔离开关来解环，但要求至少有三串合环运行。

（2）对于双母线双分段接线方式，当两个母联和分段断路器中的某一断路器出现分合闸闭锁时，可用隔离开关断开回路，但操作前必须确认四个断路器在合闸位置并断开四个断路器的操作电源（非自动）。

（3）隔离开关运行时，电流、电压不超过其额定值。

（4）隔离开关在运行中一般采用就地进行分合操作，进行分合操作时应分相认真检查。

（5）正常运行时，远方/就地切换开关切至远方位置，并断开操作电源开关。

（6）运行中隔离开关与断路器、接地开关的电气及机械闭锁应完善、可靠。

（三）GIS设备

GIS是气体绝缘全封闭组合电器（gas-insulated switchgear）的简称。SF_6全封闭组合电器是指按电气主接线的要求，把除变压器以外的各种变电站电气元件组合在一封闭的接地金属壳体内，并充以SF_6气体作为主绝缘的电气设备。GIS包括的组合电气元件有断路器、隔离开关、接地开关、电流互感器、电压互感器、避雷器、母线及电缆终端。GIS的气体系统可以分为若干汽室，一般断路器压力高，它和电流互感器组成一个气室；主母线、电压互感器、避雷器分别为独立的气室，其他元件根据工程确定气室划分。各气室分别由相应的密度继电器检测气体压力，并辅以一些过渡元件（如弯头、三通、波纹管等）。

GIS 的特点是占地面积小、运行可靠。GIS 的所有带电体均置于接地金属箱内，避免了外部环境的影响，减少了设备事故概率，提高了电网及人身安全水平。

根据实现功能的不同，GIS 中某些单元组成又可以划分为间隔，主要有进（出）线间隔、母联间隔、测量保护间隔等，并根据用户的不同要求组成桥形接线、单母线分段、双母线等不同的接线方式。GIS 一般每间隔设有一个就地控制柜，各元件控制、状态信号，各气室密度监测信号，以及电压互感器、电流互感器二次出线全部引到就地控制柜，并通过就地控制柜与主控室相连。

220kV GIS 出线间隔组成设备如图 2-20 所示。该 220kV GIS 为主母线三相共箱，其他元件分箱式结构，主导电回路由固体绝缘件支撑在壳体中央，采用梅花触头作为过渡连接；可以通过充气套管与架空线连接，也可以通过电缆终端与电力电缆相连，或经油气套管直接与变压器连接。

图 2-20　220kV GIS 出线间隔组成设备

GIS 设备的运行规定如下：

（1）各气室 SF_6 气体年漏气率运行中小于或等于 1%，开关气室 SF_6 含水量小于或等于 150μL/L，其他气室 SF_6 含水量小于或等于 250μL/L。

（2）在 GIS 室内设备充装 SF_6 气体时，周围环境相对湿度应小于或等于 80%，同时必须开启通风系统，并避免 SF_6 气体泄漏到工作区。工作区空气中 SF_6 气体含量不得超过 1000μL/L。

（3）定期检查各气室中 SF_6 气体压力和外部环境温度，判断有无漏气倾向。

（4）开关切断或发生 SF_6 气体泄漏时，应开启全部通风系统，只有将室内彻底通风，SF_6 气体分解物排净后，才能进入 GIS 室，必须要戴防毒面具，穿防护服。

（5）开关室 SF_6 气体压力降低，发报警信号，禁止分、合闸操作。

（6）当断路器在合闸位置时出现气动机构压力降低到压力闭锁时，断路器维持在合闸位置，此时应采取停用控制电源等措施，立即进行汇报处理。

（7）当 GIS 设备进行正常操作时，为了防止触电危险，禁止触及外壳，并保持一定距离。操作时禁止在设备外壳上进行任何操作。

（8）所有断路器的操作，正常情况下必须在控制室内利用监控机进行远方操作或用测控柜的操作把手进行远方操作，在远方控制出现故障或其他原因不能进行远方操作时，应征得相关负责人同意，才能到就地控制柜上进行操作。

（9）GIS 的断路器、隔离开关、接地开关一般情况下禁止手动操作，只有在检修、调试时经相关领导同意方能使用手动操作，操作时必须有专业人员在现场进行指导。

（10）当 GIS 设备某一间隔发出“闭锁”信号时，此间隔上禁止任何设备操作，结合设备异常信号和设备位置状态，查明原因，在原因没有分析清楚前，禁止任何操作，同时迅速向调度和工区汇报情况，通知检修人员处理，待处理正常后方可操作。

（11）操作 GIS 设备的接地开关无法验电，必须严格使用联锁功能，采用间接验电的方法，并加强监护；线路侧接地开关可在相应线路侧验电（电缆出线利用带电显示装置间接验电），变压器接地开关可在变压器侧验电。

（12）断路器转检修时，应断开测控屏“遥控”连接片。

三、互感器

互感器是联系一、二次系统的中间设备，能按一定的比例将高电压和大电流降低，提供给测量、计量、继电保护及自动装置使用，以便实现测量仪表、保护设备及自动控制设备的标准化、小型化。同时互感器还可用来隔开高电压系统，以保证人身和设备的安全。互感器包括电流互感器和电压互感器。同母线上的电压基本相等，所以电压互感器一般按母线安装；而每个间隔的电流各不相同，所以电流互感器按间隔安装。电压互感器和电流互感器的原理接线如图 2－21 所示。

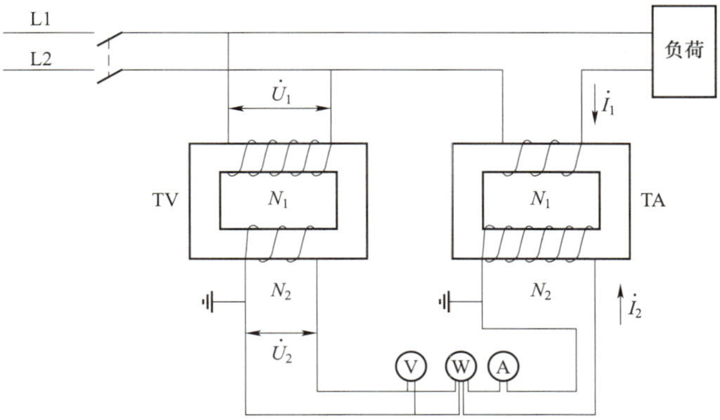

图 2－21　电压互感器和电流互感器的原理接线图

（一）电流互感器

电流互感器是将高压系统中的电流或低压系统中的大电流变成一定量标准的小电流（5A 或 1A）的电气设备，电流互感器的外观如图 2－22 所示。

图 2－22　电流互感器的外观图

电流互感器是接近于短路运行的变压器，其基本原理与变压器相似，只是取其电流的变换。电流互感器的一次绕组应与线路串联，额定一次电流等于或大于线路的实际电流。

电流互感器二次回路的负荷是计量仪表电流线圈或继电保护和自动装置的电流线圈，阻抗小，相当于变压器短路运行。电流互感器二次电流几乎不受二次负荷的影响，只随一次电流的改变而变化，因此只能测量电流。现代电流互感器设备在规定范围内能达到很高的测量精度。

有些电流互感器具有多个没有磁联系的独立铁芯，一次绕组是公共的，而每个铁芯上都有一个二次绕组，变比可相同或不同，由此可得到不同准确度和特性的电流互感器。因为保护和测量装置所需要的电流互感器特性是不同的，比如保护用电流互感器在系统发生故障时，为了快速、正确动作，希望二次电流能准确反应一次电流，尽量不饱和，响应速度快；而测量用电流互感器在系统发生故障时，希望其尽快饱和，以免大电流通过仪表造成损坏。电流互感器运行规定见表 2－12。

表 2－12　电流互感器运行规定

运行项目	运行要求
现场运行相关	（1）运行中的电流互感器二次侧禁止开路，备用的二次绕组应短接接地。 （2）电流互感器端子箱内的二次连接片应连接良好，严禁随意拆动。 （3）运行中的电流互感器二次侧只允许有一处接地点，其他地方不得有接地点。 （4）电流互感器 SF_6 运行压力值应在规定范围内，释压动作时，应立即断开电源，进行检修。 （5）电流互感器允许在设备最高电流下和额定连续热电流下长期运行。 （6）电压互感器的二次连接片操作顺序是先短接，后断开
调度运行相关	（1）差动用电流互感器若有二次接线变动后，投运前应测试极性或带负荷做向量检查。 （2）电流互感器在大修或更换后必须核对极性，正确后方可投入运行

（二）电压互感器

电压互感器是将电力系统的高电压变成一定标准的低电压（100V 或 100/3V）的电气设备。电压互感器从结构上讲是一种小容量、大电压比的降压变压器，基本原理与变压器相同，但是电压互感器不输送电能，仅作为测量和保护用的标准电源。电压互感器的外观如图 2－23 所示。

图 2－23 电压互感器的外观图

电压互感器有 2～3 个二次绕组，分为基本绕组和辅助绕组。基本绕组接成星形，提供给保护和测量装置使用；辅助绕组接成开口三角形，提供给接地保护使用。电压互感器二次回路的负载是计量表计的电压线圈和继电保护及自动装置的电压线圈，其阻抗很大，二次工作电流小，相当于变压器的空载运行。电压互感器消耗功率很小，且始终处于空载运行状态，二次电压基本上等于二次电动势，且只决定于恒定的一次电压，所以能测量电压。现代电压互感器设备在规定范围内能达到很高的测量精度。电压互感器运行规定见表 2－13。

表 2－13 电压互感器运行规定

运行项目	运行要求
现场运行相关	（1）电压互感器的各个二次绕组必须有可靠的保护接地，且只允许有一个接地点。 （2）电压互感器二次侧严禁短路，不得长期过电压、过负荷运行。 （3）接地良好，油位正常或 SF_6 压力正常，无短路和过电压现象，不过负荷运行，各相电压值在合理范围内。 （4）在切换电压互感器二次负荷的操作中，应注意先将电压互感器一次侧并列，再切换二次负荷。 （5）电压互感器退出运行前，下列保护应退出：距离保护、方向保护、低电压闭锁（复压闭锁）保护、低电压保护、过励磁保护、阻抗保护。 （6）停用电压互感器必须先断开二次开关、再拉开一次隔离开关，以防止反充电，然后验电，合上接地开关。送电顺序相反。 （7）线路停电检修时必须取下线路电压互感器二次熔断器（或断开空气断路器）
调度运行相关	（1）电压互感器允许在 1.2 倍额定电压下连续运行，大电流接地系统中，允许在 1.5 倍额定电压下运行 30s；小电流接地系统中，允许在 1.9 倍额定电压下运行 8h。 （2）停运半年及以上的互感器应按有关规定试验检查合格后方可投运。 （3）电压互感器停运或故障，应考虑对继电保护和自动装置的影响。 （4）在停用运行中的电压互感器之前，必须先将该组电压互感器所带的负荷全部切至另一组电压互感器。否则，须经调度值班员批准，将该组电压互感器所带的保护及自动装置暂时退出，然后再退出电压互感器

四、避雷器

避雷器的作用是防止雷电波沿线路侵入变电站危害电气设备绝缘，它必须与被保护设备并联，避雷器的冲击放电电压要低于被保护设备的绝缘击穿电压。当出现危及被保护设备的过电压时，避雷器动作，对地放电，从而限制了被保护设备上的过电压数值。

使用的避雷器主要有保护间隙、排气式避雷器、阀式避雷器、金属氧化物避雷器四种类型。金属氧化物避雷器（MOA）是一种新型过电压保护设备，它由封装在瓷套（或硅橡胶等合成材料护套）内的若干非线性电阻阀片串联组成，阀片以氧化锌为主要原料，并配以其他金属氧化物，因此又称为氧化锌（ZnO）避雷器。

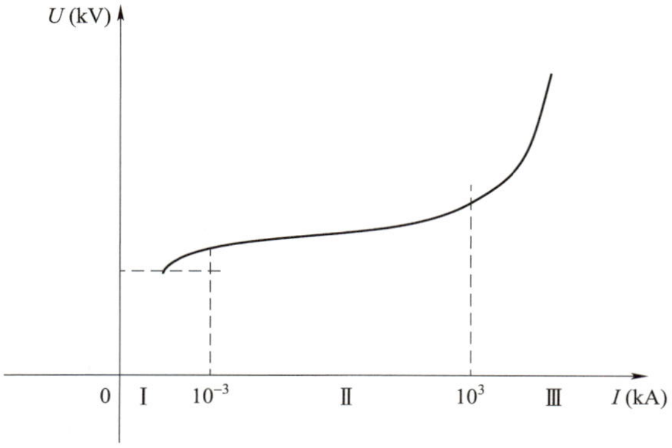

图 2-24　氧化锌避雷器的伏安特性

金属氧化物避雷器具有优异的非线性伏安特性，在正常工作电压下，其阻值很大，泄漏电流一般为 0.2～1mA，而在过电压的作用下，阻值会急剧变小。氧化锌避雷器的伏安特性如图 2-24 所示。在额定电压下，氧化锌避雷器相当于绝缘体，流过氧化锌避雷器的电流低于 1mA，因此它可以不用串联火花间隙来隔离工作电压与避雷器内部的阀片。当作用在氧化锌避雷器上的电压超过一定值（启动电压）时，其内氧化锌阀片“导通”，将冲击电流通过阀片泄入地下，此时避雷器残压不会超过被保护设备的耐压，从而达到了过电压保护的目的。此后，当工频电压降到启动电压以下时，阀片自动终止“导通”状态，恢复绝缘状态。因此，整个过程中不存在电弧的燃烧与熄灭问题。

避雷器运行规定如下：

（1）避雷器的检测仪动作次数及泄漏电流应指示正确、动作可靠。

（2）避雷器应定期试验。

（3）系统跳闸或预试工作结束后，对避雷器进行针对性检查并及时记录。

（4）雷雨过后或产生操作过电压后，必须逐台对避雷器的动作情况进行统计记录。

（5）避雷器投运前、更换全相避雷器及实验后，应登记动作指示数。

（6）雷雨天气严禁接近避雷器及避雷针。

五、无功补偿设备

如果电网中的无功功率供应不足，用电设备就没有足够的无功功率来建立正常工作所需要的电磁场，那么这些用电设备就不能维持在额定情况下工作，用电设备的端电压就要下降，从而影响到设备的正常运行。无功功率供给过多则会导致电网电压升高，也会增加线路电能损耗。为了不降低发电机的有功功率输出，不降低输、变电设备的供电能力，不增加线路电压损失和电能损耗，无功功率一般采取分区补偿、就地平衡的原则进行补偿。

（一）并联电容器

并联电容器的作用主要是进行无功补偿，调整电网电压，提高功率因数。并联电容器如图 2-25 所示。通常，（集中补偿式）接在变电站的低压母线上，常与有载调压变压器配合使用。电容器主要由芯子、绝缘介质、紧固件、外壳、套管和引线组成。其中，芯子由固体介质和铝箔卷绕成一个个元件，引线自套管引出。

图 2-25 并联电容器的外观图

并联电容器按照电压等级分低压并联电容器和高压并联电容器；按照绝缘介质分液体介质电容器（二芳基乙烷、苄基甲苯和异丙基联苯）和固体介质电容器（聚丙烯纸复合结构及全膜结构）。

并联电容器组包括电容器及其配套设备（如串联电抗器、放电绕组）。串联电抗器的电抗百分数是根据其作用进行选择的，只用于限制合闸涌流时，可选 1%的电抗器；用于限制五次谐波时，可选 4%～6%的电抗器；用于限制三次谐波时，可选 12%～13%的电抗器。

并联电容器运行规定如下：

（1）电力电容器允许在不超过额定电流 30%的工况下长期运行，三相不平衡电流不应超过±5%。

（2）电力电容器组新装投运前，除按一般巡视项目检查外，各项试验应合格。

（3）构架式电容器装置每只电容器应编号。

（4）电容器的连续运行电压不得大于 $1.05U_e$（U_e为电容器额定工作电压）。

（5）正常运行时，应做好设备情况记录，经常对电容器组进行外观检查，检查箱壳有无鼓肚、渗油等情况。

（6）运行过程中，一旦出现报警、跳闸等情况，应查明原因，在未查明原因前，不得重新合上断路器。

（7）电容器组断路器拉、合闸间隔时间不应小于 5min。

（8）电容器停电工作时，必须经过充分放电才能工作。熔丝熔断的单个电容器工作时必须对电容器进行充分放电。

（9）电容器停用时，应先拉开断路器，再拉开电容器侧隔离开关，后拉开母线侧隔离开关。投入时的操作顺序与上述相反。

（10）全所停电及母线系统停电操作时，应先拉开电力电容器组断路器，再拉开各馈路的出线断路器。全站恢复供电时，应先合各馈路的出线断路器，再合电力电容器组断路器，禁止空母线带电容器组运行。

（二）消弧线圈

消弧线圈的作用是补偿系统发生单相接地时的电容电流。消弧线圈实际是一个铁芯带有间隙的电感线圈，间隙沿着整个铁芯分布，避免了磁饱和。根据消弧线圈绝缘介质不同，分为油浸式和干式两种。

第五节　继电保护及安全自动装置

一、继电保护

（一）220kV 系统保护配置

1. 220kV 线路主保护及后备保护

按双主双后备配置，运行两套重合闸。主保护为差动保护（包括纵联差动、纵联距离、纵联方向），后备保护配置距离、零序、TV 断线下相过电流及零序过电流保护。2014 年起，要求新（改、扩）建线路保护投运前、已运行线路保护升级改造为双套纵联电流差动保护。纵联保护通道为高频通道的采用闭锁式，直接光纤或脉冲编码调制（PCM）复用通道的采用允许式。多数线路保护采用母线 TV，两套保护共用同一个电压切换回路；按照国网典型设计及继电保护标准化设计的变电站，线路保护采用线路 TV。

2. 220kV 线路辅助保护

部分 220kV 线路配置线路辅助保护，包括断路器失灵启动、非全相、充电及过电流保护。充电、过电流保护正常方式下经外部压板退出。按照国网典型设计及继电保护标准化设计的智能变电站，线路不配置辅助保护。线路非全相保护应在就地机构箱中实现，时间为 3s。

3. 220kV 旁路（或母兼旁）保护

配置一套线路纵联距离保护和重合闸装置作为主保护，断路器失灵启动、非全相及充电、过电流为辅助保护（其中充电、过电流保护正常方式下经外部压板退出）。旁路（或母兼旁）代线路开关运行时，纵联距离保护须切换至线路开关的纵联保护收发信机或光纤接口装置。多数线路开关已实现双套纵联差动保护配置，旁路（或母兼旁）保护升级改造前暂无法实现旁路开关代线路开关运行功能。

4. 220kV 母线保护

目前，220kV 变电站均配有双套 220kV 母线保护。按照国网典型设计及继电保护标准化设计的变电站两套母线保护要实现断路器失灵保护，220kV 变电站 220kV 母差保护线路及母联支路要完善双失灵保护功能，但部分变电站主变压器支路依然存在单失灵问题。母线保护中配置的母联（分段）开关过电流、充电等辅助保护正常方式下需经外部压板退出。

5. 220kV 母联保护

按照国网典型设计及继电保护标准化设计的变电站，220kV 母联断路器配置了独立于母线保护的辅助保护装置，用于母线或线路充电，正常方式下其充电、过电流保护经外部压板退出。母联非全相保护应在就地机构箱中实现，时间为 1s。

6. 220kV 变压器高压侧失灵启动功能

按照国网典型设计及继电保护标准化设计的变电站，实现变压器故障断路器失灵启动及 220kV 母线故障变压器断路器失灵启动联跳主变压器各侧功能。

7. 220kV 变压器保护配置

主保护配置要求如下：

（1）配置纵差保护、差动速断保护。

（2）可配置不需整定的零序分量、负序分量或变化量等反映轻微故障的故障分量差动保护。保护 TA 接于各侧的外附电流互感器上。

后备保护配置要求如下：

（1）高压侧配置偏移特性的阻抗保护、复合电压闭锁过电流保护、零序过电流保护、间隙保护、过负荷保护、失灵联跳功能（高压侧断路器失灵保护动作开入后，应经灵敏的、不需整定的电流判别元件并带 50ms 延时跳各侧断路器）。

（2）中压侧配置带偏移特性的阻抗保护、复合电压闭锁过电流保护、零序过电流保护、间隙保护、过负荷保护。

（3）中压侧为小电流接地系统时，参照低压侧配置保护。

（4）低压侧配置限时速断电流保护、复合电压闭锁过电流保护、零序过电压告警、过负荷保护。

8. 非电量及辅助保护

配置气体保护（本体及有载调压瓦斯）、220kV 侧断路器失灵启动、非全相保护及冷控失电、压力释放、压力突变、绕组过温、油位异常、油温高等告警功能。非电量保护功能投退由运检部管理，辅助保护中的 220kV 侧开关非全相保护只在开关机构是分相操动机构时投入。按照国网典型设计及继电保护标准化设计的变电站，变压器不配置辅助保护，220kV 侧开关失灵启动电流判据在母线保护中实现，220kV 侧开关为分相操动机构的，非全相保护应在就地机构箱中实现，主变压器开关就地非全相时间为 1s。

（二）110kV 及以下系统保护

1. 110kV 线路保护

配置一套三段相间、接地距离保护、四段零序电流保护、一段（或两段）TV 断线时的相电流保护及三相一次重合闸。部分小电源并网线路配置具备完整后备功能的纵联电流差动保护。按照最新要求，新建或改、扩建的 110～35kV 变电站的进线应配置线路 TV 和光纤差动保护。

2. 110kV 变压器保护

主保护：配置纵差保护、差动速断保护。主后分体保护装置应单套配置，主后一体的保护装置应双套配置。

后备保护：高压侧后备配有复合电压闭锁方向电流保护、中性点不接地间隙保护及过负荷、启动通风、过电流闭锁有载调压功能；中低压侧后备配有复合电压闭锁方向电流保护、过负荷、零序电压接地告警功能。主后分体保护装置应单套配置，主后一体的保护装置应双套配置。

非电量保护：配置气体保护（本体及有载调压瓦斯）、绕组过温、油位异常、油温高等告警功能。非电量保护功能投退由运检部管理。

3. 35、10kV 线路保护

配置三段过电流保护（部分小电源并网线配有纵差、三段距离或方向过电流保护）及三相一次重合闸。按照最新要求，新建或改、扩建的 110～35kV 变电站的进线应配置线路 TV 和光纤差动保护。10kV 专线并网的线路应配置电流差动保护，10kV 线路有多源 T 接并网的分布式电源，应装设站内遥切装置。

4. 35kV 变压器保护

主保护：配置纵差保护、差动速断保护。主后分体保护装置应单套配置，主后一体的保护装置应双套配置。

后备保护：高压侧后备配有复合电压闭锁方向电流保护、过负荷、启动通风、过电流闭锁有载调压功能；低压侧后备配有复合电压闭锁方向电流保护、过负荷、零序电压接地告警功能。智能站变压器配置双套主后一体保护装置。主后分体保护装置应单套配置，主后一体的保护装置应双套配置。

非电量保护：配置气体保护（本体及有载调压瓦斯）、绕组过温、油位异常、油温高等告警功能。非电量保护功能投退由运检部管理。

5. 110kV 及以下小电源并网联络线

主保护：电流差动保护。

后备保护：三段相间及接地距离保护、零序电流保护或方向过电流保护。系统侧设为检线无压重合闸（无线路 TV 时重合闸应停用），小电源侧根据二次回路设为检同期或停用重合闸；当小电源全部停机时，小电源侧保护投信号（跳闸出口退出）、重合闸停用。地方电厂经单回线并网时的建议配置。

如图 2－26 所示的地方电厂经单回线并网系统，C 侧为地方电厂，经 AB、BC 两个单回线路并网。针对这种系统，AB、BC 线路两侧均应配置光纤差动保护，当线路 AB 故障，B 变电站进线保护第一时间快速切除 BC 线路，同时 B 变电站 110kV 变压器高压侧间隙一时限联切 BC 并网线路功能，使得 AB 故障能快速重合及备自投动作成功，恢复 B 变电站负荷。

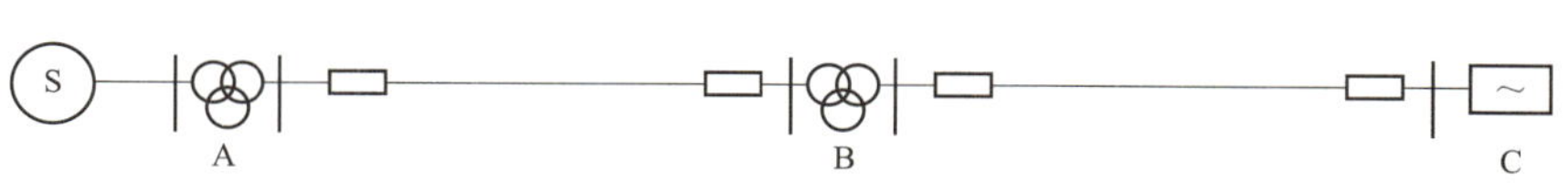

图 2-26 地方电厂经单回线并网示意图

二、安全自动装置

安全自动装置是用于防止电力系统稳定破坏、防止电力系统事故扩大、防止电网崩溃及大面积停电以及恢复电力系统正常运行的各种自动装置的总称。

安全自动装置主要包括直流受端安全稳定控制装置、过电流切负荷（集电线）装置、备自投装置、低频低压减负荷装置等。

（一）直流受端安全稳定控制装置

1. 逻辑功能

直流受端安控包括装设于换流站、特高压变电站、220kV 变电站及用户侧的相关稳控装置，以及稳控装置之间的通信通道。以图 2-27 东部沿海某省特高压直流、交流为例对直流受端安全稳定控制装置进行介绍，其工作逻辑结构示意如图 2-28 所示。

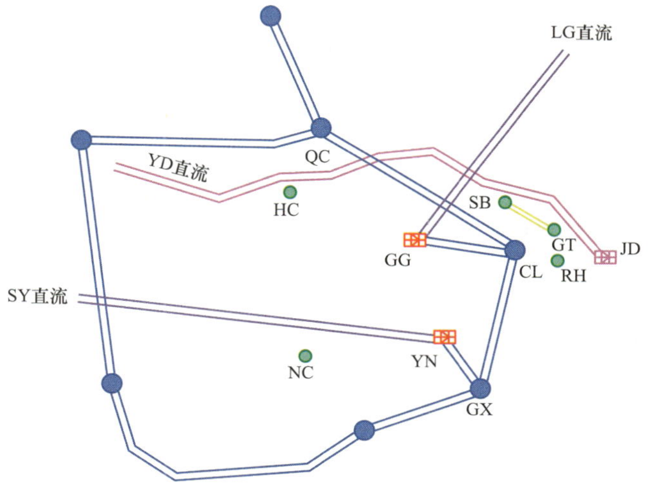

图 2-27 东部沿海某省特高压直流电站、交流电站及 220kV 变电站分布

直流受端安控的切负荷部分通常可分为精准切负荷系统和常规切负荷系统。前者包括装设于 220kV 变电站的精准切负荷子站及用户侧的精准切负荷终端，后者包括装设于 220kV 变电站的切负荷执行站。

2. 管辖范围

（1）一般切负荷协控主站为调控分中心直调设备，经调控分中心同意，切负荷协控主站及精准切负荷子站的通道压板由调控分中心许可、省调直调。

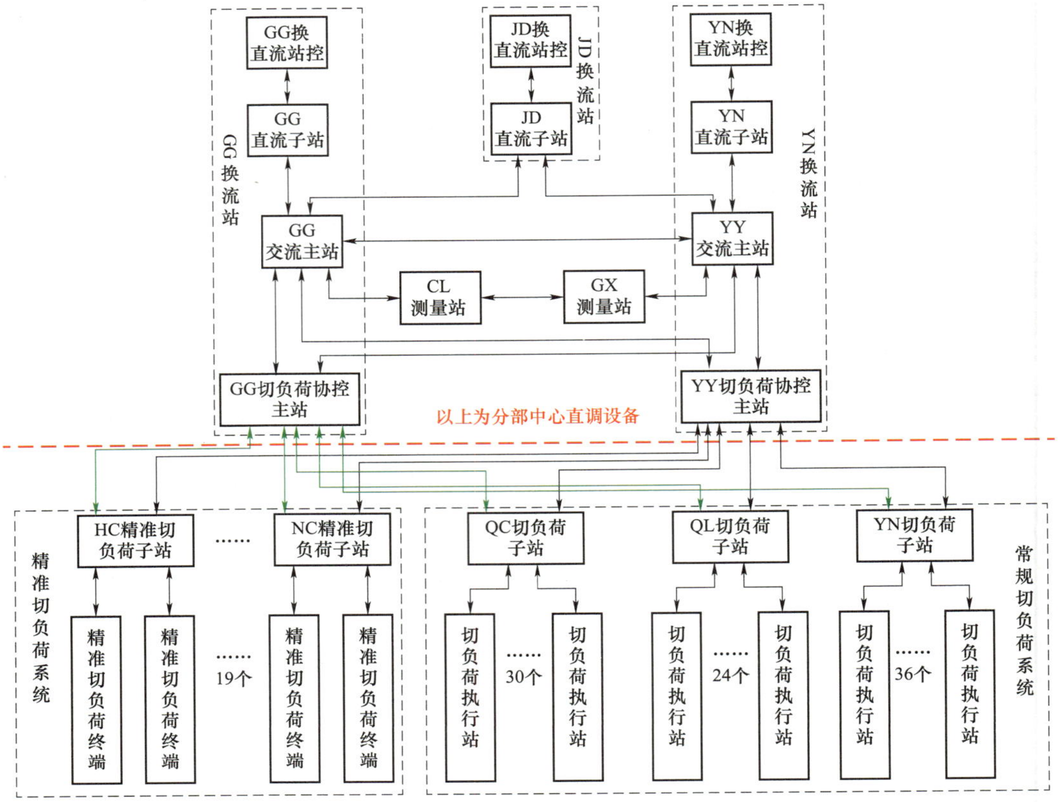

图 2-28　直流受端安控装置结构示意图

（2）除下列装置外，其他装置均为上级直调设备，其名称与调度管辖由上级调度确定。直流受端安控切负荷系统见表 2-14。

表 2-14　直流受端安控切负荷系统

切负荷系统	名称	站点	调度管辖
常规切负荷系统	直流受端安全稳定控制系统甲切负荷子站 A、B	QC 站	调控分中心许可、省调直调
	直流受端安全稳定控制系统乙切负荷子站 A、B	CL 站	
	直流受端安全稳定控制系统丙切负荷子站 A、B	YN 站	
	直流受端安全稳定控制系统××切负荷执行站 A、B	89 个 220kV 变电站	省调许可、地调直调
精准切负荷系统	直流受端安全稳定控制系统××精准切负荷子站 A、B	19 个 220kV 变电站	省调直调
	直流受端安全稳定控制系统××精准切负荷终端	用户侧（单套配置）	地调直调

常规切负荷系统的切负荷执行站为地调直调省调许可设备，精准切负荷子站为省调直调设备，精准切负荷终端为地调直调设备，各级调度按照管辖负责装置定值调整、投停和异常处理。

3. 主要功能

（1）LG 直流发生闭锁、功率回降等故障，GG 直流子站接收 GG 直流站控发送的闭锁、功率回降信息，计算功率损失量，并发送至 GG 交流主站；GG 交流主站根据指定的运行方式压板，按下式计算所需要采取的切负荷量，并下发至 GG、YN 切负荷协控主站。

（2）ZY（或 YD）直流发生闭锁、功率回降等故障，YN（或 JD）直流子站接受 YN（或 JD）直流极控发送的闭锁、功率回降信息，计算功率损失量，并发送至 YN 交流主站；YN 交流主站根据指定的运行方式压板，按下式计算所需要采取的切负荷量，并下发至 GG、YN 切负荷协控主站。

（3）LG 直流、ZY 直流和 YD 直流发生相继闭锁、功率回降等事故，系统按照直流功率损失之和减去门槛值的方式确定所需切负荷量。

（4）1000kV GL 双线解环方式下（两回线同时跳闸、任一线停电另一线跳闸），GG 交流主站及 CL 测量站判断出 GL 双线全部解环，GL 交流主站经由直流子站向 LG 直流站控发送闭锁 LG 直流低端命令；直流低端闭锁后，SD 直流受端安控根据功率转带及损失情况判断是否需要采取切负荷措施。

（5）1000kV YG 双线解环方式下（两回线同时跳闸、任一线停电另一线跳闸），YN 交流主站及 GX 测量站判断出 YG 双线全部解环，YN 交流主站经由直流子站向 ZY 直流极控发送闭锁 ZY 直流低端命令；直流低端闭锁后，SD 直流受端安控根据功率转带及损失情况判断是否需要采取切负荷措施。

（6）1000kV GL 双线解环方式下（两回线同时跳闸、任一线停电另一线跳闸、CL 站任一 1000kV 母线停电另一母线跳闸、GX 站任一 1000kV 母线停电另一母线跳闸），CL 测量站和（或）GX 测量站判断出 GL 双线全部解环，YN 交流主站经由直流子站向 ZY 直流极控发送闭锁 ZY 直流低端命令；直流低端闭锁后，SD 直流受端安控根据功率转带及损失情况判断是否需要采取切负荷措施。

（7）GG、YN 切负荷协控主站根据接收到的切负荷命令及精准切负荷系统、常规切负荷系统的实时可切负荷量，优先进行精准切负荷，精准切负荷容量不够的部分由常规切负荷补足。

（二）过电流联切负荷装置

过电流联切负荷装置，就是在电网 $N-1$ 或同塔 $N-2$ 故障下，为防止某一设备（常见 220kV 线路）严重过电流而切除其所带部分负荷的装置。任一区域电网中，存在严重 $N-1$ 或同塔 $N-2$ 过电流情况的设备，均应配置该装置。

以 WF220kV TB 线过电流遥切负荷装置为例，展示过负荷联切装置主要参数特点。

SB 站装设 220kV TB 线过电流发信号装置，RH 站装设接收 SB 站信号联切负荷装置。

装置名称：220kV TB 线过电流遥切负荷装置。

功能：防止 GT 站 3 号主变压器掉闸，TB 线过电流。

定值：

（1）TB 线（指向 GT 站）1550A、0.5s 发信号。

（2）TB 线（指向 GT 站）夏季 1600A（冬季 1760A）动作：

7s 切 RH 站 110kV RJ 线（约 50MW）。

10s 切 RH 站 110kV RT 线（约 30MW）。

投停方式：正常投入。

调度管辖：地调直调省调许可。

投停负责人：地调调度员。

（三）备自投装置

1. 备自投配置原则

220kV 变电站高压侧正常存在进线热备用、母线分列运行的应配置备自投装置，中、低压侧均应配置备自投装置；35～110kV 变电站高、中、低压三侧均应配置备自投装置。（注释：为避免后期电网结构或运行方式调整，35～110kV 变电站高、中、低压三侧，220kV 变电站中、低压侧无论为何种运行方式，都要装设备自投装置）

220kV 变电站高压侧备自投装置应按照双重化的原则，选取不同厂家的产品配置使用。备自投装置应采用独立式装置，不得与厂站计算机监控系统等设备混合配置使用。

2. 备自投装置动作逻辑

（1）进线和分段（内桥、母联）备自投方式。

1）进线备自投方式。进线备自投示意如图 2－29 所示。

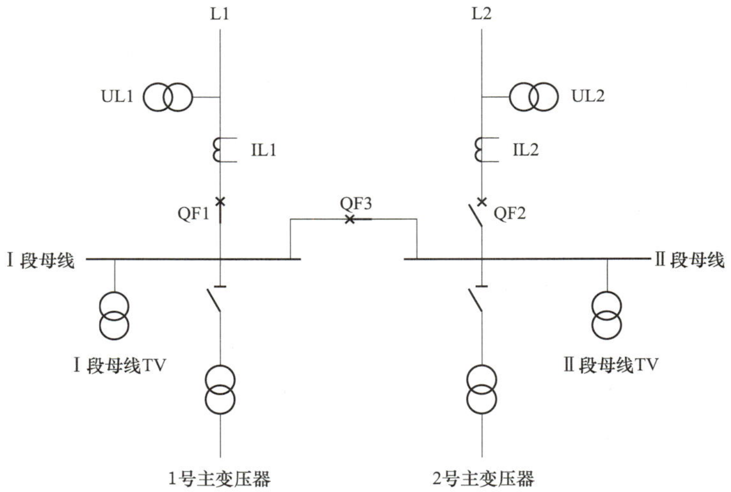

图 2－29　进线备自投示意图

a. 备自投充电条件：两段母线线电压均大于有压定值，备用进线电压大于有压定值，分段（内桥、母联）断路器在合闸位置，工作线路断路器在合闸位置，备用进线断路器在分闸位置，且无其他闭锁条件。

b. 备自投放电条件：断路器位置异常、手跳/遥跳闭锁、备用进线电压低于有压定值延时 15s、闭锁备自投开入、备自投合上备用进线断路器等。（注释：断路器位置异常指断路器位置为分位但有电流或断路器位置为合位但无电流，其中“合位但无电流”应通过控制字投退；手跳/遥跳闭锁指人工就地或远方遥控拉合断路器；闭锁备自投开入指保护装置动作闭锁备自投动作逻辑）

c. 备自投动作逻辑（注释：满足任一条动作逻辑，备自投装置均动作）：① 两段母线电压均低于无压定值，工作进线无流，备用进线有压，延时跳工作进线断路器及失压母线联切出口，确认工作进线断路器跳开后，延时合备用进线断路器。若保护装置动作同时跳开工作进线及分段（内桥、母联）断路器，进线备自投装置经跳闸延时补跳分段（内桥、母联）断路器及失压母线联切出口，确认分段（内桥、母联）断路器跳开后，再延时合备用进线断路器。（注释：失压母线联切出口指为防止备用进线过负荷联切失压母线的部分负荷、为防止地区电源非同期并列联切地区电源并网线、为防止对并联电容器造成较大冲击联切电容器）② 分段（内桥、母联）断路器偷跳，经跳闸延时补跳分段断路器及失压母线联切出口，确认分段（内桥、母联）断路器跳开后，延时合备用进线断路器（新增或改造的备自投装置必须具备防断路器偷跳功能，现有设备可结合设备服役年限通过大修技改逐步实现该功能）。（注释：备自投装置判别断路器偷跳的条件是断路器位置为分位、备用进线侧母线无压、无保护装置闭锁备自投动作逻辑）

d. 跳备用进线断路器的母线保护装置动作应闭锁进线备自投装置动作逻辑。

e. 对于未配置母线保护且母线故障无有效可靠闭锁进线备自投装置动作逻辑的变电站，宜退出高压侧备自投，全站分列运行，由中、低压侧备自投恢复供电。（注释：对于单母线、单母分段、双母线接线方式，若无母线保护，母线故障后需要依靠线路后备保护隔离故障点，线路后备保护装置动作后，满足备自投装置动作逻辑，备自投装置动作将会备投到母线故障点，造成全站失电。全站分列运行后，母线故障仅会造成故障母线失电）

f. 当装置未接入线路 TV 电压时，可通过控制字选择退出检线路侧电压。

2）分段（内桥、母联）备自投方式。分段（内桥、母联）备自投方式如图 2－30 所示。

a. 备自投充电条件：两段母线线电压均大于有压定值，分段（内桥、母联）断路器在分闸位置，两进线断路器在合闸位置，且无其他闭锁条件。

b. 备自投放电条件：断路器位置异常、手跳/遥跳闭锁、两段母线电压均低于有压定值延时 15s、闭锁备自投开入、备自投合上分段（内桥、母联）断路器等。

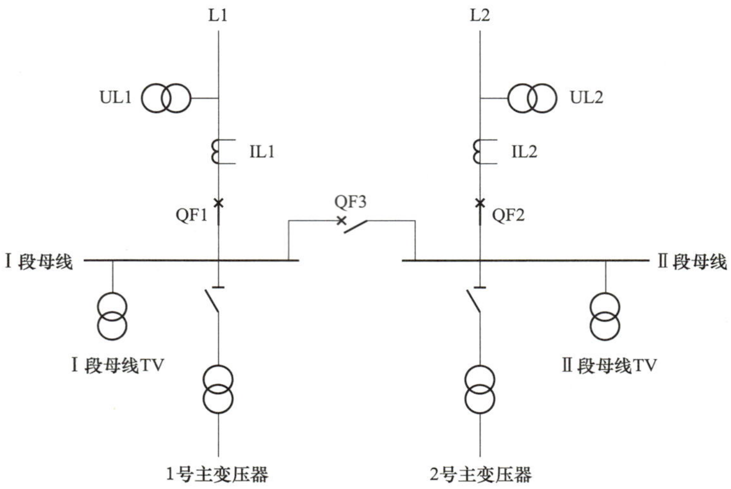

图 2-30　分段（内桥、母联）备自投方式

c. 备自投动作逻辑：Ⅰ母或Ⅱ母电压低于无压定值，且对应进线电流小于无流定值，当另一段母线任一线电压有压时，延时跳失压母线进线断路器及失压母线联切出口；确认失压进线断路器跳开后，延时合分段（内桥、母联）断路器。

d. 跳分段（内桥、母联）断路器的保护装置动作应闭锁分段（内桥、母联）备自投装置动作逻辑。

e. 未配置母线保护且母线故障无有效可靠闭锁分段（内桥、母联）备自投装置动作逻辑的变电站，宜退出高压侧备自投，全站分列运行，由中、低压侧备自投恢复供电。（注释：对于单母线、单母分段、双母线接线方式，若无母线保护，母线故障后需要依靠线路后备保护隔离故障点，线路后备保护装置动作后，满足备自投装置动作逻辑，备自投装置动作将会备投到母线故障点，造成全站失电。全站分列运行后，母线故障仅会造成故障母线失电）

（2）变压器和分段（母联）备自投方式。

1）变压器备自投方式。变压器的备用方式可分为热备用（见图 2-31）和充电备用（见图 2-32），热备用方式下备自投装置投入备用变压器时要合高低压侧断路器，充电备用方式下投入备用变压器时仅需合变压器低压侧断路器。是否跳高压侧断路器根据现场实际应用通过二次接线或投退出口压板实现。

a. 备自投充电条件：两段母线线电压均大于有压定值，备用变压器高压侧电压大于有压定值，分段断路器在合闸位置。工作变压器低压侧断路器在合闸位置，备用变压器低压侧断路器在分闸位置，且无其他闭锁条件。

b. 备自投放电条件：断路器位置异常、手跳/遥跳闭锁、备用变压器高压侧电压低于有压定值延时 15s、闭锁备自投开入、备自投合上备用变压器断路器等。

c. 备自投动作逻辑。（注释：满足任一条动作逻辑，备自投装置均动作）

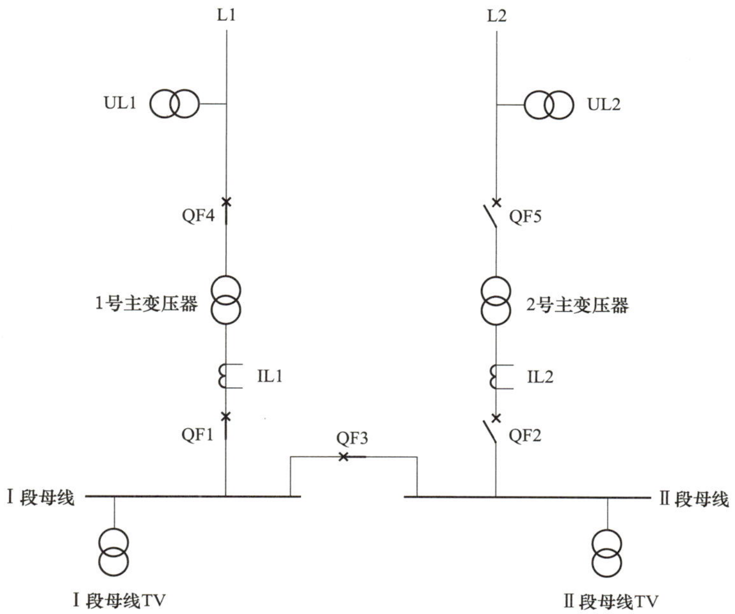

图 2-31　主变压器热备用

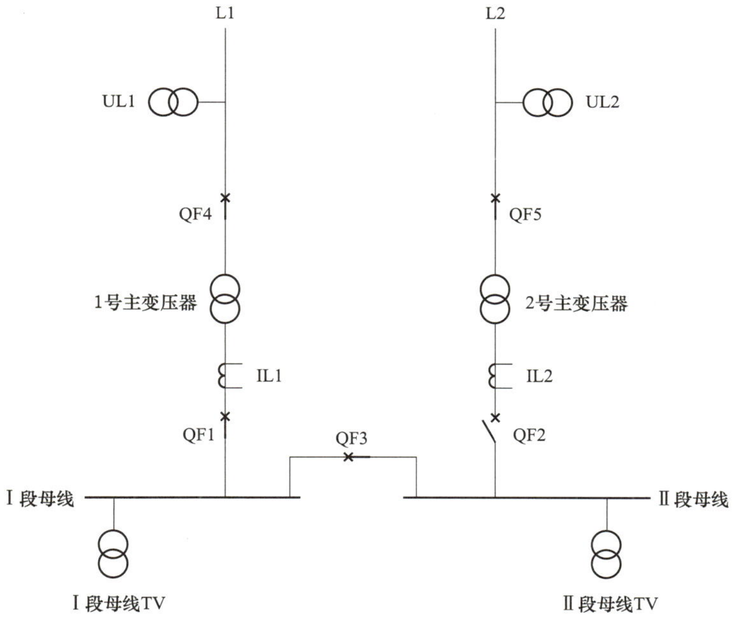

图 2-32　主变压器充电备用

a）两段母线电压均低于无压定值，工作变压器无电流，备用变压器高压侧有电压，延时跳工作变压器断路器及失压母线联切出口，确认低压侧断路器跳开后，延时合备用变压器断路器。若保护装置动作同时跳开工作变压器低压侧断路器及分段（母联）断路器，备自投装置经延时补跳分段（母联）断路器及失压母线联切出口，确认分段（母联）断路器跳开后，再延时合备用变压器断路器。

b）分段（母联）断路器偷跳，经跳闸延时补跳分段断路器及失压母线联切出口，确认分段断路器跳开后，延时合备用变压器断路器。（新增或改造的备自投装置必须具备防断路器偷跳功能，现有设备可结合设备服役年限通过大修技改逐步实现该功能）

d. 工作变压器本侧后备保护动作，存在备投于故障的可能性时，应闭锁变压器备自投动作逻辑。

e. 跳备用变压器低压侧断路器的母线保护装置动作应闭锁变压器备自投装置动作逻辑。

f. 当装置未接入变压器高压侧电压时，可通过控制字选择退出检变压器高压侧电压。

2）分段（母联）备自投方式。分段备自投方式如图 2－33 所示。

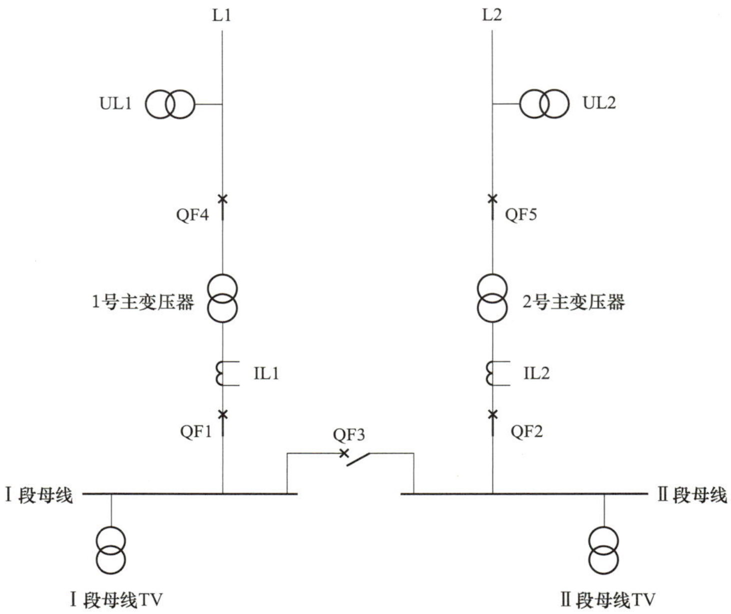

图 2－33　分段备自投方式

a. 备自投充电条件：两段母线线电压均大于有压定值，分段断路器在分闸位置，两台工作变压器的低压侧断路器都在合闸位置，且无其他闭锁条件。

b. 备自投放电条件：断路器位置异常、手跳/遥跳闭锁、两段母线电压均低于有压定值延时 15s、闭锁备自投开入、备自投合上分段断路器等。

c. 备自投动作逻辑：Ⅰ母或Ⅱ母电压低于无压定值，且对应电源进线电流小于无流定值，当另一段母线任一线电压有压时，延时跳失压母线变压器断路器及失压母线联切出口，确认失压变压器的低压侧断路器跳开后，延时合分段（母联）断路器。

d. 跳分段（母联）断路器的保护装置动作应闭锁分段备自投装置动作逻辑。

（3）扩大内桥备自投方式。

1）进线备自投方式。进线备自投方式如图 2－34 所示。

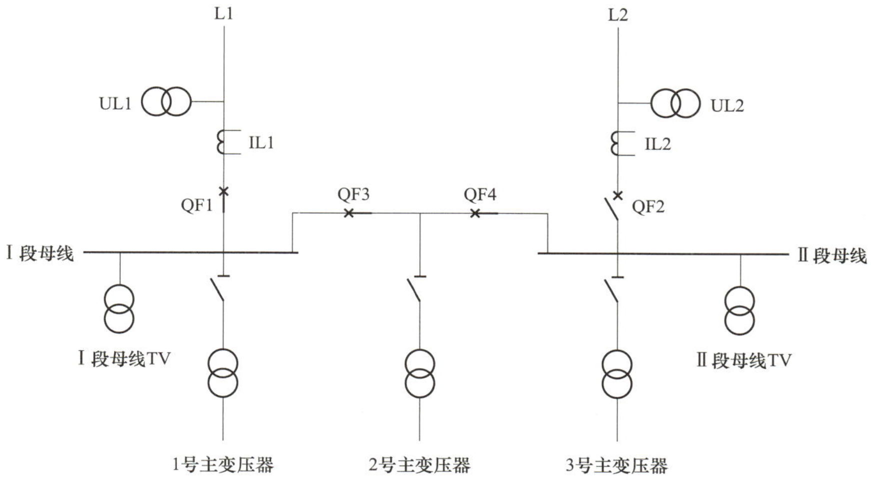

图 2－34　进线备自投方式

a. 备自投充电条件：两段母线线电压均大于有压定值，一进线断路器在合闸位置，另一进线断路器在分闸位置，两个桥断路器均在合闸位置，且无其他闭锁条件。

b. 备自投放电条件：断路器位置异常、手跳/遥跳闭锁、备用进线电压低于有压定值延时 15s、闭锁备自投开入、备自投合上备用进线断路器等。

c. 备自投动作逻辑（注释：满足任一条动作逻辑，备自投装置均动作）：

a）两段母线电压均低于无压定值，工作进线无电流，且备用进线有电压，延时跳工作进线断路器及失压母线联切出口，确认工作进线断路器跳开后，延时合备用进线断路器。

b）变压器保护动作跳桥断路器和进线断路器时，经跳闸延时补跳桥断路器（2 号主变压器保护动作，补跳近备用进线侧的桥断路器）及失压母线联切出口，确认桥断路器跳开后，延时合备用进线断路器。（注释：为防止备用电源投于故障点，备自投装置的补跳断路器的原则是哪个断路器跳开后可以隔离故障点就补跳哪个断路器）

c）任一桥断路器偷跳，经跳闸延时补跳对应桥断路器及失压母线联切出口，确认对应桥断路器跳开后，延时合备用进线断路器。（新增或改造的备自投装置必须具备防断路器偷跳功能，现有设备可结合设备服役年限通过大修技改逐步实现该功能）

d. 跳备用进线断路器的保护装置动作应闭锁进线备自投装置动作逻辑。

e. 当装置未接入线路 TV 电压时，可通过控制字选择退出检线路侧电压。

2）桥开关备自投方式。桥开关备自投方式如图 2－35 所示。

a. 备自投充电条件：两段母线线电压均大于有压定值，两段母线进线断路器均在合闸位置，两个桥断路器一个在合闸位置，另一个在分闸位置，且无其他闭锁条件。

b. 备自投放电条件：断路器位置异常、手跳/遥跳闭锁、两段母线电压均低于有压定值延时 15s、闭锁备自投开入、备自投合上桥断路器等。

c. 备自投动作逻辑（注释：满足任一条动作逻辑，备自投装置均动作）：

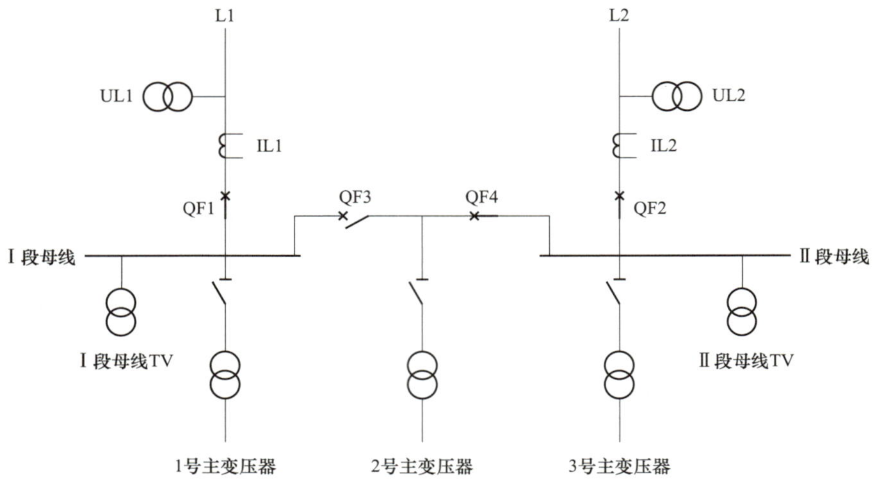

图 2－35　桥开关备自投方式

a）Ⅰ母或Ⅱ母电压低于无压定值，且失电压母线进线无电流，另一段母线任一线电压有压，延时跳失压母线进线断路器及失压母线联切出口，确认进线断路器跳开后，延时合备用桥断路器。

b）工作桥断路器偷跳，经跳闸延时补跳工作桥断路器及失压母线联切出口，确认工作桥断路器跳开后，延时合备用桥断路器。（新增或改造的备自投装置必须具备防断路器偷跳功能，现有设备可结合设备服役年限通过大修技改逐步实现该功能）

c）变压器保护动作同时跳工作桥断路器和进线断路器时，经跳闸延时补跳工作桥断路器及失压母线联切出口，确认工作桥断路器跳开后，延时合备用桥断路器。

d. 跳备用桥断路器的保护装置动作应闭锁桥备自投装置动作逻辑。

e. 选择“禁止一线带三变”：运行于方式 2（见图 2－31）时，Ⅰ母失电压闭锁备自投动作逻辑。Ⅱ母电压低于无压定值，进线 2 无电流且Ⅰ母有电压，延时跳进线 2 和桥 2 断路器失电压母线联切出口，确认桥 2 断路器跳开后，延时合桥 1 断路器。（注释：为防止备自投装置动作后造成备用进线过负荷，可以选择“禁止一线带三变”）

（4）技术原则。

1）当电压互感器二次回路断线时，发出 TV 断线信号。当分段（内桥、母联）电流互感器二次回路断线时，发出 TA 断线信号，扩大内桥备自投装置不考虑 TA 断线告警功能。

2）为提高有地区电源并网的变电站备用电源或设备投入的成功率，该站保护装置动作造成站内母线失电压且未闭锁失电压母线侧备自投装置时，保护装置动作应联跳失电压母线接带的地区电源并网线。同时，备自投装置跳工作电源断路器时应补跳失电压母线接带的地区电源并网线和次要负荷，需要时还可联跳并联补偿电容器。（注释：故障后地区电源接带母线可能导致备自投装置长时间检测不到母线无电压，保护装置动作联跳小电源后可以缩短备自投装置动作时间。地区电源仅指经专线并入变电站各电压等级母线的火电、水电、生物质发电、风电场、集中式光伏电站、分布式光伏等电源）

3）备自投装置充、放电状态应按装置调管范围作为变电站监控信息接入调度控制系统，实现充、放电状态的远方监视。（注释：充、放电状态远方监视可以避免装置故障、充电逻辑与现场运行方式不匹配等原因造成装置长时间处于放电状态）

4）备用电源断路器的合闸命令只允许动作一次；备自投动作应自动复归备自投逻辑，在相应充电条件满足后才允许下一次动作。

5）备自投装置应有分段（母联）断路器自投于故障母线或故障设备的加速保护，加速保护在备自投合分段（母联）后开放 3s，开放时间内保护启动后经延时动作，不考虑手合后加速功能。自投启动加速保护时，分段断路器位置不影响加速逻辑。扩大内桥备自投装置不考虑后加速功能。

6）当两段母线复压条件均满足时，备自投过电流加速保护的复压元件满足。任一段母线 TV 断线时，对应母线的复压条件满足。

7）备自投装置应具备判断设备过负荷及过负荷减载功能，避免备自投装置动作后造成设备过负荷。备自投过负荷减载功能在备自投合闸动作后自动投入并开放 10min，开放时间内过负荷减载启动后经延时动作，分段断路器位置不要影响过负荷减载逻辑。（注释：备自投装置判出设备过负荷后应分轮次切除负荷）

8）对于三绕组变压器，应将变压器高压侧电流值接入中低压侧备自投装置，用于判断备自投装置动作后变压器是否过负荷。对于无法接入主变压器高压侧电流的现有装置，应通过调整变压器本侧备自投过负荷减载定值、加装主变压器过负荷联切负荷装置等措施实现过负荷减载功能，避免变压器过负荷。（注释：备自投装置动作后，主变压器中、低压侧未过负荷，但高压侧可能已经过负荷）

9）备自投装置用于接入过负荷电流的进线电流互感器应能承受 $2I_N$，I_N 为电流互感器（TA）的额定电流，长期运行且精度满足要求。

10）备自投装置在母线失压启动跳闸计时后，在延时未到动作定值时，不再满足跳闸的启动条件，则程序的跳闸计时清零。当再次满足备自投启动条件后程序重新开始计时。

11）对于链式结构串供的 2 座 35kV 或 110kV 同电压等级变电站，具备光纤通道的，应在变电站就地备自投装置基础上，实现远方备自投功能。对于链式结构串供的 3 座及以上 35kV 或 110kV 同电压等级变电站，具备光纤通道的，宜在变电站就地备自投装置基础上，实现区域备自投功能。（注释：以图 2－36 为例，变电站 A 由线路 L1 主供、变电站 B 由线路 L3 主供，若线路 L3 故障跳闸，远方备自投装置补跳 B 站线路 L3 断路器 QF1，延时合 A 站线路 L2 断路器 QF2 断路器）

12）对于双母线或双母分段接线方式，电源进线可通过隔离开关切换带不同母线时，母联（分段）备自投装置应能识别电源进线所带母线，确保任一母线失电时备自投装置正确动作。（注释：若备自投装置无法识别电源进线接带的哪条母线，可能导致故障后备自投装置虽然检测到母线无电压，但是检测不到进线无电流，导致备自投装置未动作）

13）备自投装置跳进线断路器后，不应启动线路重合闸。

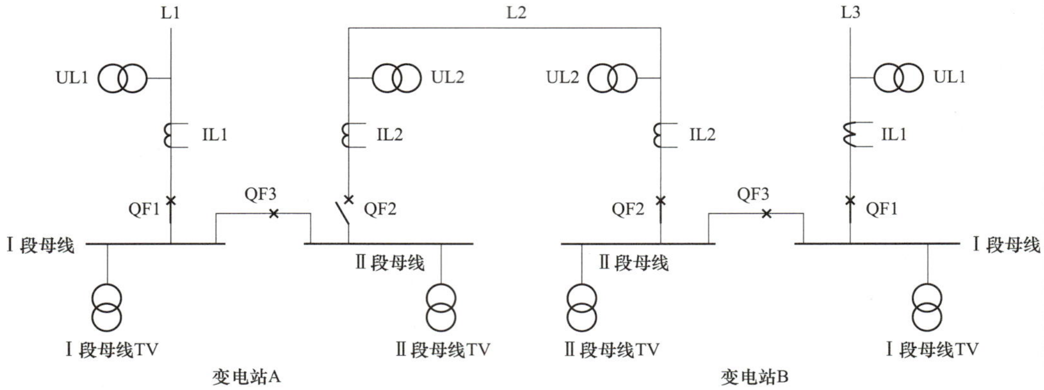

图 2-36　远方备自投示例

（5）多级备自投配合关系。依据最新规定，上下级备自投装置根据接线情况宜按照“近系统侧先动作，高电压等级先动作”的基本原则进行配合。

备自投有关定值如下：

1）无压定值的推荐值为 0.15～0.3 倍额定电压，并低于母线上电容器电压低保护电压定值。

2）有压定值的推荐值为 0.6～0.7 倍额定电压。

3）无流定值应小于最低负荷状态时的二次电流值，但不应低于装置要求的精确工作电流值。

4）充电时间为 15s。

5）动作时间的推荐值为 2～5s。在满足以下条件的情况下，应尽量缩短动作时间：备自投装置动作时间应大于本级线路电源侧保护对线路末端有灵敏度段的保护动作时间，需考虑重合闸时，应大于本级线路电源侧保护对线路末端有灵敏度段保护动作时间与线路重合闸时间之和，并应大于工作电源母线上运行电容器低电压保护动作时间。

6）上下级备自投时间配合级差的推荐值为 0.3～0.6s。在条件允许的情况下，应尽量缩短配合级差。（注释：保护配合级差一般为 0.3s，备自投装置相对于保护装置增加了合断路器的过程，配合级差相应增加）

第六节　站用交、直流系统

一、站用交流系统

（一）交流系统概况

变电站的站用交流系统是保证变电站安全可靠运行的重要环节。

站用交流系统的主要负荷有主变压器风冷系统及有载调压装置电源、断路器机构储能及隔离开关操作电源、充电屏、逆变器、通信及自动化设备、消防、安防、空调、照明、检修电源箱、雨水泵等。

220kV 变电站一般配置两台站用变压器，其中两台电源分别接自 220kV 变电站两台主变压器低压侧。

站用交流电源系统额定电压为 380/220V，采用三相四线制，频率为 50Hz，低压侧中性点采用直接接地方式。

（二）常见异常处理

（1）当一台站用变压器失电压后，备用电源备投未自动投入或无备自投的，应先检查站用电母线及各支路有无明显故障，如无故障则手动投入备用电源。

（2）1、2 号站用电同时失电压，应减少不重要的负荷，由蓄电池组暂供站内负荷。待所用电恢复送电后应检查直流充电机、不间断电源（UPS）、断路器操动机构打压及弹簧操作储能、机构箱端子箱加热器运行情况等，应保证直流系统、站用电系统运行正常，恢复停运设备。

（3）站用变压器高压侧断路器（开关）跳闸后，应检查保护动作情况，判断故障性质，进行外部检查，如确认是外部故障，经消除后恢复供电，在未查明原因和消除故障前，不得合闸送电。

（4）站用电系统某馈线故障断电后，应检查并消除故障后恢复供电。如一段母线总开关跳闸后，应检查母线有无故障，若母线正常，则初步判断为馈线故障引起越级跳闸。如故障点未查出时，应将该母线上所有馈线空气开关拉开，逐条试送，查找出故障馈线后，将故障馈线隔离，恢复其余部分供电。同时迅速检查主变压器风冷装置是否正常。

（5）当站用系统出现电压过高或过低时，应调整站用变压器调压分接头。

（6）双路电源自投切交流接触器故障，退出自投功能，注意应先调整站内交流负荷，防止主要设备失电，然后拉开故障侧交流接触器交流开关，待更换正常后恢复原方式运行。

（7）单路电源当全站失去交流电源时，立即查找失电原因。如故障是低压侧开关、熔断器或电缆故障，更换后及时恢复，如为下级交流回路短路等造成越级失电，隔离故障回路后应先恢复主电源回路供电，再处理故障点。

（8）自动转换开关电器（ATSE）应可通过监测进线开关故障跳闸或其他辅助保护动作判断母线故障，并闭锁 ATSE 转换进线电源，避免事故扩大。

二、站用直流系统

（一）直流系统概况

220kV 变电站直流系统通常采用 220V 两段直流母线、两组充电模块、两组蓄电池、采用单母线分段接线方式。

重要的 220kV 变电站应采用三台充电、浮充电装置，两组蓄电池组的供电方式。每组蓄电池和充电机应分别接于一段直流母线上，第三台充电装置（备用充电装置）可在两段母线之间切换，任一工作充电装置退出运行时，手动投入第三台充电装置。

每台充电装置应两路交流输入（分别来自站用系统不同母线上的出线）互为备用，当运行的交流输入失去时能自动切换到备用交流输入供电。

（二）常见异常处理

常见异常处理如下：

（1）交流电源中断，蓄电池组将不间断地向直流母线供电，应及时调整控制母线电压，确保控制母线电压值的稳定。当蓄电池组放出容量超过其额定容量的 20%时，恢复交流电源供电后，应立即手动启动或自动启动充电装置，按照制造厂规定的正常充电方法对蓄电池组进行补充充电。或按恒流限压充电—恒压充电—浮充电方式对蓄电池组进行充电。

（2）当直流充电装置内部故障跳闸时，应及时启动备用充电装置代替故障充电装置运行，并及时调整好运行参数。

（3）直流电源系统设备发生短路、交流或直流失电压时，应迅速查明原因，消除故障，投入备用设备或采取其他措施尽快恢复直流系统正常运行。

（4）直流系统接地处理。

1）220V 直流系统两极对地电压绝对值差超过 40V 或绝缘降低到 25kΩ 以下，应视为直流系统接地。

2）直流系统接地后，应立即查明原因，根据绝缘监察装置指示或当日工作情况、天气和直流系统绝缘状况，找出接地故障点，并尽快消除。

3）变电站装有直流接地探测装置的，按照接地探测装置找到的范围进行查找。

4）同一直流母线段，当出现同时两点接地时，应立即采取措施消除，避免由于直流同一母线两点接地，造成继电保护或开关误动故障。严防交流窜入直流故障现象。

5）拉合检查应先拉合容易接地的回路，依次推拉事故照明、防误闭锁装置回路、户外合闸回路、户内合闸回路、6～10kV 控制回路、其他控制回路、主控制室信号回路、主控制室控制回路、整流装置和蓄电池回路。

6）无直流接地探测装置的采用分路直流的方法查找。停用分路直流的原则为：① 事故照明；② 信号电源；③ 合闸电源；④ 分路控制电源；⑤ 继电保护电源；⑥ 整流器、蓄电池等。

7）发生直流接地时停用控制保护装置的直流电源时应遵守如下原则：① 调控部门应通知继电保护班前往变电站准备现场处理，然后进行控制、保护回路接地范围查找；② 拉路时须征得调度同意，并将所有可能误动的保护停用，再进行处理，待直流系统正常后，保护无异常后再投入保护；③ 使用拉路法查找直流接地时，至少应由两人进行，断开直流时间不得超过 3s。有特殊要求不允许使用拉路法查找直流接地的，应采取必要的技术措施后再进行。

第三章

发电厂运行

发电厂又称发电站，是将自然界一次能源（煤、石油、天然气等化石能源，风能、太阳能、潮汐能、地热能等可再生能源，核能）转化成电能（二次能源）的工厂。根据转化一次能源划分，发电厂可分为火电厂、新能源电厂、核电站等类型。抽水蓄能电站是一种特殊的电厂，在负荷低谷的时候，它将电网电能转化为山顶水库水的势能，然后在负荷高峰时将水的势能再次转化为电能的发电厂，通过转化水的势能对电能进行存储，实现了电能的时空转移。

我国资源禀赋以煤炭为主，决定了煤炭仍是主体能源，煤电更是电力保供的"压舱石"。截至 2022 年底，国家电网经营区燃煤装机容量占比 45%，2022 年燃煤发电量占总发电量 61%，用电高峰发电电力占比超过 75%。随着"双碳"目标的推进，以风光为代表的新能源得到了大力的发展。截至 2022 年底，我国电源装机容量及发电量构成分别如图 3－1 和图 3－2 所示，逐步实现清洁能源替代，是未来我国新型能源体系建设的重要任务。

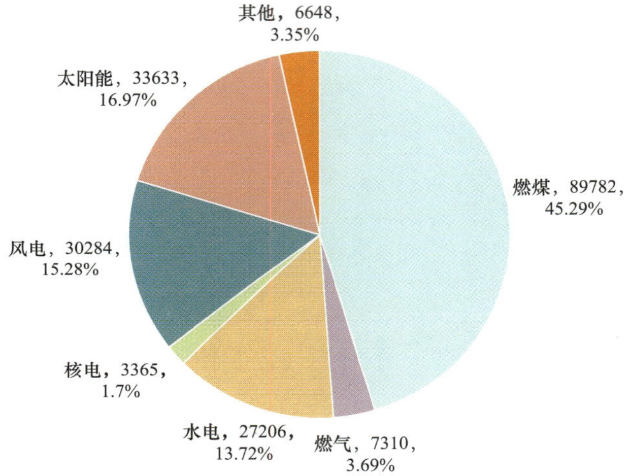

图 3－1　2022 年底我国装机容量构成 （单位：万 kWh）

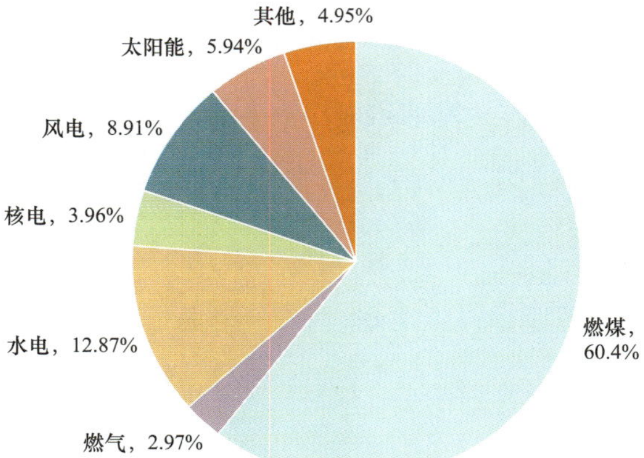

图 3－2　2022 年底我国发电量构成

第一节 火 力 发 电 厂

一、火力发电厂分类

火力发电厂简称火电厂，是利用煤、石油、天然气作为燃料生产电能的工厂。基本生产过程：首先燃料在锅炉中燃烧加热水，使水变成水蒸气，将燃料的化学能转变成热能，蒸汽压力推动汽轮机旋转，热能转换成机械能，然后汽轮机带动发电机旋转，将机械能转变成电能。表 3－1～表 3－4 分别给出了火电厂不同分类方法及分类依据。

表 3－1　　火电厂按蒸汽参数分类表

按蒸汽参数分类	锅炉/汽轮机蒸汽压力	锅炉/汽轮机蒸汽温度	单机容量
低温低压电厂	1.4/1.3MPa	350/340℃	1.5～3MW
中温中压电厂	3.9/3.14MPa	450/435℃	6～50MW
高温高压电厂	9.8/8.8MPa	540/535℃	25～100MW
超高压电厂	13.7/12.7MPa	540/535℃	125～200MW
亚临界压力电厂	16.7/16.2MPa	540/535℃	300～600MW
超临界压力电厂	超过 22.1MPa	540～560℃以上	600MW 以上
超超临界压力电厂	25～35MPa 及以上	580℃以上	600MW 以上

表 3－2　　火电厂按供电范围分类表

按供电范围分类	特点
区域性发电厂	电能主要通过高压电网送到远方负荷中心，承担一定区域性供电的大中型发电厂，一般容量较大
地方性电厂	多建在负荷中心，除供电外还可以供热，一般容量较小
孤立发电厂	不并入电网，单独运行的发电厂
自备发电厂	大型企业自己建造，主要供本单位用电的发电厂，一般也与电网相连

表 3－3　　按使用能源分类表

按使用能源分类	特点
燃煤电厂	以煤为主要燃料
燃油电厂	以油为主要燃料
燃气电厂	以天然气或工业副产品及其他可燃气体为燃料
余热电厂	应用工业企业排放的废热发电
生物发电厂	利用生物质发电的工厂
垃圾发电厂	以生活垃圾为主要燃料

表 3-4　　按发电厂装机容量

分类	装机容量
小容量发电厂	100MW 以下
中容量发电厂	100～250MW
大中容量发电厂	250～1000MW
大容量发电厂	1000MW 以上

二、火电厂电力生产过程

燃煤发电厂由煤场及卸煤设备和输煤设备、锅炉及其辅助设备、汽轮机及其辅助设备、汽轮发电机及其辅助设备、配电设备、化学水处理设备等构成，这些设备组成了火电厂的燃烧系统、汽水系统和烟气净化系统三大系统，如图 3-3 所示。燃烧系统包括燃料供应系统、锅炉燃烧系统、除尘除灰系统和通风系统等；汽水系统是由锅炉、汽轮机、凝汽器、除氧器等组成，它包括汽水循环、化学水处理和循环水系统；烟气净化系统由脱硝装置、除尘装置、脱硫装置和烟囱构成。火电厂构成设备的详细功能见表 3-5。

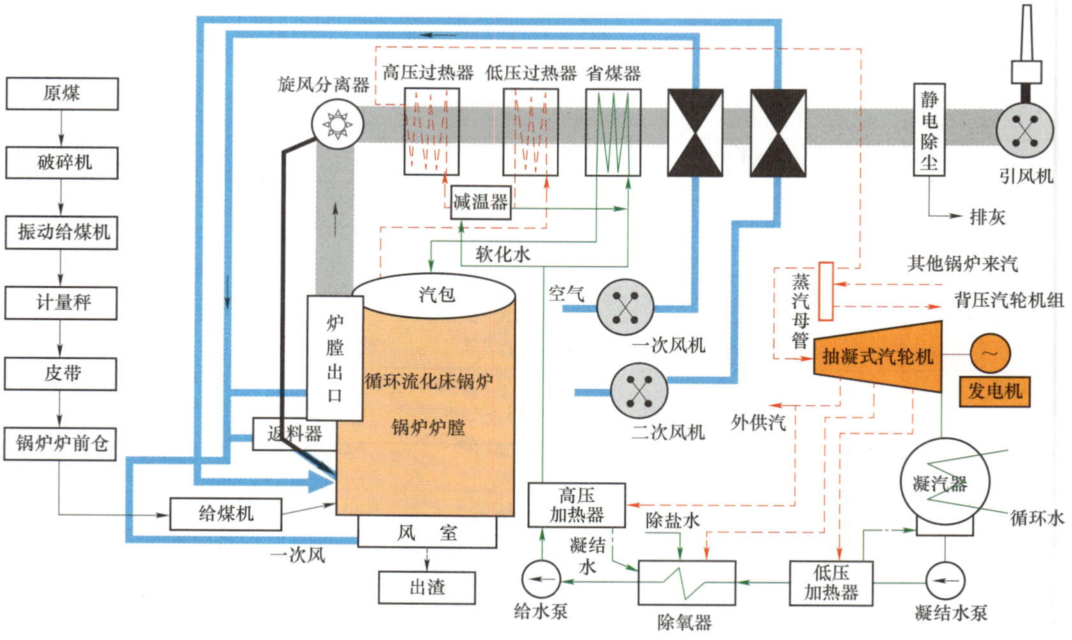

图 3-3　燃煤电厂发电示意图

表 3－5 燃煤电厂的构成及其功能

主要系统	设备构成	功能	备注
煤场及卸煤、输煤设备	煤场	将煤存起来	
	卸煤装备	把运输工具上的煤卸至煤场	
	输煤设备	把煤从煤场输送至锅炉煤仓间煤斗中	输煤设备一般为皮带输送机
锅炉及其辅助设备	锅炉	通过燃料燃烧，把水变成过热蒸汽	
	制粉设备	把原煤磨制成煤粉，以利于煤的充分燃烧	包括给煤机、磨煤机、煤粉分离器、排粉机等
	送风机	向锅炉供给燃煤时所需的空气	
	引风机	把燃烧后产生的烟气排出锅炉	
	除灰设备	把煤中不可燃烧的残物排出锅炉	除灰设备包括碎渣机、灰渣泵、除尘器等
汽轮机及辅助设备	汽轮机	以蒸汽为原动力，把蒸汽的热能转变为机械能	
	凝汽器	把在汽轮机中做完功的蒸汽凝结成水	
	加热器	利用汽轮机的抽汽加热凝结水及锅炉给水	
	除氧器	汇集疏水及除去水中的氧	
	给水泵	将除氧器中的水经高压加热器送入锅炉	
	凝结水泵	把凝结水经低压加热器送入除氧器	
	循环水泵	把循环水送入凝汽器中冷却汽轮机排出的乏汽	
汽轮发电机及输、配电设备	汽轮发电机	通过汽轮机拖动发电机的转子旋转，将汽轮机输出的机械能转变为电能	
	输配电设备	将发电机发出的三相交流电送入电力系统或地区用户	由变压器、断路器、隔离开关、导线、杆塔等组成
水处理系统	化学水处理设备	为锅炉提供纯净的除盐软化水	
一次风系统	输煤系统	主要是干燥和输送煤粉	
烟气脱硫系统	排烟系统	主要功能是除去烟气中二氧化硫气体，以避免烟气排放造成的环境污染，脱硫方法为石灰石湿式脱硫工艺，生成副产品为石膏	
烟气脱硝系统	排烟系统	主要功能是除去烟气中的氮类氧化物	

三、燃气电厂

用燃气轮机驱动发电机的发电厂即为燃气电厂。燃气轮机是一种以空气及燃气为工质的旋转式热力发动机，它的结构与飞机喷气式发动机一致，也类似蒸汽轮机，主要结构由压气机、燃烧器和涡轮三部分组成，此外还包括进气过滤系统、控制调节系统、启动系统、润滑系统、燃料系统及附件齿轮箱等辅助设备，如图 3－4 所示。其工作原理为：叶轮式压缩机从外部吸收空气，压缩后送入燃烧室，同时燃料（气体或液体燃料）也喷入燃烧室与高温压缩空气混合，在定压下进行燃烧。生成的高温高压烟气进入燃气轮机膨胀做功，推动动力叶片高速旋转，驱动发电机发电。

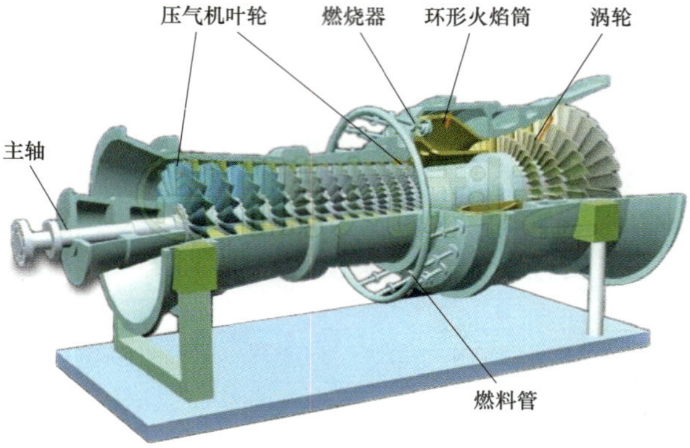

图 3-4　燃气轮机结构示意图

燃气发电机组主要分为两种：一种是联合循环燃气轮机；另一种是燃气内燃机。燃气轮机功率比较大，主要用在大、中型电站，燃气内燃机功率比较小，主要用在小型的分布式电站、船用动力、矿山机械动力、工厂后备电源等。近代大型燃气轮机多与蒸汽轮机组合成燃气－蒸汽联合循环装置，以进一步提高热效率。

燃气电厂的优点如下：

（1）重量轻、体积小、维护简单、低频噪声小。

（2）发电质量好，输出电压和频率的精度高，波动小；输出功率范围广，电调反应速度快。

（3）启动性能好，启动成功率高，热态启动一般 2～3min 即可并网，因此广泛用它来承担尖峰负荷和作为应急备用机组。

（4）燃气发电机组采用的可燃气体是清洁、廉价的能源。

燃气电厂的缺点如下：

（1）燃气轮机必须由其他动力拖动启动，待压气机建立一定气压后方可点火。

（2）正常运行燃气初温随负荷变化，因而接带部分负荷时效率陡降。

（3）高温部件是燃气轮机的薄弱环节，对燃料、空气质量、启停要求较高。

联合循环发电厂通过燃气轮机和蒸汽轮机的联合运行，将燃料的热能转化为电能。它是一个现代发电系统，用于具有两个独立的热循环（燃气轮机对应的布雷顿循环和蒸汽轮机对应的朗肯循环）的热单元发电。一个循环（燃气轮机）未使用的热量可以用作另一个循环（蒸汽轮机）的热源。通过这种方式，燃气轮机循环产生的热废气转移了运行蒸汽循环所需的能量。这种配置允许非常高效地使用燃料，能源转换效率超过 55%，即燃料中包含的 55%以上的能源被转化为电力。除了发电外，联合循环发电厂获得的能源还可用于为远程消费者供暖和为工业发电过程蒸汽。

第二节　新能源场站

一、风力发电场站

（一）风力发电原理

风能是空气流动所带来的动能，是太阳能的一种转化形式。风力发电将风的动能转换为风机叶片的机械能，再通过发电机将机械能转变为电能的发电方式，风力发电所需要的装置，称为风力发电机。

风力发电的优点是清洁、环境效益好，可再生，基建周期短，装机规模灵活。但是风力发电也存在噪声、视觉污染，占用大片土地，不稳定、不可控，成本高，影响鸟类等缺点。

风机是构成风力发电厂的主要设备，主要由塔架、叶片、发电机三大部分构成，除此之外，风机上还装设自动迎风转向、叶片旋角控制及监控保护等装置。风力发电机的构成示意如图 3－5 所示，构成部件的详细功能见表 3－6。根据不同分类标准，风机可以分为不同类型，详细分类见表 3－7。

风机发电时运转所需要的风速必须大于 2～4m/s（依发电机不同而有所差异），但是风速太高（25m/s）会损坏风机设备，当风速达 10～16m/s 时，即达满载发电。因为每座风力发电机皆可独立运转，故每座风力发电机均可视为单独的风力发电厂，风电场是属于一种分散式发电系统。

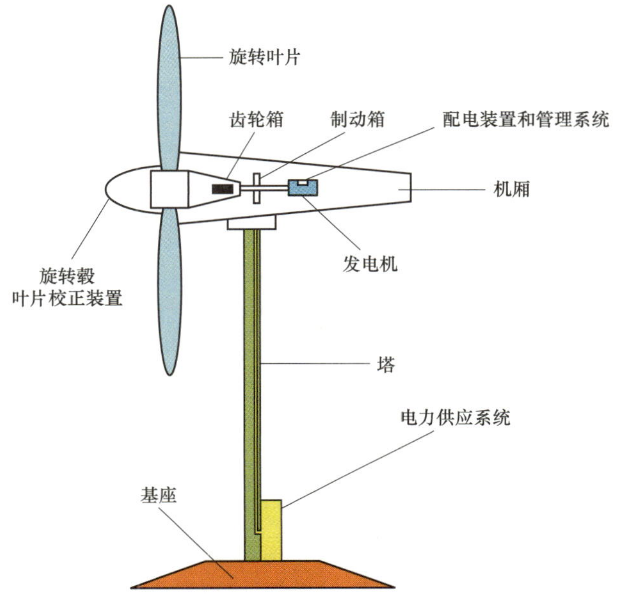

图 3－5　风力发电机的构成示意图

表 3-6　　　　风电机组的构成及其功能

部件	功能
叶片	叶片是吸收风能的单元，用于将空气的动能转换为叶轮转动的机械能
变桨系统	变桨系统通过改变叶片的桨距角，使叶片在不同风速时处于最佳的吸收风能的状态，当风速超过切出风速时，使叶片顺桨刹车
齿轮箱	齿轮箱是将风轮在风力作用下所产生的动力传递给发电机，并使其得到相应的转速
发电机	发电机是将叶轮转动的机械动能转换为电能的部件。转子与变频器连接，可向转子回路提供可调频率的电压，输出转速可以在同步转速±30%范围内调节
偏航系统	偏航系统采用主动对风齿轮驱动形式，与控制系统相配合，使叶轮始终处于迎风状态，充分利用风能，提高发电效率。同时提供必要的锁紧力矩，以保障机组安全运行
轮毂系统	轮毂的作用是将叶片固定在一起，并且承受叶片上传递的各种载荷，然后传递到发电机转动轴上。轮毂结构是 3 个放射形喇叭口拟合在一起的

表 3-7　　　　风电机组分类及其特点

<table>
<tr><th rowspan="17">风电机组分类</th><th colspan="2">分类</th><th colspan="2">特点</th></tr>
<tr><td rowspan="2">按风机旋转主轴的方向分类</td><td>水平轴式风机</td><td colspan="2">转动轴与地面平行，叶轮需随风向变化而调整位置</td></tr>
<tr><td>垂直轴式风机</td><td colspan="2">转动轴与地面垂直，设计较简单，叶轮不必随风向改变而调整方向</td></tr>
<tr><td rowspan="2">按桨叶接受风能的功率调节方式分类</td><td>定桨距（失速型）机组</td><td colspan="2">桨叶与轮毂的连接是固定的。当风速变化时，桨叶的迎风角度不能随之变化。由于定桨距（失速型）机组结构简单、性能可靠，近年来的风能开发利用中一直占据主导地位</td></tr>
<tr><td>变桨距机组</td><td colspan="2">叶片可以绕叶片中心轴旋转，使叶片攻角可在一定范围内（一般 0～90°）调节变化，其性能比定桨距型提高许多，但结构也趋于复杂，现多用于大型机组上</td></tr>
<tr><td rowspan="2">按照叶轮转速是否恒定分类</td><td>恒速风力发电机组</td><td colspan="2">设计简单可靠，造价低，维护量少，直接并网；缺点是：气动效率低，结构载荷高，给电网造成电网波动，从电网吸收无功功率</td></tr>
<tr><td>变速风力发电机组</td><td colspan="2">气动效率高，机械应力小，功率波动小，成本效率高，支撑结构轻。缺点是：功率对电压降敏感，电气设备的价格较高，维护量大。现常用于大容量的主力机型</td></tr>
<tr><td rowspan="4">按照风力发电机组的发电机类型分类</td><td rowspan="2">异步发电机型</td><td>笼型异步发电机</td><td>结构简单、可靠、廉价，易于接入电网，而在小、中型机组中得到大量的使用</td></tr>
<tr><td>绕线式双馈异步发电机</td><td>定子与电网直接连接输送电能，同时绕线式转子也经过变频器控制向电网输送有功或无功功率</td></tr>
<tr><td rowspan="2">同步发电机型</td><td>电励磁同步发电机</td><td>转子为线绕凸极式磁极，由外接直流电流励磁来产生磁场</td></tr>
<tr><td>永磁同步发电机</td><td>转子为铁氧体材料制造的永磁体磁极，通常为低速多极式，不用外界励磁，简化了发电机结构，因而具有多种优势</td></tr>
<tr><td rowspan="4">按照风机额定功率分类</td><td>微型机</td><td colspan="2">10kW 以下</td></tr>
<tr><td>小型机</td><td colspan="2">10kW 至 100kW</td></tr>
<tr><td>中型机</td><td colspan="2">100kW 至 1000kW</td></tr>
<tr><td>大型机</td><td colspan="2">1000kW 以上（MW 级风机）</td></tr>
</table>

风力机动能转换机械能的基本原理为理想风轮与贝兹（Betz）理论，如图 3-6 所示。

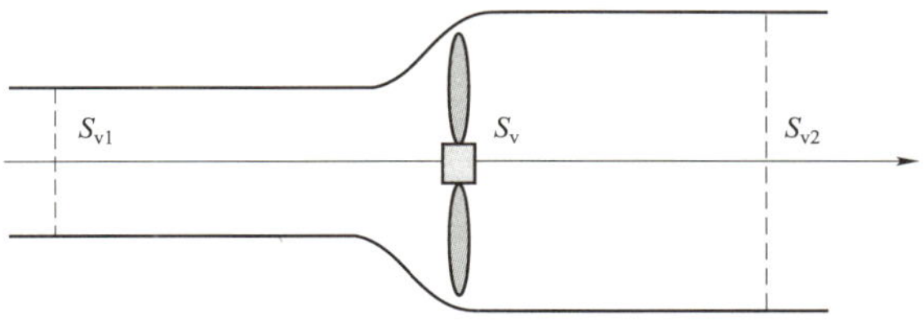

图 3-6　风力机动能转换为机械能示意图

经过风轮风速变化产生的功率为 $P=\frac{1}{4}\rho S(v_1^2-v_2^2)(v_1+v_2)$。令 C_P 为风能利用系数，它小于 0.593，风力机的功率 $P_S=\frac{1}{2}\rho v_1^3 SC_P$。叶片圆周速度与风速之比，称为叶尖速比 λ。叶尖速比与风能利用系数的关系如图 3-7 所示。因而，根据风速变化调节风电机组转速，保持最优叶尖速比，才能保证风机捕获风能的最大，效率最高。

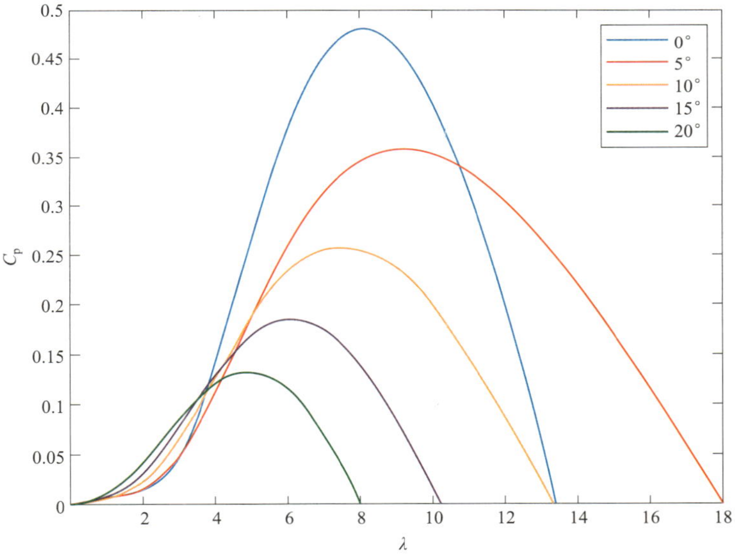

图 3-7　叶尖速比与风能利用系数关系图

（二）风力发电场站

风力发电场（简称风电场），是将多台大型并网式的风力发电机安装在风能资源好的场地，按照地形和主风向排成阵列，组成向电网供电的发电机群。风电场中风力发电机相互之间需要有足够的距离，以免造成过强的湍流相互影响，或由于“尾流效应”而严重减低后排风电机的功率输出。根据建置地点，可以将风力发电场分为陆上风机场和海上风机场（又称离岸式风力发电场）。风电场组成包含风电机群、集电部分、升压变电站（陆上可能多于一级升压，海上可能有集控中心）升压变压器、无功补偿装置、风电场管理系统，详细描述见表 3 – 8。

表 3–8　风电场一次设备的简介

组成	简介
风电机组	通常采用单元接线，一机一变，包括风电机组、箱式变压器（机组升压变压器）
集电系统	风电电机容量小、数目多，需要集电系统。集电系统多为单母线或单母分段接线，多为 35kV（或 10kV），风机电力升压后经集电馈线汇集送至升压站
升压变电站	将本站所连数个风电场电力经升压变(一般为有载调压变压器)后输送至相应电压等级电网。通常装设各类 35kV（或 10kV）无功补偿装置（静止无功补偿装置 SVC、静止无功发生器 SVG 等）、消弧成套设备
无功补偿装置	电容器、电抗器、静止无功补偿装置、滤波器
所用电系统	一般装设两台干式变压器为全所提供所用电源。一台运行，由站内 35kV 母线供电；另一台备用，由所外 10kV 备用电源供电，作为事故备用
风电场管理系统	风电场功率预测、自动有功、电压控制，实现可观、可控、可测、可调

风电场的建造要求如下：

（1）风能质量要高。风力发电场的场址的首要条件必须风能资源丰富。年平均风速在 5m/s 以上，30m 高处的有效风力时数在 6000h 以上，有效风能密度在 240W/m^2 以上时才适合建设大型风电场。其实，影响风能质量的因素有年平均风速、平均风功率密度、风频分布、有效风速可利用小时数、风向稳定度等。

（2）风力发电场的场址风向要稳定。风向稳定不仅可以增大风能利用率，还可以延长风机寿命。风力发电场湍流程度要小。风是随机的，并受场地表面粗糙度和附近障碍物的影响。风场湍流的形成一般是由于风道过于粗糙或者因障碍物而产生的风速及风向的急剧变化而引起的。它不仅会影响风力发电机的功率，还会使风力发电机产生振动和受载不均，降低风力发电机使用寿命，严重时还会造成桨叶飞出的事故。

（3）风力发电场址的自然灾害要少。强风、冰雹、雷暴、地震等都会对风力发电机等造成影响。社会自然条件、风力发电场址的地势要较平坦，地质条件要好，以便进行土建施工。

（4）交通便利。要考虑拟建风电场的设备供应和主要建筑材料运输是否便利。是否利于大型吊车、平板车的施工、运输等。

（5）风电场应尽可能接近电网接入点。如靠近现有的 10kV 和 66kV 变电站和线路，以减少电能损耗和送出工程的费用。尽量少占耕地，减少生态破坏，保护周围环境。风电场的建设一般会对飞禽及鸟类正常生活和迁徙有影响，为保护生态，场址应尽量避开鸟类飞行路线、候鸟及动物栖息地等，远离自然保护区、军事设施、人口密集地区等。

（6）海上风电选址要求。根据国家能源局和国家海洋局联合印发的《海上风电开发建设管理暂行办法实施细则》进行实施。例如：海上风电场原则上应在离岸距离不少于 10km、滩涂宽度超过 10km 时海域水深不得少于 10m 的海域布局。在各种海洋自然保护区、海洋特别保护区、重要渔业水域、典型海洋生态系统、河口、海湾、自然历史遗迹保护区等敏感海域，不得规划布局海上风电场等。

（三）风力发电对电网的影响

1. 风电集中接入对电网的基本影响

风电场大规模集中并网时，对电网调峰调频、无功功率平衡与电压水平、电能质量、系统稳定性及短路电流都具有影响，见表 3－9。

表 3－9　　风力发电对电网的影响

问题	影响及应对措施
对电网调峰调频的影响	（1）因为风力发电的随机性以及很大程度上的反调峰特性，增大了系统的峰谷差，加大了调峰调频难度，对此应加大风电预测系统建设与水、火、风电优化调度技术的开发。 （2）变速风电机组由于变频器对电网故障过于敏感，电网轻微故障会引起机组切除，同时风电机组若没有低/高电压穿越功能，电网故障会引起风电机组大面积切机，可能会带来电网频率问题，对此应加大风电机组整改，使其达到相关标准规范的要求
对无功功率平衡及电压水平的影响	风电机组运行时通常从系统吸收无功，大规模风电机组运行/停运前后风电集中接入点附近系统电压会有较大变化。应提高风电机组性能，使其具备故障电压穿越能力，同时风电场应装设无功补偿装置，满足相关标准规范对风电场运行电压的要求
对电能质量的影响	谐波：① 谐波电流主要来源于机组及风电场相关电力电子设备；② 变速恒频机组谐波电流大小与机组输出功率有关；③ 风电场接入较弱电网时的谐波问题比接入较强电网更严重。 闪变：① 风的湍流强度、风剪切，塔影效应和偏航等都是影响因素；② 对于三叶片风力发电机组，周期性功率波动频率为三倍风力发电机叶片旋转频率，通常为 1～2Hz，正好位于人眼对灯光照度变动最敏感的频率范围，可能引起闪变问题；③ 变速风力发电机组引起的闪变强度远低于恒速风力发电机组。 应采取相关措施使其满足标准规范对电能质量的要求
对系统稳定的影响	大规模风电集中接入不仅带来频率稳定、电压稳定问题，还对系统功角稳定与动态稳定产生影响：① 风电机组本身没有功角问题，但风电场接入对大电网功角稳定产生一定影响；② 风电通常不影响系统振荡模式，但对具体振荡模式的特性产生一定影响，不同接入方式及系统运行方式下，风电对动态稳定性的影响不同，有改善的情况，也有恶化的情况，因而对具体情况具体分析，风电机组自身采用加阻尼的控制措施，可以提高机组阻尼特性
对短路电流的影响	风电机组的短路电流取决于电机参数，对于变速恒频电机还要考虑转子保护控制、低电压穿越的影响。双馈电机的短路电流特性与普通异步机类似，呈现出很快的衰减特性

2. 风电集中接入电网的故障电压穿越问题

我国要求当风电场并网点的电压偏差在其额定电压的－10%～＋10%时，风电场内的风电机组应能正常运行；当风电场并网点电压偏差超过＋10%时，风电场的运行状态由风电场所选用风电机组的性能确定；风电机组应具有一定的故障电压穿越能力。

故障电压穿越指当电网故障或扰动引起风电场并网点的电压跌落（升高）时，在一定的电压跌落（升高）范围内，风电机组能够保证不脱网连续运行的能力。

我国对风电场低电压穿越能力的规定如图 3－8 所示，也即风电场内的风电机组具有在并网点电压跌至 20%额定电压时能够保证不脱网连续运行 625ms 的能力；风电场并网点电压在发生跌落至 2s 内能够恢复到额定电压的 90%时，风电场内的风电机组能够保证不脱网连续运行。

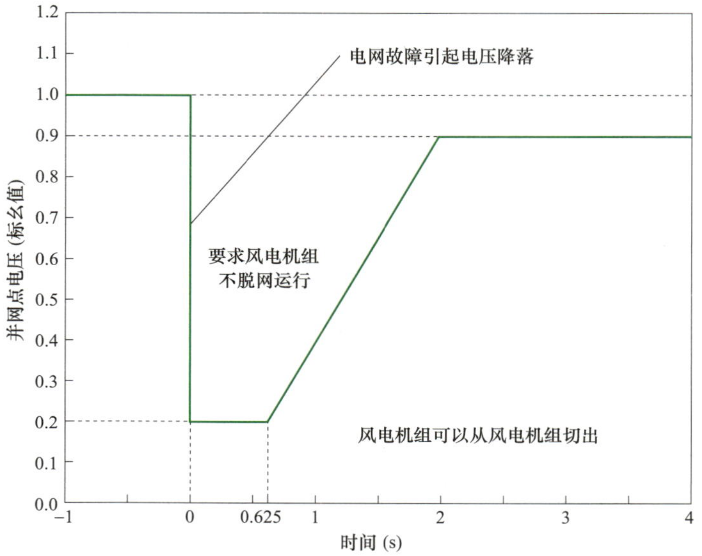

图 3－8　风电场低电压穿越能力

高电压穿越能力当前尚未做正式标准要求，是指风电机组具有类似于表 3－10 的运行能力。

表 3－10　风电机组高电压穿越能力

并网点工频电压值（标幺值）	运行时间
$1.10 \leqslant U_T \leqslant 1.15$	具有每次运行 2s 能力
$1.15 \leqslant U_T \leqslant 1.20$	具有每次运行 200ms 能力
$1.20 < U_T$	退出运行

3. 风力发电运行控制

风力发电机组由多个部分组成，而控制系统贯穿到每个部分，其相当于风电系统的神经。因此控制系统的质量直接关系到风力发电机组的工作状态、发电量的多少以及设备的安全性。自然风速的大小和方向是随机变化的，风力发电机组的并网和退出电网、输入功率的限制、风轮的主动对风以及运行过程中故障的检测和保护必须能够自动控制。同时，风力资源丰富的地区通常都是边远地区或是海上，分散布置的风力发电机组通常要求能够无人值班运行和远程控制，这就对风力发电机组的控制系统的自动化程度和可靠性提出了很高的要求。与一般的工业控制过程不同，风力发电机组的控制系统是综合性控制系统。它不仅要监视电网、风况和机组运行参数，对机组进行控制，而且还要根据风速和风向的变化，对机组进行优化控制，以提高机组的运行效率。

风电机组的总体运行控制结构如图 3－9 所示。风电机组基本控制功能有启/停机、偏航、桨距调节、（软）并网、解缆等。风力发电机由多个部分组成，而控制系统贯穿到每个部分，相当于风电系统的神经。因此控制系统的好坏直接关系到风力发电机的工作状态、发电量的多少及设备的安全。目前风力发电亟待研究解决的两个问题（发电效率和发电质量）都和风电控制系统密切相关。对此国内外学者进行了大量的研究，取得了一定进展，随着现代控制技术和电力电子技术的发展，为风电控制系统的研究提供了技术基础。

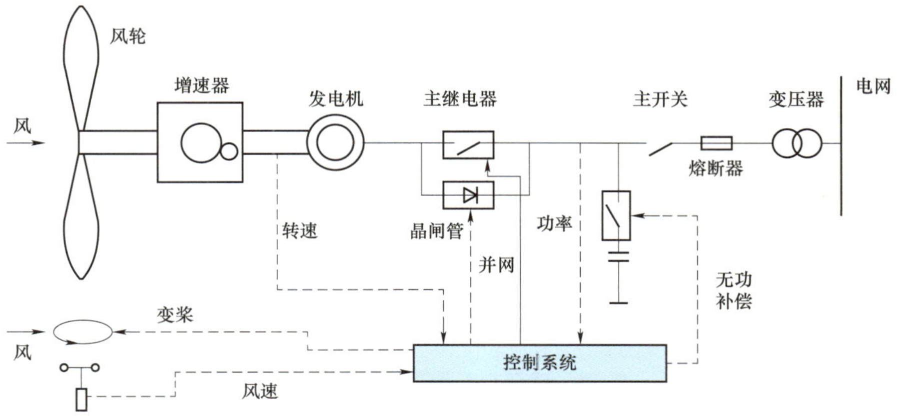

图 3－9　风电机组的总体运行控制结构

风力发电控制系统的基本目标分为三个层次，这可保证风力发电机组安全可靠运行，获取最大能量，提供良好的电力质量。控制系统组成主要包括各种传感器、变距系统、运行主控制器、功率输出单元、无功补偿单元、并网控制单元、安全保护单元、通信接口电路、监控单元。具体控制内容有信号的数据采集、处理，变桨控制，转速控制，自动最大功率点跟踪控制，功率因数控制，偏航控制，自动解缆，并网和解列控制，停机制动控制，安全保护系统，就地监控，远程监控。当然对于不同类型的风力发电机控制单元会不相同。风力发电机控制系统结构示意如图 3－10 所示。

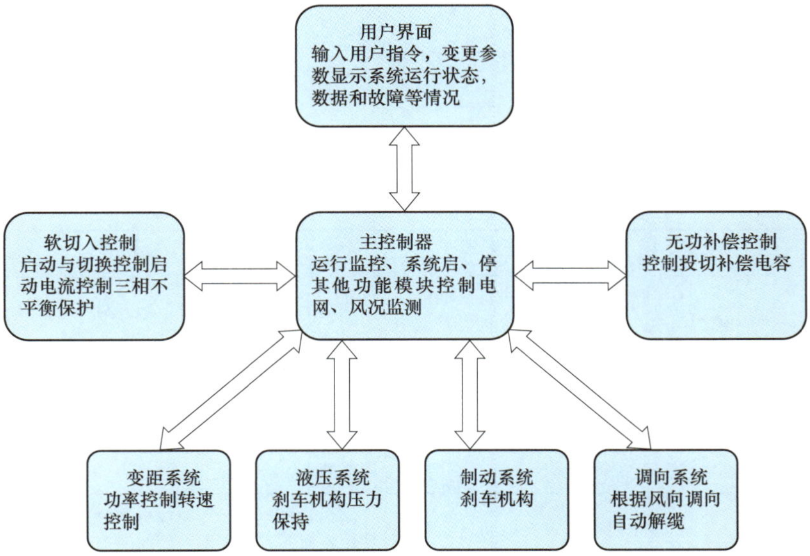

图 3－10　风力发电机控制系统结构示意

二、光伏发电场站

光伏发电是利用半导体 P－N 结的光生伏特效应的原理，利用太阳电池将太阳光直接转化为电能，如图 3－11 所示。

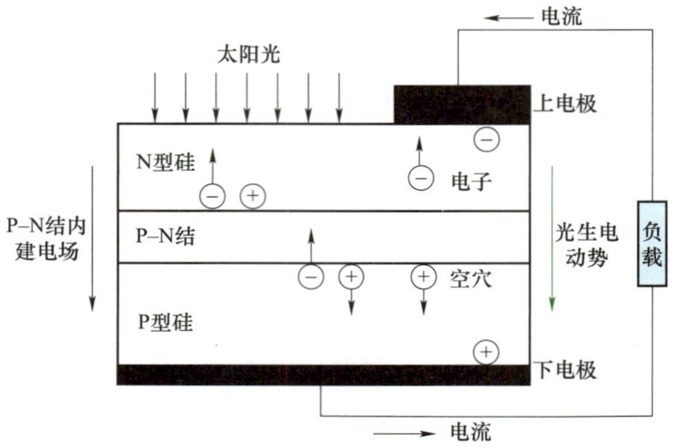

图 3－11　光伏发电原理

光伏发电系统是由太阳能电池方阵、蓄电池组、充放电控制器、逆变器、交流配电柜、太阳跟踪控制系统等设备组成，如图 3－12 所示，详细功能见表 3－11。

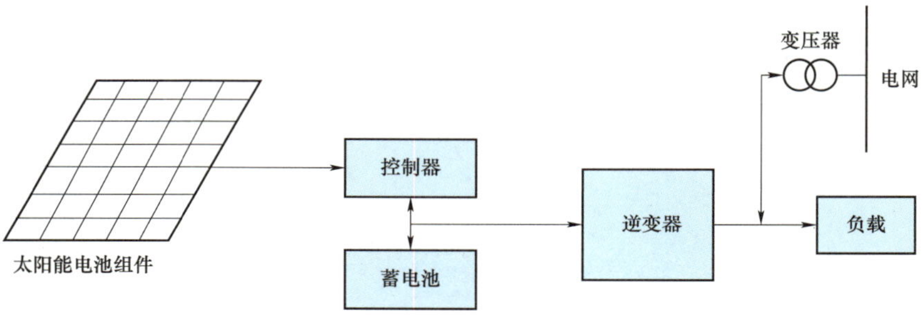

图 3－12　光伏发电系统

表 3－11　光伏发电系统的组成

部件	简介	备注
电池方阵	在光生伏特效应的作用下，太阳能电池的两端产生电动势，将光能转换成电能，是能量转换的器件	太阳能电池一般为硅电池，分为单晶硅太阳能电池、多晶硅太阳能电池和非晶硅太阳能电池三种
蓄电池组	贮存太阳能电池方阵受光照时发出的电能并可随时向负载供电	太阳能电池发电对所用蓄电池组的基本要求是：① 自放电率低；② 使用寿命长；③ 深放电能力强；④ 充电效率高；⑤ 少维护或免维护；⑥ 工作温度范围宽；⑦ 价格低廉
蓄电池控制器	自动防止蓄电池过充电和过放电的设备	因为蓄电池的循环充放电次数及放电深度是决定蓄电池使用寿命的重要因素，因此能控制蓄电池组过充电或过放电的蓄电池控制器是必不可少的设备

续表

部件	简介	备注
逆变器	将直流电转换成交流电的设备	逆变器按运行方式可分为离网逆变器和并网逆变器。离网逆变器用于独立运行的太阳电池发电系统，为负载供电。并网逆变器用于并网运行的太阳能电池发电系统
跟踪系统	根据安放点的经纬度等信息计算一年中的每天的不同时刻太阳所在的角度，将一年中每个时刻的太阳位置存储到控制器中，靠计算太阳位置以实现跟踪	采用电脑数据理论，需要地球经纬度地区的数据和设定，一旦安装，就不便移动或装拆，每次移动完就必须重新设定数据和调整各个参数

并网光伏发电就是太阳能组件产生的直流电经过并网逆变器转换成符合市电电网要求的交流电之后直接接入公共电网，如图 3－13 所示。

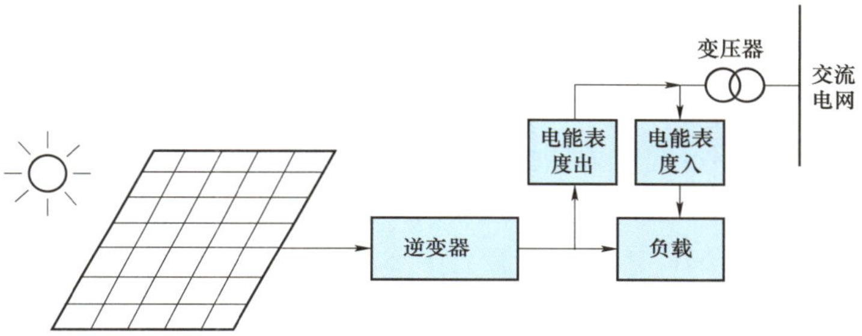

图 3－13 并网光伏发电系统

并网光伏发电系统分为带蓄电池的和不带蓄电池的并网发电系统，带蓄电池的并网发电系统具有可调度性，可以根据需要并入或退出电网，还具有备用电源的功能，当电网在停电时可紧急供电。带有蓄电池的光伏并网发电系统常常安装在居民建筑；不带蓄电池的并网发电系统不具备可调度性和备用电源的功能，一般安装在较大型的系统上，并网光伏发电有集中式大型并网光伏电站，主要特点是将所有发电直接输送到电网，由电网统一调配向用户供电。但是这种电站投资大、建设周期长、占地面积大，还没有太大发展。而分散式小型并网光伏，特别是光伏建筑一体化光伏发电，由于投资小、建设快、占地面积小、政策支持力度大等优点，是并网光伏发电的主流。

分布式光伏发电系统，又称为分散式发电或分布式供能，是指在用户现场或靠近用电现场配置较小的光伏发电供电系统，以满足特定用户的需求，支持现存配电网的经济运行，或者同时满足这两个方面的要求。分布式光伏发电系统的基本设备包括光伏电池组件、光伏方阵支架、直流汇流箱、直流配电柜、并网逆变器、交流配电柜等设备，另外还有供电系统监控装置和环境监测装置，如图 3－14 所示。

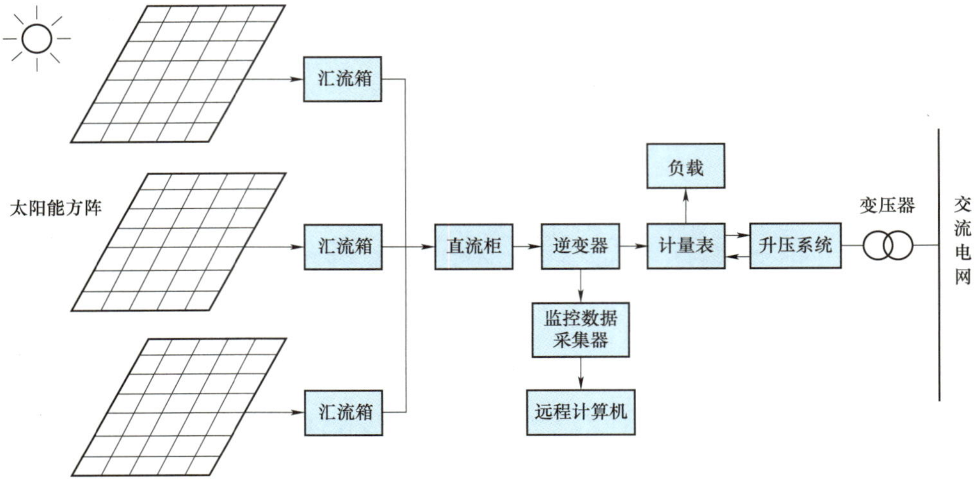

图 3-14　分布式光伏发电系统

其运行模式是在有太阳辐射的条件下，光伏发电系统的太阳能电池组件阵列将太阳能转换输出的电能，经过直流汇流箱集中送入直流配电柜，由并网逆变器逆变成交流电供给建筑自身负载，多余或不足的电力通过连接电网来调节。

随着光伏发电在电网中渗透率的不断提高，电力系统迎来安全、稳定、电能质量、经济性等多方面的挑战。作为构建以新能源为主体的新型电力系统的重要组成部分，提升光伏发电功率预测精度、提高光伏系统主动支撑与抵御电力系统扰动等涉网性能将成为重要研究方向。分布式光伏与其他领域的融合发展将成为未来光伏发电重要的组成部分。在稳步推进规模化光伏基地建设的同时，光伏建筑一体化、光伏与交通、新基建设施融合发展等新型应用形式对光伏产品性能、光伏发电系统提出了新的要求，需要结合特异性场景应用条件，持续推动光伏发电相关技术的发展。光伏发电并网性能进一步提升，满足高渗透率应用要求。

推动光伏发电并网性能提升开展新型高效大容量光伏并网技术研究与示范试验，突破中压并网逆变器关键技术，开展弱电网条件下耦合谐振机理及抑制策略、有功备用和储能单元相结合的最优自适应虚拟同步技术、高功率密度中压发电模块优化设计与系统集成实证测试技术等研究，研制交流直挂式中压并网逆变器。突破大型光伏高效稳定直流汇集技术瓶颈，开展大功率高效率直流升压变换器拓扑、自律控制技术、多台直流变换器智能串/并联控制及多场景智能运行控制技术等研究，研制大功率直流变换器。开展光伏发电与电力系统间暂稳态特性和仿真等关键技术研究，提升光伏发电并网性能。

光伏发电功率受天气情况及太阳光照强度影响较大，光伏发电是一种间歇式电源，发电功率具有间歇性、随机性和变化快等特点。通常来说，光照强度拥有典型的日规律和季节规律特性，光伏一年四季的典型日发电功率曲线如图 3-15 所示。由图可以看出光伏白天发电功率大，晚上发电功率小甚至没有，单日光伏发电功率－时间曲线接近正态分布，光伏夏天发电功率较大，冬天发电功率相对较小。

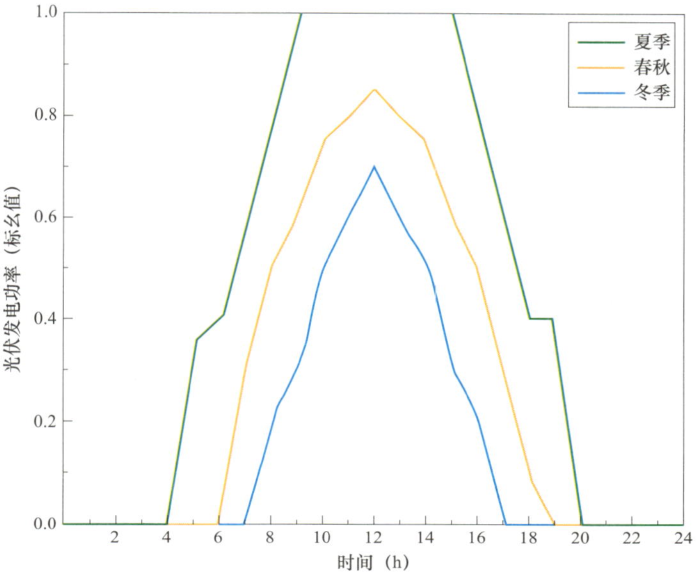

图 3－15　光伏电站日发电功率曲线

大量分布式光伏并入使配电网从无源网络变为有源网络，改变了配电网运行的原始负荷水平，尤其是净负荷的时序变化规律，它会对配电网结构和运行等产生巨大影响，同时还会给配电网的运行带来谐波污染、电压暂降、继电保护误动及电压闪变等一系列挑战。

为了保障电网安全稳定运行，提高光伏发电消纳能力，光伏电站并网运行后，应根据电网运行要求进行功率控制。光伏电站的功率控制包括有功功率控制和无功功率控制两个方面。对于并网型光伏电站，其功率控制通过逆变器、SVC、SVG 等设备实现。光伏电站并网控制系统是指安装于光伏电站内，自动接收调度主站下发的有功功率、电压（无功）整定值，自动闭环调节站内逆变器、SVC、SVG 等设备的有功/无功功率，实时跟踪调度主站下发指令的系统。

大中型光伏电站应具备一定的耐受电网频率和电压异常的能力，能够为保持电网稳定性提供支撑，图 3－16 为光伏电站低电压耐受能力要求，推荐 U_{L1} 设定为 0.2 倍额定电压，T_1 设定为 1s，T_2 设定为 3s（参数选择主要考虑与电网继电保护配合）。当并网点电压在图 3－16 中电压轮廓线及以上的区域内时，光伏电站必须保证不间断并网运行；并网点电压在图 3－16 电压轮廓线以下时，允许光伏电站停止向电网线路送电。

大中型光伏电站应当作电源看待，应具备一定的耐受电网频率和电压异常的能力，能够为保持电网稳定性提供支撑。大中型光伏电站在电网异常频率下的允许时间要求见表 3－12。

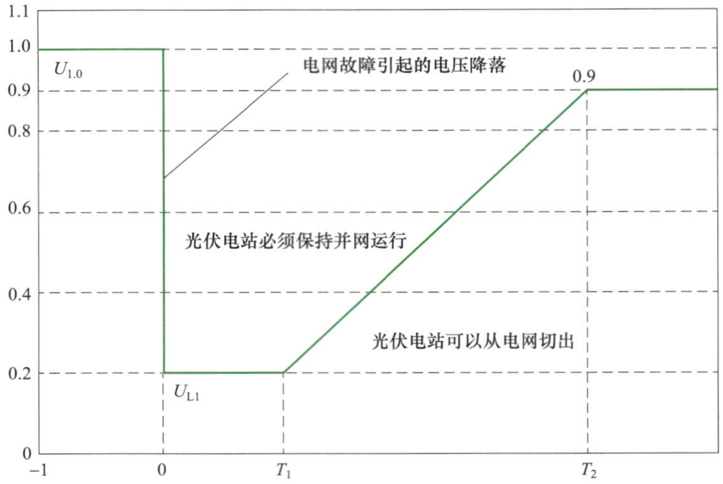

图 3－16　大中型光伏电站的电压耐受能力要求

表 3－12　　大中型光伏电站在电网频率异常时的运行时间要求

频率	运行时间
48～49.5Hz	每次低于 49.5Hz 要求至少能运行 10min
49.5～50.2Hz	连续运行
50.2～50.5Hz	每次频率高于 50.2Hz 时，光伏电站应具备能够连续运行 2min 的能力，实际运行时间由电网调度机构决定；此时不允许处于停止状态的光伏电站并网
高于 50.5Hz	在 0.2s 内停止向电网线路送电，且不允许停运状态的光伏电站并网

第三节　抽 水 蓄 能 电 站

抽水蓄能电站又称蓄能式水电站，其原理是利用电力负荷低谷时的电能抽水至上水库，在电力负荷高峰期再放水至下水库发电的水电站，如图 3－17 所示。

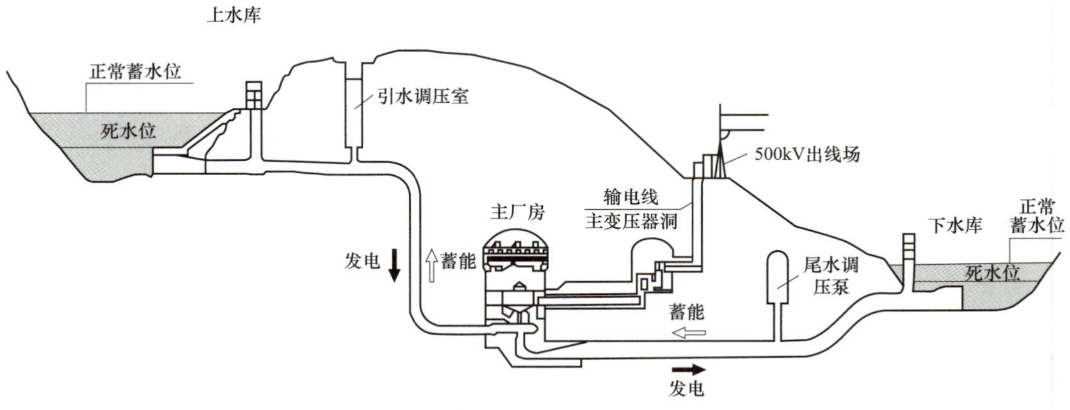

图 3－17　抽水蓄能电站原理图

一、抽水蓄能电站分类

抽水蓄能水电站可根据有无天然径流与水库调节性能进行分类，具体见表 3-13。

表 3-13　　抽水蓄能电站分类

	分类		特点
抽水蓄能电站	按有无天然径流分	纯抽水蓄能电站	没有或只有少量的天然来水进入上水库（以补充蒸发、渗漏损失），在一个周期内，在上、下水库之间往复利用，主要功能是调峰填谷、承担系统事故备用等任务
		混合式抽水蓄能电站	上水库具有天然径流汇入，来水量已达到能安装常规水轮发电机组来承担系统的负荷。因而所安装机组，一部分是常规水轮发电机组，另一部分是抽水蓄能机组。主要功能是调峰填谷、承担系统事故备、常规发电和满足综合利用要求等任务
	按水库调节性能分	日调节抽水蓄能电站	运行周期呈日循环规律。蓄能机组每天顶一次（晚间）或两次（白天和晚上）尖峰负荷，晚峰过后上水库放空、下水库蓄满；继而利用午间新能源大发及夜间负荷低谷时系统的多余电能抽水，至次日清晨上水库蓄满、下水库被抽空。纯抽水蓄能电站大多为日设计蓄能电站
		周调节抽水蓄能电站	运行周期呈周循环规律。在一周的 5 个工作日中，蓄能机组如同日调节蓄能电站一样工作。但每天的发电用水量大于蓄水量，在工作日结束时上水库放空，在双休日期间由于系统负荷低，利用多余电能进行大量蓄水，至周一早上上水库蓄满。我国第一个周调节抽水蓄能电站为福建仙游抽水蓄能电站
		季调节抽水蓄能电站	在每年汛期，利用水电站的季节性电能作为抽水能源，将水电站必须溢弃的多余水量，抽到上水库蓄存起来，在枯水季内放水发电，以增补天然径流的不足。这样将原来是汛期的季节性电能化成了枯水期的保证电能。这类电站绝大多数为混合式抽水蓄能电站
		四机式	厂内分设两套机组，一套由水泵和电动机组成，供抽水用；另一套由水轮机和发电机组成，供发电用
		三机式	又称串联式机组，由一台水轮机和一台水泵与一台兼作发电机和电动机的电机串联而成。在发电或抽水时，水轮机和水泵分别起着各自的专门作用。这种机组启动及工况切换迅速灵活，但结构复杂，机组和厂房造价较高
		二机式	又称水泵水轮机式机组，由水泵（兼作水轮机）和发电机（兼作电动机）组成。向某一方向旋转时发电，向相反方向旋转时抽水。这种机组结构紧凑，造价较低

二、抽水蓄能电站的作用

抽水蓄能机组具有发电运行（发电工况）、抽水运行（水泵工况）、发电调相运行（发电调相工况）、水泵调相运行（水泵调相工况）四种运行工况。

因为抽水蓄能机组在操作上显示了极大的灵活性，所以更多被安排用来做调峰、调频运行，或者在系统中空转，在需要时快速发出所需功率（旋转备用），或者由调度指示或自动化仪表指示按负荷需要随时调整功率（负荷跟踪运行）。这样的操作方式通常称为动力负荷运行方式，其主要特点是机组操作速度快。在负荷高峰时，向电力系统送电，这时它是发电厂。常规水电机组和燃气轮机也是调峰性能较好的电源，但都没有填谷作用，因此抽水蓄能电站在系统调峰方面更有优势。

现代的抽水蓄能机组都要能做旋转备用，为节省动力一般使水泵水轮机的转轮在空气中旋转（向水轮机方向或水泵方向旋转），在电网需要时即可快速带上负荷或投入抽水。旋转备用实际上可以和调相运行结合起来。

在蓄能机组抽水时，如需快速发电可以不通过正常抽水停机而直接转换到发电状态，即在电机和电网解列后利用水流的反冲击作用使转轮减速并使之反转，待达到水轮机同步转速时快速并列发电。一般大容量机组都可以利用这种方式在60～90s内由全抽水转换至全发电。

抽水蓄能电站运行具有几大特性：它既是发电厂，又是用户，它的填谷作用是其他任何类型发电厂所没有的，它启动迅速，运行灵活、可靠，除调峰填谷外，还适合承担调频、调相、事故备用、黑启动等任务；此外，由于抽水蓄能机组既可作电源又可作负荷，电网调度组织功率特别方便简易，可配合核电机组、煤电机组调试期间甩负荷、满负荷振动等各项试验，详细功能见表3－14。国内已建的抽水蓄能电站在各自的电网中都发挥了重要作用，使电网总体燃料得以节省，降低了电网成本，提高了电网的可靠性。

表3－14　抽水蓄能电站功能

抽水蓄能电站功能	功能描述
调峰填谷	电力负荷在一天之内是波动的，抽水蓄能电站在用电高峰期间发电，在用电低谷期间抽水填谷，可以改善燃煤火电机组和核电机组的运行条件，减少弃风弃光量
调频	电网频率要求控制在固定范围内，为此，电网所选择的调频机组必须快速灵敏，以便随电网负荷瞬时变化而调整功率。由于抽水蓄能机组具有迅速而灵敏的开、停机性能，特别适宜于调整功率，能很好地满足电网负荷急剧变化的需求
调相	在交流电路中，由电源供给负载的电功率有两种：一种是有功功率；另一种是无功功率。有功功率是保持用电设备正常运行所需的电功率，也就是将电能转换为其他形式能量（机械能、光能、热能）的电功率。无功功率比较抽象，它是用于电路内电场和磁场的交换，并用来在电气设备中建立和维持磁场的电功率。它不对外做功，而是转变为其他形式的能量。凡是有电磁线圈的电气设备，要建立磁场，就要消耗无功功率。当电力系统无功不足，会造成电力系统电压下降，影响电力系统的供电质量和安全可靠运行。抽水蓄能电站可通过发电工况和抽水工况进行快速调相，能很好地服务于电力系统无功平衡，保证电力系统安全稳定
储能	抽水蓄能电站就像一个“用水做成的巨型充电宝”，当电力系统中各类电源总发电功率大于负荷需求时，抽水蓄能电站通过从下水库抽水至上水库的方式，将电能转化为水的势能储存起来，在负荷高峰时再将水能转化为电能。特别对于风电、光伏发电等新能源装机容量占比较大的新型电力系统，由于风、光资源不可控的特点更需要“巨型充电宝”配合运行，减少弃风弃光，提高清洁可再生能源利用效率
紧急事故	在电网发生故障或负荷快速增长时，要求有快速响应电源能承担紧急事故备用和负荷调整功能，抽水蓄能电站因其快速灵活的运行特点，是承担紧急事故备用的首要选择

第四节　核　电　站

核电站基本工作原理是利用核能发电，核心设备是核反应堆。核反应堆加热水产生蒸汽，将原子核裂变能转化为热能；蒸汽压力推动汽轮机旋转，热能转化为机械能；然后汽轮机带动发电机旋转，将机械能转变成电能，如图 3－18 所示。

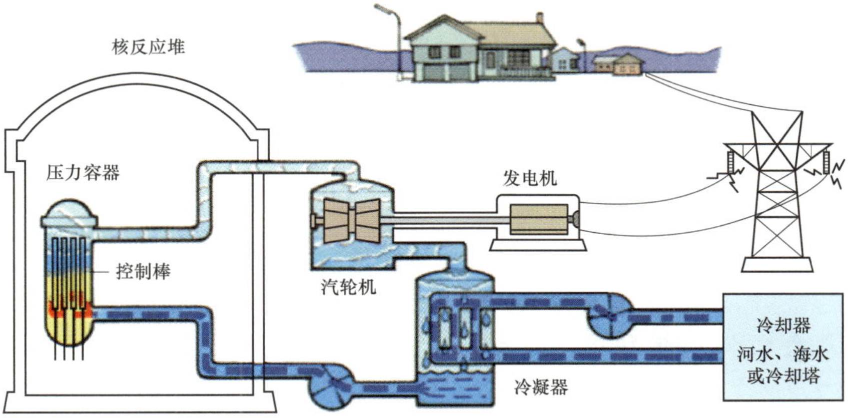

图 3－18 核电站原理图

核电站按照反应堆的形式可分为压水反应堆核电站、高温气冷反应堆核电站、亘水反应堆核电站和沸水反应堆核电站，详细分类见表 3－15。

表 3－15 不同核电站反应堆比较

分类	特点
重水堆核电站	以重水（氘和氧组成的化合物）作慢化剂的反应堆，其工作原理与压水堆核电站类似。主要优点是可以直接利用天然铀作核燃料，同时采用不停堆燃料方式；但体积比轻水堆大，建造费用高，重水昂贵，发电成本也比较高
沸水堆核电站	沸水堆利用轻水作慢化剂和冷却剂，只有一个回路，水在反应堆内沸腾产生蒸汽直接进入汽轮机发电。与压水堆相比，沸水堆工作压力低；由于减少了一个回路，其设备成本也比压水堆低；但这样可能使汽轮机等设备受到放射性污染，给设计、运行和维修带来不便
快堆核电站	快中子反应堆直接利用快中子引起链式裂变反应所释放的能量进行发电，因此不需要慢化剂、体积小、功率密度大。快堆可使铀利用率提高至 60%以上，最大程度地降低核废料，实现放射性废物最小化。但快堆的燃料元件加工及乏燃料后处理要求高，对材料的要求也较苛刻

世界上的核电站 60%以上都是压水堆核电站，分为核岛、常规岛、辅助系统构成，设备详细构成见表 3－16。其主要由反应堆、蒸汽发生器、汽轮机、发电机及有关系统设备组成。

表 3－16 核电站构成

结构	设备组成
核岛	包括核反应堆压力容器、反应堆压力壳、控制棒组件及驱动机构、堆内构件、蒸汽发生器、主泵、稳压器、主管道、安注箱、硼注箱、核级泵、核级阀门等
常规岛	汽轮机、发电机、凝汽器、除氧器、主给水泵、燃料转运装置、汽水分离再热器、高压加热器、低压加热器、主变压器、凝结水泵和循环水泵等
辅助系统设备	安全保护系统相关设备、消防系统相关设备、通信系统相关设备、废物转移容器及处理设备、变压器、母线等电气设备、装卸搬运设备等

在核电站中，反应堆的作用是进行核裂变，将核能转化为水的热能。水作为冷却剂在反应堆中吸收核裂变产生的热能，成为高温高压的水然后沿管道进入蒸汽发生器的 U 形管内，将热量传给 U 形管外侧的水，使其变为饱和蒸汽。冷却后的水再由主泵打回到反应堆内重新加热，如此循环往复，形成一个封闭的吸热和放热的循环过程，这个循环回路称为一回路，也称核蒸汽供应系统。一回路的压力由稳压器控制。因为一回路的主要设备是核反应堆，通常把一回路及其辅助系统和厂房统称为核岛（NI）。

由蒸汽发生器产生的水蒸气进入汽轮机膨胀做功，将蒸汽的热能转变为汽轮机转子旋转的机械能。汽轮机转子与发电机转子两轴刚性相连，因此汽轮机直接带动发电机发电，把机械能转换为电能。做完功后的蒸汽（乏汽）被排入冷凝器，由循环冷却水（如海水）进行冷却，凝结成水，然后由凝结水泵送入加热器预加热，再由给水泵将其输入蒸汽发生器，从而完成了汽轮机工质的封闭循环，我们称此回路为二回路。循环冷却水二回路系统与常规火电厂蒸汽动力回路大致相同，故把它及其辅助系统和厂房统称为常规岛（CI）。

综上所述，压水堆核电站将核能转变为电能是分四步，由以下四个主要设备中实现：

（1）反应堆。将核能转变为水的热能。

（2）蒸汽发生器。将一回路高温高压水中的热量传递给二回路的水，使其变成饱和蒸汽。

（3）汽轮机。将饱和蒸汽的热能转变为汽轮机转子高速旋转的机械能。

（4）发电机。将汽轮机传来的机械能转变为电能。

截至 2021 年底，我国在建核电机组 20 台，总装机容量 2142.9 万 kW，在建机组装机容量继续保持全球第一，详细核电站信息见表 3－17。表 3－18 为未来核电站发展和改进的方向。

表 3－17　　国内在建核电站项目

序号	机组	堆型	额定容量（MW）	开工时间
1	山东石岛湾 1 号	高温气冷堆 HTR－PM	211	2012－12－09
2	辽宁红沿河 6 号	压水堆 ACPB1000	1119	2015－07－24
3	福建福清 6 号	压水堆 HPR1000	1150	2015－12－22
4	广西防城港 3 号	压水堆 HPR1000	1180	2015－12－24
5	广西防城港 4 号	压水堆 HPR1000	1180	2016－12－33
6	福建霞浦示范快堆 1 号机组	钠冷快堆 CFR600	600	2017－12－29
7	国核示范工程 1 号	压水堆 CAP1400	1534	—
8	国核示范工程 2 号	压水堆 CAP1400	1534	—
9	福建漳州 1 号	压水堆 HPR1000	1212	2019－10－16
10	广东太平岭 1 号	压水堆 HPR1000	1202	2020－09－04
11	福建漳州 2 号	压水堆 HPR1000	1212	2020－09－04

续表

序号	机组	堆型	额定容量（MW）	开工时间
12	广东太平岭 2 号	压水堆 HPR1000	1202	2020－10－15
13	福建霞浦示范快堆 2 号机组	钠冷快堆 CFR600	600	2020－12－27
14	浙江三澳 1 号	压水堆 HPR1000	1210	2020－12－31
15	海南昌江 3 号	压水堆 HPR1000	1200	2021－03－31
16	江苏田湾 7 号	压水堆 VVER－1200	1274	2021－05－19
17	海南昌江小堆示范工程	压水堆 ACP－1200	125	2021－07－13
18	辽宁徐大堡 3 号	压水堆 VVER－1200	1274	2021－07－27
19	海南昌江 4 号	压水堆 HPR1000	1200	2021－12－28
20	浙江三澳 2 号	压水堆 HPR1000	1210	2021－12－30

表 3－18　　核电站发展与改进

类型	核电站类型	特点
核电站的改进	先进压水堆核电站	在堆芯及堆本体结构、燃料组件、控制棒、蒸汽发生器、工程安全系统、汽轮发电机系统、控制测量系统及设备布置方面进行了改进，使反应堆的安全性提高，减少了大量设备和管路，提高了可运行性
	模块式高温气冷堆核电站	小型化和具有固有的安全特性，反应堆在冷却系统剂流失事故的情况下，堆芯余热也可依靠自然对流、热传导和辐射传出，从根本上排除了堆芯熔化的可能性；模块化组合施工方式、标准化生产、建造时间短和投资风险小
	先进沸水反应堆核电站	在堆芯及燃料、主冷却回路、堆内结构、控制棒驱动系统、安全壳、材料和化学、控制测量等方面进行了改造，提高了防止丧失电源的能力、防止失水事故的能力、防止“非预期的不能停堆的瞬态事故”的能力，从而提高了安全可靠性，节省了建造费用和运行费用
核电站的发展	快中子反应堆核电站	能增殖核燃料，大大提高铀资源利用率，有效防止铀资源枯竭的威胁；能燃耗在热堆中产生出的长半衰期核废料；用钠作为冷却剂，主要用氧化物燃料，技术比较成熟但增殖比不高，堆控制系统的设计难度增加；面临钠的泄漏、钠的正的空泡反应系数及钠的反应能力腐蚀问题；目前尚不具备商业化前景，为远期发展的新型堆
	聚变裂变混合堆核电站	是能长期解决能源和环境保护问题的新一代能源；聚变反应堆和裂变反应堆组合而成的反应堆；聚变产生的能量和中子都得到了充分利用，裂变反应堆因获得了聚变产生的中子而使裂变反应的条件大为改善；聚变－裂变混合堆结构复杂，目前技术还不能达到商业要求

第四章

调 度 运 行 操 作

第一节 调度操作管理权限划分

调度管辖范围（简称“调管范围”）是指调控机构行使调度指挥权的发、输、变电系统，包括直接调度范围（简称“直调范围”）和许可调度范围（简称“许可范围”）。调控机构直接调度指挥的发、输、变电系统属直调范围，对应设备称为直调设备。下级调控机构直调设备运行状态变化对上级或同级调控机构直调发、输、变电系统运行有影响时，应纳入上级调控机构许可范围，对应设备称为许可设备。

调管范围应遵循有利于电网安全、管理高效的原则进行划分。同一设备原则上应仅由一个调控机构调管。下级调控机构调管设备运行状态变化若对上级调控机构所辖电网运行影响较大，应列为上级调控机构的许可设备。调控机构可根据电网运行需要将设备授权至下级调控机构调管。

省级电网调管范围划分原则见表 4－1。

表 4－1　　省级电网调管范围划分原则

调度机构	管辖类别	管辖范围
省调	直调	（1）上级调控机构指定的发、输、变电系统。 省域内除上级调控机构直调范围外的以下设备为省调直调设备。 （2）单机容量 100MW 以上的发电机组。 （3）发电厂的主要设备（500kV 母线、变压器及所属无功补偿装置，单元接线的 220kV 升压变压器）。 （4）500kV 变电站的主要设备（主变压器、母线、无功补偿设备）。 （5）存在稳定问题的 220kV 母线。 （6）500kV 线路、高压电抗器；跨供电区的 220kV 线路
	许可	（1）直调发电厂、风电场、光伏电站的 220kV 母线、主变压器。 （2）220kV 变电站（不包括非环路运行电铁牵引站）的 220kV 母线。 （3）供电区域内的 220kV 线路（包括非环路运行电铁牵引站出线）。 （4）装机容量 10MW 以上的风电场，并于 35kV 以上电网或装机容量 10MW 以上的光伏电站（不包括分布式光伏）
地调	直调	（1）220kV 变电站的非省调直调或许可的主要设备（主变压器、母线、无功补偿装置等）。 （2）110kV 输电线路。 （3）110kV 及以下新能源场站、地方电厂及用户自备电厂发、输、变电设备。 （4）省调委托地调代管设备。 （5）地区电网内其他非省调直调的发、输、变电设备
	许可	县调、用户及地方电厂管辖设备中，其操作对地调管辖范围内的发、输、变电设备或对系统运行方式有较大影响的，列为地调许可设备
县调	管辖	县级电网内及用户、地方电厂所属的非地调管辖的主要发、输、变电设备

第二节　调度运行操作规定

调控机构值班调度员在其值班期间是电网运行、操作和故障处置的指挥员，按照调管范围行使指挥权，指挥权的下达需要依靠调度指令。值班调度员必须按照规定发布调度指令，并对调度指令的正确性负责。调度指令分类如图 4－1 所示。

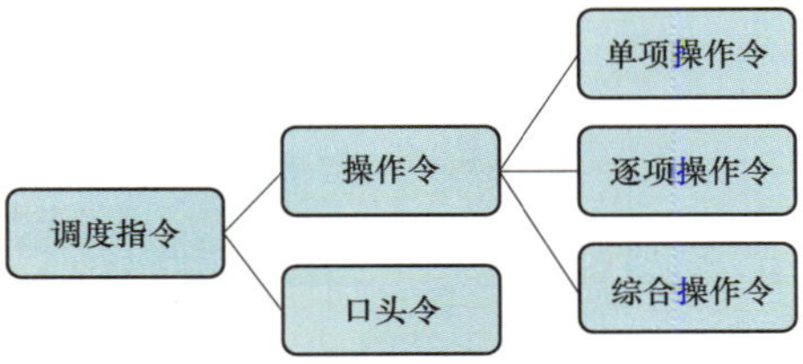

图 4－1　调度指令分类

下级调控机构的值班调度员、厂站运行值班人员及输变电设备运维人员，受上级调控机构值班调度员的调度指挥、接受上级调控机构值班调度员的调度指令，并对其执行指令的正确性负责。

进行调度业务联系时，必须使用普通话及调度术语，互报单位、姓名。严格执行下令、复诵、录音、记录和汇报制度，受令人在接受调度指令时，应主动复诵调度指令，并与发令人核对无误，待下达下令时间后才能执行；指令执行完毕后应立即向发令人汇报执行情况，并以汇报完成时间确认指令已执行完毕。

操作指令分逐项指令、综合指令和单项指令。涉及两个及以上单位的配合操作或需要根据前一项操作后对电网产生的影响才能决定下一项操作的，必须使用逐项指令。凡不需要其他单位配合仅一个单位的单项或多项操作，可采用综合指令。处理紧急事故或进行一项单一的操作，可采用单项指令。

下列操作值班调度员可不用填写操作指令票，但应做好记录：

（1）合上或拉开单一的开关或隔离开关（含接地开关）。

（2）投入或退出一套保护、安全自动装置。

（3）投退自动发电控制（AGC）功能或变更区域控制模式。

（4）投退电力系统稳定器（PSS）功能、自动电压控制（AVC）功能、无功补偿装置。

（5）发电机组启停。

（6）发电机组计划曲线更改及功率调整。

（7）变压器分接头调整。

（8）故障处理。

调度指令特性见表 4－2。

表 4－2　调度指令特性

调度指令	调度指令规定
强制性	（1）接收调度指令的值班员、值班监控员、厂站运行值班人员及输变电设备运维人员不得无故不执行或延误执行调度指令。如受令人认为所接受的调度指令不正确，应立即向发令人提出意见，如发令人确认继续执行该调度指令，应按调度指令执行。如执行该调度指令确实将危及人员、设备或电网的安全时，受令人可以拒绝执行，同时将拒绝执行的理由及修改建议上报给发令人，并向本单位领导汇报。

续表

调度指令	调度指令规定
强制性	（2）任何单位和个人不得干预调控系统运行值班人员发布和执行调度指令，不得无故不执行或延误执行调度指令。调控系统运行值班人员有权拒绝各种非法干预。 （3）当发生无故拒绝执行调度指令、破坏调度纪律的行为时，有关调控机构应立即会同相关部门及单位组织调查，依据有关法律、法规和规定处理
调度许可	（1）未经值班调度员许可，任何单位和个人不得擅自改变其调管设备状态。对危及人身和设备安全的情况按厂站规程处理，但在改变设备状态后应立即向值班调度员汇报。 （2）对于上级调控机构许可设备，下级调控机构在操作前应向上级调控机构申请，得到调度许可后方可操作，操作后向上级调控机构汇报；当电网发生紧急情况时，允许值班调度员不经调度许可直接对上级调控机构许可设备进行操作，但必须及时汇报上级调控机构值班调度员

一、变压器运行操作规定

变压器运行操作规定如下：

（1）110kV 及以上电力变压器在停、送电前，中性点必须接地，并投入接地保护。变压器投入运行后，再根据继电保护的规定，改变中性点接地方式和保护方式。

（2）变压器充电时，应选择保护完备、励磁涌流影响较小的电源侧进行充电。充电前检查电源电压，使充电后变压器各侧电压不超过其相应分头电压的 5%。一般应先合电源侧开关，后合负荷侧开关；停电时则反之。

（3）新装变压器投入运行时，应以额定电压进行冲击，冲击次数和试运行时间按有关规定或启动措施执行；变压器空载运行时，应防止空载电压超过允许值。

（4）变压器并列运行的条件为接线组别相同、变比相等、短路电压相等。变比不同和短路电压不等的变压器经计算和试验，在任一台都不会发生过负荷的情况下，可以并列运行。

（5）倒换变压器时，应检查并入的变压器确已带上负荷，才允许停其他变压器。

（6）并列运行的变压器，倒换中性点接地开关时，应先合上要投入的中性点接地开关，然后拉开要停用的中性点接地开关。

（7）涉及地方电厂并网的变电站，检修主变压器充电前，应停用运行主变压器的零序联切并网线路的相关保护，充电良好后再投入该保护。

（8）两个系统并列调电时，若系统两侧变压器接线组别及相位不相同，禁止环网调电操作。

二、开关、隔离开关运行操作规定

开关、隔离开关运行操作规定如下：

（1）开关合闸前，厂站必须检查继电保护已按规定投入。开关分、合闸后，厂站必须检查确认开关三相位置。

（2）开关操作时，若远方操作失灵，厂站规定允许就地操作时，必须进行三相同时操作，不得进行分相操作。

（3）母线为 3/2 接线方式，设备送电时，应先合母线侧开关，后合中间开关；停电时则反之。

（4）隔离开关的操作范围。

1）在电网无接地故障时，拉合电压互感器。

2）在无雷电活动时拉合避雷器。

3）拉合 220kV 及以下母线和直接连接在母线上的设备的电容电流，拉合经试验允许的 500kV 母线。

4）在电网无接地故障时，拉合变压器中性点接地开关。

5）与开关并联的旁路隔离开关，当开关合好时，可以拉合开关的旁路电流。

6）拉合 3/2 接线的母线环流。

（5）其他隔离开关操作按厂站现场规程执行。

三、母线运行操作规定

母线运行操作规定如下：

（1）母线的倒换操作，必须使用母联开关。

（2）备用母线和检修后的母线，充电时现场应投入母联开关的保护，充电良好后方可进行倒换操作。母线倒换操作时，现场应断开母联开关操作电源。

（3）无母联开关、母联开关无保护的双母线倒换操作和用隔离开关分段的母线送电操作，必须检查备用母线确无问题，才可使用隔离开关充电。

（4）母线倒闸操作过程中，现场负责保护及安全自动装置二次回路的相应切换。

（5）进行母线倒闸操作时应注意以下内容。

1）对母差保护的影响。

2）各段母线上电源与负荷分布的合理性。

3）主变压器中性点接地方式的适应性。

4）防止电压互感器 TV 对停电母线反充电。

5）向母线充电时，应注意防止出现铁磁谐振或因母线三相对地电容不平衡而产生过电压。

四、线路运行操作规定

线路运行操作规定如下：

（1）线路停电操作顺序：拉开开关，拉开线路侧隔离开关，拉开母线侧隔离开关，在线路上可能来电的各端合接地开关（或挂接地线）。线路送电操作顺序：拉开线路各端接地开关（或拆除地线），合上母线侧隔离开关，合上线路侧隔离开关，合上开关。

值班调度员下令合上线路接地开关（或挂地线）即包括悬挂“禁止合闸，线路有人工作”的标示牌；值班调度员下令拉开线路接地开关（或拆除地线）即包括摘除“禁止合闸，线路有人工作”的标示牌。

（2）双回线或环形网络解环时，应考虑有关设备的送电能力及继电保护允许电流、电流互感器变比、稳定极限等，以免引起过负荷跳闸或其他事故。

（3）220kV双回线或环网中一回线路停电时，应先拉开送电端开关，后拉开受电端开关，以减少开关两侧电压差，送电时反之；如一侧发电厂，一侧变电站，一般在变电站侧停送电，发电厂侧解合环。有特殊规定的除外。直配线路停电时一般先拉开受电端开关，后拉开送电端开关。送电时反之。

（4）操作220kV及以上电压等级的长线路时应考虑以下情况：

1）勿使空载时受端电压升高至允许值以上。

2）投入或切除空线路时，勿使电网电压产生过大波动。

3）勿使发电机在无负荷情况下投入空载线路产生自励磁。

（5）新建线路投入运行时，应以额定电压进行冲击，冲击次数和试运行时间，按有关规定或启动措施执行。

五、解、并列操作规定

解、并列操作规定如下：

（1）值班调度员在解、并列操作前，应认真考虑可能引起的电压、频率、潮流、继电保护与安全自动装置的变化，并通知有关单位。

（2）发电机与电网并解列的操作，调度员只发布许可、并解列任务，具体步骤按现场规程执行。

（3）准同期并列的条件。

1）相序、相位相同；

2）频率相同；

3）电压相同。

（4）发电机与系统并解列时，应向值班调度员汇报，要求系统频率保持稳定并通知有关单位。

（5）并列时调整频率的原则。

1）发电机与电网并列，应调整发电机的频率，可在任一稳定频率进行。

2）电网与电网并列，应调整频率不符合标准的电网或容易调整的电网。电网并列可在49.9～50.1Hz任一稳定值进行。

（6）并列时调整电压的原则。

1）发电机与电网并列，调整发电机电压，并列点两侧电压偏差在1%以内。

2）电网与电网并列，并列点两侧电压偏差应在5%以内，无法调整时，允许电压差20%。

（7）发动机解列时，应将解列点有功、无功调整至零。有困难时，可在有功调整至零，无功调至最小的情况下解列。

（8）凡有并列装置的厂站运行人员必须达到能操作并列的要求。

六、解、合环操作规定

解、合环操作规定如下：

（1）值班调度员在解、合环前，应认真考虑继电保护、安全自动装置、潮流变化、设备过负荷、电压波动等变化因素，必要时应对电网进行在线安全计算分析，并通知有关单位。

（2）解、合环应使用开关，未经计算试验不得使用隔离开关。

（3）环形网络只有相位相同才允许合环。

（4）合环操作有条件的应检查同期，电压差不超过 20%，相角差不超过 30°（经计算各元件过负荷在允许范围内）。

七、操作制度

（一）操作指令票制

拟写操作指令票应以停电检修票或临时工作要求、日前调度计划、调试调度实施方案、安全稳定及继电保护相关规定等为依据。拟写操作指令票前，拟票人应核对现场一、二次设备实际状态。操作指令票分为计划操作指令票和临时操作指令票。计划操作指令票应依据检修申请拟写，必须经过拟票、审票、下达预告、执行、归档五个环节，其中拟票、审票不能由同一人完成。临时操作指令票应依据临时工作申请需要拟写，可不下达预告。

所有计划操作，值班调度员应于发布指令 2h 前填写好操作指令票，对照厂站主接线图检查操作步骤的正确性，并将操作步骤预告有关单位。新设备启动操作应提前 24h 下达操作预告。

操作预告可利用电话、传真、网络等方式将调度指令内容传到现场，双方必须进行复诵校核内容一致。现场根据调度预告的步骤，写出倒闸操作票，做好操作准备。

在拟票、审核、预告及执行操作指令票中，值班调度员要充分理解检修票中的内容、安排、要求及运行方式变化原因，明确操作目的，确定操作任务，必要时征求现场操作意见，并做好故障预想。

填写操作票，必须正确使用设备双重编号和调度术语；操作指令票内容必须清楚、明确，拟票人、审核人、预告通知人、下令人、监护人必须签字。值班调度员必须按核对正确已经预告的操作指令票发布操作指令。

对于无人值守的变电站，值班调度员应将操作预告、操作指令下达至相关调控机构值班监控员或输变电设备运维人员。对于有人值班的厂站，应由值班调度员直接下达操作预告、操作指令至厂站运行值班人员。

（二）复诵指令制

接受操作预告、操作指令和收听操作汇报的值班调度员、值班监控员、输变电设备运维人员及厂站运行值班人员，都必须复诵。操作指令复诵无误方可执行。下令者只有得到直接受令者完成指令的汇报时，指令才算执行完毕。

（三）监护制

调度操作指令票一般由副值调度员填写，调控值长（正值）审核。发布操作指令和收听操作汇报，一般由副值调度员实施，调控值长（正值）监护。

（四）录音记录制

所有操作预告、调度操作、故障处置都必须录音；值班调度员和输变电设备运维人员、厂站运行值班人员必须做好操作记录。

新设备启动送电前，值班调度员应与输变电设备运维人员、厂站运行值班人员核对接线方式、设备名称及编号正确。新设备启动不允许调度员现场指挥操作。

第三节　调度运行操作特殊补充规定

一、带合闸电阻断路器的运行规定

重要线路单相重合闸不成功跳三相后，允许线路试送 2 次，每次试送时间距上次分闸时间间隔不小于 30min，若第 2 次试送不成功或成功后 3h 内线路再次跳闸，则故障消除前禁止再次试送，故障消除且分闸 3h 后方可恢复送电。若遇极端天气、电网网架严重削弱等特殊情况，以上要求可适当放宽。

带合闸电阻断路器无自动闭锁重合闸功能，同一断路器 40min 内合闸或重合闸达到 3 次时，由变电运维人员或监控人员根据现场规程要求向调度申请停用相应重合闸。

若断路器累计开断短路电流值达到规定的 80%，不具备试送条件，由变电运维人员或监控人员根据现场规程要求向调度汇报。

二、断路器失灵保护运行规定

220kV 及以上系统的失灵保护必须投入运行。失灵保护双套配置的，双套均应投入运行。

3/2 接线的变电站失灵保护单套配置的，因故退出失灵保护时，该断路器必须退出运行。

双母线接线的变电站失灵保护单套配置的，因故退出失灵保护时，该站母线及相关元件禁止操作。

现场执行 3/2 接线的厂站断路器保护定值单时，仅停用断路器保护即可，无须改变断路器运行状态。不考虑 3/2 接线厂站的断路器保护定值执行过程中的断路器失灵。

三、220kV 电铁线路调度管辖范围变更

原地调管辖 220kV 电铁线路均变更为地调管辖省调许可设备。

四、电缆线路重合闸投停要求

对于 10～220kV 电力电缆线路，满足下述任一条件，重合闸应退出运行：

（1）纯电缆线路；

（2）混合线路中电缆长度占比超过 30%或含有电缆接头。

五、连续跳闸事故处理规定

为防止输电线路连续多次跳闸对电网的安全运行造成不利影响，确保电网安全稳定运行，在发生 220kV 及以上线路连续多次故障跳闸时，值班调控人员应按照以下规定进行处理：

（1）对于合环运行线路，发生 1 个小时内连续 3 次故障跳闸（包括重合成功和重合不成）的情况时，若此时将该线路停运，不会造成电网解列、负荷损失或其他设备越限、控制断面超过极限，以及 $N-1$ 后发生五级电网事件，应立即将该线路转热备用（若第 3 次跳闸重合不成，应不再强送）。否则，应继续保持线路运行状态，同时调整电网运行方式，减少该线路输送潮流，通知相关单位带电巡线、加强设备巡视、做好事故预想。

（2）对于正常充电备用线路，发生 1 个小时内连续 2 次故障跳闸（包括重合成功和重合不成）的情况时，若线路备用侧变电站非单电源供电、该线路非电铁供电备用线路，应将该线路转热备用（若第 2 次跳闸重合不成，应不再强送），通知相关单位带电巡线。

（3）发生上述线路故障跳闸情况后，值班调控人员应立即通过电话向调控处长汇报，并使用短信汇报中心领导及各相关专业人员。

（4）其他情况按照有关线路故障处置的要求处理。

第四节　典型操作标准化操作票

一、线路转检修、转运行

（一）（3/2 接线方式）不带线路侧隔离开关的线路转检修

500kV 甲乙Ⅰ线转检修见表 4－3。

表 4-3　　500kV 甲乙Ⅰ线转检修

序号	单位	操作步骤
1	省检监控	将“甲站”500kV 甲乙Ⅰ线 5022、5023 开关由运行转热备用解环
2	省检监控	将“乙站”500kV 甲乙Ⅰ线 5032、5033 开关由运行转热备用
3	乙站	将 500kV 甲乙Ⅰ线 5032、5033 开关由热备用转冷备用
4	甲站	将 500kV 甲乙Ⅰ线 5022、5023 开关由热备用转冷备用
5	甲站	将 500kV 甲乙Ⅰ线线路由冷备用转检修（开关无检修工作）或将 500kV 甲乙Ⅰ线线路及 5022、5023 开关由冷备用转检修（开关有检修工作）
6	乙站	将 500kV 甲乙Ⅰ线线路由冷备用转检修（开关无检修工作）或将 500kV 甲乙Ⅰ线线路及 5032、5033 开关由冷备用转检修（开关有检修工作）

（二）（3/2 接线方式）不带线路侧隔离开关的线路转运行

500kV 甲乙Ⅰ线转运行见表 4-4。

表 4-4　　500kV 甲乙Ⅰ线转运行

序号	单位	操作步骤
1	甲站	将 500kV 甲乙Ⅰ线线路由检修转冷备用（开关无检修工作）或将 500kV 甲乙Ⅰ线线路及 5022、5023 开关由检修转冷备用（开关有检修工作）
2	乙站	将 500kV 甲乙Ⅰ线线路由检修转冷备用（开关无检修工作）或将 500kV 甲乙Ⅰ线线路及 5032、5033 开关由检修转冷备用（开关有检修工作）
3	乙站	将 500kV 甲乙Ⅰ线 5032、5033 开关由冷备用转热备用
4	甲站	将 500kV 甲乙Ⅰ线 5022、5023 开关由冷备用转热备用
5	省检监控	将“乙站”500kV 甲乙Ⅰ线 5032、5033 开关由热备用转运行充电
6	省检监控	将“甲站”500kV 甲乙Ⅰ线 5022、5023 开关由热备用转运行合环

（三）（3/2 接线方式）带线路侧隔离开关的线路转检修

500kV 甲乙线转检修（甲电厂侧带线路隔离开关，两侧开关均无检修工作）见表 4-5。

表 4-5　500kV 甲乙线转检修（甲电厂侧带线路隔离开关，两侧开关均无检修工作）

序号	单位	操作步骤
1	甲电厂	将 500kV 甲线 5042、5043 开关由运行转热备用解环
2	省检监控	将“乙站”500kV 甲乙线 5012、5011 开关由运行转热备用
3	乙站	将 500kV 甲乙线 5012、5011 开关由热备用转冷备用
4	甲电厂	将 500kV 甲乙线线路由热备用转冷备用

续表

序号	单位	操作步骤
5	甲电厂	将 500kV 甲乙线线路由冷备用转检修
6	乙站	将 500kV 甲乙线线路由冷备用转检修
7	甲电厂	将 500kV 甲乙线 5043、5042 开关由热备用转运行

注 第三步仅拉开线路侧隔离开关，将线路转冷备用，该侧隔离开关不操作。

（四）（3/2 接线方式）带线路侧隔离开关的线路转运行

500kV 甲乙线转运行（甲电厂侧带线路隔离开关，两侧开关均无检修工作）见表 4－6。

表 4－6　500kV 甲乙线转运行（甲电厂侧带线路隔离开关，两侧开关均无检修工作）

序号	单位	操作步骤
1	甲电厂	将 500kV 甲乙线线路由检修转冷备用
2	乙站	将 500kV 甲乙线线路由检修转冷备用
3	甲电厂	将 500kV 甲乙线 5042、5043 开关由运行转热备用，将甲乙线线路由冷备用转热备用
4	乙站	将 500kV 甲乙线 5011、5012 开关由冷备用转热备用
5	省检监控	将“乙站”500kV 甲乙线 5011、5012 开关由热备用转运行充电
6	甲电厂	将 500kV 甲乙线 5043、5042 开关由热备用转运行合环

二、母线转检修、转运行

（一）（双母线接线方式）母线转检修

甲站 220kV 1A 号母线转检修见表 4－7。

表 4－7　甲站 220kV 1A 号母线转检修

序号	单位	操作步骤
1	甲站	将 220kV 1A 号母线由运行转检修（开关无检修工作）或将 220kV 1A 号母线及母联 2C0A 开关、分段 21F 开关由运行转检修（开关有检修工作）

注 对于双母线接线，此状态令含义为：将甲站 220kV 1A 号母线设备倒 2A 号母线运行，1A 号母线转检修。

（二）（双母线接线方式）母线转运行

甲站 220kV 1A 号母线转运行见表 4－8。

表 4－8 甲站 220kV 1A 号母线转运行

序号	单位	操作步骤
1	甲站	将 220kV 1A 号母线由检修转运行，220kV 母线方式倒为正常方式（开关无检修工作）或将 220kV 1A 号母线及母联 200A 开关、分段 21F 开关由检修转运行，220kV 母线方式倒为正常方式（开关有检修工作）

注 对于双母线接线，此状态令含义为：将甲站 220kV 1A 号母线转运行后，恢复规定的固定连接方式。

（三）（3/2 接线方式）母线转检修

甲站 500kV 1 号母线转检修见表 4－9。

表 4－9 甲站 500kV 1 号母线转检修

序号	单位	操作步骤
1	甲站	将 500kV 1 号母线由运行转检修（开关无检修工作）或将 500kV 1 号母线及 5011、5021、5031、5041 开关由运行转检修（开关有检修工作）

（四）（3/2 接线方式）母线转运行

甲站 500kV 1 号母线转运行见表 4－10。

表 4－10 甲站 500kV 1 号母线转运行

序号	单位	操作步骤
1	甲站	将 500kV 1 号母线由检修转运行（开关无检修工作）或将 500kV 1 号母线及 5011、5021、5031、5041 开关由检修转运行（开关有检修工作）

三、变压器转检修、转运行

（一）无专用隔离开关的变压器转检修

甲站 2 号主变压器转检修见表 4－11。

表 4－11 甲站 2 号主变压器转检修

序号	单位	操作步骤
1	甲站	将 2 号主变压器由运行转检修（开关无检修工作）或将 2 号主变压器及 5021、5022、202 开关由运行转检修（开关有检修工作）

（二）无专用隔离开关的变压器转运行

甲站 2 号主变压器转运行见表 4－12。

表 4-12 甲站 2 号主变压器转运行

序号	单位	操作步骤
1	甲站	将 2 号主变压器由检修转运行（开关无检修工作）或将 2 号主变压器及 5021、5022、202 开关由检修转运行（开关有检修工作）

（三）有专用隔离开关的变压器转检修

甲电厂 1 号联络变压器转检修（开关无检修工作）见表 4-13。

表 4-13 甲电厂 1 号联络变压器转检修（开关无检修工作）

序号	单位	操作步骤
1	甲电厂	将 1 号联络变压器由运行转检修
2	甲电厂	将 1 号联络变压器 500kV 侧 5013、5012 开关由热备用转运行

注 第 1 步 500kV 侧开关仅转为热备用。

（四）有专用隔离开关的变压器转运行

甲电厂 1 号联络变压器转运行（开关无检修工作）见表 4-14。

表 4-14 甲电厂 1 号联络变压器转运行（开关无检修工作）

序号	单位	操作步骤
1	甲电厂	将 1 号联络变压器由检修转冷备用
2	甲电厂	将 1 号联络变压器 500kV 侧 5012、5013 开关由运行转热备用，将 1 号联络变压器由冷备用转热备用
3	甲电厂	将 1 号联络变压器由热备用转运行

四、线路开关倒旁路、倒本身

（一）倒旁路（母旁开关代路）

甲站 500kV 甲乙Ⅱ线 5056 开关倒旁路见表 4-15。

表 4-15 甲站 500kV 甲乙Ⅱ线 5056 开关倒旁路

序号	单位	操作步骤
1	甲站	将 500kV 母旁 5012 开关转旁路热备用，核对旁路 5012 开关定值符合 500kV 甲乙Ⅱ线保护定值
2	甲站	将 500kV 甲乙Ⅱ线 5056 开关 RCS-931 纵联差动保护通道切至旁路 5012 开关
3	甲站	用旁路 5012 开关代 500kV 甲乙Ⅱ线 5056 开关运行，500kV 甲乙Ⅱ线 5056 开关由运行转检修

续表

序号	单位	操作步骤
4	甲站	检测 500kV 甲乙Ⅱ线 5012 开关纵联差动保护通道良好，停用 500kV 甲乙Ⅱ线 5056 开关纵联距离保护功能
5	甲站	检测 500kV 甲乙Ⅱ线纵联差动保护通道良好，停用 500kV 甲乙Ⅱ线纵联距离保护功能

（二）倒本身（母旁开关代路）

甲站 500kV 甲乙Ⅱ线 5056 开关倒本身见表 4－16。

表 4－16　　甲站 500kV 甲乙Ⅱ线 5056 开关倒本身

序号	单位	操作步骤
1	甲站	投入 500kV 甲乙Ⅱ线纵联距离保护功能
2	甲站	投入 500kV 甲乙Ⅱ线 5056 开关纵联距离保护功能
3	甲站	将 500kV 甲乙Ⅱ线 5056 开关由检修转运行，旁路 5012 开关恢复旁路热备用
4	甲站	将 500kV 甲乙Ⅱ线 RCS－931 纵联差动保护通道切回 5056 开关，检测 500kV 甲乙Ⅱ线 5056 开关纵联差动、纵联距离保护通道良好
5	甲站	检测 500kV 甲乙Ⅱ线纵联差动、纵联距离保护通道良好
6	甲站	将 500kV 母线方式倒为正常方式

注　第三步包含“被旁路（或母旁）开关代路运行的设备恢复其本身开关运行方式”。同时包含“旁路或母联开关恢复至代路前状态”。由专用旁路倒本身的，第六步不下令。

五、WF 地区 220kV AH 输变电工程启动送电操作

2022 年 1 月 10 日，WF 地区 220kV AH 输变电工程（220kV AX 线、AA 线、FXⅡ线，1、2 号主变压器）启动送电。

（一）拟票

220kV AH 输变电工程启动送电拟票见表 4－17。

表 4－17　　220kV AH 输变电工程启动送电拟票

序号	工作内容	内容解析	实现方式	完成情况 √
1	查找全部相关的检修申请、值班日志	防止遗漏停送电操作要求，理清设备状态变化对相关设备检修工作有无影响。 示例：检查 FA 线、FM 线检修工作全部结束，明确检修工作过程中的控制要求及方式调整如下： （1）WF 电厂 4 台机运行，多发。 （2）KW 站 30MW 负荷调 WZ 站、AQ 站 100MW 负荷调 HT 站、XY 站 40MW 负荷调 WZ 站供电，QH 站 20MW 负荷调 CZ 站、10MW 负荷调 SB 站、20MW 负荷调 ZK 站供电。 （3）AQ 站 MA 线调 220kV 1 号母线运行。 （4）MA 线转环路运行。 （5）AQ 站投入 MA 线过电流联切负荷装置。 （6）TL 线、WZ 线转环路运行	自查	

续表

序号	工作内容	内容解析	实现方式	完成情况 √
2	明确操作对象、设备及操作目的	示例：本次检修元件为 220kV FA 线、FM 线，其中 FA 线开断接入 XY 站形成 FXⅡ线、接入 AH 站形成 AA 线。 操作对象及操作目的如下： （1）FM 线送电。 （2）AH 站及 FXⅡ线启动送电。 （3）方式调整全部恢复	自查	
3	核对一、二次设备初始方式、目标状态	明确操作的“最初”“最终”状态。 示例： 初始方式：220kV FM 线为检修状态，220kV AH 站相关设备为基建状态，MA、TL、WZ 等线路为环路运行状态，MA 线过电流联切负荷装置为投入状态。AQ 站母线为临时方式（MA 线调 220kV 1 号母线运行），各站中低压侧负荷有所调整。 目标状态如下： （1）220kV FM 线转运行。 （2）AH 站及 FXⅡ线启动送电。 （3）220kV MA 线、TL 线、WZ 线恢复解环方式，MA 线过电流联切负荷装置恢复停运，AQ 站母线恢复正常方式，各站中低压负荷调回	与现场核对	
4	核对停电范围与检修申请是否满足充分必要条件	防止停电范围扩大或在带电设备上工作。 示例： 启动项目投产：220kV AH 站及 FXⅡ线启动。 启动送电范围：220kV 1A、1B 号母线、220kV 2A、2B 号母线及 220kV 母联 200 开关启动送电。 工作内容：220kV 1A 号母线、2B 号母线 TV 核相，220kV 母线 CSC－150 母线保护Ⅰ、PCS－915 母线保护Ⅱ、220kV 母联 200 开关 CSC－122 断路器保护向量测量。 经过核对相关检修申请，启动送电申请的启动范围均符合要求	自查、与现场核对	
5	与现场核对操作顺序，询问对操作的特殊要求	多元件停送电时，明确操作先后顺序；明确现场是否有特殊操作要求。 示例： 经与现场核对，并协商省调计划、系统专业，最终明确相关操作顺序如下： （1）FA 线、FM 线报竣工后，FM 线送电。 （2）WZ 线、TL 线解环。 （3）执行《220kV AH 站及 FXⅡ线启动送电措施》1－11 项（FXⅡ线、AX 线、AA 线，AH 站 220kV 1A、2A、1B、2B 号母线启动）。 （4）MA 线解环，停用 MA 线过电流联切负荷装置（执行措施 12－13 项）。 （5）执行《220kV AH 站及 FXⅡ线启动送电措施》14 项（AH 站主变压器启动）。 （6）KW 站、AQ 站、XY 站、QH 站负荷调回	与现场核对	
6	明确是否需要上下级调度配合	是否需要移交调度权，各级调度操作的分界面如何界定。 示例： 与 WF 地调核对相关操作顺序，按照调度管辖权各自操作相关元件，其中省调负责 TL 线操作，WF 地调在省调的许可下负责其他操作项目	自查、与相关调度核对	
7	参考典型票及同类型操作票（慎选）	熟练度不高时可防止疏漏，但过于依赖参考典型票、同类票可能造成思维定式。 示例： 经参考相关同类型操作票，拟定本次启动操作票。 相关操作顺序在“注意事项”中明确	自查	
8	熟练掌握启动措施、停送电措施	对于复杂操作票，需掌握操作措施及其编制原因。 示例： 本次启动及送电的操作顺序制定原则如下： （1）优先恢复、启动 220kV 主干输电通道。 （2）操作过程中尽可能减少因环路运行造成短路电流超标的可能性。 （3）规避操作过程中发生故障后的过电流过载风险	自查、与相关专业核对	

续表

序号	工作内容	内容解析	实现方式	完成情况√
9	查阅相关的运行管理规定	明确设备状态变化后电网方式、安全自动装置投退等有无要求。 示例： 经查，WF 地区涉及本次操作的安全自动装置和运行规定如下，均已在操作票中明确。 （1）220kV MA 线过电流联切负荷装置。 功能：防止 WF 站主变压器或 WF 电厂机组等元件掉闸，MA 线过电流。 定值：MA 线（指向 AQ 站）750A、0.5s 发信号；夏季 800A（冬季 880A），7s 切 1 号主变压器 201 开关（约 55MW），10s 切 2 号主变压器 102 开关（约 55MW）。 投停方式：正常停用，MA 线转环路运行时投入。 调度管辖：WF 地调直调省调许可。 投停负责人：WF 地调调度员。 （2）220kV MA 线运行方式。 正常方式下 220kV MA 线开环运行，MA 线 MZ 站侧开关断开热备用。500kV GT 站投产前或 WF 电厂 220kV 分段开关 21F、22F 断开热备用后，当具备电网供电能力不足及事故方式下，可以考虑 MA 线转环路运行。 （3）WF 电厂运行方式。 FF 线投运后，正常方式下 WF 电厂 220kV 分段开关 21F、22F 断开热备用。220kV CL 站投运后，WF 电厂任停一机及以上，WF 电厂 220kV 分段开关 21F、22F 可转环路运行。 TB 线投运后，FG 线、TG 线和 ZR 线合环运行；DGⅡ线、DZ 线开环运行，DGⅡ线 GM 站侧开关断开热备用，DZ 线 LZ 站侧开关断开热备用。 当局部电网供电能力不足及事故发生下，考虑 DGⅡ线直供 GM 站负荷；或考虑 DZ 线直供 LZ 站负荷；或考虑将 LZ 站和 GM 站负荷调 JD 站供电（FG 线、TG 线和 ZR 线开环运行，FS 站侧、GM 站侧和 LZ 站侧开关分别断开热备用，DG II 线、DZ 线合环运行）。 TL 线投运后开环运行，XL 站侧开关断开热备用。当局部电网供电能力不足及事故发生下，考虑 TL 线直供 XL 站负荷。 （4）220kV WZ 线运行方式。 正常方式下 220kV WZ 线开环运行，WZ 线 WJ 站侧开关断开热备用，当局部电网供电能力不足及事故方式下，考虑 WZ 线单带 WJ 站或 CZ 站负荷	自查、与相关调度核对、与现场核对	

（二）执行

理论上来说，拟票环节的全部注意事项在审核、预告、执行环节均需重复执行，不再赘述。在操作票执行环节需单独执行的事项见表 4－18 和表 4－19。

表 4－18　　220kV AH 输变电工程启动送电执行事项

序号	工作内容	内容解析	实现方式	完成情况√
1	检查操作前相关控制要求和操作调整是否满足	例如电厂发电功率控制要求、电网方式调整是否到位。 示例： 操作前检查 WF 电厂确为 4 台机运行，总发电功率 1400MW，满足操作条件	自查、 与现场核对	
2	确认相关联设备同时执行多张操作票时的执行顺序	明确操作先后顺序。 示例： 本次操作顺序已在“注意事项”中明确，详见操作票	自查、 与现场核对	

续表

序号	工作内容	内容解析	实现方式	完成情况 √
3	检查检修申请是否全部报竣工并摘牌（送电票）	防止对未竣工设备送电	自查、与相关调度核对	
4	核对现场设备、远动信号是否与操作初始状态一致（操作前）	确认开始操作条件	自查、与现场核对	
5	计算合解环后潮流分布（操作前）	防止电网产生大幅潮流转移或基态过电流过负荷。 示例：经过计算，FM 线送电后潮流约为 160MW，AH 站相关出线启动后潮流约为 120MW，均满足条件	自查	
6	核对现场设备、远动信号是否与操作目标状态一致（操作后）	确认操作到位条件。 示例： 启动后，省调调度员检查启动后 WF 地区接线图，AH、AQ、XY、WF 厂等厂站远动数据与现场实际一致。 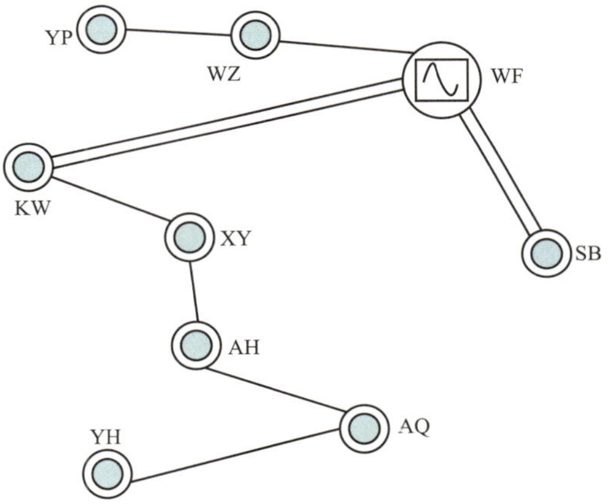	自查、与现场核对	

表 4－19　　220kV AH 输变电工程启动送电省调操作票

票号	202201002	操作类型	启动送电	事项类型	新设备启动
设备名称	220kV AA 线，220kV A 线，220kV FXⅡ线，AH 站：220kV 1A 号母线，220kV 1B 号母线，1 号主变压器，220kV 2A 号母线，220kV 2B 号母线，2 号主变压器			计划操作时间	2022－01－10 18:00
工作任务	220kV FXⅡ线、AX 线、AA 线，AH 站 220kV 1A、2A、1B、2B 号母线，1、2 号主变压器启动送电				
注意事项	（1）启动送电前与自动化联系将相关设备解除封锁。 （2）FA 线开断接入 XY 站形成 FXⅡ线、接入 AH 站形成 AA 线，新建 AX 线，线路均需冲击三次。 （3）WF 电厂：FXⅡ线为老间隔、线路保护升级，断路器保护为老保护，线路保护需向量测量，断路器保护、母线保护均不需向量测量。 （4）AQ 站：AA 线为老间隔、线路保护升级，断路器保护为老保护，线路保护需向量测量，断路器保护、母线保护均不需向量测量。 （5）XY 站：FXⅡ线、AX 线均为新间隔、新保护，线路保护、母线保护均需向量测量。 （6）AH 站：AA 线、AX 线线路保护，母联 200 开关保护，220kV 母线保护均需向量测量。 （7）AH 站：1 号主变压器、2 号主变压器为新设备，需冲击五次，1 号主变压器保护、2 号主变压器保护及母线保护均需向量测量。				

续表

注意事项	（8）按照电网运行要求，XY 站、AH 站内新建间隔同期装置试验合格后同一次设备同步投运（具体试验和同期装置的投运在启动过程中由现场自行掌握进行）。 （9）本次送电 AH 站 1 号主变压器、2 号主变压器暂不能接带负荷，利用 SVG 电流进行保护向量测量。1 号主变压器、2 号主变压器中低压侧送电、核相、保护向量测量及安全措施由 WF 地调自行考虑。 （10）启动送电前确认 220kV FM 线已送电，220kV WZ 线、TL 线已解环，220kV MA 线在环路运行状态，MA 线过电流联切负荷装置投入。AH 站空出 220kV 2A、2B 号母线配合 1 号主变压器、2 号主变压器冲击送电前，拉开 MZ 站侧 220kV MA 线 220 开关解环，停用 MA 线过电流联切负荷装置。 （11）启动送电结束后将 220kV KW 站、AQ 站、XY 站、QH 站负荷调回	
序号	单位	操作指令
1	省调调度	核对 D5000 系统、OMS 系统中 220kV FXⅡ线、AX 线、AA 线及 AH 站 220kV 1A、2A、1B、2B 号母线，1、2 号主变压器名称、编号及接线方式与现场一致；核对 D5000 系统中 220kV FXⅡ线、AX 线、AA 线线路限流值与 OMS 系统一致
2	WF 地调	220kV FXⅡ线、AX 线、AA 线，AH 站 220kV 1A、2A、1B、2B 号母线，1、2 号主变压器启动送电，线路核相、相关保护向量测量，正确
3	WF 地调	确认“MZ 站”220kV MA 线 220 开关已转热备用解环；确认 220kV MA 线过电流联切负荷装置已停用
4	WF 地调	确认“WF 电厂”220kV 母线正常连接方式为：1A 号母线：1 号主变压器、FX 线、FM 线；2A 号母线：2 号主变压器、FF 线、FXⅡ线、FW 线；1B 号母线：3 号主变压器、FW 线、FW Ⅰ线、FBⅠ线；2B 号母线：4 号主变压器、FWⅡ线、FC 线、FBⅡ线。 确认“AQ 站”220kV 母线正常连接方式为：1 号母线：1 号主变压器、AA 线；2 号母线：2 号主变压器、YA 线、MA 线。 确认“XY 站”220kV 母线正常连接方式为：1 号母线：1 号主变压器、AX 线、XQ 线、FX 线；2 号母线：2 号主变压器、FXⅡ线、WX 线。 确认“AH 站”220kV 母线正常连接方式为：1A 号母线：1 号主变压器、AA 线；2A 号母线：1B 号母线：2B 号母线：2 号主变压器、AX 线
5	省调调度	归档 220kV AH 站及 FXⅡ线启动送电措施，发布“WF 电厂”“AQ 站”“XY 站”“AH 站”220kV 母线固定连接方式

六、500kV YM 电站（四角环接线设备）启动送电操作

2021 年 4 月 28 日，500kV YM 电站升压站（500kV XM 双线，1 号主变压器，1、2 号主变压器引线）启动送电。

（一）拟票

500kV YM 电站升压站启动送电拟票见表 4－20。

表 4－20　　500kV YM 电站升压站启动送电拟票

序号	工作内容	内容解析	实现方式	完成情况 √
1	查找全部相关的检修申请、值班日志	防止遗漏停送电操作要求，理清设备状态变化对相关设备检修工作有无影响。 示例：YM 电站及 XM 双线为新建设备，无历史检修票，检查启动送电申请无异常	自查	

续表

序号	工作内容	内容解析	实现方式	完成情况 √
2	明确操作对象、设备及操作目的	示例： （1）本次送电为 YM 电站倒送厂用电，2～4 号主变压器不具备启动条件，1 号启动备用变压器经临时电缆由 1 号主变压器供电。 （2）启动送电前 XMⅠ线、XMⅡ线两侧线路本体均已接入，YM 电站内 2～4 号主变压器相关设备已做好安全隔离措施（50026、50541 隔离开关在分位或有明显断开点），1 号启动备用变压器与 2 号主变压器相关施工设备明显隔离断开，1 号机出口 TV 与机端有明显断开点	自查	
3	核对一、二次设备初始方式、目标状态	明确操作的“最初”“最终”状态。 示例： 初始状态：500kV XM 双线线路、YM 电站升压站内全部设备均为基建状态。启动前按照调度指令转为冷备用。 目标状态：500kV XM 双线带 YM 电站四角环设备、1 号主变压器、500kV 1 号/2 号主变压器引线、1 号启动备用变压器运行	与现场核对	
4	核对停电范围与检修申请是否满足充分必要条件	防止停电范围扩大或在带电设备上工作。 经过核对相关检修申请，启动送电申请的启动范围均符合要求。 启动送电范围：500kV XMⅠ线，500kV XMⅡ线及 5011、5012、5013、5014 开关启动送电	自查、与现场核对	
5	与现场核对操作顺序，询问对操作的特殊要求	多元件停送电时，明确操作先后顺序；明确现场是否有特殊操作要求。 按照启动送电措施执行操作，无疑义	与现场核对	
6	明确是否需要上下级调度配合	是否需要移交调度权，各级调度操作的分界面如何界定。 示例： 500kV XMⅠ线、XMⅡ线为省调直调网调许可设备。YM 电站 1 号主变压器、500kV 1 号/2 号主变压器引线为省调直调设备，YM 电站 1 号启动备用变压器为电站自管设备。 启动 XMⅠ线、XMⅡ线前向网调申请，启动过程中 YM 电站 1 号启动备用变压器相关操作由电厂自行掌握，其余操作由省调指挥	自查、与相关调度核对	
7	参考典型票及同类型操作票（慎选）	熟练度不高时可防止疏漏，但过于依赖参考典型票、同类票可能造成思维定式。 经参考相关同类型操作票，拟定本次启动操作票。 相关操作顺序在“注意事项”中明确	自查	
8	熟练掌握启动措施、停送电措施	对于复杂操作票，需掌握操作措施及其编制原因。 拟票人需熟练掌握启动送电措施。包括但不限于下列重点： （1）充电元件的选择； （2）充电过流保护的投停时机及选定原则； （3）保护向量测量的方案； （4）一、二次设备核相的方案； （5）可多个厂站同时操作的步骤	自查、与相关专业核对	
9	查阅相关的运行管理规定	明确设备状态变化后电网方式、安全自动装置投退等有无要求。 本次启动后无相关方式调整和装置投退	自查、与相关调度核对、与现场核对	

（二）执行

理论上来说，拟票环节的全部注意事项在审核、预告、执行环节均需重复执行，不再赘述。在操作票执行环节需单独执行的事项见表 4－21 和表 4－22。

表 4-21　　500kV YM 电站升压站启动送电执行事项

序号	工作内容	内容解析	实现方式	完成情况 √
1	检查操作前相关控制要求和操作调整是否已满足	例如电厂发电功率控制要求、电网方式调整是否已到位。 本例中未要求相关电厂控制发电功率，也未要求电网方式调整	自查、与现场核对	
2	确认相关联设备同时执行多张操作票时的执行顺序	明确操作先后顺序。 本例中不存在多张操作票同时执行的情况	自查、与现场核对	
3	检查检修申请是否已报全部竣工并摘牌（送电票）	防止对未竣工设备送电。 启动前检查，相关检修申请均已竣工	自查、与相关调度核对	
4	核对现场设备、远动信号是否与操作初始状态一致（操作前）	确认开始操作条件。 操作票的 2～11 步即为确认操作初始状态	自查、与现场核对	
5	计算合解环后潮流分布（操作前）	防止电网产生大幅潮流转移或基态过电流过负荷。 本次启动使用线路充电无功进行相关保护向量测量，不存在合环电流过大的可能性	自查	
6	核对现场设备、远动信号是否与操作目标状态一致（操作后）	确认操作到位条件。 启动后，省调调度员检查启动后 500kV 主网接线图、LY 地区接线图，YM 电站站内远动数据与现场实际一致	自查、与现场核对	

表 4-22　　500kV YM 电站升压站启动送电省调操作票

<table>
<tr><td>票号</td><td>202104112</td><td>操作类型</td><td>启动送电</td><td>事项类型</td><td>新设备启动</td></tr>
<tr><td>设备名称</td><td colspan="3">500kV XMⅠ线，500kV XMⅡ线，
YM 电站：1 号主变压器</td><td>计划操作时间</td><td>2021-04-28 10:00</td></tr>
<tr><td>工作任务</td><td colspan="5">500kV XMⅠ、Ⅱ线及 YM 电站 1 号主变压器、1 号启动备用变压器启动送电</td></tr>
<tr><td>注意事项</td><td colspan="5">（1）FX 电厂、LY 电厂机组大方式多发。
（2）本次送电为 YM 电站倒送厂用电，2～4 号主变压器不具备启动条件，1 号启动备用变压器经临时电缆由 1 号主变压器供电。
（3）XMⅠ线、XMⅡ线需冲击 3 次，YM 电站 1 号主变压器、1 号启动备用变压器需冲击 5 次。
（4）本次启动 YM 电站内 1 号/2 号主变压器引线保护、1 号主变压器保护、1 号启动备用变压器保护用启动备用变压器负荷测向量，其他保护用 XM 双线充电无功进行相关保护向量测量。
（5）省调至少提前一天核对保护定值单编号正确，并按要求将相关保护投跳闸；YM 电站至少提前一天自行核对 1 号主变压器、1 号启动备用变压器保护定值单编号正确，按定值单要求将 1 号主变压器、1 号启动备用变压器保护投跳闸。JX 公司至少提前一天自行核对 YM 站相关故障录波器定值单编号正确，按定值单要求投入。
（6）按调运〔20××〕××号文要求，YM 站 XM 双线及 YM 电站新建间隔同期装置试验合格后同一次设备同步投运（具体试验和同期装置的投运在启动过程中由现场自行掌握进行）。
（7）启动过程中与其相关测控、计量、录波、测距等需测向量时现场自行掌握。
（8）YM 电站内电站自管设备启动由电站自行指挥。
（9）启动送电前，当值调度员应通知自动化值班员将相关设备远动信息解锁。
（10）对 1 号主变压器冲击送电前，再次确认带电设备与 1 号发电机机端有明显隔离断开；现场对 1 号启动备用变压器冲击送电前，再次确认 1 号启动备用变压器与 2 号主变压器相关设备明显隔离断开</td></tr>
</table>

续表

序号	单位	操作指令
1	省调调度	核对 D5000 系统及 OMS 系统中 500kV XM Ⅰ线、XM Ⅱ线线路及两侧站内相关设备、"YM 电站"1 号主变压器、1 号启动备用变压器及本次送电范围内所有引线、开关及隔离开关设备名称、编号、接线方式与现场一致；核对 D5000 系统中 500kV XM Ⅰ线、XM Ⅱ线线路限流值与 OMS 系统一致
2	JX 公司	确认"YM 站"500kV XM Ⅰ线、XM Ⅱ线线路本体已接入
3	YM 电站	确认 500kV XM Ⅰ线、XM Ⅱ线线路本体已接入
4	YM 电站	确认 500kV XM Ⅰ线、XM Ⅱ线、1 号主变压器、1 号启动备用变压器及本次送电范围内所有引线、开关及隔离开关站内相关工作已结束，验收合格，自做安全措施已拆除，人员已撤离，500kV XM Ⅰ线、XM Ⅱ线、1 号主变压器、1 号启动备用变压器及本次送电范围内所有引线、开关及隔离开关可以启动送电
5	JX 公司	确认 500kV XM Ⅰ线、XM Ⅱ线线路及"YM 站"站内相关工作已结束，验收合格，自做安全措施已拆除，人员已撤离，500kV XM Ⅰ线、XM Ⅱ线可以启动送电
6	JX 公司	核对"YM 站"相关故障录波器定值单编号正确，按定值单要求投入故障录波器
7	YM 电站	核对 500kV XM Ⅰ线、XM Ⅱ线线路保护定值单编号正确，按定值单要求将保护投跳闸；核对 500kV XM Ⅰ线 5011、5012 开关，500kV XM Ⅱ线 5013、5014 开关保护定值单编号正确，按定值单要求将保护投跳闸，重合闸暂不投；投入 500kV XM Ⅰ线 5011 开关充电过电流保护（定值不需修改）；投入 500kV XM Ⅱ线 5014 开关充电过电流保护（执行临时定值：TA 变比为 2500/1；充电过电流Ⅰ段：0.65A、0.05s；充电过电流Ⅱ段：0.32A、0.25s；充电零序过电流：0.32A、0.25s）；核对 500kV 5011－5012、5012－5013、5013－5014、5014－5011 开关短引线保护定值单编号正确，按定值单要求将 500kV 5012－5013 开关短引线保护投跳闸，将 500kV 5011－5012、5013－5014、5014－5011 开关短引线保护投信号；核对 1 号/2 号主变压器引线保护定值单编号正确，按定值单要求将保护投跳闸；核对 500kV 故障录波器定值单编号正确，按定值单要求投入故障录波器；自行核对 1 号主变压器、1 号启动备用变压器保护定值单编号正确，按定值单要求将 1 号主变压器、1 号启动备用变压器相关保护投跳闸
8	YM 站	核对 500kV XM Ⅰ线、XM Ⅱ线线路保护定值单编号正确，按定值单要求将保护投跳闸；核对 500kV XM Ⅰ线 5051、5052 开关，500kV XM Ⅱ线 5061、5062 开关保护定值单编号正确，按定值单要求将保护投跳闸，重合闸暂不投；核对 500kV 母差保护定值单编号正确，按定值单要求将保护投跳闸；投入 500kV XM Ⅱ线 5062 开关充电过电流保护（定值不需修改）
9	省调调度	向华北分中心申请 500kV XM Ⅰ线、XM Ⅱ线启动送电
10	YM 电站	确认 500kV XM Ⅰ线、XM Ⅱ线线路在冷备用状态；确认 500kV XM Ⅰ线 5011、5012 开关，XM Ⅱ线 5013、5014 开关，1 号主变压器，1 号启动备用变压器在冷备用状态；确认 500kV 2 号主变压器高压侧 50026 隔离开关、3 号/4 号主变压器引线 50541 隔离开关在分位，确认 2、3、4 号主变压器相关设备已做好安全隔离措施；确认 1 号启动备用变压器与 2 号主变压器相关设备明显隔离断开；确认 1 号机出口 TV 与 1 号发电机机端明显隔离断开；确认本次送电范围内所有开关及隔离开关（包括接地开关）均在分位
11	YM 站	确认 500kV XM Ⅰ线、XM Ⅱ线线路在冷备用状态；确认 500kV XM Ⅰ线 5051、5052 开关，XM Ⅱ线 5061、5062 开关在冷备用状态；确认 500kV 5052217、5062217 接地开关在分位
12	YM 站	合上 500kV 五串联络 50522、50521、XM Ⅰ线 50512 隔离开关，合上 500kV XM Ⅰ线 5051 开关（500kV XM Ⅰ线 50511 隔离开关在分位）；合上 500kV 六串联络 50622、50621、XM Ⅱ线 50612 隔离开关，合上 500kV XM Ⅱ线 5061 开关（500kV XM Ⅱ线 50611 隔离开关在分位）
13	YM 站	拉开 4 号主变压器 500kV 侧 5002 开关解环；拉开 500kV ZM Ⅰ线 5013 开关、500kV MZ Ⅰ线 5023 开关、3 号主变压器 500kV 侧 5033 开关、500kV MY 线 5043 开关解串
14	YM 站	合上 500kV XM Ⅰ线 5052 开关、XM Ⅱ线 5062 开关
15	YM 站	投入 500kV ZM Ⅰ线 5013 开关充电过电流保护（执行临时定值：TA 变比为 2500/1；充电过电流Ⅰ段：0.7A、0.05s；充电过电流Ⅱ段：0.5A、0.25s；充电零序过电流：0.4A、0.25s）
16	YM 站	合上 500kV ZM Ⅰ线 5013 开关对 500kV 2 号母线、XM Ⅰ线线路及 5051、5052 开关，XM Ⅱ线线路及 5061、5062 开关冲击送电
17	YM 站	500kV XM Ⅰ线、XM Ⅱ线线路 CVT 与其他 500kV 运行 CVT 同电源核相，正确（CVT 表示电容式电压互感器，下同）

续表

序号	单位	操作指令
18	YM 站	拉开 500kV XMⅠ线 5051、5052 开关；拉开 500kV XMⅡ线 5061、5062 开关
19	YM 站	合上 500kV XMⅠ线 5052 开关对 500kV XMⅠ线冲击送电
20	YM 站	拉开 500kV XMⅠ线 5052 开关
21	YM 站	合上 500kV XMⅡ线 5062 开关对 500kV XMⅡ线冲击送电
22	YM 站	拉开 500kV XMⅡ线 5062 开关
23	YM 站	拉开 500kV XMⅡ线 50622 隔离开关
24	YM 电站	确认 500kV 1 号/2 号主变压器引线 50531 隔离开关在分位；合上 500kV XMⅠ线 50516、XMⅡ线 50526 隔离开关；合上 500kV XMⅠ线 50116、XMⅠ线 50111、XMⅠ线 50126、XMⅠ线 50121、XMⅡ线 50136、XMⅡ线 50131、XMⅡ线 50146、XMⅡ线 50141 隔离开关；合上 500kV XMⅠ线 5011、5012、XMⅡ线 5013、5014 开关
25	YM 站	合上 500kV XMⅠ线 5052 开关自 500kV 2 号母线对 500kV XMⅠ线、XMⅡ线、“YM 电站”四角环 500kV 相关间隔设备冲击送电
26	YM 站	500kV XMⅡ线线路 CVT 与其他 500kV 运行 CVT 异电源核相，正确
27	YM 电站	500kV XMⅠ线 CVT、XMⅡ线 CVT、01PT、02PT、03PT、04PT 同电源核相，正确
28	YM 电站	拉开 500kV XMⅠ线 5012 开关
29	YM 电站	测量 500kV XMⅠ线、XMⅡ线线路保护、XMⅠ线 5011 开关、XMⅡ线 5014 开关保护、500kV 5011－5012、5014－5011、5013－5014 开关短引线保护向量，正确
30	YM 站	测量 500kV XMⅠ线线路保护、500kV XMⅠ线 5052 开关保护、500kV 2 号母线保护向量，正确
31	YM 电站	合上 500kV XMⅠ线 5012 开关，拉开 500kV XMⅠ线 5011 开关
32	YM 电站	测量 500kV XMⅠ线、XMⅡ线线路保护、XMⅠ线 5012 开关、XMⅡ线 5013 开关保护、500kV 5011－5012、5012－5013、5013－5014 开关短引线保护向量，正确
33	YM 站	测量 500kV XMⅠ线线路保护向量，正确
34	YM 站	合上 500kV XMⅡ线 50622 隔离开关
35	YM 站	合上 500kV XMⅡ线 5062 开关同期合环，拉开 500kV XMⅠ线 5052 开关解环
36	YM 站	测量 500kV XMⅡ线线路保护、XMⅡ线 5062 开关保护、500kV 2 号母线保护向量，正确
37	YM 电站	测量 500kV XMⅡ线线路保护向量，正确
38	YM 站	按定值单要求恢复 500kV ZMⅠ线 5013 开关充电过电流保护
39	YM 站	合上 4 号 500kV 侧 5002 开关同期合环；合上 500kV MZⅠ线 5023 开关、3 号主变压器 500kV 侧 5033 开关、500kV MY 线 5043 开关并串
40	YM 站	拉开 1 号主变压器 500kV 侧 5001 开关解环；拉开 2 号主变压器 500kV 侧 5011 开关、500kV MLⅡ线 5031 开关、500kV ZM 线 5041 开关解串
41	YM 站	投入 500kV MLⅠ线 5021 开关充电过电流保护（执行临时定值：TA 变比为 2500/1；充电过电流Ⅰ段：0.7A、0.05s；充电过电流Ⅱ段：0.5A、0.25s；充电零序过电流：0.4A、0.25s）
42	YM 站	合上 500kV XMⅡ线 50611 隔离开关，合上 500kV XMⅡ线 5061 开关并串
43	YM 站	拉开 500kV XMⅡ线 5062 开关解串
44	YM 站	测量 500kV XMⅡ线线路保护、500kV XMⅡ线 5061 开关保护、500kV 1 号母线保护测向量，正确
45	YM 电站	测量 500kV XMⅡ线线路保护向量，正确

续表

序号	单位	操作指令
46	YM 站	按定值单要求恢复 500kV XMⅡ线 5062 开关充电过电流保护
47	YM 站	合上 500kV XMⅠ线 50511 隔离开关，合上 500kV XMⅠ线 5051 开关合环
48	YM 站	拉开 500kV XMⅡ线 5061 开关解环
49	YM 站	测量 500kV XMⅠ线线路保护、500kV XMⅠ线 5051 开关保护、500kV 1 号母线保护向量，正确
50	YM 电站	测量 500kV XMⅠ线线路保护向量，正确
51	YM 站	按定值单要求恢复 500kV MLⅠ线 5021 开关充电过电流保护
52	YM 站	合上 1 号主变压器 500kV 侧 5001 开关同期合环；合上 2 号主变压器 500kV 侧 5011 开关、500kV MLⅡ线 5031 开关、ZM 线 5041 开关、XMⅠ线 5052 开关并串
53	YM 站	合上 500kV XMⅡ线 5061 开关同期合环，合上 500kV XMⅡ线 5062 开关并串
54	YM 电站	拉开 500kV XMⅡ线 5014 开关
55	YM 电站	合上 500kV 1 号/2 号主变压器引线 50531、50511 隔离开关、1 号主变压器高压侧 50016 隔离开关（1 号机组出口 G1 开关由现场自行操作）
56	YM 电站	合上 500kV XMⅡ线 5014 开关对 1 号主变压器冲击送电
57	YM 电站	05PT、1 号主变压器低压侧 TV、1 号机出口 TG1 开关在合位与其他运行 CVT 同电源核相，正确
58	YM 电站	拉开 500kV XMⅡ线 5014 开关
59	YM 电站	用 500kV XMⅡ线 5014 开关对 1 号主变压器冲击送电 4 次（时间间隔按现场要求），第 4 次冲击正常后不再拉开 500kV XMⅡ线 5014 开关
60	YM 电站	自行掌握对 1 号启动备用变压器冲击送电，正常后，1 号启动备用变压器带负荷
61	YM 电站	测量 1 号/2 号主变压器引线保护、1 号主变压器保护、1 号启动备用变压器保护向量，正确
62	YM 电站	按定值单要求恢复 500kV XMⅡ线 5014 开关充电过电流保护
63	YM 电站	合上 500kV XMⅠ线 5011 开关同期合环，拉开 500kV XMⅡ线 5014 开关解环
64	YM 电站	测量 1 号/2 号主变压器引线保护、1 号主变压器保护、1 号启动备用变压器保护向量，正确
65	YM 电站	确认 1 号机组出口 G1 开关在分位
66	YM 电站	按定值单要求恢复 500kV XMⅠ线 5011 开关充电过电流保护
67	YM 电站	合上 500kV XMⅡ线 5014 开关同期合环
68	YM 电站	停用 500kV 5011－5012、5013－5014、5014－5011 开关短引线保护
69	YM 电站	投入 500kV XMⅠ线 5011、5012 开关，500kV XMⅡ线 5013、5014 开关单相重合闸
70	YM 站	投入 500kV XMⅠ线 5051、5052 开关，500kV XMⅡ线 5061、5062 开关单相重合闸
71	省调调度	向华北分中心汇报：500kV XMⅠ线、XMⅡ线启动送电结束
72	省调调度	500kV XMⅠ、Ⅱ线及 YM 电站 1 号主变压器、1 号启动备用变压器启动送电结束，归档 YM 电站 500kV 升压站启动送电措施

YM 电站一系统如图 4－2 所示。YM 站一次系统图如图 4－3 所示。

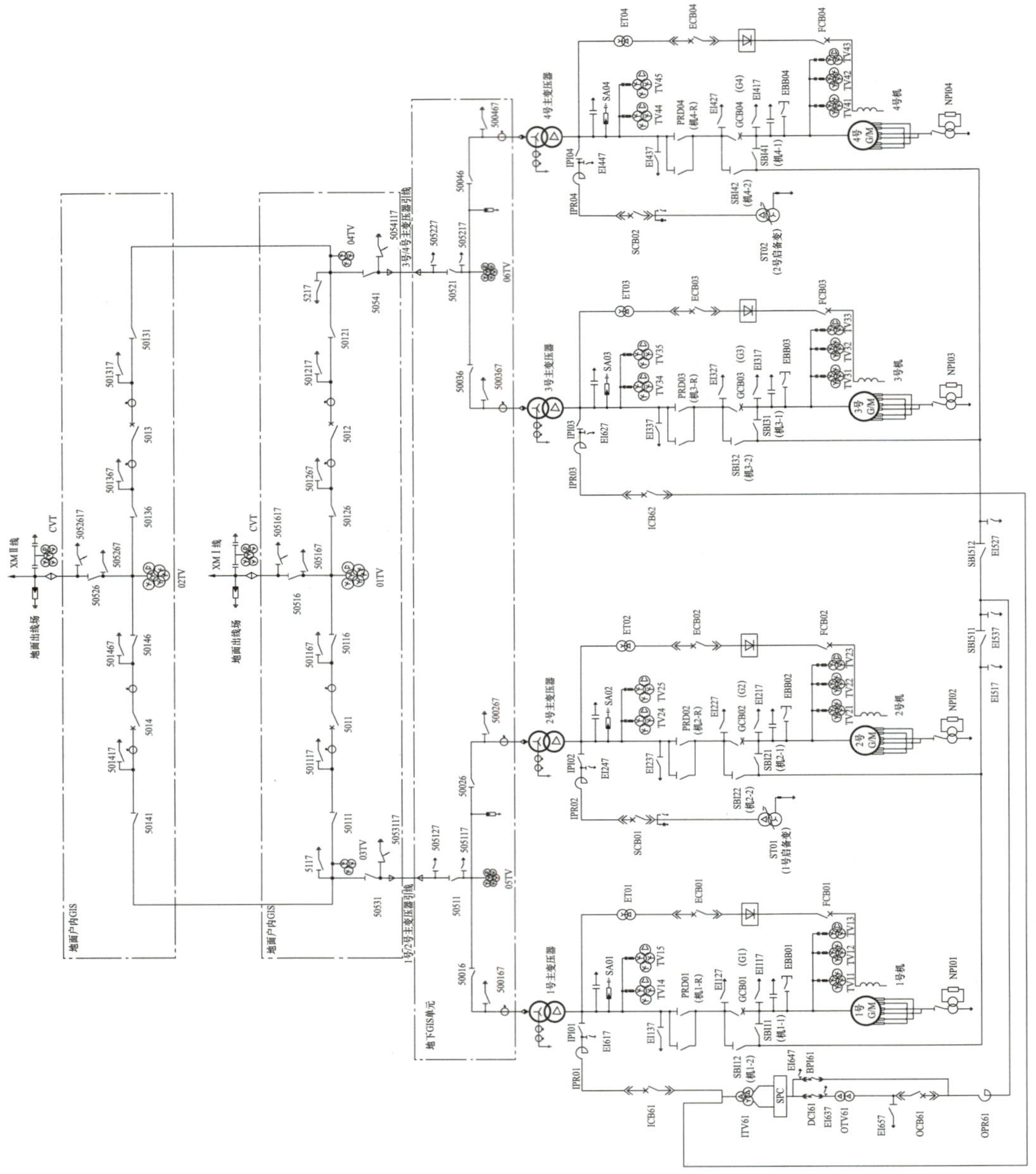

图 4-2 YM电站一次系统图

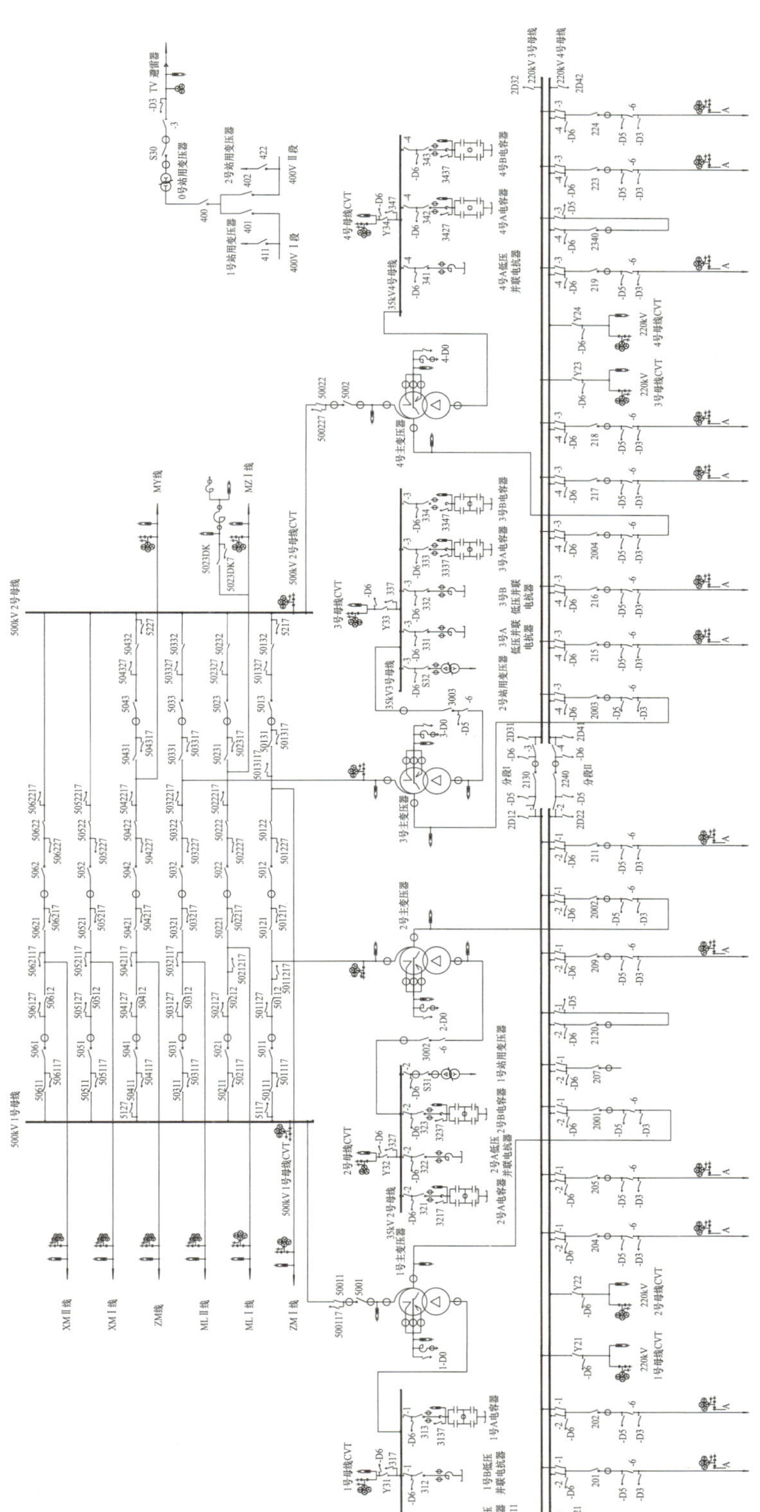

图 4-3　YM站一次系统图

七、500kV SH站（3/2接线设备）启动送电操作

（一）拟票

500kV SH站启动送电拟票见表4－23。

表4－23　　500kV SH站启动送电拟票

序号	工作内容	内容解析	实现方式	完成情况 √
1	查找全部相关的检修申请、值班日志	防止遗漏停送电操作要求，理清设备状态变化对相关设备检修工作有无影响。 示例：500kV SH站为新建变电站，无历史检修票，检查启动送电申请无异常	自查	
2	明确操作对象、设备及操作目的	根据检修申请、启动送电措施，明确哪些设备送电，重点关注已接火，但暂不启动设备。 示例：SH站YSⅠ线、YSⅡ线本次线路本体暂不送电，线路TV均已接入，线路与站内有明显断开点，YSⅠ线、YSⅡ线间隔具备启动条件	自查	
3	核对一、二次设备初始方式、目标状态	明确操作的“最初”“最终”状态。 示例：新设备启动，设备初始状态一般为冷备用，重点关注不完整串中“死隔离开关”运行状态。 新设备启动中，关注二次设备保护定值核对工作，防止遗漏或越级核对	与现场核对	
4	核对停电范围与检修申请是否满足充分必要条件	防止停电范围扩大或在带电设备上工作	自查、与现场核对	
5	与现场核对操作顺序，询问对操作的特殊要求	多元件停送电时，明确操作先后顺序；明确现场是否有特殊操作要求。 示例：根据启动送电措施，确定多元件送电顺序	与现场核对	
6	明确是否需要上下级调度配合	是否需要移交调度权，各级调度操作的分界面如何界定	自查、与相关调度核对	
7	参考典型票及同类型操作票（慎选）	熟练度不高时可防止疏漏，但过于依赖参考典型票、同类票可能造成思维定式	自查	
8	熟练掌握启动措施、停送电措施	对于复杂操作票，需掌握操作措施及其编制原因。 示例：仔细通读启动措施，掌握整个启动过程中的关键节点，例如充电、核相、向量测量等节点。同时重点关注启动措施中特殊注明的地方。 本次SH启动，自SH站对500kV JSⅠ线、JSⅡ线冲击送电时，注意监视线路及母线电压	自查、与相关专业核对	
9	查阅相关的运行管理规定	明确设备状态变化后电网方式、安全自动装置投退等有无要求	自查、与相关调度核对、与现场核对	

（二）执行

理论上来说，拟票环节的全部注意事项在审核、预告、执行环节均需重复执行，不再

赘述。在操作票执行环节需单独执行的事项见表 4－24。

表 4－24　　　　500kV SH 站启动送电执行事项

序号	工作内容	内容解析	实现方式	完成情况
1	检查操作前相关控制要求和操作调整是否已满足	例如电厂发电功率控制要求、电网方式调整是否已到位	自查、与现场核对	
2	确认相关联设备同时执行多张操作票时的执行顺序	明确操作先后顺序	自查、与现场核对	
3	检查检修申请是否已报全部竣工并摘牌（送电票）	防止对未竣工设备送电	自查、与相关调度核对	
4	核对现场设备、远动信号是否与操作初始状态一致（操作前）	确认开始操作条件	自查、与现场核对	
5	计算合解环后潮流分布（操作前）	防止电网产生大幅潮流转移或基态过电流过负荷	自查	
6	核对现场设备、远动信号是否与操作目标状态一致（操作后）	确认操作到位条件	自查、与现场核对	

500kV SH 站启动送电省调操作票见表 4－25。

表 4－25　　　　500kV SH 站启动送电省调操作票

<table>
<tr><td>票号</td><td>202110074</td><td>操作类型</td><td>启动送电</td><td>事项类型</td><td>新设备启动</td></tr>
<tr><td>设备名称</td><td colspan="3">500kV JSⅠ线，500kV JSⅡ线，500kV SLⅠ线，500kV SLⅡ线，SH 站：500kV 1 号母线，1 号主变压器，500kV 2 号母线，3 号主变压器</td><td>计划操作时间</td><td>2021－10－25
10:00</td></tr>
<tr><td>工作任务</td><td colspan="5">500kV JSⅠ线，500kV JSⅡ线，500kV SLⅠ线，500kV SLⅡ线，SH 站：500kV 1 号母线，1 号主变压器，500kV 2 号母线，3 号主变压器启动送电（第一、第二天）</td></tr>
<tr><td>注意事项</td><td colspan="5">（1）启动送电前，当值调度员应通知自动化值班员将相关设备远动信息解锁。
（2）本次送电前 SH 站内所有 500kV 开关一次通流试验合格。
（3）按相关要求，SH 站 500kV 系统及 LL 站、JF 站新建间隔同期装置试验合格后同一次设备同步投运（具体试验和同期装置的投运在启动过程中由现场自行掌握进行）。
（4）SH 站启动过程中与其相关测控、计量、录波、测距等需测向量时现场自行掌握。
（5）省调至少提前一天核对相关保护定值单编号正确，并按要求将相关保护投跳闸；JX 公司至少提前一天核对 SH 站、LL 站、JF 站相关故障录波器定值单编号正确，按定值单要求投入。
（6）本次送电前 SH 站所有 500kV 间隔均在冷备用状态，SLⅠ线、SLⅡ线、JSⅠ线、JSⅡ线线路本体及 1、3 号主变压器各侧弓子线均已接入。
（7）YSⅠ线、YSⅡ线本次线路本体暂不送电，线路 CVT 均已接入，线路与站内有明显断开点，YSⅠ线、YSⅡ线间隔具备启动条件。
（8）本次送电前 LL 站 500kV SLⅠ线 5013、5012 开关，500kV SLⅡ线 5021、5022 开关，JF 站 500kV JSⅠ线 5011、5012 开关，500kV JSⅡ线 5023、5022 开关均在冷备用状态；SL 双线、JS 双线线路弓子线及线路本体均已接入。
（9）SH 站送电范围内所有 500、220、35kV TV 需核相；500kV 开关保护，SLⅠ线、SLⅡ线、JSⅠ线、JSⅡ线、YSⅠ线、YSⅡ线保护，500kV 母差保护均需测向量。
（10）LL 站 500kV SLⅡ线 5021、5022 开关先期已并串运行，本次需复测线路保护向量；500kV SLⅠ线线路保护，500kV SLⅠ线 5013、5012 开关断路器保护需测向量；500kV 母差保护需测向量。
（11）JF 站 500kV JSⅠ线、JSⅡ线线路保护，500kV JSⅠ线 5011、5012 开关，JSⅡ线 5023、5022 开关保护，500kV 母差保护均需测向量。
（12）自 SH 站对 500kV JSⅠ线、JSⅡ线冲击送电时，注意监视线路及母线电压</td></tr>
</table>

续表

序号	单位	操作指令
1	省调调度	核对 D5000 系统及 OMS 系统中 500kV SL Ⅰ线、SL Ⅱ线、JS Ⅰ线、JS Ⅱ线线路及两侧站内相关设备，“SH 站”500kV 1、2 号母线及 1、3 号主变压器，500kV 第一、二、四、五、六串所有开关及隔离开关设备名称、编号、接线方式与现场一致；核对 D5000 系统中 500kV SL Ⅰ线、SL Ⅱ线、JS Ⅰ线、JS Ⅱ线线路限流值与 OMS 系统一致
2	JX 公司	确认“SH 站”500kV SL Ⅰ线、SL Ⅱ线、JS Ⅰ线、JS Ⅱ线线路本体及 1、3 号主变压器各侧弓子线均已接入；确认“SH 站”500kV YS Ⅰ线、YS Ⅱ线线路 CVT 均已接入，线路与站内有明显断开点；确认“SH 站”站内所有 500kV 开关一次通流试验合格；确认“SH 站”1、3 号主变压器抽头均放Ⅲ位置；确认“LL 站”500kV SL Ⅰ线、SL Ⅱ线线路本体弓子线均已接入；确认“JF 站”500kV JS Ⅰ线、JS Ⅱ线线路本体弓子线均已接入
3	JX 公司	确认“SH 站”500kV 1、2 号母线及 1、3 号主变压器，500kV 第一、二、四、五、六串所有开关及隔离开关，500kV SL Ⅰ线、SL Ⅱ线、JS Ⅰ线、JS Ⅱ线线路及两侧站内相关工作已结束，验收合格，自做安全措施已拆除，人员已撤离，500kV SL Ⅰ线、SL Ⅱ线、JS Ⅰ线、JS Ⅱ线，“SH 站”500kV 1、2 号母线及 1、3 号主变压器，500kV 第一、二、四、五、六串所有开关及隔离开关可以启动送电；确认“LL 站”500kV 第一串所有开关及隔离开关，500kV SL Ⅰ线、SL Ⅱ线线路及站内相关工作已结束，验收合格，自做安全措施已拆除，人员已撤离，500kV SL Ⅰ线、SL Ⅱ线，“LL 站”500kV 第一串所有开关及隔离开关可以启动送电；确认“JF 站”500kV 第一、二串所有开关及隔离开关，500kV JS Ⅰ线、JS Ⅱ线线路及站内相关工作已结束，验收合格，自做安全措施已拆除，人员已撤离，500kV JS Ⅰ线、JS Ⅱ线，“JF 站”500kV 第一、二串所有开关及隔离开关可以启动送电
4	LL 站	核对 500kV SL Ⅰ线、SL Ⅱ线保护定值单编号正确，按定值单要求将保护投跳闸；核对 500kV SL Ⅰ线 5013、5012 开关保护定值单编号正确，按定值单要求投跳闸；投入 500kV SL Ⅰ线 5013、5012 开关、500kV SL Ⅱ线 5021、5022 开关充电过电流保护（定值不需修改），重合闸暂不投
5	JF 站	核对 500kV JS Ⅰ线、JS Ⅱ线保护定值单编号正确，按定值单要求将保护投跳闸；核对 500kV JS Ⅰ线 5011、5012 开关，500kV JS Ⅱ线 5023、5022 开关保护定值单编号正确，按定值单要求投跳闸，重合闸暂不投
6	SH 站	核对 500kV SL Ⅰ线、SL Ⅱ线、JS Ⅰ线、JS Ⅱ线、YS Ⅰ线、YS Ⅱ线保护定值单编号正确，按定值单要求将保护投跳闸；核对 500kV JS Ⅰ线 5011、5012 开关，1 号主变压器 500kV 侧 5013 开关，500kV JS Ⅱ线 5023、5022 开关，3 号主变压器 500kV 侧 5041 开关，500kV YS Ⅱ线 5043、5042 开关，500kV YS Ⅰ线 5051 开关，500kV SL Ⅰ线 5053、5052 开关，500kV SL Ⅱ线 5061、5062 开关保护定值单编号正确，按定值单要求投跳闸，重合闸暂不投；核对 500kV 母差保护定值单编号正确，按定值单要求将母差保护投跳闸；核对 1、3 号主变压器保护定值单编号正确，按定值单要求将 1、3 号主变压器保护投跳闸；核对 1、3 号主变压器中性点小电抗保护定值单编号正确，按定值单要求投跳闸；投入 1 号主变压器 500kV 侧 5013、5012 开关，3 号主变压器 500kV 侧 5041、5042 开关充电过电流保护（定值不需修改）
7	JX 公司	核对“SH 站”“LL 站”“JF 站”相关故障录波器定值单编号正确，按定值单要求投入
8	省调调度	向华北分中心申请 500kV SL Ⅰ线、SL Ⅱ线、JS Ⅰ线、JS Ⅱ线启动送电

续表

序号	单位	操作指令
9	SH 站	确认 500kV 1、2 号母线在冷备用状态；确认 500kV SLⅠ线、SLⅡ线、JSⅠ线、JSⅡ线线路在冷备用状态；确认 500kV JSⅠ线 5011、5012 开关，1 号主变压器 500kV 侧 5013 开关，500kV JSⅡ线 5023、5022 开关，3 号主变压器 500kV 侧 5041 开关，500kV YSⅡ线 5043、5042 开关，500kV YSⅠ线 5051 开关，500kV SLⅠ线 5053、5052 开关，500kV SLⅡ线 5061、5062 开关在冷备用状态；确认 1 号主变压器及 220kV 侧 201 开关、35kV 侧 301 开关，3 号主变压器及 220kV 侧 203 开关、35kV 侧 303 开关，35kV 1、2、3 号母线、站用变压器及无功补偿设备开关在冷备用状态；确认 500kV 50211、50632 设为死隔离开关合位运行，确认 500kV 502117、506327 接地开关在分位
10	LL 站	确认 500kV SLⅠ线线路及 5013、5012 开关、500kV SLⅡ线线路及 5021、5022 开关在冷备用状态；确认 50111 设为死隔离开关合位运行，确认 500kV 501117 接地开关在分位
11	JF 站	确认 500kV JSⅠ线线路及 5011、5012 开关、500kV JSⅡ线线路及 5023、5022 开关在冷备用状态；确认 50211、50132 设为死隔离开关合位运行，确认 500kV 502117、501327 接地开关在分位
12	SH 站	合上 500kV SLⅡ线 50611、50622 隔离开关（500kV SLⅡ线 50621、50612 隔离开关、SLⅡ线 5061、5062 开关在分位）；合上 500kV SLⅠ线 50532、50521 隔离开关，合上 500kV SLⅠ线 5053、5052 开关（500kV SLⅠ线 50531、50522 隔离开关在分位）；合上 500kV YSⅠ线 50511、50512 隔离开关，合上 500kV YSⅠ线 5051 开关；合上 3 号主变压器 500kV 侧 50411、50422 隔离开关，合上 3 号主变压器 500kV 侧 5041、5042 开关（3 号主变压器 500kV 侧 50412、50421 隔离开关在分位）；合上 500kV YSⅡ线 50431、50432 隔离开关，合上 500kV YSⅡ线 5043 开关；合上 500kV JSⅡ线 50232、50221 隔离开关，合上 500kV JSⅡ线 5023、5022 开关（500kV JSⅡ线 50231、50222 隔离开关在分位）；合上 500kV JSⅠ线 50111、50122 隔离开关，合上 500kV JSⅠ线 5011、5012 开关（500kV JSⅠ线 50112、50121 隔离开关在分位）；合上 1 号主变压器 500kV 侧 50132 隔离开关，合上 1 号主变压器 500kV 侧 5013 开关（1 号主变压器 500kV 侧 50131 隔离开关在分位）
13	LL 站	合上 500kV SLⅡ线 50211、50212 隔离开关
14	LL 站	用 500kV SLⅡ线 5021 开关自 500kV 1 号母线对 SLⅡ线线路冲击送电 2 次（时间间隔按现场电科院要求），正常后拉开 500kV SLⅡ线 5021 开关
15	SH 站	合上 500kV SLⅡ线 50621、50612 隔离开关；合上 500kV SLⅡ线 5061、5062 开关
16	LL 站	合上 500kV SLⅡ线 5021 开关对 SLⅡ线线路，SH 站 500kV 1、2 号母线及 500kV 第一、二、四、五、六串相关设备冲击送电，正常后不再拉开
17	SH 站	500kV SLⅡ线线路 CVT、YSⅠ线线路 CVT、YSⅡ线线路 CVT 同电源核相，正确
18	SH 站	合上 1 号主变压器 220kV 侧 201－3 隔离开关、1 号主变压器 220kV 侧 201 开关（1 号主变压器 220kV 侧 201－1、201－2 隔离开关在分位）；合上 1 号主变压器 35kV 侧 301－1 隔离开关、1 号主变压器 35kV 侧 301 开关（站用变压器及无功补偿设备开关均保持冷备用状态）
19	SH 站	拉开 1 号主变压器 500kV 侧 5013 开关，合上 1 号主变压器 500kV 侧 50131 隔离开关
20	SH 站	合上 1 号主变压器 500kV 侧 5013 开关对 1 号主变压器及 500kV 侧 5012 开关冲击送电（注意 1 号主变压器 220kV 侧 201 开关及 35kV 1、2 号母线均同时带电）
21	SH 站	1 号主变压器高压侧 CVT、中压侧 CVT、35kV 1 号母线 CVT 与站内运行 CVT 同电源核相，正确

续表

序号	单位	操作指令
22	SH 站	拉开 1 号主变压器 35kV 侧 301 开关，拉开 1 号主变压器 35kV 侧 301－1 隔离开关；拉开 1 号主变压器 220kV 侧 201 开关，拉开 1 号主变压器 220kV 侧 201－3 隔离开关；拉开 500kV 一串联络 5012 开关、50122 隔离开关
23	SH 站	拉开 1 号主变压器 500kV 侧 5013 开关
24	SH 站	用 1 号主变压器 500kV 侧 5013 开关对 1 号主变压器冲击送电 4 次（时间间隔按现场电科院要求），正常后不再拉开
25	SH 站	合上 3 号主变压器 220kV 侧 203－3 隔离开关、3 号主变压器 220kV 侧 203 开关（3 号主变压器 220kV 侧 203－1、203－2 隔离开关在分位）；合上 3 号主变压器 35kV 侧 303－3 隔离开关、3 号主变压器 35kV 侧 303 开关（站用变压器及无功补偿设备开关均保持冷备用状态）
26	SH 站	拉开 3 号主变压器 500kV 侧 5041 开关，合上 3 号主变压器 500kV 侧 50412 隔离开关
27	SH 站	合上 3 号主变压器 500kV 侧 5041 开关对 3 号主变压器及相关设备冲击送电（注意 3 号主变压器 220kV 侧 203 开关及 35kV 3 号母线同时带电）
28	SH 站	3 号主变压器高压侧 CVT、中压侧 CVT、35kV 3 号母线 CVT 与站内运行 CVT 同电源核相，正确
29	SH 站	拉开 3 号主变压器 35kV 侧 303 开关，拉开 3 号主变压器 35kV 侧 303－3 隔离开关；拉开 3 号主变压器 220kV 侧 203 开关，拉开 3 号主变压器 220kV 侧 203－3 隔离开关
30	SH 站	拉开 3 号主变压器 500kV 侧 5041 开关
31	SH 站	用 3 号主变压器 500kV 侧 5041 开关对 3 号主变压器冲击送电 4 次（时间间隔按现场电科院要求），正常后不再拉开
32	SH 站	拉开 500kV SLⅠ线 5053 开关，合上 500kV SLⅠ线 50531 隔离开关
33	SH 站	用 500kV SLⅠ线 5053 开关自 500kV 2 号母线对 SLⅠ线冲击送电 2 次（时间间隔按现场电科院要求）
34	SH 站	500kV SLⅠ线线路 CVT 与站内运行 CVT 同电源核相，正确
35	SH 站	测量 500kV SLⅡ线、SLⅠ线线路保护，500kV 六串联络 5062 开关、500kV SLⅠ线 5053 开关断路器保护，500kV 2 号母线保护向量，正确
36	LL 站	测量 500kV SLⅡ线线路保护向量，正确
37	SH 站	拉开 500kV 四串联络 5042 开关；合上 500kV 四串联络 50421 隔离开关
38	SH 站	合上 500kV 四串联络 5042 开关并串；拉开 500kV 六串联络 5062 开关解串
39	SH 站	测量 500kV SLⅡ线、YSⅡ线线路保护，500kV SLⅡ线 5061 开关、3 号主变压器 500kV 侧 5041 开关、500kV YSⅡ线 5043、5042 开关保护，500kV 1、2 号母线保护向量，正确
40	LL 站	将 500kV 二串联络 5022 开关由冷备用转运行并串；拉开 500kV SLⅡ线 5021 开关解串
41	LL 站	测量 500kV SLⅡ线线路保护向量，正确
42	SH 站	拉开 500kV 五串联络 5052 开关；合上 500kV SLⅠ线 50522 隔离开关

续表

序号	单位	操作指令
43	SH 站	合上 500kV 五串联络 5052 开关并串；拉开 500kV 四串联络 5042 开关解串
44	SH 站	测量 500kV SL Ⅰ线、YS Ⅰ线线路保护，500kV YS Ⅰ线 5051、5052 开关保护，500kV 1 号母线保护向量，正确
45	SH 站	合上 500kV 四串联络 5042 开关并串；拉开 500kV 五串联络 5052 开关解串；拉开 500kV SL Ⅰ线 5053 开关，拉开 500kV SL Ⅰ线 50531、50522 隔离开关
46	LL 站	拉开 500kV HL Ⅱ线 5031 开关、3 号主变压器 500kV 侧 5041 开关、500kV ML Ⅱ线 5052 开关、500kV ML Ⅰ线 5061 开关解串
47	LL 站	合上 500kV 一串联络 50121、50122 隔离开关，合上 500kV SL Ⅰ线 50131 隔离开关；合上 500kV SL Ⅰ线 5013、5012 开关（500kV SL Ⅰ线 50132 隔离开关在分位）
48	LL 站	用 500kV SL Ⅱ线 5021 开关对 500kV 1 号母线、SL Ⅰ线线路及 500kV SL Ⅰ线 5012、5013 开关冲击送电
49	LL 站	500kV SL Ⅰ线线路 CVT 与站内运行 CVT 同电源核相，正确
50	SH 站	500kV SL Ⅰ线线路 CVT 与站内运行 CVT 异电源核相，正确
51	LL 站	测量 500kV SL Ⅰ线线路保护、500kV 一串联络 5012 开关断路器保护、500kV 1 号母线保护向量，正确
52	LL 站	拉开 500kV SL Ⅰ线 5013 开关
53	SH 站	合上 500kV SL Ⅰ线 50531 隔离开关、50522 隔离开关；合上 500kV SL Ⅰ线 5053 开关合环
54	LL 站	合上 500kV HL Ⅱ线 5031 开关、3 号主变压器 500kV 侧 5041 开关、500kV ML Ⅱ线 5052 开关、500kV ML Ⅰ线 5061 开关并串
55	LL 站	拉开 500kV 二串联络 5022 开关解串；拉开 500kV SL Ⅱ线 5021 开关解环
56	LL 站	测量 500kV SL Ⅰ线线路保护向量，正确
57	SH 站	测量 500kV SL Ⅰ线线路保护向量，正确
58	LL 站	合上 500kV SL Ⅱ线 5021 开关合环；合上 500kV 二串联络 5022 开关并串
59	SH 站	拉开 500kV SL Ⅱ线 5061 开关解环
60	LL 站	按定值单要求恢复 500kV SL Ⅱ线 5021、5022 开关充电过电流保护
61	LL 站	拉开 500kV HL Ⅰ线 5023 开关、2 号主变压器 500kV 侧 5033 开关、3 号主变压器 500kV 侧 5042 开关、4 号主变压器 500kV 侧 5063 开关解串
62	LL 站	投入 500kV ML Ⅱ线 5053 开关充电过电流保护（定值无需修改）
63	LL 站	合上 500kV SL Ⅰ线 50132 隔离开关；合上 500kV SL Ⅰ线 5013 开关并串
64	LL 站	测量 500kV SL Ⅰ线线路保护、500kV SL Ⅰ线 5013 开关断路器保护、500kV 2 号母线保护向量，正确（若 5013 开关电流较小，可短时拉开 5012 开关）
65	LL 站	按定值单要求恢复 500kV ML Ⅱ线 5053 开关充电过电流保护

续表

序号	单位	操作指令
66	LL 站	合上 500kV HL Ⅰ线 5023 开关、2 号主变压器 500kV 侧 5033 开关、3 号主变压器 500kV 侧 5042 开关、4 号主变压器 500kV 侧 5063 开关并串
67	SH 站	拉开 500kV JS Ⅱ线 5023 开关，合上 500kV JS Ⅱ线 50231 隔离开关
68	SH 站	合上 500kV JS Ⅱ线 5023 开关对 500kV JS Ⅱ线冲击送电
69	SH 站	500kV JS Ⅱ线线路 CVT 与站内运行 CVT 同电源核相，正确
70	SH 站	拉开 500kV JS Ⅱ线 5023 开关，拉开 500kV JS Ⅱ线 50231 隔离开关
71	JF 站	拉开 2 号主变压器 500kV 侧 5033 开关、500kV GJ Ⅰ线 5043 开关、3 号主变压器 500kV 侧 5052 开关解串
72	JF 站	投入 500kV GJ Ⅰ线 5043 开关充电过电流保护（定值无需修改）
73	JF 站	合上 500kV JS Ⅰ线 50112、50121、50122 隔离开关，合上 500kV JS Ⅰ线 5011、5012 开关；合上 500kV JS Ⅱ线 50222、50231、50232 隔离开关，合上 500kV JS Ⅱ线 5023、5022 开关（50111、50221 隔离开关在分位）
74	JF 站	用 500kV GJ Ⅰ线 5043 开关串 500kV 2 号母线对 500kV JS Ⅰ线、JS Ⅱ线线路及 500kV JS Ⅰ线 5011、5012 开关，JS Ⅱ线 5023、5022 开关冲击送电
75	JF 站	500kV JS Ⅰ线、JS Ⅱ线线路 CVT 与站内运行 CVT 同电源核相，正确
76	SH 站	500kV JS Ⅱ线线路 CVT 与站内运行 CVT 异电源核相，正确
77	JF 站	拉开 500kV JS Ⅰ线 5012、5011 开关，拉开 500kV JS Ⅱ线 5022、5023 开关；拉开 500kV JS Ⅰ线 50112、50121 隔离开关
78	SH 站	合上 500kV JS Ⅱ线 50231 隔离开关；合上 500kV JS Ⅱ线 5023 开关对 JS Ⅱ线线路冲击送电
79	JF 站	合上 500kV JS Ⅱ线 5023 开关合环
80	JF 站	测量 500kV JS Ⅱ线线路保护、500kV JS Ⅱ线 5023 开关断路器保护、500kV 2 号母线保护向量，正确
81	SH 站	测量 500kV JS Ⅱ线线路保护，500kV JS Ⅱ线 5023 开关断路器保护，500kV 2 号母线保护向量，正确
82	SH 站	拉开 500kV JS Ⅱ线 5022 开关，合上 500kV JS Ⅱ线 50222 隔离开关
83	SH 站	合上 500kV JS Ⅱ线 5022 开关并串；拉开 500kV JS Ⅱ线 5023 开关解串
84	SH 站	测量 500kV JS Ⅱ线线路保护，500kV JS Ⅱ线 5022 开关断路器保护，500kV 1 号母线保护向量，正确
85	JF 站	拉开 500kV JS Ⅱ线 5023 开关解环
86	SH 站	拉开 500kV JS Ⅰ线 5011 开关，合上 500kV JS Ⅰ线 50112 隔离开关；用 500kV JS Ⅰ线 5011 开关自 500kV 1 号母线对 500kV JS Ⅰ线冲击送电 2 次（时间间隔按现场电科院要求）（注意此时 LL 站母线电压，若 LL 站母线电压较高，可考虑将 SL Ⅱ线临时转热备用）

续表

序号	单位	操作指令
87	SH 站	500kV JS Ⅰ线线路 CVT 与站内运行 CVT 同电源核相，正确
88	JF 站	500kV JS Ⅰ线线路 CVT 与站内运行 CVT 异电源核相，正确
89	JF 站	合上 500kV JS Ⅰ线 50121 隔离开关；合上 500kV JS Ⅰ线 5012 开关合环
90	JF 站	测量 500kV JS Ⅰ线线路保护、500kV JS Ⅰ线 5012 开关断路器保护，500kV 2 号母线保护向量，正确
91	JF 站	拉开 500kV JS Ⅰ线 5012 开关解环
92	JF 站	按定值单要求恢复 500kV GJ Ⅰ线 5043 开关充电过电流保护
93	JF 站	合上 2 号主变压器 500kV 侧 5033 开关、3 号主变压器 500kV 侧 5052 开关并串
94	JF 站	拉开 500kV GJ Ⅱ线 5031 开关、3 号主变压器 500kV 侧 5051 开关解串
95	JF 站	投入 500kV GJ Ⅰ线 5042 开关充电过电流保护（定值无需修改）
96	JF 站	合上 500kV JS Ⅱ线 50221 隔离开关、500kV JS Ⅰ线 50111、50112 隔离开关；合上 500kV JS Ⅰ线 5011 开关、500kV JS Ⅱ线 5022 开关合环
97	JF 站	测量 500kV JS Ⅰ线、JS Ⅱ线线路保护，500kV JS Ⅰ线 5011 开关、500kV JS Ⅱ线 5022 开关保护，500kV 1 号母线保护向量，正确
98	SH 站	测量 500kV JS Ⅰ线线路保护、500kV JS Ⅰ线 5011 开关保护，500kV 1 号母线保护向量，正确
99	SH 站	合上 500kV 一串联络 50121 隔离开关、50122 隔离开关
100	SH 站	合上 500kV 一串联络 5012 开关并串；拉开 500kV JS Ⅰ线 5011 开关解串
101	SH 站	测量 500kV JS Ⅰ线线路保护，1 号主变压器 500kV 侧 5012、5013 开关保护，500kV 2 号母线保护向量，正确
102	LL 站	按定值单要求恢复 500kV SL Ⅰ线 5012、5013 开关充电过流保护；投入 500kV SL Ⅰ线 5012、5013 开关，500kV SL Ⅱ线 5021、5022 开关单相重合闸
103	JF 站	按定值单要求恢复 500kV GJ Ⅰ线 5042 开关充电过电流保护
104	JF 站	合上 3 号主变压器 500kV 侧 5051 开关、500kV GJ Ⅱ线 5031 开关、500kV JS Ⅱ线 5023 开关、500kV JS Ⅰ线 5012 开关并串
105	SH 站	合上 500kV JS Ⅰ线 5011 开关、JS Ⅱ线 5023 开关、500kV 五串联络 5052 开关并串；合上 500kV SL Ⅱ线 5061 开关合环，合上 500kV SL Ⅱ线 5062 开关并串
106	SH 站	投入 500kV JS Ⅰ线 5011 开关，500kV JS Ⅱ线 5022、5023 开关，500kV SL Ⅰ线 5053 开关，500kV SL Ⅱ线 5061、5062 开关单相重合闸
107	JF 站	投入 500kV JS Ⅰ线 5011、5012 开关，500kV JS Ⅱ线 5022、5023 开关单相重合闸
108	省调调度	向华北分中心汇报 500kV SL Ⅰ线、SL Ⅱ线、JS Ⅰ线、JS Ⅱ线启动送电结束

SH 站一次系统如图 4－4 所示。LL 站一次系统如图 4－5 所示。JF 站一次系统如图 4－6 所示。

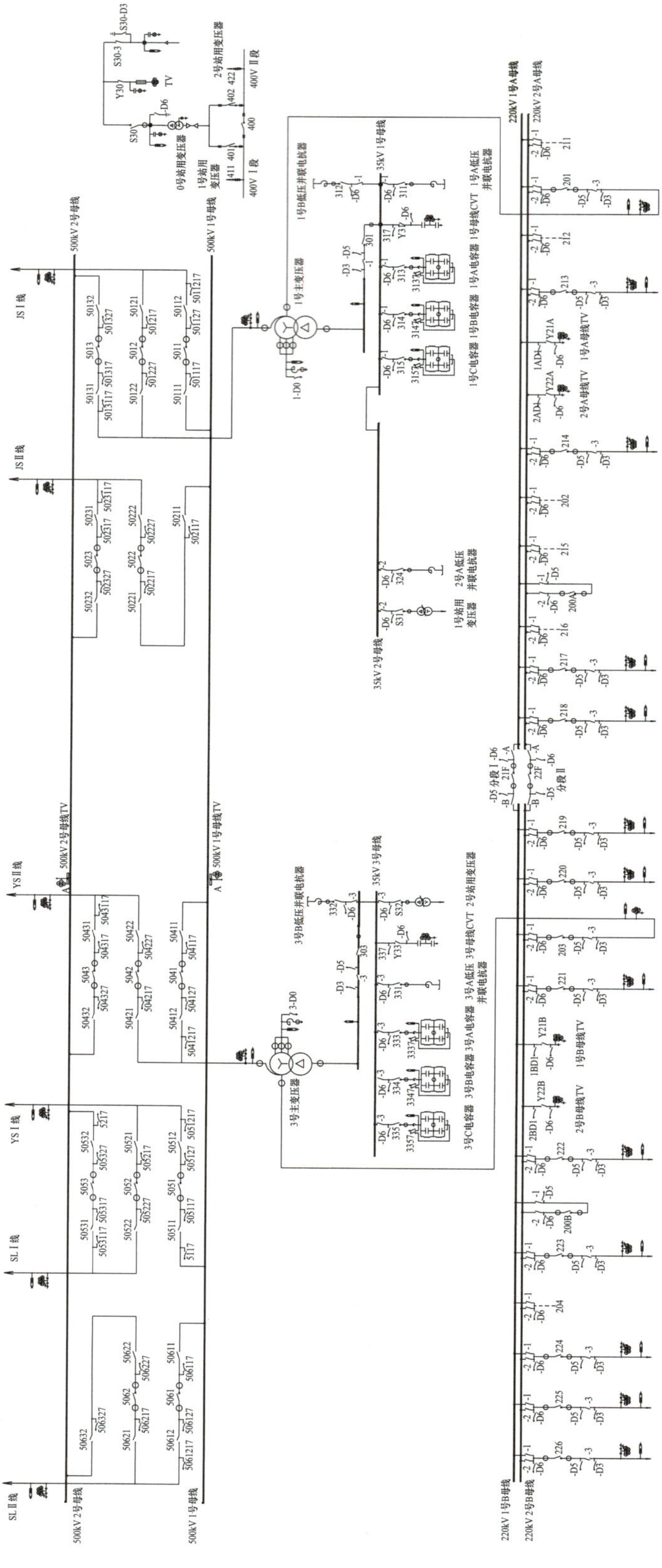

图 4-4　SH 站一次系统图

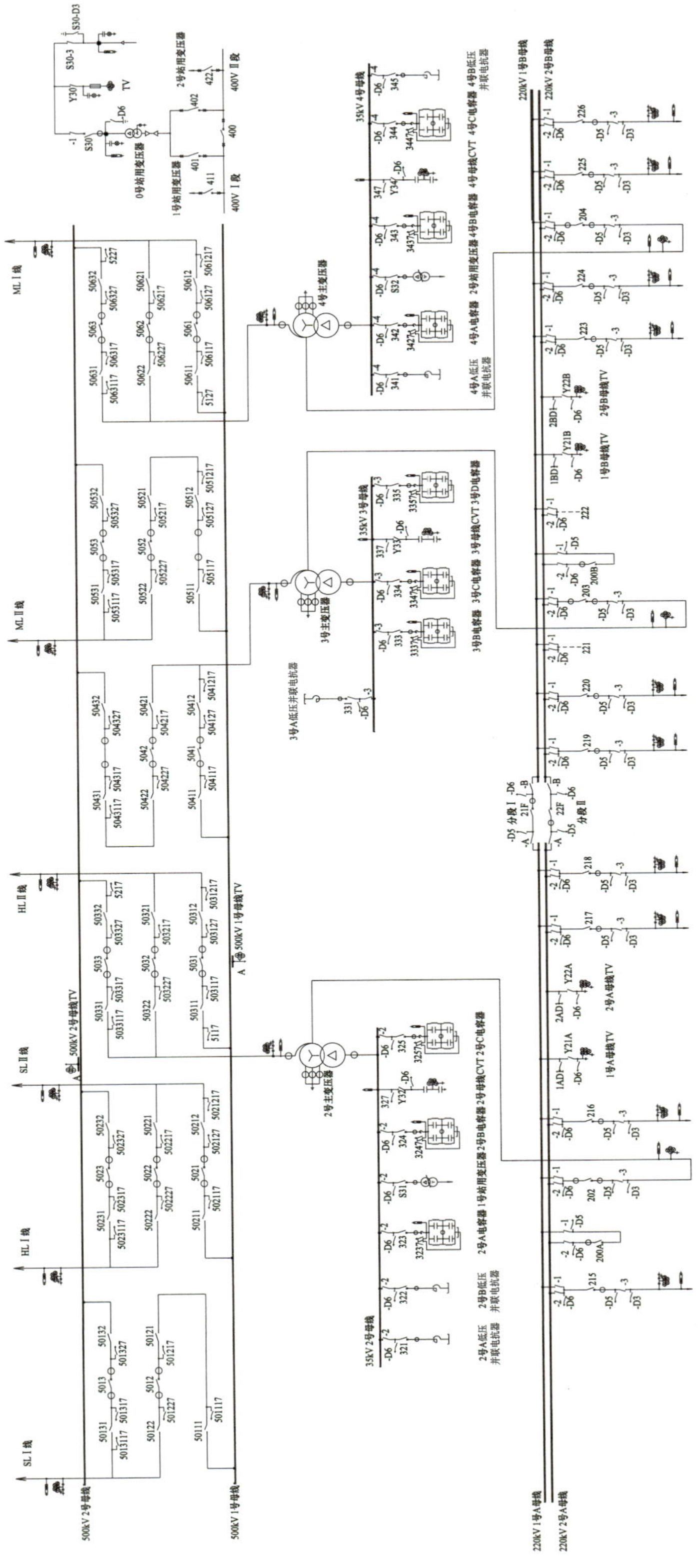

图 4-5 LL站一次系统图

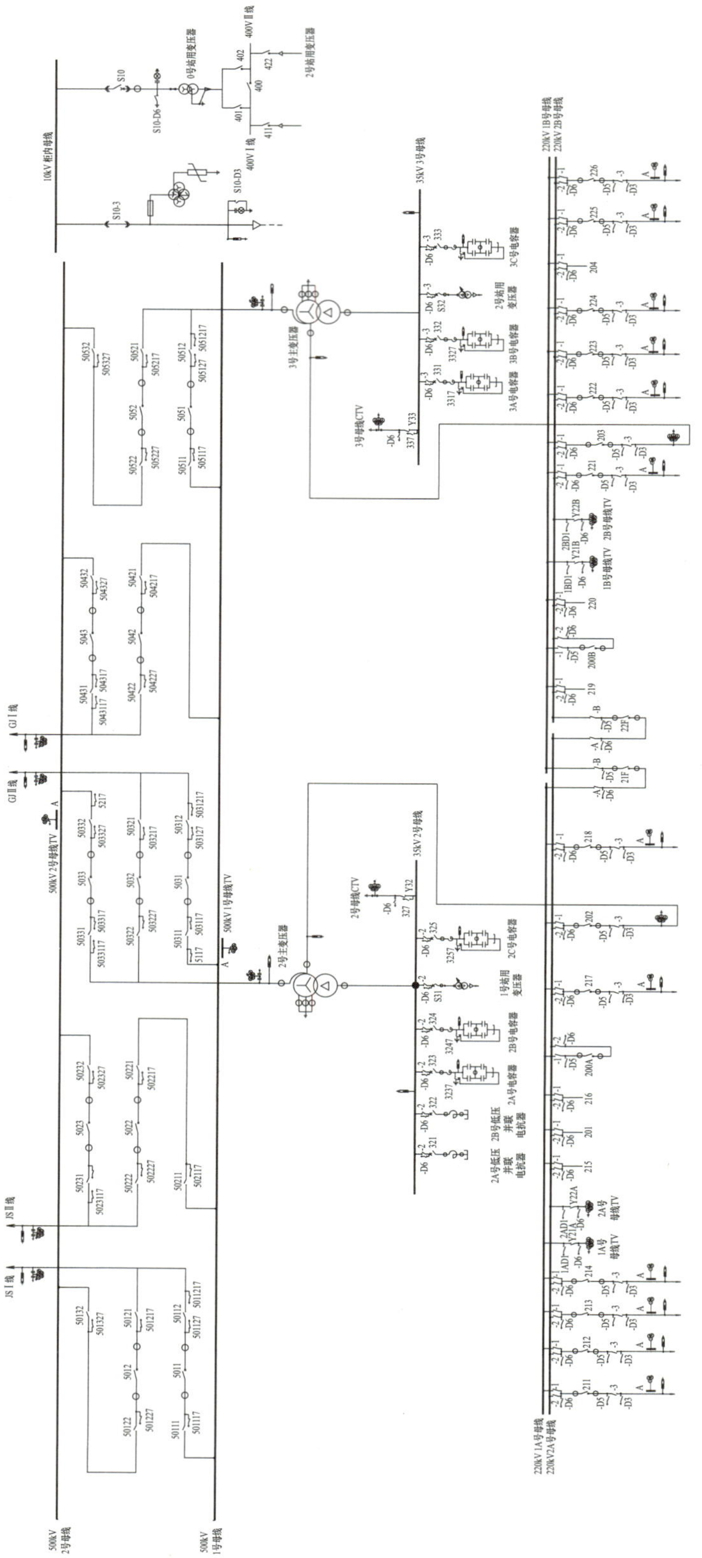

图 4-6 JF 站一次系统图

第五章

电网一次风险分析预控

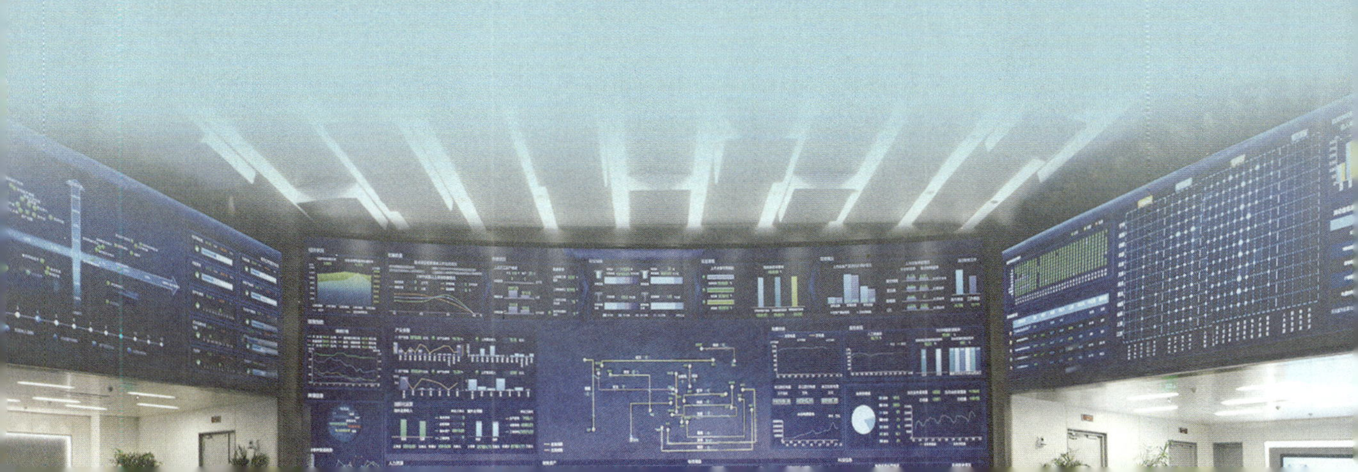

第一节　电网一次风险分析预控规范

一、电网一次风险分析工作原则

电网一次风险分析工作原则如下：

（1）分析正常运行方式下电力系统中任一元件无故障或因故障断开（简称“$N-1$”）情况下及电网检修期间存在的风险，降低、化解风险。

（2）防止电网稳定破坏。

（3）降低事故情况下电网事件等级。

（4）制定事故处置预案，指导电网运行监视，传递电网风险。

二、检修态专项分析工作要求

（1）省调检修态专项分析编制范围包括但不限于：

1）设备停电期间发生 $N-1$ 故障，可能发生五级以上电网安全事件。

2）设备停电造成 500kV 变电站改为单线供电、单台主变压器、单母线运行。

3）设备停电期间发生 $N-1$ 故障，造成含有直调电厂的区域电网解列。

（2）地调检修态专项分析编制范围包括但不限于：

1）设备停电期间发生 $N-1$ 故障，可能发生六级以上电网安全事件。

2）设备停电造成 220、110、35kV 变电站改为单线供电、单台主变压器、单母线运行。

3）设备停电期间发生 $N-1$ 故障，造成含有直调电厂的区域电网解列。

（3）县调检修态专项分析编制范围包括但不限于：

1）设备停电期间发生 $N-1$ 故障，可能发生七级以上电网安全事件。

2）设备停电造成 110、35kV 变电站改为单线供电、单台主变压器、单母线运行。

3）设备停电期间发生 $N-1$ 故障，造成含有直调电厂的区域电网解列。

（4）省调及地调联合风险分析工作要求如下：

1）所有省调直调、省调许可设备的检修构成五级以上电网事件风险时，均应开展省调及相关地调联合风险分析工作。

2）省调直调设备的检修构成五级以上电网事件风险时，由省调调度员发起检修态专项分析，并通知相关地调参与编制，省调审核发布。

3）地调直调省调许可设备的检修构成五级以上电网事件风险时，由地调调度员发起检修态专项分析，报送省调审核发布；若该检修风险涉及相邻地调时，由省调通知相邻地调参加该风险分析编制，报送省调审核发布。

4）对于地调发起的检修态专项分析，如存在预想故障后设备过负荷、电网解列等运行风险时，省调调度员应使用EMS调度员潮流进行分析计算，与地调对比计算结果，并在该风险分析中编制省调事故预想处置措施。

（5）地调及县（配）调联合风险分析工作要求如下：

1）所有地调直调、地调许可设备的检修构成六级以上电网事件风险时，若涉及地调及相关县（配）调，均应开展地调及相关县（配）调联合风险分析工作。

2）地调直调设备的检修构成六级以上电网事件风险时，由地调调度员发起检修态专项分析，并通知相关县（配）调参与编制，地调审核发布。

3）县（配）调直调地调许可设备的检修构成六级以上电网事件风险时，由县（配）调调度员发起检修态专项分析，报送地调审核发布。若该检修风险涉及相邻县调时，由地调通知相邻县调参加该风险分析编制，报送地调审核发布。

4）对于县（配）调发起的检修态专项分析，如存在预想故障后设备过负荷、电网解列等运行风险时，地调调度员应使用EMS调度员潮流进行分析计算，与县（配）调对比计算结果，并在该风险分析中编制地调事故预想处置措施。

（6）对于计划检修，值班调度员应在检修票批复后认真审核相关批复措施，符合编制检修态专项分析条件的应在OMS中编制、发布检修态专项分析报告，计算断面取当日17:00 EMS状态估计断面。一般应由副值调度员编制，值长（正值调度员）审核发布。分析报告应在该检修工作开工前一日22:00前发布。

（7）对于非计划检修，值班调度员应在该检修开工前认真分析其对电网产生的影响，符合编制检修态专项分析条件的应及时在OMS中编制、发布检修态专项分析报告，计算断面取临近日17:00 EMS状态估计断面。一般应由副值调度员编制，值长（正值调度员）审核发布。分析报告应在该检修工作开工前发布。

（8）处置威胁电网、设备安全运行的故障及紧急缺陷时，可在征得上级调度同意后，先开工处理缺陷再发起风险分析流程。

（9）值班调度员根据检修票发起检修态专项分析时，应关联相关检修票，使用EMS调度员潮流进行分析计算，要求计算结果准确、风险分析到位、措施合理有效。

（10）值班调度员应随时监视电网运行情况，在发生因用电负荷变化、电网方式调整等原因造成的电网运行风险后，应及时发起检修态专项分析（不须关联检修票），制定发布风险预控措施。

三、实时态全网分析工作要求

（一）静态安全分析结果

每日负荷高峰后（统计时段暂定为前一日17:00至当日17:00），值班调度员提取静态安全分析结果（当日越限最严重情况）对地调发布，根据最大越限出现的时刻由越限设备的直调单位分析计算，填报计算结论、处置措施，省调审核。省调直调设备由省调分析。

前七天最大越限值作为“实时运行风险监视”中相同开断元件最新越限值的比较基准，

对应的预案作为初始预案。

（二）实时运行风险监视

滚动展示静态安全分析最新越限情况、计算时刻、当日最大越限值、当日累计越限时长、前七天相同开断元件最大越限值对应的预案（即安自切负荷/切机量、安自动作后越限率、处置措施）等信息。

将最新越限值与前七天相同开断元件对应的最大越限值（含当日）进行比较，若最新越限值更大，则该行标红显示（地调可见标红作为提醒），并开放预案修改功能。若未修改，两小时后闭锁修改功能，保留原有预案。更新预案后在预估越限值内无须再次更新预案。

第二节　电网一次风险分析预控标准化作业指导卡及应用

检修态和实时态的风险预控思路一致，本节主要展示针对不同检修场景的标准化作业指导卡及应用，实时态风险分析预控可参考。

一、线路停电

（一）500kV 甲丙线、丙丁线转检修

申请单位：JX 公司。

检修票号：2021050232、2021050233。

停电范围：500kV 甲丙线、丙丁线转检修。

工作内容：DY 市区庐山路南延穿越迁改，拆 1 建 1，拆除甲丙线 153、117 号大号侧金具；拆除丙丁线 163 号塔；线路预试消缺。

计划工作时间：2021 年 5 月 17 日 8 时 00 分至 2021 年 5 月 22 日 18 时 00 分。

检修期间电网结构简介：ZB 北丙片区由 500kV 甲丙线、甲丁Ⅰ线、庚丙双线主网架供电，通过 220kV MX 线、XZ 线并入 220kV 系统，ZB 北丙片区电网潮流图如图 5－1 所示。正常方式下，TY 热电 2 台机运行，壬站 220kV 系统全停，母线接线方式改造。HT 站 220kV ZY－ZHⅠ线带 1 号主变压器，ZG－ZHⅡ线、HQ 线带 2 号主变压器，220kV 母线分列运行。220kV YQ 线由 JQ 站侧充电备用。500kV 甲丙线、甲丁Ⅰ线同停后，丙站仅通过 500kV 庚丙双线与 500kV 主网联系，若 500kV 庚丙双线故障，丙站片区与 500kV 主网失去电气联系，仅通过 220kV MX 线、XZ 线以及 TY 热电供电，电网方式极其薄弱，MX 线、XZ 线、XX 线严重过负荷，考虑将 220kV ZQⅠ线、ZF 线线路短接，增加供电通道。5 月 17 日至 22 日，500kV 甲丙线、甲丁Ⅰ线与 500kV XG 线同停，己电厂外送通道减少，机组存在故障失稳风险，需提前合理安排机组方式。

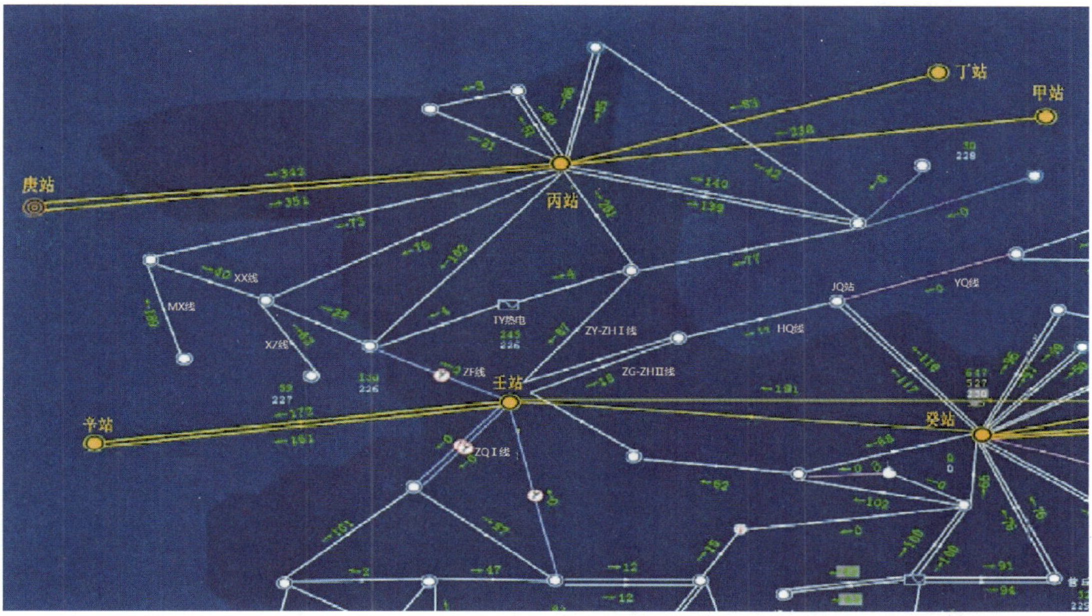

图 5－1　ZB 北丙片区电网潮流图

1. 准备工作

电网一次风险分析预控标准化作业指导卡（线路部分）－准备工作－500kV 甲丙线、丙丁线停电见表 5－1。

表 5－1　电网一次风险分析预控标准化作业指导卡（线路部分）－准备工作－500kV 甲丙线、丙丁线停电

序号	内容	内容简述	标准	检查方式	检查结论
1	掌握停电线路所在供电区域的电网正常运行方式和运行规定	1. 己电厂运行规定—LD 调运〔2020〕26 号 500kV GS 双任一线或甲丙线停电，四台机运行控制功率不超过 3800MW，三台机运行控制功率不超过 2900MW。 2. YC 站运行规定—调运〔2018〕31 号（非紧密相关，可不提及） 正常方式下 YC 站 220kV 母线分段 21F、22F 开关断开热备用；YC 站任一主变压器解环时，220kV 母线分段 21F、22F 开关转环路运行	熟练掌握	随机提问	
2	掌握停电线路所在供电区域的输变电设备限流值	MX 线 1600A、XXⅡ线 1600A、FX 线 1200A、XZ 线 800A、ZF－ZQⅠ线 1250A、ZY－ZHⅠ线 1420A、WG 线 800A、ZG－ZHⅡ线 845A、YQ 线 1600A	熟练掌握	随机提问	
3	掌握停电线路所在供电区域的稳控装置配置、功能及投停方式（还需从电网结构和供电可靠性等方面考虑相关稳控装置是否需要配合投停）	1. 500kV 线路掉闸遥切戊电厂及己电厂机组装置—LD 调运〔2019〕37 号 功能：防止甲丙线、甲丁Ⅰ线同时掉闸，或甲丙线、甲丁Ⅰ线任一线检修、另一线掉闸，己电厂机组失稳。 故障：甲丙线、甲丁Ⅰ线任一线检修、另一线掉闸。 潮流方向：甲丁Ⅰ线检修时，故障前甲丙线潮流指向丙站；甲丙线检修时，故障前甲丁Ⅰ线潮流指向 YC 站。 己电厂开机方式：四台机组运行，故障前功率之和高于 2800MW；三台机组运行，故障前功率之和高于 2300MW。	熟练掌握	随机提问	

续表

序号	内容	内容简述	标准	检查方式	检查结论
3	掌握停电线路所在供电区域的稳控装置配置、功能及投停方式（还需从电网结构和供电可靠性等方面考虑相关稳控装置是否需要配合投停）	己电厂动作：四台机组运行时，切除功率最大的一台与次大的一台机组；三台机运行时，切除功率最大的一台。 投停方式：甲站装置正常投入（其中退出甲站装置至戊电厂通道压板），己电厂装置正常投入，戊电厂装置正常停用。 调度管辖：省调直调。 投停负责人：省调调度员。 2. 220kV WG 线过电流遥切负荷装置—LD 调运〔2020〕28 号 功能：防止 LQ 双线同时掉闸，WG 线过电流。 定值：WG 线（指向 GL 站）750A、0.5s 发信号；WG 线（指向 GL 站）夏季 800A（冬季 880A）动作：7s 切 JQ 站 35kV QD 线、QR 线、QT 线（约 70MW）；10s 切 JQ 站 110kV JQ 线、JX 线（约 50MW）；13s 切 JQ 站 110kV JZ Ⅰ 线、JZ Ⅱ 线（约 75MW）。 投停方式：正常投入。 调度管辖：ZB 地调直调省调许可。 投停负责人：ZB 地调调度员	熟练掌握	随机提问	
4	掌握线路停电期间紧密相关供电区当前尚未竣工的检修工作、当前运行方式及其运行规定	1. 500kV XG 线转检修 101、109 号塔对地距离不足改造，工期：5 月 16 日—5 月 22 日。 运行规定，即己电厂运行规定—LD 调运〔2020〕26 号： 500kV XG 线、YX 线或 YK 线停电，四台机运行控制功率不超过 3750MW。 2. 壬站 220 kV 系统全停 工期：2021－04－01—2022－03－23。 3. 220kV HT 站母联开关断开热备用，YQ 线充电备用，JX 线充电备用	准确掌握	随机提问	
5	掌握线路停电期间相关供电区域机组运行状态	1. ZB 北区域 TY 热电：2 台机组 50 万 kW。 2. DY 区域 DS：1 台机组 66 万 kW。SL：4 台机组 100 万 kW。 XL 热电：1 台机组 30 万 kW	准确掌握	随机提问	
6	掌握线路停电期间所在供电区域新能源装机及功率情况	1. ZB 北区域 56 万 kW 2. DY 区域 206 万 kW	大体掌握	随机提问	
7	掌握线路停电期间所在供电区域负荷情况（特别是最高和最低负荷）	1. ZB 北区域 最高负荷为 150 万 kW，最低负荷为 120 万 kW。 2. DY 供电区域 最高负荷为 430 万 kW，最低负荷为 390 万 kW	大体掌握	随机提问	
8	掌握当前阶段电网运行特殊要求（如电力供需紧张、新能源消纳困难等）	1. 电力供需总体处在紧平衡（电网实时旋转备用容量达到规定的最小值）状态 2. 午间新能源消纳困难与晚峰电力供应能力紧张矛盾并存	准确掌握	随机提问	
9	掌握送电是否有核相、向量测量、接线图变更、限流值变更等要求和送电措施	无	准确掌握		
10	其他	无			

2. 风险辨识及防范措施

电网一次风险分析预控标准化作业指导卡（线路部分）－风险辨识及防范措施－500kV 甲丙线、丙丁线停电见表 5－2。

表 5-2 电网一次风险分析预控标准化作业指导卡（线路部分）-风险辨识及防范措施-500kV 甲丙线、丙丁线停电

工作时段	风险类别	主要风险点	防范措施	是否存在	分析方法	序号	风险内容	预控原则及其防范措施	特别注意事项
检修工作期间	变电站/发电厂/风电场全停风险（单电源、单通道等）	变电站单电源供电	（1）将充电备用线路合环或临时短接线路（停电工期较长风险较大时）增加供电通道（短路电路、潮流经校核无问题），消除单通道风险。 （2）若无其他新增输电通道，则采取以下措施： 1）对供电线路实施一级防护（或提级防护）。 2）将负荷调至其他变电站或其他供电区域，提前压限负荷，减少全停后损失负荷，降低事故等级	是	暂时采取人工分析	1	500kV 丙站仅通过同塔线路 500kV 庚丙双线单通道并网，存在 500kV 线路全停风险，但不存在 500kV 变电站全停、负荷全部损失的风险（单电源/单通道供电的 220kV 变电站，一旦故障，将导致变电站全停、负荷损失等）	（1）加强线路防护。安排 JX 公司对 500kV 庚丙双线实行一级防护。 （2）$N-2$ 故障后 220kV 设备重过载。500kV 庚丙双线故障跳闸后，经计算分析，220kV FZ－ZQ Ⅰ 线过电流 20%，220kV MX 线过电流 15%。应综合采取控制机组功率、调整电网运行方式、负荷调出、用电负荷限制等手段消除 220kV 设备重过载问题（措施详见下述“设备重过载风险”部分）。 PS：500kV 线路 $N-1/N-2$ 故障跳闸后，220kV 系统依然运行，不会引起全站失电、损失负荷问题。因此如果 500kV 线路跳闸后 220kV 设备不存在重过载问题，一般无须采取控制机组功率、调整电网运行方式、负荷调出、用电负荷限制等预控措施	
		变电站单通道供电	（1）将充电备用线路合环或临时短接线路（停电工期较长风险较大时）增加供电通道（短路电流、潮流经校核无问题），消除单通道风险。 （2）若无其他新增输电通道，则采取以下措施： 1）对供电线路实施二级防护（或提级防护）。 2）将负荷调至其他变电站或其他供电区域，提前压限负荷，减少全停后损失负荷，降低事故等级						
		发电厂/风电场单线并网	（1）将充电备用线路合环或临时短接线路（停电工期较长风险较大时）增加并网通道（短路电路、潮流经校核无问题），消除单通道风险。 （2）若无其他新增并网通道，则采取以下措施： 1）对并网线路实施一级防护（或提级防护）。 2）做好全停事故处置方案并提前进行演练						

续表

工作时段	风险类别	主要风险点	防范措施	是否存在	分析方法	序号	风险内容	预控原则及其防范措施	特别注意事项
检修工作期间	变电站/发电厂/风电场全停风险（单电源、单通道等）	发电厂/风电场单通道并网	（1）将充电备用线路合环或临时短接线路（停电工期较长风险较大时）增加并网通道（短路电路、潮流经校核无问题），消除单通道风险。 （2）若无其他新增并网通道，则采取以下措施： 1）对并网线路实施二级防护（或提级防护）。 2）做好全停事故处置方案并提前进行演练						
		电铁牵引站单电源供电	（1）对供电线路实施一级防护（或提级防护）。 （2）做好全停事故处置方案并提前进行演练						
		发电厂带区域负荷单线并网	（1）将充电备用线路合环或临时短接线路(停电工期较长风险较大时）增加并网通道（短路电流、潮流经校核无问题），消除单通道风险。 （2）若无其他新增并网通道，则采取以下措施： 1）对并网线路实施一级防护（或提级防护）。 2）控制并网线路潮流最小。 3）做好全停事故处置方案并提前进行演练						
		发电厂带区域负荷单通道并网	（1）将充电备用线路合环或临时短接线路（停电工期较长风险较大时）增加并网通道（短路电路、潮流经校核无问题），消除单通道风险。 （2）若无其他新增并网通道，则采取以下措施： 1）对并网线路实施二级防护（或提级防护）。 2）控制并网线路潮流最小。 3）做好全停事故处置方案并提前进行演练						

续表

工作时段	风险类别	主要风险点	防范措施	是否存在	分析方法	序号	风险内容	预控原则及其防范措施	特别注意事项
检修工作期间	线路停电后，变电站母线连接元件分布不合理，导致供电可靠性下降/重过载/短路电流超标/机组失稳等风险（需要优化调整母线运行方式）	所有线路均运行于同一母线	停电后，变电站通过2条及以上线路接带并网的，需调整母线运行方式，使线路均衡运行于各母线；停电后变电站通过线路串供方式接带的（单线并网），串供线路需运行在同一母线	否	暂时采取人工分析	1	××线路停电后，所有线路均运行于同一母线	无	
						2	××线路停电后，变电站通过线路串供方式接带的（单线并网）	串供线路需运行在同一母线	
		母线连接的电源线路、主变压器、机组、负荷分布不均衡	调整母线运行方式，使电源线路、主变压器、机组、负荷均衡运行于各母线				××线路停电后，3条线路运行于1母线，1条线路运行于2母线	无	
		因供电能力不足向临近供电区转移部分负荷、充电备用线路合环运行存在短路电流超标或过电流风险	将母线调整为分列运行，不同供电区域电源在不同母线分带负荷，如有母联备自投应投入						
		因供电区内供电能力不足，故障后存在过电流风险	将原分列运行母线合环运行（或故障后调整）						
		预想故障后存在设备过负荷、局部电网解列、超过稳定限额风险	若通过将运行元件倒母线的方式可减轻或消除该风险，且不会产生新风险时应倒母线						
		预想故障下因潮流转移导致其他线路过电流	将母线调整为分列运行（或调整元件接线方式便于快速分列），以减轻或消除故障后线路过电流问题						
		设备停电后，预想故障存在全停风险	将原分列运行母线合环运行						
		设备停电后，区域负荷较重，进线潮流不均衡、线径不同，预想故障后细线存在过电流风险	调整母线运行方式，使同段母线上细线与同向大潮流线路运行于同一母线						

续表

工作时段	风险类别	主要风险点	防范措施	是否存在	分析方法	序号	风险内容	预控原则及其防范措施	特别注意事项
检修工作期间		设备停电后，区域负荷较重，预想故障后单线串供多个变电站，存在过电流风险	调整母线运行方式，增加预想故障后的供电通道						
		设备停电后，发生母线跳闸预想故障时，存在过电流风险	调整母线运行方式，增加预想故障后的供电通道						
	设备重过载风险	（1）线路停电后潮流转移引起设备重过载。 （2）线路停电期间发输变电设备（线路、母线、主变压器、机组）$N-1$故障或同塔线路$N-2$故障后，设备重过载	（一）方式优化调整 1.“内部挖潜” （1）明确开机方式及机组功率要求。 （2）合理调整区域内电网运行方式（分合分段/母联；线路串接等）。 （3）预控断面潮流。 （4）部分负荷调本供电区域其他站供电。 （5）提前限制区域用电负荷。 （6）调整稳控装置投停方式，避免装置动作后，引起其他设备过载程度加重。 （7）合理使用新能源AGC，控制新能源功率。 （8）合理利用储能电站充放电功能。 2.“外部借力” （1）将充电备用线路合环或临时短接线路（停电工期较长风险较大时）增加供电电源、通道（短路电流、潮流经校核无问题）。 （2）部分负荷调出至相邻供电区域变电站供电。 （二）故障应急处置 （1）“外部开源”—故障后将相邻供电区域的开环线路/母联/分段转环路运行，减轻/消除设备过电流。 （2）“临时救援”—紧急调整运行方式和机组功率：故障后紧急调整机组功率、变压器出串运行、拉开/合上母联、拉开/合上分段等。 （3）“内部节流”—执行事故拉路，紧急压降负荷，减轻/消除设备过电流：要求相关公司做好故障情况下事故拉路预案并提前组织开展故障演练	否	合理设定机组功率、选取负荷断面（总体选取原则：考虑送出问题时，选机组大方式、新能源功率高、小负荷；考虑受入问题考虑机组小方式、新能源功率低、大负荷），利用D5000检修方式静态安全分析、DSA（外网联络线近区停电线路）等分析工具	1	××线路/母线/主变压器/机组发生$N-1$或同塔线路$N-2$故障，××线路过负荷××%，稳控装置动作，仍然过负荷××%	无	3/2接线方式下的线路停电，同一站内同塔线路跳闸或母线跳闸后，电网结构发生变化较大，系统自动全网扫描后务必再手动计算一下相关设备是否过电流或重载

续表

工作时段	风险类别	主要风险点	防范措施	是否存在	分析方法	序号	风险内容	预控原则及其防范措施	特别注意事项
检修工作期间	设备重过载风险	（1）线路停电后潮流转移引起设备重过载。 （2）线路停电期间发输变电设备（线路、母线、主变压器、机组）$N-1$ 故障或同塔线路 $N-2$ 故障后，设备重过载				2	500kV 庚丙双线同时跳闸，220kV ZF－ZQⅠ线过电流 20%；220kV MX 线过电流 15%	（一）方式优化调整 （1）“内部挖潜”—区域供电能力不足，安排机组尽可能多发满发：TY 热电 2 台机运行，满发。 （2）“外部借力”： 1）临时短接线路（停电工期较长风险较大时）增加供电电源、通道（短路电流、潮流经校核无问题）：采用 ZF 线、ZQⅠ线短接措施，将 ZF－ZQⅠ线送电合环。 2）将部分负荷调出至相邻供电区域变电站供电，减少故障后的负荷损失：将 XZ 站、XW 站部分负荷调出（XZ70MW 负荷调 ZC 站供电，XW 站 40MW 负荷调 MJ 站供电）。 （二）故障应急处置 （1）“外部开源”—故障后将开环线路/母联转环路运行，增加输电通道，减轻/消除设备过电流：将 HT 站母联开关转环路运行消除线路过电流。 （2）“内部节流”—执行事故拉路，紧急压降负荷，减轻/消除设备过电流：要求 ZB、BZ 公司做好故障情况下事故拉路预案并提前组织开展故障演练	

续表

工作时段	风险类别	主要风险点	防范措施	是否存在	分析方法	序号	风险内容	预控原则及其防范措施	特别注意事项
检修工作期间	设备重过载风险	（1）线路停电后潮流转移引起设备重过载。 （2）线路停电期间发输变电设备（线路、母线、主变压器、机组）$N-1$故障或同塔线路$N-2$故障后，设备重过载				3	（1）500kV 丙站：因500kV 甲丙、丙丁线运行于第五串，线路停电后仅少了第五串设备，母线/同塔线路故障对电网结构变化无新增影响。 （2）500kV 甲站：甲丙线运行于第五串不完整串，母线/同塔线路故障对电网结构变化无新增影响。 （3）500kV YC 站：丙丁线运行于第五串不完整串，母线/同塔线路故障对电网结构变化无新增影响		
	方式优化调整后的电网风险	经过方式调整后消除/减轻$N-1$切负荷风险，但出现五级风险或其他风险		否		否	无	无	
	系统失稳风险	线路停电后机组与系统电气联系薄弱	明确开停机方式或合理控制机组功率限额	是	DSA 在线分析工具或经系统处校核	1	500kV 己电厂机组存在失稳风险	运行规定汇总： （1）500kV 甲丙线、甲丁Ⅰ线任一线检修、另一线掉闸。 己电厂动作：四台机组运行时，切除功率最大的一台与次大的一台机组；三台机运行时，切除功率最大的一台。 （2）500kV 甲丙线停电，四台机运行控制功率不超过3800MW，三台机运行控制功率不超过2900MW。	

续表

工作时段	风险类别	主要风险点	防范措施	是否存在	分析方法	序号	风险内容	预控原则及其防范措施	特别注意事项
检修工作期间	系统失稳风险	线路停电后机组与系统电气联系薄弱	明确开停机方式或合理控制机组功率限额	是	DSA 在线分析工具或经系统处校核	1	500kV 已电厂机组存在失稳风险	（3）500kV XG 线停电，四台机运行控制功率不超过 3750MW。 应合理控制机组开停和发电功率，综合考虑： 500kV XG 线、甲丙线、丙丁线同停期间，已电厂 2 台机运行（稳定要求）。[因为三线同停（$N-3$），已超出运行规定和年度运行方式，开机方式需单独经系统处校核稳定问题]	
	短路电流超标风险（故障应急处置时方式临时调整后的次生风险）	为提供供电可靠性，临时将开环线路/分段合环运行	（1）调整机组功率和电网运行方式。 （2）尽量缩短合环时间。 （3）尽快更换为遮断电流较大的断路器	是	DSA 在线分析工具或经系统处校核	1	临时将跨区开环线路 220kV FZ－ZQ Ⅰ线转环路运行	经系统处校核，ZF－ZQ Ⅰ线送电故障情况下无短路电流超标问题	
						2	临时将母联/分段转环路运行	故障后将 220kV HT 站母联开关转环路运行，因此无须考虑短路电流超标风险	
	串供线路末端站母线电压越限	末端变电站母线电压偏低，存在越下限运行情况	（1）及时投入末端供电区域范围内相关变电站电容器。 （2）并网地方电厂提高无功发电能力。 （3）合理控制用户（特别是大用户）负荷	否	DSA 在线分析工具或经系统处校核		无	无	
工作结束后，送电期间	变电站/发电厂/风电场全停风险（单母线运行）	××站空母线进行线路核相、保护向量测量等工作导致××站单母线运行	参考母线停电风险防范预控	否	查阅检修申请中的“送电措施”				
其他	其他风险	根据实际情况补充		否					

（二）220kV HJ 线退运

申请单位：JN。

检修票号：2021120314。

停电范围：220kV HJ 线退运。

工作内容：HJ 线开断接入 220kV QH 站，形成 220kV HQ 线、JQ 线。

计划工作时间：2021 年 12 月 14 日 8 时 00 分至 2021 年 12 月 23 日 9 时 00 分。

检修期间电网结构简介：JN 中西部负荷较重，QH、MLH、JX 高铁、ST、DM、CH、XW、LC、KY、JD 牵引、FY、JP、HC、XC 站负荷通过 220kV SQ 线、SM 线、XQ 线、LG 线、LXⅡ线、XZ 双线、JJ 线、JF 双线、HJ 线和 HT 电厂接带，除 SQ 线、SM 线、LG 线、LXⅡ线外，其余均为细导线，线路潮流互耦性较强，JN 中西部电网潮流图如图 5－2 所示。若 500kV LJ 线、LSⅠ线故障，XH 线重载；若 HT 双线同时掉闸，DC 线过电流严重，安全自动装置动作切除 DT 线后，加重其他线路潮流；若 220kV SQ 线、SM 线或 HF 线或 JF 双线故障，JJ 线、JH 线重过载，考虑将 XC 站部分负荷调出，并调整 XC 站母线方式，以减轻 JJ 线、JH 线基态和预想故障潮流。XC 站站内一次接线图如图 5－3 所示。

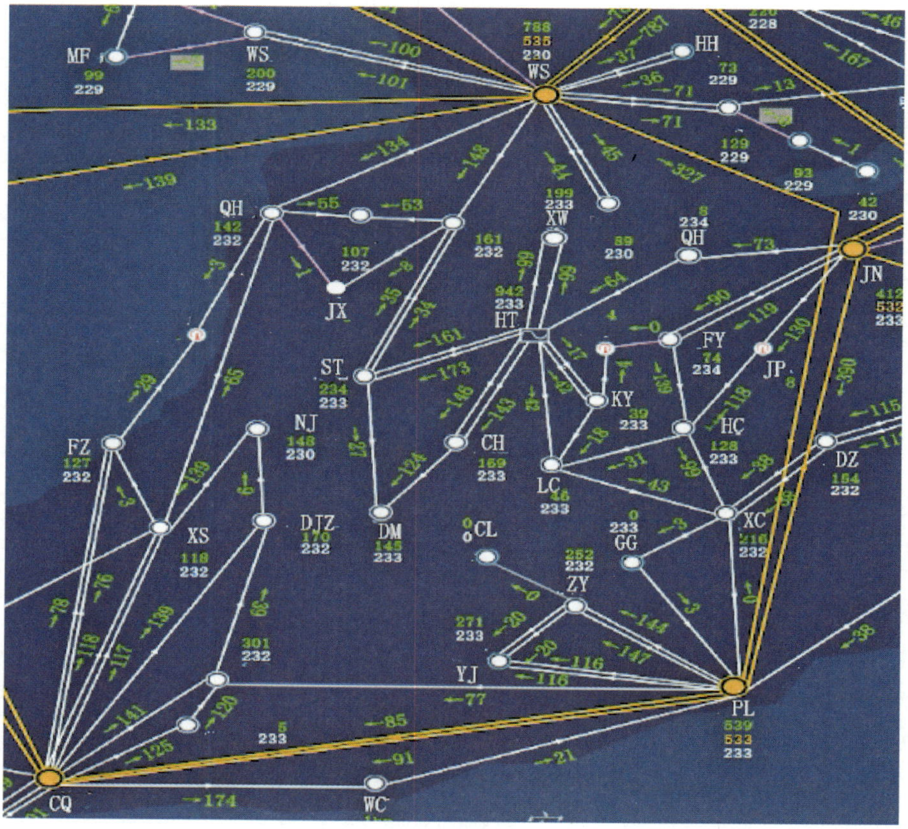

图 5－2　JN 中西部电网潮流图

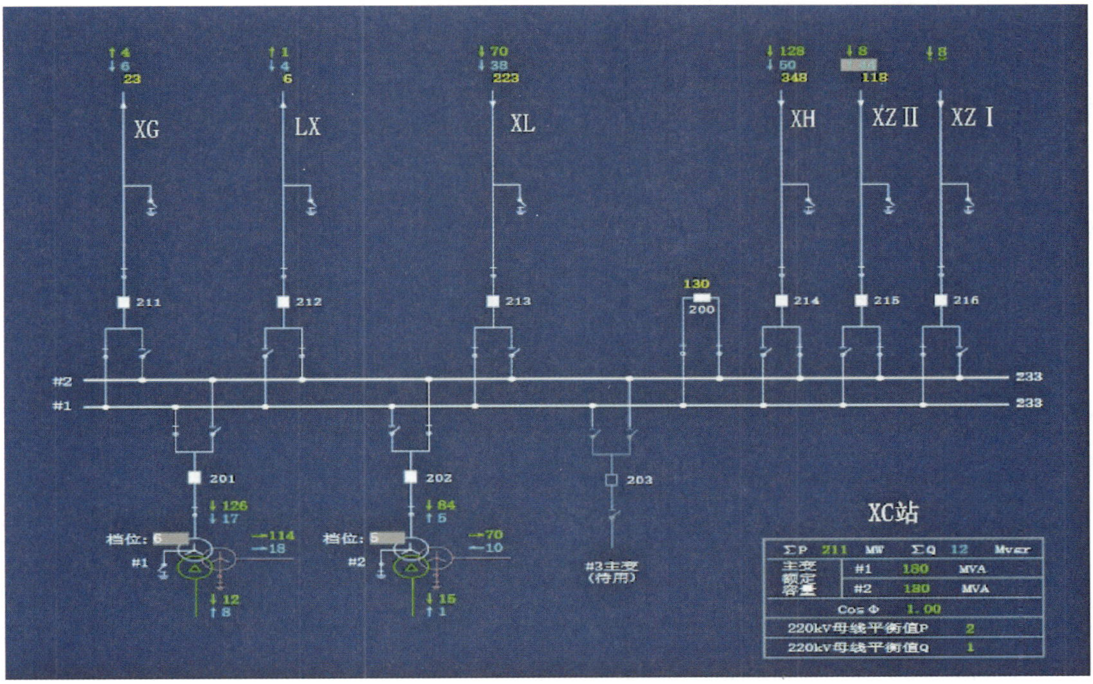

图 5-3　XC 站站内一次接线图

1. 准备工作

电网一次风险分析预控标准化作业指导卡（线路部分）-准备工作-220kV HJ 线停电见表 5-3。

表 5-3　电网一次风险分析预控标准化作业指导卡（线路部分）-准备工作-220kV HJ 线停电

序号	内容	内容简述	标准	检查方式	检查结论
1	掌握停电线路所在供电区域的电网正常运行方式和运行规定	1. 新增 JN 南和 ZB 北分区间开环方式—调运〔2017〕13 号 正常方式下 220kV ZY 线开环运行，ZY 线 YY 站侧开关断开热备用。当局部电网供电能力不足及事故方式下，考虑 ZY 线单带 YY 站主变压器。 2. 调整 JN 电网内部开环方式—LD 调运〔2020〕21 号 220kV JP 牵引站（简称 JP 站）桥 200 开关合环运行后，220kV JJ 线、JH 线两侧重合闸正常停用，JP 站线路及短引线保护仅跳桥 200 开关。 3. 调整 JN 电网 220kV XQ 线运行方式—LD 调运〔2021〕22 号 500kV WS 站 4 号主变压器且 220kV XQ 线过电流联切负荷装置、220kV HT 双任一线过电流联切 HT 电厂分段开关及机组装置投运后，正常方式下，220kV XQ 线合环运行。 4. JN 电网和 DZ 电网间开环方式—调运〔2020〕27 号 1）正常方式下 SL 线、WF 线、ZL 线开环运行，SL 线 LY 站侧开关断开热备用，WF 线 WS 站侧开关断开热备用，ZL 线 LC 站侧开关断开热备用。 2）当局部电网供电能力不足及事故方式下，考虑 SL 线直供 LY 站负荷，WF 线直供 WS 站或 MF 站负荷，ZL 线直供 LC 站或 ZS 站负荷	熟练掌握	随机提问	

续表

序号	内容	内容简述	标准	检查方式	检查结论
2	掌握停电线路所在供电区域的输变电设备限流值	XH 线 798A、XL 线 798A、HJ 线 798A、JJ 线 800A、JH 线 800A、DC 线 1050A、DT 线 1050A、HL 线 1200A、JFⅠ线 1596A、JFⅡ线 800A、HF 线 1600A、HC 双线 1507A、HT 双线 1596A、MT 双线 800A、HKⅠ线 800A、HKⅡ线 1596A、HLⅠ线 1200A、LG 线 1600A、LXⅡ线 1600A、XG 线 1600A	熟练掌握	随机提问	
3	掌握停电线路所在供电区域的稳控装置配置、功能及投停方式（还需从电网结构和供电可靠性等方面考虑相关稳控装置是否需要配合投停）	1. 220kV DT 线过电流联切负荷装置—LD 调运〔2020〕12 号 功能：防止 HC 双线同时掉闸，DT 线过电流。 定值：① DT 线（指向 DM 站）1000A、0.5s 发信号；② DT 线（指向 DM 站）1050A 动作：7s 切 110kV MD 线（约 52MW）；10s 切 110kV MG 线（约 43MW）；13s 切 110kV DQ 线（约 35MW）。 投停方式：正常投入。 调度管辖：JN 地调直调省调许可。 投停负责人：JN 地调调度员。 2. 220kV DC 线过电流联切 DT 线装置—调运〔2016〕47 号、LD 调运〔2019〕17 号 功能：防止同塔架设的 220kV HT 双线同时掉闸，220kV DC 线（指向 DM 站）过电流。 定值：DC 线（指向 DM 站）1000A，0.5s 发信号；夏季 1050A（冬季 1050A），7s 切 DT 线。 投停方式：正常投入。 调度管辖：省调直调。 投停负责人：省调调度员。 3. 220kV JH 线过电流遥切负荷装置—LD 调运〔2020〕28 号 功能：防止 JF 双线同时掉闸，JH 线过电流。 定值：JH 线（指向 HC 站）700A、0.5s 发信号；夏季 750A（冬季 830A）动作：7s 切 HC 站 110kV HT 线、HGⅡ线（约 63MW）；10s 切 HC 站 110kV DC 线、HZ 线、HG 线、HY 线（约 70MW）；13s 切 LC 站 110kV LT 线、1 号主变压器 35kV 侧 304 开关（约 63MW）；16s 切 XW 站 110kV XA 线、XC 线（约 52MW）；19s 切 XW 站 110kV XX 线、3 号主变压器 10kV 侧 042 开关（约 60MW）；22s 切 XW 站 110kV XX 线、XZ 线（约 90MW）；25s 切 XW 站 2 号主变压器 10kV 侧 025 开关（约 50MW）。 投停方式：正常投入。 调度管辖：JN 地调直调省调许可。 投停负责人：JN 地调调度员。 4. 220kV HT 线、HTⅠ线过电流联切 HT 电厂分段开关及机组装置—LD 调运〔2021〕21 号 功能：防止 HT 线与 DC 线同时掉闸，HTⅠ线过电流；防止 HTⅠ线与 DC 线同时掉闸，HT 线过电流。 定值： （1）HT 线（指向水电站）1550A、0.5s 发信号；HTⅠ线（指向 ST 站）1550A、0.5s 发信号。 （2）当 HT 电厂四台机运行，或 7、8、9 号机运行，或 7、8、10 号机运行： 判 HT 线与 DC 线同时掉闸，HTⅠ线（指向 ST 站）1600A，7s 切 HT 电厂 220kV 分段 21F、22F 开关。 判 HTⅠ线与 DC 线同时掉闸，HT 线（指向 ST 站）1600A，7s 切 HT 电厂 220kV 分段 21F、22F 开关。 （3）当 HT 电厂 7、9、10 号机运行，或 8、9、10 号机运行： 判 HT 线与 DC 线同时掉闸，HTⅠ线（指向 ST 站）1600A，7s 切 HT 电厂 9、10 号机中功率较大的一台机组。 判 HTⅠ 线与 DC 线同时掉闸，HT 线（指向 ST 站）1600A，7s 切 HT 电厂 9、10 号机中功率较大的一台机组。	熟练掌握	随机提问	

续表

序号	内容	内容简述	标准	检查方式	检查结论
3	掌握停电线路所在供电区域的稳控装置配置、功能及投停方式（还需从电网结构和供电可靠性等方面考虑相关稳控装置是否需要配合投停）	（4）当 HT 电厂不大于两台机运行时，装置不动作。 投停方式：正常投入。 调度管辖：省调直调。 投停负责人：省调调度员	熟练掌握	随机提问	
4	掌握线路停电期间紧密相关供电区当前尚未竣工的检修工作、当前运行方式及其运行规定	1. 220kV CD 线转检修 拆除 15～29 号杆，新立 16 基角钢塔，敷设导线及架空地线，光缆同期改造，工期：12 月 1 日—12 月 15 日。 2. 500kV CLⅡ线转检修 一键顺控改造，线路检修，工期：12 月 7 日—12 月 15 日。 3. JX 线充电备用	准确掌握	随机提问	
5	掌握停电线路停电期间相关供电区域机组运行状态	1. JN 区域 HT 电厂：4 台机组 136 万 kW。 ZQ 电厂：4 台机组 96 万 kW。 SH 甲站：4 台机组 126 万 kW。 2. TA 区域 SH 乙站：2 台机组 66 万 kW。 3. ZB 区域 TY 热电：2 台机组 50 万 kW	准确掌握	随机提问	
6	掌握停电线路停电期间所在供电区域新能源装机及功率情况	JN 区域 86 万 kW	大体掌握	随机提问	
7	掌握停电线路停电期间所在供电区域负荷情况（特别是最高和最低负荷）	JN 区域：最高负荷为 500 万 kW；最低负荷为 320 万 kW	大体掌握	随机提问	
8	掌握当前阶段电网运行特殊要求（如电力供需紧张、新能源消纳困难等）	（1）电力供需总体处在紧平衡状态。 （2）午间新能源消纳困难与晚峰电力供应能力紧张矛盾并存。 （3）JN 市区负荷较重，负荷难以调整。 （4）$N-1$ 情况下应通过提前调整方式等措施，消除切负荷风险	准确掌握	随机提问	
9	掌握送电是否有核相、向量测量、接线图变更、限流值变更等要求和送电措施	23 日 220kV JQ 线、HQ 线、QH 站 220kV 1、2 号母线及 3 号主变压器启动送电，核相，相关保护测向量	准确掌握		
10	其他				

2. 风险辨识及防范措施

电网一次风险分析预控标准化作业指导卡（线路部分）–风险辨识及防范措施–220kV HJ 线停电见表 5–4。

表 5-4　电网一次风险分析预控标准化作业指导卡（线路部分）-风险辨识及防范措施-220kV HJ 线停电

工作时段	风险类别	主要风险点	防范措施	是否存在	分析方法	序号	风险内容	预控原则及其防范措施	特别注意事项
检修工作期间	变电站/发电厂/风电场全停风险（单电源、单通道等）	变电站单电源供电	（1）将充电备用线路合环或临时短接线路（停电工期较长风险较大时）增加供电通道（短路电流、潮流经校核无问题），消除单通道风险。 （2）若无其他新增输电通道，则采取以下措施： 1）对供电线路实施一级防护（或提级防护）。 2）将负荷调至其他变电站或其他供电区域，提前压限负荷，减少全停后损失负荷，降低事故等级	否	暂时采取人工分析				
		变电站单通道供电	（1）将充电备用线路合环或临时短接线路（停电工期较长风险较大时）增加供电通道（短路电流、潮流经校核无问题），消除单通道风险。 （2）若无其他新增输电通道，则采取以下措施： 1）对供电线路实施二级防护（或提级防护）。 2）将负荷调至其他变电站或其他供电区域，提前压限负荷，减少全停后损失负荷，降低事故等级						
		发电厂/风电场单线并网	（1）将充电备用线路合环或临时短接线路（停电工期较长风险较大时）增加并网通道（短路电流、潮流经校核无问题），消除单通道风险。 （2）若无其他新增并网通道，则采取以下措施： 1）对并网线路实施一级防护（或提级防护）。 2）做好全停事故处置方案并提前进行演练						

续表

工作时段	风险类别	主要风险点	防范措施	是否存在	分析方法	序号	风险内容	预控原则及其防范措施	特别注意事项
检修工作期间	变电站/发电厂/风电场全停风险（单电源、单通道等）	发电厂/风电场单通道并网	（1）将充电备用线路合环或临时短接线路（停电工期较长风险较大时）增加并网通道（短路电流、潮流经校核无问题），消除单通道风险。 （2）若无其他新增并网通道，则采取以下措施： 1）对并网线路实施二级防护（或提级防护）。 2）做好全停事故处置方案并提前进行演练						
		电铁牵引站单电源供电	（1）对供电线路实施一级防护（或提级防护）。 （2）做好全停事故处置方案并提前进行演练						
		发电厂带区域负荷单线并网	（1）将充电备用线路合环或临时短接线路（停电工期较长风险较大时）增加并网通道（短路电流、潮流经校核无问题），消除单通道风险。 （2）若无其他新增并网通道，则采取以下措施： 1）对并网线路实施一级防护（或提级防护）。 2）控制并网线路潮流最小。 3）做好全停事故处置方案并提前进行演练						
		发电厂带区域负荷单通道并网	（1）将充电备用线路合环或临时短接线路（停电工期较长风险较大时）增加并网通道（短路电流、潮流经校核无问题），消除单通道风险。 （2）若无其他新增并网通道，则采取以下措施： 1）对并网线路实施二级防护（或提级防护）。 2）控制并网线路潮流最小。 3）做好全停事故处置方案并提前进行演练						

续表

工作时段	风险类别	主要风险点	防范措施	是否存在	分析方法	序号	风险内容	预控原则及其防范措施	特别注意事项
检修工作期间	线路停电后，变电站母线连接元件分布不合理，导致供电可靠性下降/重过载/短路电流超标/机组失稳等风险（需要优化调整母线运行方式）	所有线路均运行于同一母线	停电后，变电站通过2条及以上线路接带并网的，需调整母线运行方式，使线路均衡运行于各母线；停电后变电站通过线路串供方式接带的（单线并网），串供线路需运行于同一母线	是	暂时采取人工分析	1	××线路停电后，所有线路均运行于同一母线	无	
						2	××线路停电后，变电站通过线路串供方式接带的（单线并网）	串供线路需运行在同一母线	
		母线连接的电源线路、主变压器、机组、负荷分布不均衡	调整母线运行方式，使电源线路、主变压器、机组、负荷均衡运行于各母线				××线路停电后，3条线路运行于1号母线，1条线路运行于2号母线	无	
		因供电能力不足向临近供电区转移部分负荷、充电备用线路合环运行存在短路电流超标或过电流风险	将母线调整为分列运行，不同供电区域电源在不同母线分带负荷，如有母联备自投应投入						
		因供电区内供电能力不足，故障后存在过电流风险	将原分列运行母线合环运行（或故障后调整）						
		预想故障后存在设备过负荷、局部电网解列、超过稳定限额风险	若通过将运行元件倒母线的方式可减轻或消除该风险，且不会产生新风险时应倒母线						
		预想故障下因潮流转移导致其他线路过电流	将母线调整为分列运行（或调整元件接线方式便于快速分列），以减轻或消除故障后线路过电流问题				HJ线停电后，HF线掉闸，JJ线、JH线过电流，存在安全自动装置动作，切除LC站、HC站负荷风险	为避免HF线 $N-1$ 故障切负荷，HJ线停电前采取以下方式调整措施： （1）XC站35MW负荷调ZY站供电、20MW负荷调YJ站供电，LC站20MW负荷调KY站供电。 （2）XC站220kV系统方式调整为XG线、LXⅡ线、1号主变压器运行于220kV 1号母线，XL线、XH线、XZⅠ线、XZⅡ线、2号主变压器运行于220kV 2号母线，将母联200开关解环	

续表

工作时段	风险类别	主要风险点	防范措施	是否存在	分析方法	序号	风险内容	预控原则及其防范措施	特别注意事项
检修工作期间	线路停电后，变电站母线连接元件分布不合理，导致供电可靠性下降/重过载/短路电流超标/机组失稳等风险（需要优化调整母线运行方式）	设备停电后，预想故障存在全停风险	将原分列运行母线合环运行						
		设备停电后，区域负荷较重，进线潮流不均衡、线径不同，预想故障后细线存在过电流风险	调整母线运行方式，使同段母线 SX 线与 TX 站大潮流线路运行于同一母线，QM Ⅰ线过电流						
		设备停电后，区域负荷较重，预想故障后单线串供多个变电站，存在过电流风险	调整母线运行方式，增加预想故障后的供电通道						
		设备停电后，发生母线跳闸预想故障时，存在过电流风险	调整母线运行方式，增加预想故障后的供电通道						
	设备重过载风险	（1）线路停电后潮流转移引起设备重过载。 （2）线路停电期间发输变电设备（线路、母线、主变压器、机组）$N-1$ 故障或同塔线路 $N-2$ 故障后，设备重过载	（一）方式优化调整 1.“内部挖潜” （1）明确开机方式及机组功率要求。 （2）合理调整区域内电网运行方式（分合分段/母联；线路串接等）。 （3）预控断面潮流。 （4）部分负荷调本供电区域其他站供电。 （5）提前限制区域用电负荷。 2.“外部借力” （1）将充电备用线路合环或临时短接线路（停电工期较长风险较大时）增加供电电源、通道（短路电流、潮流经校核无问题）。 （2）部分负荷调出至相邻供电区域变电站供电。	是	合理设定机组功率、选取负荷断面（总体选取原则：考虑送出问题时，选机组大方式、新能源功率高、负荷	1	以下故障将造成 JJ 线、JH 线过电流或重载： （1）220kV JF 双线同时掉闸，JJ 线（733A）、JH 线（720A）（温度系数 1.15），重载。	（一）方式优化调整 1.“内部挖潜” 区域供电能力不足，安排机组尽可能多发满发：HT 电厂不小于三台机组运行、ZQ 电厂四台机组运行，多发。	3/2 接线方式下的线路停电，同一站内同塔线路跳闸或母线跳

续表

工作时段	风险类别	主要风险点	防范措施	是否存在	分析方法	序号	风险内容	预控原则及其防范措施	特别注意事项
检修工作期间	设备重过载风险	（1）线路停电后潮流转移引起设备重过载。 （2）线路停电期间发输变电设备（线路、母线、主变压器、机组）$N-1$ 故障或同塔线路 $N-2$ 故障后，设备重过载	（二）故障应急处置 1.“外部开源” 故障后将相邻供电区域的开环线路/母联/分段转环路运行，减轻/消除设备过电流。 2.“临时救援” 紧急调整运行方式和机组功率：故障后紧急调整机组功率、变压器出串运行、拉开/合上母联、拉开/合上分段等。 3.“内部节流” 执行事故拉路，紧急压降负荷，减轻/消除设备过电流：要求相关公司做好故障情况下事故拉路预案并提前组织开展故障演练	是	小；考虑受入问题考虑机组小方式、新能源功率低、负荷大），利用D5000检修方式静态安全分析、DSA（外网联络线近区停电线路）等分析工具	1	（2）220kV HF 线掉闸，JJ 线（609A）、JH 线（597A），重载。 （3）220kV SQ 线、SM 线同时掉闸，JJ 线、JH 线无问题。取 13 日晚峰，若 HT 电厂、ZQ 电厂停一台大机，JF 双线同时掉闸，JJ 线（889A）、JH 线（875A），JH 线电流将达到 JH 线过电流遥切负荷装置冬季定值，若 HF 线掉闸，JJ 线（609A）、JH 线（597A），未达到 JH 线过电流遥切负荷装置冬季定值	2.“外部借力” （1）调整电网运行方式，优化潮流分配：XC 站 220kV 系统方式调整为 XG 线、LXⅡ线、1 号主变压器运行于 220kV 1 号母线，XL 线、XH 线、XZⅠ线、XZⅡ线、2 号主变压器运行于 220kV 2 号母线，将母联 200 开关解环。（避免 HF 线掉闸后 JH 线过电流遥切负荷装置动作） （2）将部分负荷调出至相邻变电站供电，减少故障后的设备过负荷程度：将 LC 站、XC 站部分负荷调出（XC 站 35MW 负荷调 ZY 站供电、20MW 负荷调 YJ 站供电，LC 站 20MW 负荷调 KY 站供电）。 （3）将 JX 线转环路运行（283A、指向 XJ 站），方式未调整前 JJ 线电流 633A、JH 线 615A，可缓解重载。 （二）故障应急处置 “内部节流”： 执行事故拉路，紧急压降负荷，减轻/消除设备过电流：要求 JN 公司做好故障情况下事故拉路预案并提前组织开展故障演练。 （三）线路防护 对 JF 双线提级实施一级防护。 故障后考虑将 220kV JX 线合环减轻 JH 线、XH 线潮流	闸后，电网结构发生变化较大，系统自动全网扫描后务必再手动计算一下相关设备是否过电流或重载

续表

工作时段	风险类别	主要风险点	防范措施	是否存在	分析方法	序号	风险内容	预控原则及其防范措施	特别注意事项
检修工作期间	设备重过载风险	（1）线路停电后潮流转移引起设备重过载。 （2）线路停电期间发输变电设备（线路、母线、主变压器、机组）$N-1$ 故障或同塔线路 $N-2$ 故障后，设备重过载				2	500kV LS 线、LJⅠ线同时掉闸，XH 线（537A）	方式优化调整。同上“JJ 线、JH 线过电流或重载”方式优化调整措施。采取母线分列、调负荷等措施后，500kV LS 线、LJⅠ线同时掉闸，XH 线电流 333A	
						3	HT 电厂满发，HT 双线同时掉闸，DC 线（1185A），过电流 18.5%，安全自动装置切除 DT 线后，CH 站单通道、DM 站单电源供电，XH 线（819A），XL 线（794），考虑温度系数 1.15 重载	（一）方式优化调整 同上“JJ 线、JH 线过电流或重载”方式优化调整措施。HT 双线故障安全自动装置动作后，XH 线（523A）、XL 线（689A）潮流进一步减轻。 （二）故障应急处置 HT 电厂快减功率、ZQ 电厂快增功率，降低 XH 线潮流。 （三）线路防护 对 HT 双线提级实施一级防护	
	方式优化调整后的电网风险	经过方式调整后消除 $N-1$ 切负荷风险，但出现五级风险或其他		是			220kV LG 线、LXⅡ线同塔。若 LG 线、LGⅡ线同塔故障，XC 站 220kV 1 号母线、GG 站失电，构成五级电网事件	加强线路防护：JN 公司对 220kV LXⅡ线、LG 线实施二级防护。做好故障处置预案。故障后处置：XC 站 1 号主变压器所带负荷 20MW 负荷备投至 XC 站 2 号主变压器、80MW 负荷备投至 DZ 站、20MW 负荷备投至 XW 站供电。通知 JN 地调对 LG 线、LXⅡ线强送。强送不成将 XC 站 XG 线调 2 号母线运行，恢复 GG 站 220kV 系统供电	

续表

工作时段	风险类别	主要风险点	防范措施	是否存在	分析方法	序号	风险内容	预控原则及其防范措施	特别注意事项
检修工作期间	系统失稳风险	线路停电后机组与系统电气联系薄弱	明确开停机方式或合理控制机组功率限额	否	DSA 在线分析工具或经系统处校核				
	短路电流超标风险（故障应急处置时方式临时调整后的次生风险）	为提供供电可靠性，临时将开环线路/分段合环运行	（1）调整机组功率和电网运行方式。 （2）尽量缩短合环时间。 （3）尽快更换为遮断电流较大的断路器	否	DSA 在线分析工具或经系统处校核				
	串供线路末端站母线电压越限	末端变电站母线电压偏低，存在越下限运行情况	（1）及时投入末端供电区域范围内相关变电站电容器。 （2）并网地方电厂提高无功发电能力。 （3）合理控制用户（特别是大用户）负荷	否	DSA 在线分析工具或经系统处校核		无	无	
工作结束后，送电期间	变电站/发电厂/风电场全停风险（单母线运行）	HT 电厂 220kV 2A 号母线转冷备用，进行线路核相、保护向量测量等工作，HT 电厂站 1A 号母线故障后风险加重	参见《电网一次风险分析预控标准化作业指导卡（母线停电）》进行风险防范预控	是	详见 220kV QH 站启动送电措施		HT 电厂 220kV 2A 号母线转冷备用，若 1A 号母线故障，HT 电厂 9、10 号机解列，JF 双线、JH 线、XZ 双线带 FY、KY、JP、HC、LC 站、XC 站 2 号主变压器。XW 站全站失电，构成五级事件	加强 HT 电厂 220kV 母线运行防护	
其他	其他风险	根据实际情况补充	根据实际情况补充	否					

二、母线停电

（一）500kV WS 站 220kV 1B、2B 号母线转检修

申请单位：JN 公司。

检修票号：2021040439。

停电范围：WS 站 220kV 1B、2B 号母线转检修。

工作内容：配合 4 号主变压器 220kV 侧 204 间隔耐压试验、基建验收（220kV SKⅠ线及 221 开关、220kV SKⅡ线及 222 开关、220kV SHⅠ线及 219 开关、220kV SHⅡ线及 220 开关、220kV SQ 线及 224 开关、220kV SM 线及 223 开关、220kV SWⅠ线及 225 开关、220kV SWⅡ线及 226 开关、220kV 母联 200B 开关、220kV 分段 22F 开关、220kV 分段 21F 开关转冷备用）。

计划工作时间：2021 年 4 月 22 日 8 时 00 分至 2021 年 4 月 22 日 22 时 00 分。

检修期间电网结构简介：JN 中西部负载较重，QH、NLH、JX 高铁、ST、DM、CH、XW、LC、KY、JD 牵引、FY、JP、HC、XC 站负荷通过 220kV SQ 线、SM 线、XZ 双线、JJ 线、JF 双线、HJ 线和 HT 电厂接带，LX 双线、LZⅠ线停电检修，除 SQ 线、SM 线、LX 双线外，其余均为细导线，线路潮流较重，JN 公司中西部电网潮流图如图 5－4 所示。WS 站 220kV B 段母线（SK 双线、SH 双线、SW 双线、SQ 线、SM 线、3 号主变压器）停电后，各线路潮流进一步加重，应在停电前恢复 LXⅠ线、LXⅡ线、LZⅠ线，增强网架结构；AK 站、HH 站 220kV 系统全停，操作前需将 AK 站、HH 站负荷调出；WS 站失去电源，应提前将 WS 站调 WF 线供电，此时 WS 站由 WF 线单电源供电，WS 站、MF 站、HS 牵引站由 DT 线、DY 线单通道供电，DZ 公司东部电网潮流图如图 5－5 所示。QH、JX、

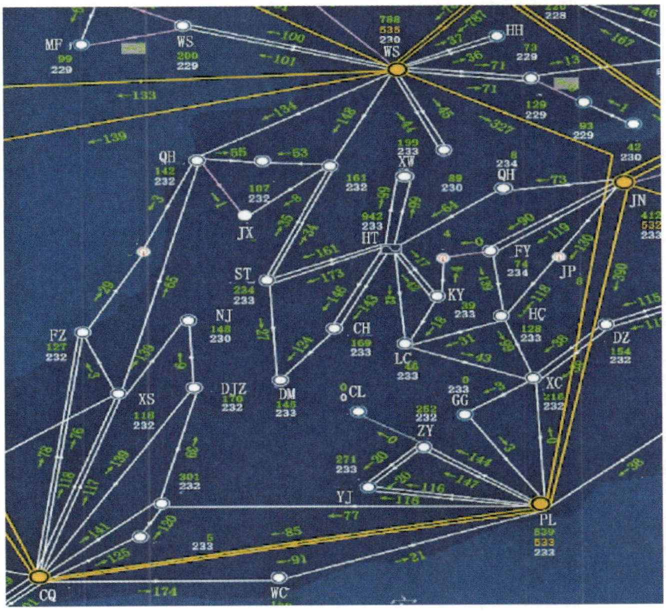

图 5－4　JN 公司中西部电网潮流图

MLH 站通过 220kV MT 双线单通道供电，考虑将 XQ 线转环路运行增加供电通道（当时 XQ 线正常开环运行）；HT 双线、DC 线、JJ 线、JH 线、XH 线、HJ 线基态潮流较重，预想故障存在 HT 双线同时掉闸后 DC 线过电流、HF 线或 JF 双线掉闸后 JH 线、HJ 线过电流风险，且 HT 双线故障 DC 线过电流引发安全自动装置动作切除 DT 线后，将进一步加重 XQ 线潮流，考虑将 QH 站、QF 站、DM 站、ST 站等可调出负荷调出，合理安排附近电厂机组方式，预控 HT 双线、DC 线断面水平，避免安全自动装置动作及过电流情况发生。

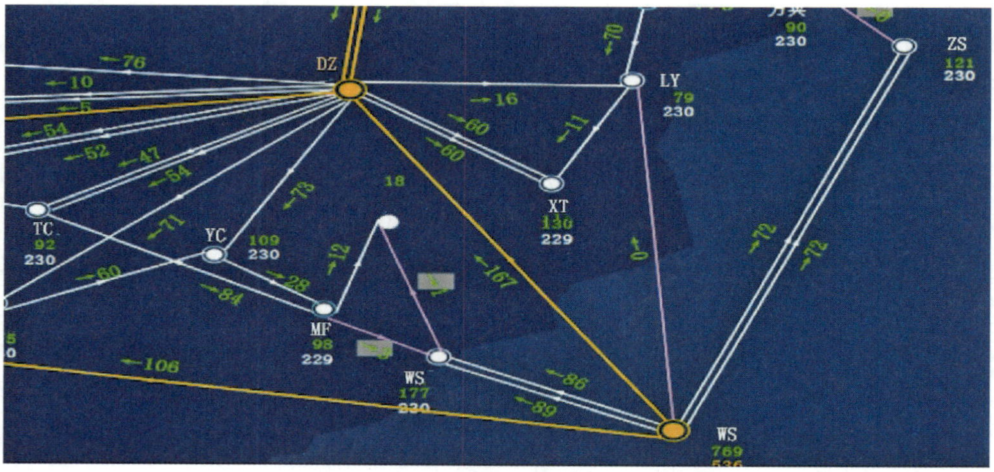

图 5-5　DZ 公司东部电网潮流图

1. 准备工作

电网一次风险分析预控标准化作业指导卡（母线部分）-准备工作-500kV WS 站 220kV 1B、2B 号母线停电见表 5-5。

表 5-5　电网一次风险分析预控标准化作业指导卡（母线部分）-准备工作-500kV WS 站 220kV 1B、2B 号母线停电

序号	内容	内容简述	标准	检查方式	检查结论√
1	掌握停电线路所在供电区域的电网正常运行方式和运行规定	1. 220kV XQ 线运行规定 220kV XQ 线充电备用（当时为充电备用，500kV WS 站 4 号主变压器且 220kV XQ 线过电流联切负荷装置、220kV HT 双任一线过电流联切 HT 电厂分段开关及机组装置投运后，正常方式下，220kV XQ 线合环运行—LD 调运〔2021〕22 号）。 2. JN 电网和 DZ 电网间开环方式—调运〔2021〕38 号 正常方式下 SL 线、WF 线、ZL 线（后改为 WZ 线）开环运行，当局部电网供电能力不足及事故方式下，考虑 SL 线直供 LY 站负荷，WF 线直供 WS 站或 MF 站负荷，ZL 线（万中线）直供 LC 站（WX 站）或 ZS 站负荷	熟练掌握	随机提问	
2	掌握停电线路所在供电区域的输变电设备限流值	近区同塔情况：220kV SZ 双线同塔 MT 双线同塔；220kV HT 线、HT Ⅰ线、DC 线两两同塔；JF 双线同塔；TF 线、FY 线同塔。 限流元件：220kV HK Ⅰ线、HJ 线、JH 线、JJ 线、XL 线限流 800A，XH 线限流 845A，DC 线、DT 线限流 1050A，其余线路限流 1200A 以上	熟练掌握	随机提问	

续表

序号	内容	内容简述	标准	检查方式	检查结论√
3	掌握停电线路所在供电区域的稳控装置配置、功能及投停方式	1. 220kV DT 线过电流联切负荷装置—LD 调运〔2020〕12 号 功能：防止 HC 双线同时掉闸，DT 线过电流。 定值：① DT 线（指向 DM 站）1000A、0.5s 发信号；② DT 线（指向 DM 站）1050A 动作：7s 切 110kV MD 线（约 52MW）；10s 切 110kV MG 线（约 43MW）；13s 切 110kV DQ 线（约 35MW）。 投停方式：正常投入。 调度管辖：JN 地调直调省调许可。 投停负责人：JN 地调调度员。 2. 220kV DC 线过电流联切 DT 线装置—调运〔2016〕47 号、LD 调运〔2019〕17 号 功能：防止同塔架设的 220kV HT 双线同时掉闸，220kV DC 线（指向 DM 站）过电流。 定值：DC 线（指向 DM 站）1000A，0.5s 发信号；夏季 1050A（冬季 1050A），7s 切 DT 线。 投停方式：正常投入。 调度管辖：省调直调。 投停负责人：省调调度员。 3. 220kV HT 线、HTⅠ线过电流联切 HT 电厂分段开关及机组装置—LD 调运〔2021〕21 号 功能：防止 HT 线与 DC 线同时掉闸，HTⅠ线过电流；防止 HTⅠ线与 DC 线同时掉闸，HT 线过电流。 定值： 1）HT 线（指向 ST 站）1550A、0.5s 发信号；HTⅠ线（指向 ST 站）1550A、0.5s 发信号。 2）当 HT 电厂四台机运行，或 7、8、9 号机运行，或 7、8、10 号机运行： 判 HT 线与 DC 线同时掉闸，HTⅠ线（指向 ST 站）1600A，7s 切 HT 电厂 220kV 分段 21F、22F 开关。 判 HTⅠ线与 DC 线同时掉闸，HT 线（指向 ST 站）1600A，7s 切 HT 电厂 220kV 分段 21F、22F 开关。 3）当 HT 电厂 7、9、10 号机运行，或 8、9、10 号机运行： 判 HT 线与 DC 线同时掉闸，HTⅠ线（指向 ST 站）1600A，7s 切 HT 电厂 9、10 号机中功率较大的一台机组。 判 HTⅠ 线与 DC 线同时掉闸，HT 线（指向 ST 站）1600A，7s 切 HT 电厂 9、10 号机中功率较大的一台机组。 4）当 HT 电厂不大于两台机运行时，装置不动作。 投停方式：正常投入。 调度管辖：省调直调。 投停负责人：省调调度员。 4. 220kV JH 线过电流遥切负荷装置—LD 调运〔2020〕28 号 功能：防止 JF 双线同时掉闸，JH 线过电流。 定值：JH 线（指向 HC 站）700A、0.5s 发信号；夏季 750A（冬季 830A）动作：7s 切 HC 站 110kV HT 线、HGⅡ线（约 63MW）；10s 切 HC 站 110kV 电 DC 线、HZ 线、HG 线、HY 线（约 70MW）；13s 切 LC 站 110kV LT 线、1 号主变压器 35kV 侧 304 开关（约 63MW）；16s 切 XW 站 110kV XA 线、XC 线（约 52MW）；19s 切 XW 站 110kV XX 线、3 号主变压器 10kV 侧 042 开关（约 60MW）。 22s 切 XW 站 110kV XX 线、XZ 线（约 90MW）；25s 切 XW 站 2 号主变压器 10kV 侧 025 开关（约 50MW）。 投停方式：正常投入。 调度管辖：JN 地调直调省调许可。 投停负责人：JN 地调调度员。 5. 220kV XQ 线过电流联切负荷装置—LD 调运〔2021〕21 号 功能：防止 SQ 线与 SM 线同时掉闸，XQ 线过电流。 定值：XQ 线（指向 QH 站）750A、0.5s 发信号；XQ 线（指向 QH 站）夏季 800A（冬季 880A）动作，7s 按照最小过切原则选切 110kV QX 线、QJ 线及 QN 线（共约 120MW）。 投停方式：正常投入（当时正常停用，XQ 线合环运行时投入）。	熟练掌握	随机提问	

续表

序号	内容	内容简述	标准	检查方式	检查结论√
3	掌握停电线路所在供电区域的稳控装置配置、功能及投停方式	调度管辖：JN 地调直调省调许可。 投停负责人：JN 地调调度员。 6. 220kV HJ 线过电流遥切负荷装置—LD 调运〔2020〕12 号 功能：防止 SQ 线与 SM 线同时掉闸，HJ 线过电流。 定值：HJ 线（指向 HT 电厂）750A、0.5s 发信号；夏季 800A（冬季 880A）动作：16s 切 ST 站 110kV SG 线、SF 线（约 55MW）；19s 切 ST 站 110kV SC 线、3 号主变压器 10kV 侧 052 开关（约 140MW）；22s 切 MLH 站 110kV MLI 线（约 30MW）。 投停方式：正常投入。 调度管辖：JN 地调直调省调许可。 投停负责人：JN 地调调度员。 7. 220kV MT 双任一线过电流联切负荷装置—LD 调运〔2020〕12 号、〔2021〕21 号 功能：防止 SQ 线与 SM 线同时掉闸，MT 双线过电流。 定值：MTⅠ线或 MTⅡ线（指向 MLH 站）750A、0.5s 发信号；MTⅠ线或 MTⅡ线（指向 MLH 站）夏季 800A（冬季 880A）动作：7s 切 110kV MX 线、MK 线（约 77MW）；10s 切 110kV MH 线（约 65MW）；13s 切 2 号主变压器 10kV 侧 036 开关（约 40MW）。 注：为防止切一级用户，暂不切 MX 线，退出其跳闸出口压板。 投停方式：正常停用。 调度管辖：JN 地调直调省调许可。 投停负责人：JN 地调调度员。 8. 220kV SM 线、SQ 线电流遥切负荷装置—LD 调运〔2020〕12 号、〔2021〕21 号 功能：防止 HT 双任一线与 DC 线同时掉闸，SM 线、SQ 线过电流。 定值：SM 线（指向 MLH 站）或 SQ 线（指向 QH 站）1550A、0.5s 发信号；夏季 1600A（冬季 1760A）动作：7s 切 ST 站 110kV SG 线、SQ 线（约 56MW）；10s 切 ST 站 110kV SC 线、SF 线（约 120MW）；13s 切 ST 站 110kV SB 线、RT 线、SC 线（约 95MW）。 投停方式：正常停用。 调度管辖：JN 地调直调省调许可。 投停负责人：JN 地调调度员。 220kV XN 线、CD 线、XD 线过电流遥切负荷装置，正常投入	熟练掌握	随机提问	
4	掌握停电线路停电期间紧密相关供电区当前尚未竣工的检修工作、当前运行方式及其运行规定	WS 站 220kV 1B 号母线、LZⅠ线、LXⅠ线、LXⅡ线停电检修，其中 LZⅠ线、LXⅠ线、LXⅡ线预计 4 月 21 日送电	准确掌握	随机提问	
5	掌握停电线路停电期间相关供电区域机组运行状态	（1）ZQ 电厂不小于两台大机。 （2）HT 电厂不小于两台机。 （3）SH 电厂甲站不小于三台机运行	准确掌握	随机提问	
6	掌握停电线路停电期间所在供电区域新能源装机及功率情况	（1）ZB 北区域 56 万 kW。 （2）DY 区域 206 万 kW	大体掌握	随机提问	
7	掌握停电线路停电期间所在供电区域负荷情况（特别是最高和最低负荷）	JN 地区最低负荷 4500MW，最高负荷 5500MW。 其中 AK 站负荷 80MW，HH 站负荷 60MW，WS 站负荷约 160MW，ZS 站负荷约 200MW；QH 站、QF 站、JX 牵引站、MLH 站、ST 站、DM 站、CH 站总负荷约 680MW；MF 站负荷约 80MW	大体掌握	随机提问	
8	掌握当前阶段电网运行特殊要求（如电力供需紧张、新能源消纳困难等）	（1）电力供需总体处在紧平衡状态。 （2）午间新能源消纳困难与晚峰电力供应能力紧张矛盾并存	准确掌握	随机提问	
9	掌握送电是否有核相、向量测量等要求和送电措施	LZⅠ线、LXⅠ线、LXⅡ线送电后	准确掌握		
10	其他	无			

2. 风险辨识及防范措施

电网一次风险分析预控标准化作业指导卡（母线部分）–风险辨识及防范措施–500kV WS 站 220kV 1B、2B 号母线停电见表 5–6。

表 5-6 电网一次风险分析预控标准化作业指导卡（母线部分）-风险辨识及防范措施-500kV WS 站 220kV 1B、2B 号母线停电

工作时段	风险类别	主要风险点	防范措施	是否存在	分析方法	序号	风险内容	预控原则及其防范措施	特别注意事项
检修工作期间	变电站/发电厂/风电场全停风险（单母线、单电源、单通道等）	500kV 变电站 500kV 系统单母线运行	相关单位对运行母线加强运维防护，做好相关事故处理预案						
		220kV 变电站 220kV 系统单母线运行	（1）相关单位对运行母线加强运维防护，做好相关事故处理预案。 （2）将负荷调至其他变电站或其他供电区域，减少故障后负荷损失						
		母线停电造成线路陪停后变电站单电源供电	见《电网一次风险分析预控标准化作业指导卡（线路停电）》： （1）将充电备用线路合环或临时短接线路（停电工期较长风险较大时）增加供电通道（短路电流、潮流经校核无问题），消除单通道风险。 （2）若无其他新增输电通道，则采取以下措施： 1）对供电线路实施一级防护（或提级防护）。 2）将负荷调至其他变电站或其他供电区域，提前压限负荷，减少全停后损失负荷，降低事故等级	是	暂时采取人工分析	1	WS 站 220kV B 段母线停电后，220kV SH 双线、220kV SK 双线、220kV SW 双线、220kV SQ 线、220kV SM 线陪停，导致 3 座 220kV 变电站全停： （1）220kV AK 站、HH 站全站停电。 （2）WS 站全站停电。 （3）QH 站、QF 站、MLH 站、JX 电铁牵引站仅通过 MT 双线单通道供电	1. 负荷全部转供 AK 站全部负荷（85MW）调 CH 站供电，HH 站全部负荷（60MW）调 ZS 站供电。 2. 调整电网方式 （1）WS 站调 WF 线供电。 （2）将 XQ 线转环路运行	
		母线停电造成线路陪停后变电站单通道供电							
		母线停电造成发电厂/风电场单线并网							
		母线停电造成发电厂/风电场单通道并网							
		母线停电造成电铁牵引站单电源供电							
		母线停电造成发电厂带区域负荷单线并网							
		母线停电造成发电厂带区域负荷单通道并网							

续表

工作时段	风险类别	主要风险点	防范措施	是否存在	分析方法	序号	风险内容	预控原则及其防范措施	特别注意事项
检修工作期间	变电站/发电厂/风电场全停风险（单母线、单电源、单通道等）	双母线接线，一条母线停电（线路不陪停），（倒母线）造成其他受端变电站进线电源运行于同一母线，存在全停风险							
	母线停电后，变电站母线连接元件分布不合理，导致供电可靠性下降/重过载/短路电流超标/机组失稳等风险（需要优化调整母线运行方式）	所有线路均运行于同一母线	调整母线运行方式，使线路均衡运行于各母线	否	暂时采取人工分析		无	无	
		母线连接的电源线路、主变压器、机组、负荷分布不均衡	调整母线运行方式，使电源线路、主变压器、机组、负荷均衡运行于各母线						
		因供电能力不足向临近供电区转移部分负荷、充电备用线路合环运行存在短路电流超标或过电流风险	将母线调整为分列运行，不同供电区域电源在不同母线分带负荷，如有母联备自投应投入						
		因供电区内供电能力不足，故障后存在过电流风险	将原分列运行母线合环运行（或故障后调整）						
		预想故障后存在设备过负荷、局部电网解列、超过稳定限额风险	若通过将运行元件倒母线的方式可减轻或消除该风险，且不会产生新风险时应倒母线						
		预想故障下因潮流转移导致其他线路过电流	将母线调整为分列运行（或调整元件接线方式便于快速分列），以减轻或消除故障后线路过电流问题						

续表

工作时段	风险类别	主要风险点	防范措施	是否存在	分析方法	序号	风险内容	预控原则及其防范措施	特别注意事项
检修工作期间	设备重过载风险	（1）母线停电后潮流转移引起设备重过载。 （2）母线停电期间发输变电设备（线路、母线、主变压器、机组）$N-1$ 故障或同塔线路 $N-2$ 故障后，设备重过载	（一）方式优化调整 1.“内部挖潜” （1）明确开机方式及机组功率要求。 （2）合理调整区域内电网运行方式（分合分段/母联；线路串接等）。 （3）预控断面潮流。 （4）部分负荷调本供电区域其他站供电。 （5）提前限制区域用电负荷。 （6）调整稳控装置投停方式，避免装置动作后，引起其他设备过负荷程度加重。 （7）合理使用新能源 AGC，控制新能源功率。 （8）合理利用储能电站充放电功能。 2.“外部借力” （1）将充电备用线路合环或临时短接线路（停电工期较长风险较大时）增加供电电源、通道（短路电流、潮流经校核无问题）。 （2）部分负荷调出至相邻供电区域变电站供电。 （二）故障应急处置 1.“外部开源” 故障后将相邻供电区域的开环线路/母联/分段转环路运行，减轻/消除设备过电流。 2.“临时救援” 紧急调整运行方式和机组功率：故障后紧急调整机组功率、变压器出串运行、拉开/合上母联、拉开/合上分段等。 3.“内部节流” 执行事故拉路，紧急压降负荷，减轻/消除设备过电流：要求相关公司做好故障情况下事故拉路预案并提前组织开展故障演练	否	合理设定机组功率、选取负荷断面（总体选取原则：考虑送出问题时，选机组大方式、新能源功率高、小负荷；考虑受入问题考虑机组小方式、新能源功率低、大负荷），利用D5000检修方式静态安全分析、DSA（外网联络线近区停电线路）等分析工具		无	无	

续表

工作时段	风险类别	主要风险点	防范措施	是否存在	分析方法	序号	风险内容	预控原则及其防范措施	特别注意事项
检修工作期间	设备重过载风险	（1）母线停电后潮流转移引起设备重过载。 （2）母线停电期间发输变电设备（线路、母线、主变压器、机组）$N-1$ 故障或同塔线路 $N-2$ 故障后，设备重过载				2	220kV HT 双线同时掉闸，JN 西北部电网仅通过 DC 线、XQ 线供电，DC 线过电流 10%；MT 双线同时跳闸，XQ 线过电流 15%	（一）方式优化调整 “内部挖潜”： （1）明确开机方式及机组功率要求： ZQ 电厂不小于两台大机、HT 电厂不小于两台机、SH 电厂甲站不小于三台机运行。避免 HF 线或 JF 双线掉闸后 JH 线、HJ 线过电流引发安全自动装置切负荷。 （2）预控断面潮流。控制 HT 电厂及 SH 电厂甲站机组功率使 HT 双线、DC 线潮流之和不超过 450MW。避免 HT 双线同时掉闸后 DC 线过电流。 （3）部分负荷调本供电区域其他站供电。QH 站 40MW 负荷调 FZ 站供电，QF 站 20MW 负荷调 NJ 站供电，DM 站 10MW 负荷调 YJ 站供电，CH 站 15MW 负荷调 XW 站供电，ST 站 15MW 负荷调 CH 站供电。（避免 HT 双线同时掉闸后 DC 线过电流） （4）调整稳控装置投停方式，避免装置动作后，引起其他设备过负荷程度加重。DM 站停用 DC 线过电流联切 DT 线安全自动装置。防止 HT 双线故障后 DC 线过电流切除 DT 线后，XQ 线过负荷程度加重，DM 站停用 DC 线过电流联切 DT 线安全自动装置。	

续表

工作时段	风险类别	主要风险点	防范措施	是否存在	分析方法	序号	风险内容	预控原则及其防范措施	特别注意事项
检修工作期间	设备重过载风险	（1）母线停电后潮流转移引起设备重过载。 （2）母线停电期间发输变电设备（线路、母线、主变压器、机组）$N-1$ 故障或同塔线路 $N-2$ 故障后，设备重过载				2	220kV HT 双线同时掉闸，JN 西北部电网仅通过 DC 线、XQ 线供电，DC 线过电流 10%；MT 双线同时跳闸，XQ 线过电流 15%	（二）故障应急处置 “内部节流”：执行事故拉路，紧急压降负荷，减轻/消除设备过电流：要求 JN 公司做好故障情况下事故拉路预案并提前组织开展故障演练	
	方式优化调整后的电网风险	经过方式调整后消除全站停电风险，但出现五级风险或其他		是		1	TF 线、FY 线同塔线路同时掉闸，WS 站、MF 站、HS 牵引站（SJ 客运专线）失电，构成五级电网事件	加强线路防护：DZ 公司对 WF 线实行一级防护，对 FY 线、TF 线提级实行一级防护，对 MF 站、WS 站 220kV 母线加强运维防护，做好相关事故处理预案	
						2	WF 线或线路两侧所在母线掉闸，WS 站失电，构成五级电网事件		
	系统失稳风险	母线停电后机组与系统电气联系薄弱	明确开停机方式或合理控制机组功率限额	否	DSA 在线分析工具或经系统处校核				
	短路电流超标风险（故障应急处置时方式临时调整后的次生风险）	为提供供电可靠性，临时将开环线路/分段合环运行	（1）调整机组功率和电网运行方式。 （2）尽量缩短合环时间。 （3）尽快更换为遮断电流较大的断路器	否	DSA 在线分析工具或经系统处校核	1	临时将 XQ 线转环路运行	经系统处校核，无短路电流超标问题	
工作结束后，送电期间	变电站/发电厂/风电场全停风险（单母线运行）	××站空母线进行线路核相、保护向量测量等工作导致××站单母线运行	参见《电网一次风险分析预控标准化作业指导卡（母线停电）》进行风险防范预控	否	查阅检修申请中的“送电措施”				

续表

工作时段	风险类别	主要风险点	防范措施	是否存在	分析方法	序号	风险内容	预控原则及其防范措施	特别注意事项
其他	其他风险	双母分段接线某段单母线运行，若停电母线的对角母线故障（分段开关正常合环运行），母线分列运行，可能因潮流转移导致过电流或运行母线失去站内电源	应合理安排机组方式，调整母线接线方式避免故障后设备过电流和站内运行母线失去电源	否	了解变电站接线方式及操作要求				
		单母联、用隔离开关分段且TV对角布置的220kV变电站某一条母线停电，且现场规程不允许隔离开关拉合空母线	单母联、用隔离开关分段且TV对角布置的220kV变电站某一条母线停电，且现场规程不允许隔离开关拉合空母线，无母联开关段的一条母线停电，需相邻另一段母线短时停电，若该条母线配置TV，该条母线停电后，相邻运行母线需TV并列，存在全站停电风险；有母联开关段的一条母线停电，需相邻另一段母线陪停	否	了解变电站接线方式及操作要求				
		内桥接线方式主变压器停电	主变压器无单独开关，停电时需母线短时停电、线路短时解环（南郊站、东门站）—参见《电网一次风险分析预控标准化作业指导卡（线路停电）》进行风险防范预控	否	了解变电站接线方式				
		外桥接线方式线路停电	线路无单独开关，停电时需主变压器、母线短时停电（BZ站）—参见《电网一次风险分析预控标准化作业指导卡（主变压器停电）》进行风险防范预控	否	了解变电站接线方式				

（二）500kV 甲站 220kV 1A 号母线转检修

申请单位：JX 公司。

检修票号：2021090305。

停电范围：甲站 220kV 1A 号母线转检修。

工作内容：新上 2 号主变压器 220kV 侧间隔、2 个 220kV 出线间隔安装；分段 21F 开关本体分相、三相不一致回路改造，母联 200A 开关分相改造；停电设备清扫、小修、试验。

计划工作时间：2021 年 9 月 7 日 7 时 00 分至 2021 年 9 月 18 日 18 时 00 分。

检修期间电网结构简介：A 北甲站片区总体负荷较重，A 北甲站片区电网潮流图及站内一次接线图如图 5－6、图 5－7 所示。甲站 220kV 1A 号母线检修期间，若 220kV 2A 号母线（SY 双线、SN 双线、SF Ⅰ线、1 号主变压器）掉闸，3 号主变压器、4 号主变压器潮流加重，NB 站供电通道削弱，YG 站由 YX 线单电源供电，A 站北送潮流加重，需关注 XC 线、HN 线及 A 站 3 号主变压器潮流情况，可考虑调出部分负荷，减轻预想故障后重过载程度；若 220kV 2B 号母线（SF Ⅱ线、SH Ⅱ线、SP Ⅱ线、3 号主变压器）掉闸，站内 2A 号母线（SN 双线、SY 双线、1 号主变压器、SF Ⅰ线）与 1B 号母线（SH Ⅰ线、ST 线、SP Ⅰ线、4 号主变压器）失去电气联系，潮流将发生较大转移，因失去 3 号大容量主变压器，需关注 1、4 号主变压器负载情况，应考虑合理安排 A 电厂开机方式，减轻预想故障主变压器重过载程度。

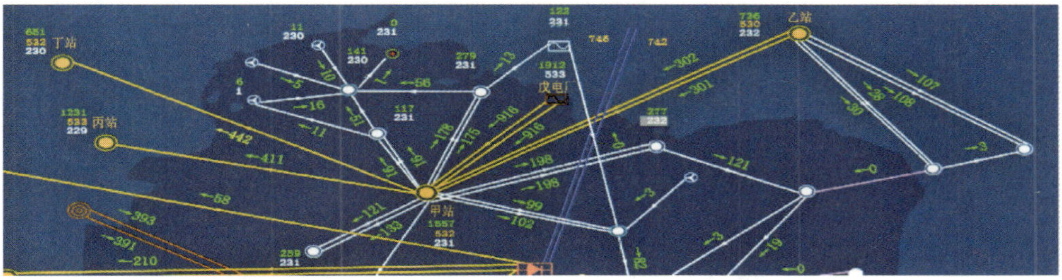

图 5－6 A 北甲站片区电网潮流图

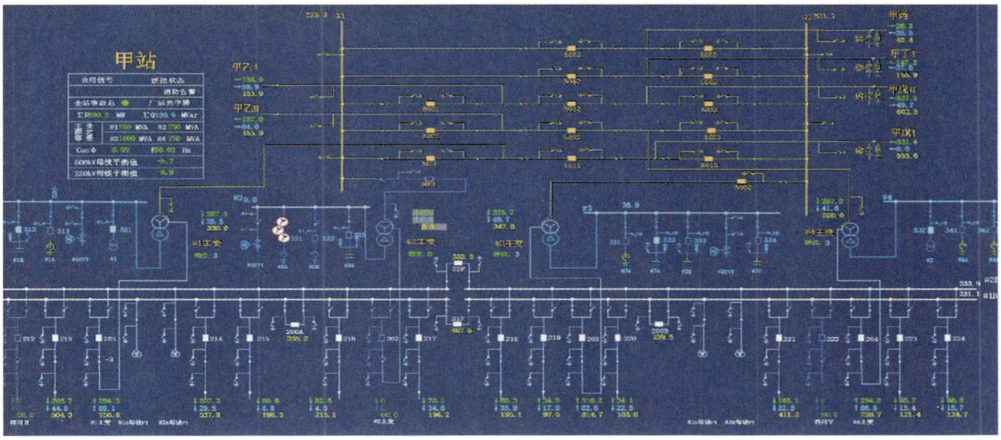

图 5－7 甲站站内一次接线图

1. 准备工作

电网一次风险分析预控标准化作业指导卡(母线部分)–准备工作–500kV 甲站 220kV 1A 号母线停电见表 5–7。

表 5–7　电网一次风险分析预控标准化作业指导卡(母线部分)–准备工作–500kV 甲站 220kV 1A 号母线停电

序号	内容	内容简述	标准	检查方式	检查结论
1	掌握停电线路所在供电区域的电网正常运行方式和运行规定	1. A 电厂运行方式—LD 调运〔2020〕19 号 正常方式下 A 电厂 220kV 分段开关 21F、22F 断开热备用。A 电厂任停一机及以上，A 电厂 220kV 分段开关 21F、22F 可转环路运行。 2. YD 站运行方式—调运〔2017〕40 号 500kV YD 站 220kV 母线短路电流超标：500kV YD 站 220kV 母线分段 21F、22F 开关断开热备用。 3. A 电网和 ZB 电网间开环方式—集团调运〔2013〕32 号 正常方式下，220kV LZ 线开环运行，LZ 线 ZJ 站侧开关断开热备用。当局部电网供电能力不足及事故方式下，考虑 220kV LZ 线直供 ZJ 站负荷。 正常方式下 ZY 站在 ZB 电网供电，220kV HZ 线恢复环路运行，220kV QZ 线开环运行，QZ 线 QZ 站侧开关断开热备用。当局部电网供电能力不足及事故方式下，考虑 220kV QZ 线直供 ZY 站或 QZ 站负荷。 4. A 电网和 YT 电网间开环方式—调运〔2015〕13 号 正常方式下 220kV XL 线开环运行，XL 线 DX 站侧开关断开热备用。当局部电网供电能力不足及事故方式下，考虑 220kV XL 线直供 DX 站或 YL 站负荷。 5. 己电厂运行规定—LD 调运〔2020〕26 号 (1) 500kV GS 双任一线或甲丙线停电，四台机运行控制功率不超过 3800MW，三台机运行控制功率不超过 2900MW。 (2) 500kV 甲丁Ⅰ线停电，四台机运行控制功率不超过 3700MW，三台机运行控制功率不超过 2750MW	熟练掌握	随机提问	
2	掌握停电线路所在供电区域的输变电设备限流值	(1) 近区同塔情况：受电通道 500kV 甲丁Ⅰ线与甲丙线同塔；除直配站的同塔双回线路外，220kV YN 线和 YFⅡ线、SFⅠ线和 SFⅡ线、SHⅠ线和 SHⅡ线、GY 双线、GY 双线、SY 双线、SN 双线、YZ 双线、JY 线和 JT 线、JY 和 YY 线、YY 线和 YT 线、JY 线和 YT 线为同塔线路。 (2) 限流元件：XL 线 845A（充电备用），YL 线 845A，ZW 线 800A，YT 线、JT 线、JY 线 800A	熟练掌握	随机提问	
3	掌握停电线路所在供电区域的稳控装置配置、功能及投停方式	1. 500kV 线路掉闸遥切戊电厂及己电厂机组装置—LD 调运〔2019〕37 号 功能：防止甲丙线、甲丁Ⅰ线同时掉闸，或甲丙线、甲丁Ⅰ线任一线检修、另一线掉闸，己电厂机组失稳。 潮流方向：甲丁Ⅰ线检修时，故障前甲丙线潮流指向丙站；甲丙线检修时，故障前甲丁Ⅰ线潮流指向 YC 站；甲丁Ⅰ线、甲丙线运行时，潮流分别指向 YC 站、丙站。 己电厂开机方式：四台机组运行，故障前功率之和高于 2800MW；三台机组运行，故障前功率之和高于 2300MW。 己电厂动作：四台机组运行时，切除功率最大的一台与次大的一台机组；三台机运行时，切除功率最大的一台。 投停方式：甲站装置正常投入（其中退出甲站装置至戊电厂通道压板），己电厂装置正常投入，戊电厂装置正常停用。 调度管辖：省调直调。 投停负责人：省调调度员。 功能：GS 双线同时掉闸，或 GS 双线任一线检修、另一线掉闸，己电厂机组失稳。	熟练掌握	随机提问	

续表

序号	内容	内容简述	标准	检查方式	检查结论
3	掌握停电线路所在供电区域的稳控装置配置、功能及投停方式	潮流方向：故障前 GS 双线中运行线路潮流指向甲站。 己电厂开机方式：四台机组运行，故障前功率之和高于 2800MW；三台机组运行，故障前功率之和高于 2300MW。 己电厂动作：四台机组运行时，切除功率最大的一台与次大的一台机组；三台机运行时，切除功率最大的一台。 投停方式：甲站装置正常投入（其中退出甲站装置至戊电厂通道压板），己电厂装置正常投入，戊电厂装置正常停用。 调度管辖：省调直调。 投停负责人：省调调度员。 2. 220kV FX 线、FWⅡ线过电流遥切负荷装置—LD 调运〔2021〕10 号 功能：防止 FW 双线同时掉闸，FX 线过电流；防止 A 电厂机组掉闸，FWⅡ线过电流。 定值：FX 线（指 XY 站）或 FWⅡ线（指向 KW 站）1550A、0.5s 发信号；FX 线（指 XY 站）或 FWⅡ线（指向 KW 站）1600A 动作：7s 切 KW 站 110kV WH 线（约 60MW）；10s 切 KW 站 110kV WDLⅠ、Ⅱ线（约 50MW）；13s 切 KW 站 110kV WH 线（约 40MW）；16s 切 KW 站 110kV WF 线（约 60MW）。 投停方式：正常投入。 调度管辖：A 地调直调省调许可。 投停负责人：A 地调调度员	熟练掌握	随机提问	
4	掌握停电线路停电期间紧密相关供电区当前尚未竣工的检修工作、当前运行方式及其运行规定	无	准确掌握	随机提问	
5	掌握停电线路停电期间相关供电区域机组运行状态	戊电厂 2 台机运行，功率 1243MW	准确掌握	随机提问	
6	掌握停电线路停电期间所在供电区域新能源装机及功率情况	甲北地区新能源功率约 50MW	大体掌握	随机提问	
7	掌握停电线路停电期间所在供电区域负荷情况（特别是最高和最低负荷）	A 地区最低负荷 5900W，最高负荷 7400MW。 其中甲站负荷 1500MW，NB 站负荷 120MW，YG 站负荷约 240MW，FT 站负荷约 260MW，BH 站负荷约 110MW，PA 站负荷 70MW，HH 站负荷约 100MW，ZY 站负荷约 190MW	大体掌握	随机提问	
8	掌握当前阶段电网运行特殊要求（如电力供需紧张、新能源消纳困难等）	（1）电力供需总体处在紧平衡状态。 （2）午间新能源消纳困难与晚峰电力供应能力紧张矛盾并存	准确掌握	随机提问	
9	掌握送电是否有核相、向量测量等要求和送电措施	无	准确掌握		
10	其他	无			

2. 风险辨识及防范措施

电网一次风险分析预控标准化作业指导卡（母线部分）– 风险辨识及防范措施 – 500kV 甲站 220kV 1A 号母线停电见表 5 – 8。

表 5-8　电网一次风险分析预控标准化作业指导卡（母线部分）-风险辨识及防范措施-500kV 甲站 220kV 1A 号母线停电

工作时段	风险类别	主要风险点	防范措施	是否存在	分析方法	序号	风险内容	预控原则及其防范措施	特别注意事项
检修工作期间	变电站/发电厂/风电场全停风险（单母线、单电源、单通道等）	500kV 变电站 500kV 系统单母线运行	相关单位对运行母线加强运维防护，做好相关事故处理预案						
		220kV 变电站 220kV 系统单母线运行	（1）相关单位对运行母线加强运维防护，做好相关事故处理预案。 （2）将负荷调至其他变电站或其他供电区域，减少故障后负荷损失						
		母线停电造成线路陪停后变电站单电源供电	见《电网一次风险分析预控标准化作业指导卡（线路停电）》： （1）将充电备用线路合环或临时短接线路（停电工期较长风险较大时）增加供电通道（短路电流、潮流经校核无问题），消除单通道风险。 （2）若无其他新增输电通道，则采取以下措施： 1）对供电线路实施一级防护（或提级防护）。 2）将负荷调至其他变电站或其他供电区域，提前压限负荷，减少全停后损失负荷，降低事故等级	是	暂时采取人工分析				
		母线停电造成线路陪停后变电站单通道供电							
		母线停电造成发电厂/风电场单线并网							
		母线停电造成发电厂/风电场单通道并网							
		母线停电造成电铁牵引站单电源供电							
		母线停电造成发电厂带区域负荷单线并网							
		母线停电造成发电厂带区域负荷单通道并网							

续表

工作时段	风险类别	主要风险点	防范措施	是否存在	分析方法	序号	风险内容	预控原则及其防范措施	特别注意事项
检修工作期间	变电站/发电厂/风电场全停风险（单母线、单电源、单通道等）	双母线接线，一条母线停电（线路不陪停），（倒母线）造成其他受端变电站进线电源运行于同一母线，存在全停风险							
	母线停电后，变电站母线连接元件分布不合理，导致供电可靠性下降/重过载/短路电流超标/机组失稳等风险（需要优化调整母线运行方式）	所有线路均运行于同一母线	调整母线运行方式，使线路均衡运行于各母线	否	暂时采取人工分析		无	无	
		母线连接的电源线路、主变压器、机组、负荷分布不均衡	调整母线运行方式，使电源线路、主变压器、机组、负荷均衡运行于各母线				无	无	甲站220kV 2B号母线(SFⅡ线、SHⅡ线、SPⅡ线、3号主变压器)故障，站内2A号母线(SN双线、SY双线、1号主变压器、SFⅠ线)与1B号母线(SHⅠ线、ST线、SPⅠ线、4号主变压器)失去电气联系，潮流可能发生较大转移
		因供电能力不足向临近供电区转移部分负荷、充电备用线路合环运行存在短路电流超标或过电流风险	将母线调整为分列运行，不同供电区域电源在不同母线分带负荷，如有母联备自投应投入						
		因供电区内供电能力不足，故障后存在过电流风险	将原分列运行母线合环运行（或故障后调整）						
		预想故障后存在设备过负荷、局部电网解列、超过稳定限额风险	若通过将运行元件倒母线的方式可减轻或消除该风险，且不会产生新风险时应倒母线				若甲站220kV 2B号母线（SFⅡ线、SHⅡ线、SPⅡ线、3号主变压器）掉闸，1号主变压器潮流691MW，接近满载	将220kV SFⅡ线由2B号母线调1B号母线运行，增加预想故障情况下4号主变压器下送通道，减轻1号主变压器负载（调整方式后，发生预想故障，1号主变压器潮流降至611MW，无其他过电流、过负荷情况）	
		预想故障下因潮流转移导致其他线路过电流	将母线调整为分列运行（或调整元件接线方式便于快速分列），以减轻或消除故障后线路过电流问题						

续表

工作时段	风险类别	主要风险点	防范措施	是否存在	分析方法	序号	风险内容	预控原则及其防范措施	特别注意事项
检修工作期间	设备重过载风险	（1）母线停电后潮流转移引起设备重过载。 （2）母线停电期间发输变电设备（线路、母线、主变压器、机组）$N-1$ 故障或同塔线路 $N-2$ 故障后，设备重过载	（一）方式优化调整 1.“内部挖潜” （1）明确开机方式及机组功率要求。 （2）合理调整区域内电网运行方式（分合分段/母联；线路串接等）。 （3）预控断面潮流。 （4）部分负荷调本供电区域其他站供电。 （5）提前限制区域用电负荷。 （6）调整稳控装置投停方式，避免装置动作后，引起其他设备过负荷程度加重。 （7）合理使用新能源 AGC，控制新能源功率。 （8）合理利用储能电站充放电功能。 2.“外部借力” （1）将充电备用线路合环或临时短接线路（停电工期较长风险较大时）增加供电电源、通道（短路电流、潮流经校核无问题）。 （2）部分负荷调出至相邻供电区域变电站供电。 （二）故障应急处置 1.“外部开源” 故障后将相邻供电区域的开环线路/母联/分段转环路运行，减轻/消除设备过电流。 2.“临时救援” 紧急调整运行方式和机组功率：故障后紧急调整机组功率、变压器出串运行、拉开/合上母联、拉开/合上分段等。 3.“内部节流” 执行事故拉路，紧急压降负荷，减轻/消除设备过电流：要求相关公司做好故障情况下事故拉路预案并提前组织开展故障演练	否	合理设定机组功率、选取负荷断面（总体选取原则：考虑送出问题时，选机组大方式、新能源功率高、小负荷；考虑受入问题时，考虑机组小方式、新能源功率低、大负荷），利用 D5000 检修方式静态安全分析、DSA（外网联络线近区停电线路）等分析工具		若甲站 220kV 2A 号母线（SY 双线、SN 双线、SF Ⅰ线、1 号主变压器）掉闸，3 号主变压器 534MW，4 号主变压器 485MW，YG 站由 YX 线单电源供电，潮流 237MW，电流 618A；XC 线 180MW，电流 468A；A 站 3 号主变压器负荷 520MW	（一）方式优化调整 “内部挖潜”：部分负荷调本供电区域其他站供电。DX 站 20MW 负荷调 HX 站、60MW 负荷调 CY 站、10MW 负荷调 SZ 站供电。 （二）故障应急处置 1.“外部开源” 故障后将相邻供电区域的开环线路/母联/分段转环路运行。 若 A 主变压器过负荷，可考虑 A 站分段 21F、22F 合环消除过电流。 2.“内部节流” 执行事故拉路，紧急压降负荷，减轻/消除设备过电流：要求 JX 公司加强设备运维防护，做好故障情况下事故拉路预案	

续表

工作时段	风险类别	主要风险点	防范措施	是否存在	分析方法	序号	风险内容	预控原则及其防范措施	特别注意事项
检修工作期间	设备重过载风险	（1）母线停电后潮流转移引起设备重过载。 （2）母线停电期间发输变电设备（线路、母线、主变压器、机组）$N-1$ 故障或同塔线路 $N-2$ 故障后，设备重过载					若甲站 220kV 2B 号母线（SHⅡ线、SPⅡ线、3 号主变压器）掉闸，甲站 1 号主变压器 622MW，4 号主变压器 575MW	（一）方式优化调整 “内部挖潜”：明确开机方式及机组功率要求：A 电厂不小于一大一小机运行，多发。 （二）故障应急处置 “内部节流”：执行事故拉路，紧急压降负荷，减轻/消除设备过电流：要求 JX 公司加强设备运维防护，做好故障情况下事故拉路预案	
	方式优化调整后的电网风险	经过方式调整后消除全站停电风险，但出现五级风险或其他		无					
	系统失稳风险	母线停电后机组与系统电气联系薄弱	明确开停机方式或合理控制机组功率限额	否	DSA 在线分析工具或经系统处校核		无		
	短路电流超标风险（故障应急处置时方式临时调整后的次生风险）	为提供供电可靠性，临时将开环线路/分段合环运行	（1）调整机组功率和电网运行方式。 （2）尽量缩短合环时间。 （3）尽快更换为遮断电流较大的断路器	否	DSA 在线分析工具或经系统处校核				
工作结束后，送电期间	变电站/发电厂/风电场全停风险（单母线运行）	××站空母线进行线路核相、保护向量测量等工作导致××站单母线运行	参见《电网一次风险分析预控标准化作业指导卡（母线停电）》进行风险防范预控	否	查阅检修申请中的“送电措施”				

续表

工作时段	风险类别	主要风险点	防范措施	是否存在	分析方法	序号	风险内容	预控原则及其防范措施	特别注意事项
其他	其他风险	双母分段接线某段单母线运行，若停电母线的对角母线故障（分段开关正常合环运行），母线分列运行，可能因潮流转移导致过电流或运行母线失去站内电源	应合理安排机组方式，调整母线接线方式避免故障后设备过电流和站内运行母线失去电源	否	了解变电站接线方式及操作要求				
		单母联、用隔离开关分段且TV对角布置的220kV变电站某一条母线停电，且现场规程不允许隔离开关拉合空母线	单母联、用隔离开关分段且TV对角布置的220kV变电站某一条母线停电，且现场规程不允许隔离开关拉合空母线，无母联开关段的一条母线停电，需相邻另一段母线短时停电，若该条母线配置TV，该条母线停电后，相邻运行母线需TV并列，存在全站停电风险；有母联开关段的一条母线停电，需相邻另一段母线陪停						
		内桥接线方式主变压器停电	主变压器无单独开关，停电时需母线短时停电、线路短时解环（南郊站、东门站）—参见《电网一次风险分析预控标准化作业指导卡（线路停电）》进行风险防范预控		了解变电站接线方式				
		外桥接线方式线路停电	线路无单独开关，停电时需主变压器、母线短时停电（北赵站）—参见《电网一次风险分析预控标准化作业指导卡（主变压器停电）》进行风险防范预控						

三、变压器停电

（一）500kV 甲站 1 号主变压器转冷备用

申请单位：JX 公司。

检修票号：2021120296。

停电范围：甲站 1 号主变压器转冷备用（500kV 1 号母线转检修）。

工作内容：500kV 1 号母线 CVT 安装施工，1 号主变压器因安全距离不足配合停电。

计划工作时间：2021 年 12 月 14 日 7 时 00 分至 2021 年 12 月 15 日 18 时 00 分。

检修期间电网结构简介：甲站主变压器负载较重，甲站片区电网潮流图及站内一次接线图如图 5－8、图 5－9 所示。甲站 1 号主变压器与 500kV 1 号母线同停期间，若甲站 500kV 2 号母线掉闸，500kV 甲丙线、甲丁Ⅰ线、甲戊Ⅰ线、3 号主变压器解环，甲乙Ⅰ线串甲戊Ⅱ线出串运行，甲乙Ⅱ线串 4 号主变压器出串运行，4 号主变压器过负荷；500kV 线路掉闸联切戊电厂及己电厂机组装置动作，己电厂四台机运行时，切除己电厂功率最大的一

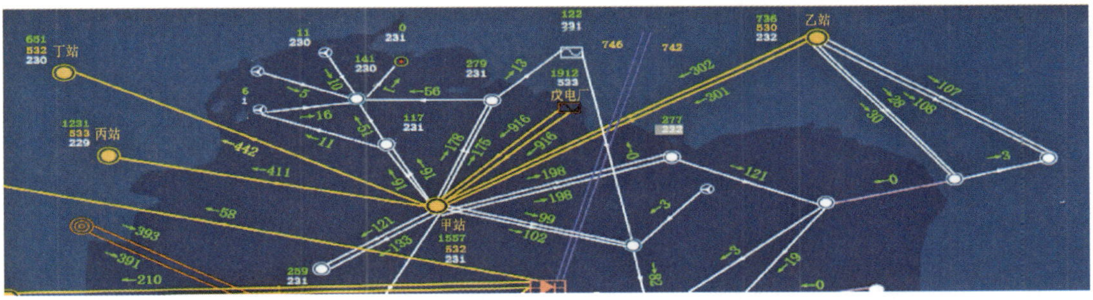

图 5－8　甲站片区电网潮流图

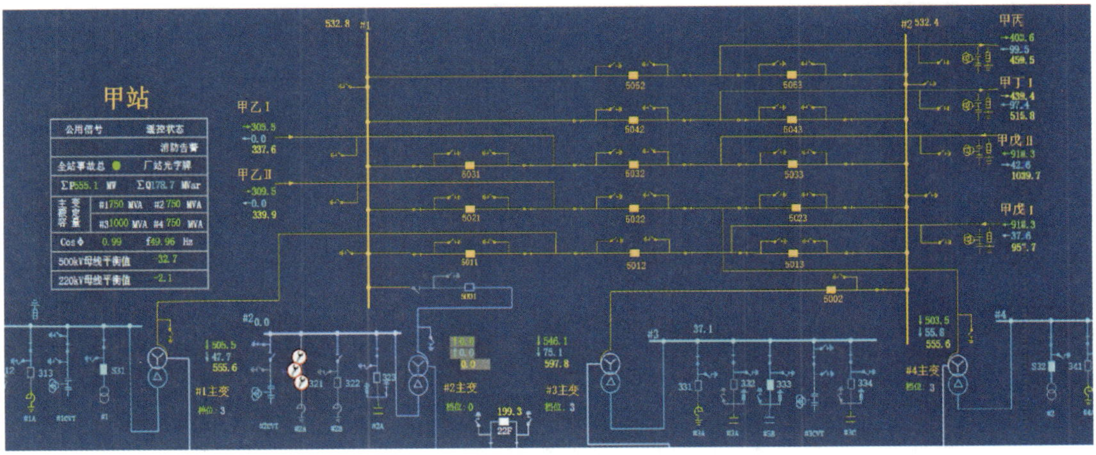

图 5－9　甲站站内一次接线图

台与次大的一台机，戊电厂机组存在失稳风险，需提前预控机组功率；若 3、4 号主变压器任一主变压器掉闸，另一主变压器存在过负荷风险（3 号主变压器为大容量主变压器，4 号主变压器掉闸后 3 号主变压器过负荷程度较轻）。

1. 准备工作

电网一次风险分析预控标准化作业指导卡（变压器部分）–准备工作–500kV 甲站 1 号主变压器停电见表 5–9。

表 5–9　电网一次风险分析预控标准化作业指导卡（变压器部分）–准备工作–500kV 甲站 1 号主变压器停电

序号	内容	内容简述	标准	检查方式	检查结论
1	掌握停电主变压器所在供电区域的电网正常运行方式和运行规定	1. A 电厂运行方式—鲁电调运〔2020〕19 号 正常方式下 A 电厂 220kV 分段开关 21F、22F 断开热备用。A 电厂任停一机及以上，A 电厂 220kV 分段开关 21F、22F 可转环路运行。 2. B 站运行方式—调运〔2017〕40 号 500kV B 站 220kV 母线短路电流超标：500kV B 站 220kV 母线分段 21F、22F 开关断开热备用。 3. 电网间开环方式—集团调运〔2013〕32 号 正常方式下，220kV 甲线开环运行，甲线 C 站侧开关断开热备用。当局部电网供电能力不足及事故方式下，考虑 220kV 甲线直供 C 站负荷。 正常方式下状元站在 Z 地区电网供电，220kV 乙线恢复环路运行，220kV 丙线开环运行，丙线 D 站侧开关断开热备用。当局部电网供电能力不足及事故方式下，考虑 220kV 丙线直供 D 站或 E 站负荷。 4. 电网间开环方式—调运〔2015〕13 号 正常方式下 220kV 丁线开环运行，丁线 F 站侧开关断开热备用。当局部电网供电能力不足及事故方式下，考虑 220kV 丁线直供 F 站或 G 站负荷。 5. 已电厂运行规定—鲁电调运〔2020〕26 号 （1）500kV 甲乙双任一线或甲丙线停电，四台机运行控制功率不超过 3800MW，三台机运行控制功率不超过 2900MW。 （2）500kV 甲丁Ⅰ线停电，四台机运行控制功率不超过 3700MW，三台机运行控制功率不超过 2750MW。 （3）500kV 甲辛线或庚辛线停电，四台机运行控制功率不超过 3200MW，三台机运行控制功率不超过 2600MW	熟练掌握	随机提问	
2	掌握停电主变压器所在供电区域的输变电设备限流值	（1）近区同塔情况：受电通道 500kV 甲丁Ⅰ线与甲丙线同塔；除直配站的同塔双回线路。 （2）限流元件：甲站总负荷 1400MW，1 号主变压器 680MW，4 号主变压器 720MW，220kV 戊线 845A（充电备用），己线 845A，庚线 800A，辛线、壬线、癸线 800A	熟练掌握	随机提问	
3	掌握停电主变压器所在供电区域的稳控装置配置、功能及投停方式（还需从电网结构和供电可靠性等方面考虑相关稳控装置是否需要配合投停）	1. 500kV 线路掉闸遥切戊电厂及己电厂机组装置—鲁电调运〔2019〕37 号 功能：防止甲丙线、甲丁Ⅰ线同时掉闸，或甲丙线、甲丁Ⅰ线任一线检修、另一线掉闸，己电厂机组失稳。 潮流方向：甲丁Ⅰ线检修时，故障前甲丙线潮流指向丙站；甲丙线检修时，故障前甲丁Ⅰ线潮流指向丁站；甲丁Ⅰ线、甲丙线运行时，潮流分别指向丙站、丁站。 己电厂开机方式：四台机组运行，故障前功率之和高于 2800MW；三台机组运行，故障前功率之和高于 2300MW。 己电厂动作：四台机组运行时，切除功率最大的一台与次大的一台机组；三台机运行时，切除功率最大的一台。 投停方式：甲站装置正常投入（其中退出甲站装置至戊电厂通道压板），己电厂装置正常投入，戊电厂装置正常停用。 调度管辖：省调直调。 投停负责人：省调调度员。	熟练掌握	随机提问	

续表

序号	内容	内容简述	标准	检查方式	检查结论
3	掌握停电主变压器所在供电区域的稳控装置配置、功能及投停方式（还需从电网结构和供电可靠性等方面考虑相关稳控装置是否需要配合投停）	功能：甲乙双线同时掉闸，或甲乙双线任一线检修、另一线掉闸，己电厂机组失稳。 潮流方向：故障前甲乙双线中运行线路潮流指向甲站。 己电厂开机方式：四台机组运行，故障前功率之和高于2800MW；三台机组运行，故障前功率之和高于2300MW。 己电厂动作：四台机组运行时，切除功率最大的一台与次大的一台机组；三台机运行时，切除功率最大的一台。 投停方式：甲站装置正常投入（其中退出甲站装置至戊电厂通道压板），己电厂装置正常投入，戊电厂装置正常停用。 调度管辖：省调直调。 投停负责人：省调调度员。 2. 220kV FX 线、FWⅡ线过电流遥切负荷装置—鲁电调运〔2021〕10 号 功能：防止 FX 双线同时掉闸，FX 线过电流；防止 A 电厂机组掉闸，FWⅡ线过电流。 定值：FX 线（指向 X 站）或 FWⅡ线（指向 W 站）1550A、0.5s 发信号。FX 线（指向 X 站）或 FW Ⅱ线（指向 W 站）1600A 动作：7s 切 W 站 110kV WH 线（约 60MW）；10s 切 W 站 110kV WD Ⅰ、Ⅱ线（约 50MW）；13s 切 W 站 110kV WH 线（约 40MW）；16s 切 W 站 110kV WF 线（约 60MW）。 投停方式：正常投入。 调度管辖：A 地调直调省调许可。 投停负责人：A 地调调度员	熟练掌握	随机提问	
4	掌握主变压器停电期间紧密相关供电区当前尚未竣工的检修工作、当前运行方式及其运行规定	甲站 500kV 1 号母线及 5011、5021、5031、5042、5052 开关转检修：新建 2 号主变压器 5001 间隔设备安装、耐压试验。工期：2021－12－02 07:00 至 2021－12－15 18:00	准确掌握	随机提问	
5	掌握主变压器停电期间相关供电区域机组运行状态	（1）B 地区：己电厂三台机运行且总功率 2200MW。 （2）A 地区：戊电厂两台机运行，功率约 1900MW；A 电厂 1、2、3、4 号机运行，功率 1600MW；C 热电总功率总计 90MW	准确掌握	随机提问	
6	掌握主变压器停电期间所在供电区域新能源装机及功率情况	A 地区 60 万 kW	大体掌握	随机提问	
7	掌握主变压器停电期间所在供电区域负荷情况（特别是最高和最低负荷）	A 地区：最高负荷为 7500MW；最低负荷为 6000MW	大体掌握	随机提问	
8	掌握当前阶段电网运行特殊要求（如电力供需紧张、新能源消纳困难等）	（1）电力供需总体处在紧平衡状态。 （2）午间新能源消纳困难与晚峰电力供应能力紧张矛盾并存	准确掌握	随机提问	
9	掌握送电是否有核相、向量测量、接线图变更、限流值变更等要求和送电措施	无	准确掌握		
10	其他	无			

2. 风险辨识及防范措施

电网一次风险分析预控标准化作业指导卡（变压器部分）－风险辨识及防范措施－500kV 甲站 1 号主变压器停电见表 5－10。

表 5-10 电网一次风险分析预控标准化作业指导卡（变压器部分）-风险辨识及防范措施-500kV 甲站 1 号主变压器停电

工作时段	风险类别	主要风险点	防范措施	是否存在	分析方法	序号	风险内容	预控原则及其防范措施	特别注意事项
停电操作期间	变电站/发电厂/风电场全停风险（单电源、单通道等）	内桥接线变电站（220kV NJ、DM、T 电站等）单电源供电	（1）对供电线路实施一级防护（或提级防护）。 （2）将负荷调至其他变电站或其他供电区域，提前压限负荷，减少全停后损失负荷，降低事故等级	否	暂时采取人工分析				
检修工作期间	局部电网（机组）解列（单通道并网等）	（1）局部电网单通道并网。 （2）机组单通道并网	（1）控制解列点潮流最小。 （2）校核解列部分功率平衡（可考虑低频减载、高频切机），若不满足要求，调整机组运行方式、供电方式。 （3）做好解列事故处理预案	否	暂时采取人工分析				
	发电厂三圈升压变压器并网存在解列、过负荷风险	通过一台升压变压器并网时，若升压变压器高压侧开关跳闸，机组带 110kV 直配负荷与系统解列，存在全停风险	（1）加强母线、升压变压器运维防护，做好事故处理预案。 （2）控制解列点潮流最小。 （3）校核解列部分功率平衡（可考虑低频减载、高频切机），若不满足要求，调整机组运行方式、供电方式。 （4）提前落实 110kV 直配负荷备投情况，负荷是否有损失，是否构成电网事件						
		并列运行的两台升压变压器，若一台升压变压器高压侧开关跳闸，存在该升压变压器通过 110kV 系统向 220kV 系统功率反送，另一台升压变压器高压侧过负荷风险	（1）加强母线、升压变压器运维防护，做好事故处理预案。 （2）提前控制电厂机组功率或中压侧负荷。 （3）故障后快减机组功率至升压变压器过负荷消除						
		并列运行的两台升压变压器，若一台升压变压器中压侧开关掉闸，另一台中压侧存在过负荷风险	（1）加强母线、升压变压器运维防护，做好事故处理预案。 （2）提前控制电厂机组功率或中压侧负荷。 （3）故障后视情况减少区域负荷至升压变压器过负荷消除						

续表

工作时段	风险类别	主要风险点	防范措施	是否存在	分析方法	序号	风险内容	预控原则及其防范措施	特别注意事项
检修工作期间	主变压器停电后，变电站母线连接元件分布不合理，导致供电可靠性下降/重过载/短路电流超标/机组失稳等风险（需要优化调整母线运行方式）	预想故障后存在设备过负荷、局部电网解列、超过稳定限额风险	若通过将运行元件倒母线的方式可减轻或消除该风险，且不会产生新风险时应倒母线	是	暂时采取人工判断、D5000检修方式静态安全分析		甲站220kV 1B号母线掉闸，4号主变压器过负荷35%	将220kV ST线优化调整至2B号母线运行，与4号小容量主变压器运行于同一母线，减轻220kV 1B号母线故障后3号大容量主变压器失去后4号主变压器（小容量750MVA）过负荷程度）	
		预想故障（如双母双分接线方式的分段21F、22F故障，1A、1B或2A、2B母线跳闸）后，运行主变压器连接方式不合理，运行主变压器全部失去	（1）双母双分接线方式的变电站，主变压器停电检修时，应将运行变压器安排在对角母线上。 （2）双母线接线方式的变电站，主变压器停电检修时，应将运行变压器分别安排在两条母线上						
		母线连接的电源线路、主变压器、机组、负荷分布不均衡	调整母线运行方式，使电源线路、主变压器、机组、负荷均衡运行于各母线						
	设备重过载风险	（1）主变压器停电后潮流转移引起设备重过载。 （2）主变压器停电期间发输变电设备（线路、母线、主变压器、机组）$N-1$故障或同塔线路$N-2$故障后，设备重过载	（一）方式优化调整 1."内部挖潜" （1）明确开机方式及机组功率要求。 （2）合理调整区域内电网运行方式（分合分段/母联；线路串接等）。 （3）预控断面潮流。 （4）部分负荷调本供电区域其他站供电。 （5）提前限制区域用电负荷。 （6）合理使用新能源AGC，控制新能源功率。	是	合理设定机组功率、选取负荷断面（总体选取原则：考虑送出问题时，选机组大方式、新能源功率高、小负荷；考虑受入问题时，考虑机组	1	甲站3号主变压器或500kV 2号母线跳闸，4号主变压器过负荷30%	加强设备运维防护和做好故障处置预案： （1）JX公司加强甲站500kV 2号母线和运行主变压器运维防护。 （2）戊电厂、已电厂做好故障情况下立即减功率消除设备过负荷的事故处理预案，已电厂做好故障情况下遥切装置动作机组停运的事故处理预案。 （3）A公司做好故障情况下将XL线转环路运行、消除设备过负荷的事故处理预案。	3/2接线方式下的主变压器停电，同一站内同塔线路跳闸或母线跳闸后，电网结构发生变化较大，系统自动全网

续表

工作时段	风险类别	主要风险点	防范措施	是否存在	分析方法	序号	风险内容	预控原则及其防范措施	特别注意事项
检修工作期间	设备重过载风险	（1）主变压器停电后潮流转移引起设备重过载。 （2）主变压器停电期间发输变电设备（线路、母线、主变压器、机组）$N-1$ 故障或同塔线路 $N-2$ 故障后，设备重过载	（7）合理利用储能电站充放电功能。 2.“外部借力” （1）将充电备用线路合环或临时短接线路（停电工期较长风险较大时）增加供电电源、通道（短路电流、潮流经校核无问题）。 （2）部分负荷调出至相邻供电区域变电站供电。 （二）故障应急处置 1.“外部开源” 故障后将相邻供电区域的开环线路/母联/分段转环路运行，减轻/消除设备过电流。 2.“临时救援” 紧急调整运行方式和机组功率：故障后紧急调整机组功率、变压器出串运行、拉开/合上母联、拉开/合上分段等。 3.“内部节流” 执行事故拉路，紧急压降负荷，减轻/消除设备过电流：要求相关公司做好故障情况下事故拉路预案并提前组织开展故障演练	是	小方式、新能源功率低、大负荷），利用 D5000 检修方式静态安全分析、DSA（外网联络线近区停电线路）等分析工具	1	甲站 3 号主变压器或 500kV 2 号母线跳闸，4 号主变压器过负荷 30%	故障后应急处置： （1）“外部开源”—故障后将相邻供电区域的开环线路/母联/分段转环路运行，减轻/消除设备过电流： 将Y－A地区之间联络线 220kV XL 线转环路运行。 （2）“临时救援”—紧急调整运行方式和机组功率： 1）立即拉开 A 站 5023 开关，甲乙Ⅱ线与 4 号主变压器出串运行。 2）立即令戊电厂、己电厂减功率	扫描后务必再手动计算一下相关设备是否过电流或重载
						2	甲站 4 号主变压器掉闸，3 号主变压器满载或轻微过负荷	加强设备运维防护和做好故障处置预案：同上“甲站 3 号主变压器或 500kV 2 号母线跳闸，4 号主变压器过负荷 30%” 故障后应急处置： “临时救援”—紧急调整运行方式和机组功率： 立即令戊电厂减功率消除主变压器过负荷	

续表

工作时段	风险类别	主要风险点	防范措施	是否存在	分析方法	序号	风险内容	预控原则及其防范措施	特别注意事项
检修工作期间	设备重过载风险	（1）主变压器停电后潮流转移引起设备重过载。 （2）主变压器停电期间发输变电设备（线路、母线、主变压器、机组）$N-1$ 故障或同塔线路 $N-2$ 故障后，设备重过载				3	甲站 220kV 1B 号母线掉闸，4 号主变压器过负荷 35%	（一）方式优化调整 “内部挖潜”： 将 220kV ST 线优化调整至 2B 号母线运行，与 4 号小容量主变压器运行于同一母线，减轻 1B 号母线故障后 3 号大容量主变压器失去后 4 号主变压器（小容量 750MVA）过负荷程度（详见“优化调整母线运行方式”部分）。 （二）故障后应急处置 1.“外部开源” 故障后将相邻供电区域的开环线路/母联/分段转环路运行，减轻/消除设备过电流： 将 T－A 地区之间联络线 220kV XL 线转环路运行。 2.“临时救援” 紧急调整运行方式和机组功率： （1）立即拉开甲站 5023 开关，甲乙Ⅱ线与 4 号主变压器出串运行。 （2）立即令戊电厂、己电厂减功率	
						4	500kV 2 号母线掉闸后，电网结构发生较大变化，500kV 甲丙线、甲丁Ⅰ线、甲戊Ⅰ、3 号主变压器全部解环，仅剩甲戊Ⅱ线串甲乙Ⅰ、甲乙Ⅱ线串 4 号主变压器运行		

续表

工作时段	风险类别	主要风险点	防范措施	是否存在	分析方法	序号	风险内容	预控原则及其防范措施	特别注意事项
检修工作期间	方式优化调整后的电网风险	经过方式调整后消除/减轻 $N-1$ 切负荷风险，但出现五级风险或其他风险		否			无	无	
	系统失稳风险	主变压器停电后机组与系统电气联系薄弱	明确开停机方式或合理控制机组功率限额	是	DSA 在线分析工具或经系统处校核	1	甲站 500kV 1 号母线、1 号主变压器同停期间，戊电厂机组存在失稳风险	经系统处校核，控制戊电厂两台机组功率之和不超过 1900MW。（避免甲站 500kV 2 号母线掉闸，戊电厂机组失稳）	
						2	甲站 500kV 2 号母线掉闸，500kV 甲丙线、甲丁Ⅰ线跳闸，己电厂机组存在失稳风险	运行规定汇总： 500kV 甲丙线、甲丁Ⅰ线同时掉闸。 己电厂动作：四台机组运行时，切除功率最大的一台与次大的一台机组。三台机运行时，切除功率最大的一台	
	短路电流超标风险（故障应急处置时方式临时调整后的次生风险）	为提供供电可靠性，临时将开环线路/分段合环运行	（1）调整机组功率和电网运行方式。 （2）尽量缩短合环时间。 （3）尽快更换为遮断电流较大的断路器	是	DSA 在线分析工具或经系统处校核		临时将跨区开环线路 220kV XL 线合环	经系统处校核，220kV XL 线转环路运行后故障情况下无短路电流超标问题	
工作结束后，送电期间	变电站/发电厂/风电场全停风险（单母线运行）	××站空母线进行线路核相、保护向量测量等工作导致××站单母线运行	参见《电网一次风险分析预控标准化作业指导卡（母线停电）》进行风险防范预控	否	查阅检修申请中的“送电措施”		无	无	
其他	其他风险	根据实际情况补充		否			无	无	

（二）甲站 500kV 1 号母线、4 号主变压器转检修

申请单位：JX 公司。

检修票号：待定。

停电范围：甲站 500kV 1 号母线、4 号主变压器转检修。

工作内容：甲站新建 2 号主变压器 5001 开关接入母差保护、调试、验收；主变压器高跨线下引线安装。

计划工作时间：2022 年 5 月 12 日至 2022 年 5 月 14 日。

检修期间电网结构简介：甲站新扩建 2 号主变压器间隔，将目前在运的 4 号主变压器搬迁至 2 号主变压器位置，5 月 14 日投运后更名为 2 号主变压器。新建主变压器（容量 1000MVA）接入原 4 号主变压器间隔，预计 7 月 6 日投运。此次检修分为“原 4 号主变压器停电，4 号主变压器拆除移至 2 号主变压器位置，新 4 号主变压器扩建”“500kV 甲戊Ⅰ线停电，配合拆除 4 号主变压器 500kV 侧第一级门型架弓子线”“甲站 500kV 1 号母线停电，新建 2 号主变压器 5001 开关接入母差保护；主变压器高跨线下引线安装”“甲站 2 号主变压器启动送电”“500kV 甲戊Ⅰ线停电，配合恢复 4 号主变压器 500kV 侧第一级门型架弓子线”“甲站 4 号主变压器启动送电”“甲站 3 号主变压器停电，配合新建 4 号主变压器事故油池开挖、打钢板桩”七个过程。本次主要分析“甲站 500kV 1 号母线停电，新建 2 号主变压器 5001 开关接入母差保护；主变压器高跨线下引线安装”与 4 号主变压器同停期间电网存在风险。

甲站主变压器负载较重。甲站片区电网潮流图及站内一次接线图如图 5－10、图 5－11 所示。甲站 4 号主变压器与 500kV 1 号母线同停期间，若甲站 3 号主变压器或 220kV 1B 号母线任一掉闸，1 号主变压器严重过负荷；甲站 500kV 2 号母线掉闸，己电厂机组失稳，甲站 1 号主变压器过负荷 64%，现有安全自动装置切除己电厂机组装置动作后甲站 1 号主变压器过负荷 40%；甲站 1 号主变压器或 220kV 1A 号母线任一掉闸，3 号主变压器轻微过负荷；A 站 500kV 3 号母线、3 号主变压器或 220kV 1B 号母线任一掉闸，甲站 1 号主变压器轻微过负荷。

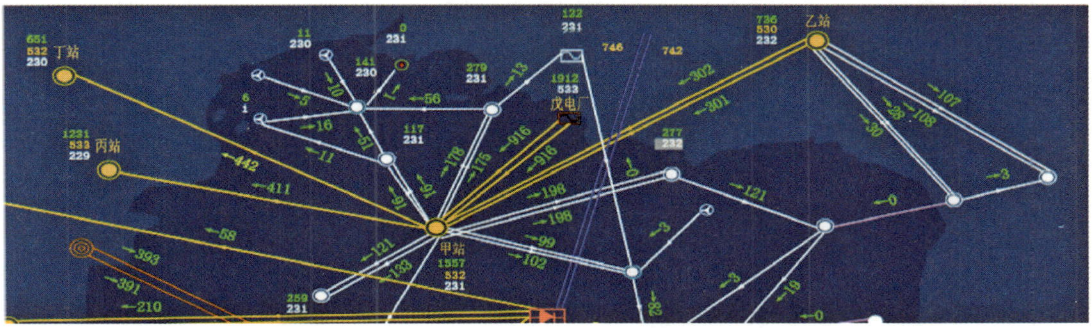

图 5－10　甲站片区电网潮流图

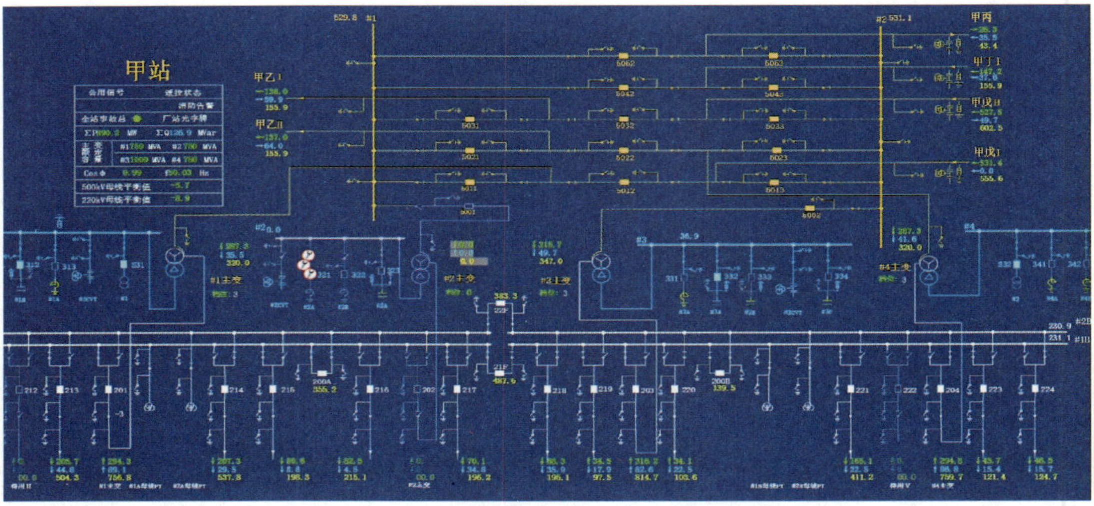

图 5-11　甲站站内一次接线图

1. 准备工作

电网一次风险分析预控标准化作业指导卡（变压器部分）-准备工作-甲站 500kV 1 号母线、4 号主变压器停电见表 5-11。

表 5-11　电网一次风险分析预控标准化作业指导卡（变压器部分）-准备工作-甲站 500kV 1 号母线、4 号主变压器停电

序号	内容	内容简述	标准	检查方式	检查结论
1	掌握停电主变压器所在供电区域的电网正常运行方式和运行规定	1. A 电厂运行方式—鲁电调运〔2020〕19 号 正常方式下 A 电厂 220kV 分段开关 21F、22F 断开热备用。A 电厂任停一机及以上，A 电厂 220kV 分段开关 21F、22F 可转环路运行。 2. A 电厂运行方式—鲁电调运〔2020〕19 号 正常方式下 A 站 220kV 母线分段 21F、22F 开关断开热备用。A 站任一主变压器停运时，A 站 220kV 母线分段 21F、22F 开关转环路运行。 3. B 站运行方式—调运〔2017〕40 号 500kV B 站 220kV 母线短路电流超标：500kV B 站 220kV 母线分段 21F、22F 开关断开热备用。 4. A 电网和 Z 电网间开环方式—集团调运〔2013〕32 号 正常方式下，220kV LZ 线开环运行，LZ 线 ZJ 站侧开关断开热备用。当局部电网供电能力不足及事故方式下，考虑 220kV LZ 线直供 ZJ 站负荷。 5. A 电网和 Y 电网间开环方式—调运〔2015〕13 号 正常方式下 220kV XL 线开环运行，XL 线 DX 站侧开关断开热备用。当局部电网供电能力不足及事故方式下，考虑 220kV XL 线直供 DX 站或 YL 站负荷。 6. 己电厂运行规定—鲁电调运〔2020〕26 号 （1）500kV 甲乙双任一线或甲丙线停电，四台机运行控制功率不超过 3800MW，三台机运行控制功率不超过 2900MW。 （2）500kV 甲丁Ⅰ线停电，四台机运行控制功率不超过 3700MW，三台机运行控制功率不超过 2750MW。 （3）500kV WZ 线或 WZ 线停电，四台机运行控制功率不超过 3200MW，三台机运行控制功率不超过 2600MW。	熟练掌握	随机提问	

续表

序号	内容	内容简述	标准	检查方式	检查结论
1	掌握停电主变压器所在供电区域的电网正常运行方式和运行规定	7. Q 电网和 A 电网间开环方式、A 电厂运行方式—鲁电调运〔2020〕19 号 （1）TB 线投运后，FG 线、TG 线和 ZR 线合环运行；DGⅡ线、DZ 线开环运行，DGⅡ线 GM 站侧、DZ 线 LZ 站侧开关断开热备用。 当局部电网供电能力不足及事故方式下，考虑 DGⅡ线直供 GM 站负荷；或考虑 DZ 线直供 LZ 站负荷；或考虑将 LZ 站和 GM 站负荷调 JD 站供电（FG 线、TG 线和 ZR 线开环运行，FS 站侧、GM 站侧和 LZ 站侧开关分别断开热备用，DGⅡ线、DZ 线合环运行）。 （2）TL 线投运后开环运行，XL 站侧开关断开热备用。当局部电网供电能力不足及事故方式下，考虑 TL 线直供 XL 站负荷	熟练掌握	随机提问	
2	掌握停电主变压器所在供电区域的输变电设备限流值	（1）近区同塔情况：500kV 甲丁Ⅰ线与甲丙线同塔；甲乙双线、甲戊双线同塔；220kV SF 双线、SH 双线、SP 双线、SY 双线、SN 双线、YN 线和 YFⅡ线、YX 线和 HN 线、YX 线和 XH 线、JY 线和 YT 线、JY 线和 JT 线、YY 线和 YT 线均为同塔线路。 （2）限流元件：XL 线 845A，YT 线、JT 线、JY 线 800A，ST 线 1600A、HN 线 1596A、CS 线 1596A、TS 线 798A、LZ 线 845A	熟练掌握	随机提问	
3	掌握停电主变压器所在供电区域的稳控装置配置、功能及投停方式（还需从电网结构和供电可靠性等方面考虑相关稳控装置是否需要配合投停）	1. 500kV 线路掉闸遥切戊电厂及己电厂机组装置—鲁电调运〔2019〕37 号 功能：防止甲丙线、甲丁Ⅰ线同时掉闸，或甲丙线、甲丁Ⅰ线任一线检修、另一线掉闸，己电厂机组失稳。 潮流方向：甲丁Ⅰ线检修时，故障前甲丙线潮流指向丙站；甲丙线检修时，故障前甲丁Ⅰ线潮流指向丁站；甲丁Ⅰ线、甲丙线运行时，潮流分别指向丁站、丙站。 己电厂开机方式：四台机组运行，故障前功率之和高于 2800MW；三台机组运行，故障前功率之和高于 2300MW。 己电厂动作：四台机组运行时，切除功率最大的一台与次大的一台机组；三台机运行时，切除功率最大的一台。 投停方式：甲站装置正常投入（其中退出甲站装置至戊电厂通道压板），己电厂装置正常投入，戊电厂装置正常停用。 调度管辖：省调直调。 投停负责人：省调调度员。 功能：甲乙双线同时掉闸，或甲乙双线任一线检修、另一线掉闸，己电厂机组失稳。 潮流方向：故障前甲乙双线中运行线路潮流指向甲站。 己电厂开机方式：四台机组运行，故障前功率之和高于 2800MW；三台机组运行，故障前功率之和高于 2300MW。 己电厂动作：四台机组运行时，切除功率最大的一台与次大的一台机组；三台机运行时，切除功率最大的一台。 投停方式：甲站装置正常投入（其中退出甲站装置至戊电厂通道压板），己电厂装置正常投入，戊电厂装置正常停用。 调度管辖：省调直调。 投停负责人：省调调度员。 功能：乙己双线同时掉闸，或乙己双线任一线检修、另一线掉闸，己电厂机组失稳。 潮流方向：故障前甲乙双线中运行线路潮流指向乙站。 己电厂开机方式：四台机组运行，故障前功率之和高于 2800MW；三台机组运行，故障前功率之和高于 2300MW。 己电厂动作：四台机组运行时，切除功率最大的一台与次大的一台机组；三台机运行时，切除功率最大的一台。 投停方式：甲站装置正常投入（其中退出甲站装置至戊电厂通道压板），己电厂装置正常投入，戊电厂装置正常停用。	熟练掌握	随机提问	

续表

序号	内容	内容简述	标准	检查方式	检查结论
3	掌握停电主变压器所在供电区域的稳控装置配置、功能及投停方式（还需从电网结构和供电可靠性等方面考虑相关稳控装置是否需要配合投停）	调度管辖：省调直调。 投停负责人：省调调度员。 2. 220kV FX 线、FWⅡ线过电流遥切负荷装置—鲁电调运〔2021〕10 号 功能：防止 FW 双线同时掉闸，FX 线过电流；防止 A 电厂机组掉闸，FWⅡ线过电流。 定值：FX 线（指 XY 站）或 FWⅡ线（指向 KW 站）1550A、0.5s 发信号；FX 线（指 XY 站）或 FWⅡ线（指向 KW 站）1600A 动作：7s 切 KW 站 110kV WH 线（约 60MW）；10s 切 KW 站 110kV WDⅠ、Ⅱ线（约 50MW）；13s 切 KW 站 110kV WA 线（约 40MW）；16s 切 KW 站 110kV WF 线（约 60MW）。 投停方式：正常投入。 调度管辖：A 地调直调省调许可。 投停负责人：A 地调调度员	熟练掌握	随机提问	
4	掌握主变压器停电期间紧密相关供电区当前尚未竣工的检修工作、当前运行方式及其运行规定		准确掌握	随机提问	
5	掌握主变压器停电期间相关供电区域机组运行状态	Y 地区：己电厂四台机运行，功率约 4100MW。 A 地区：戊电厂两台机运行，功率约 2020MW，A 电厂 1、3、4 号机运行（2 号机检修），功率 1670MW，CM 热电下网负荷 150MW、甲热电下网负荷 30MW、HH 热电下网负荷 30MW	准确掌握	随机提问	
6	掌握主变压器停电期间所在供电区域新能源装机及功率情况	新能源功率按 0 考虑	大体掌握	随机提问	
7	掌握主变压器停电期间所在供电区域负荷情况（特别是最高和最低负荷）	全网用电负荷 8600 万 kW，A 地区高峰负荷约 870 万 kW，低谷负荷约 670 万 kW；甲供电区域负荷 206.6 万 kW（220kV BH 站 19.9 万 kW、ZY 站 15.1 万 kW、FT 站 29.8 万 kW、TG 站 29.4 万 kW、PA 站 26.5 万 kW、TL 站 13.7 万 kW、YQ 站 28.9 万 kW、NP 站 12.4 万 kW、HX 站 17.2 万 kW、DX 站 13.6 万 kW）	大体掌握	随机提问	
8	掌握当前阶段电网运行特殊要求（如电力供需紧张、新能源消纳困难等）	（1）午间新能源消纳困难与晚峰电力供应能力紧张矛盾并存。 （2）春检工作安排较多，A 南部、Y 地区检修工作可能对 A 北网有所影响	准确掌握	随机提问	
9	掌握送电是否有核相、向量测量、接线图变更、限流值变更等要求和送电措施	无	准确掌握		
10	其他	无			

2. 风险辨识及防范措施

电网一次风险分析预控标准化作业指导卡（变压器部分）–风险辨识及防范措施甲站 500kV 1 号母线、4 号主变压器见表 5–12。

表 5-12　电网一次风险分析预控标准化作业指导卡（变压器部分）-风险辨识及防范措施甲站 500kV 1 号母线、4 号主变压器

工作时段	风险类别	主要风险点	防范措施	是否存在	分析方法	序号	风险内容	预控原则及其防范措施	特别注意事项
停电操作期间	变电站/发电厂/风电场全停风险（单电源、单通道等）	内桥接线变电站（220kV NJ、DM、TS 电站等）单电源供电	（1）对供电线路实施一级防护（或提级防护）。 （2）将负荷调至其他变电站或其他供电区域，提前压限负荷，减少全停后损失负荷，降低事故等级	否	暂时采取人工分析		甲站 500kV 2 号母线掉闸，500kV 系统失电	加强 2 号母线运维防护	
检修工作期间	局部电网（机组）解列（单通道并网等）	（1）局部电网单通道并网。 （2）机组单通道并网	（1）控制解列点潮流最小。 （2）校核解列部分功率平衡（可考虑低频减载、高频切机），若不满足要求，调整机组运行方式、供电方式。 （3）做好解列事故处理预案	否	暂时采取人工分析				
	发电厂三圈升压变压器并网存在解列、过负荷风险	通过一台升压变压器并网时，若升压变压器高压侧开关跳闸，机组带 110kV 直配负荷与系统解列，存在全停风险	（1）加强母线、升压变压器运维防护，做好事故处理预案。 （2）控制解列点潮流最小。 （3）校核解列部分功率平衡（可考虑低频减载、高频切机），若不满足要求，调整机组运行方式、供电方式。 （4）提前落实 110kV 直配负荷备投情况，负荷是否有损失，是否构成电网事件						
		并列运行的两台升压变压器，若一台升压变压器高压侧开关跳闸，存在该升压变压器通过 110kV 系统向 220kV 系统功率反送，另一台升压变压器高压侧过负荷风险	（1）加强母线、升压变压器运维防护，做好事故处理预案。 （2）提前控制电厂机组功率或中压侧负荷。 （3）故障后快减机组功率至升压变压器过负荷消除						
		并列运行的两台升压变压器，若一台升压变压器中压侧开关掉闸，另一台中压侧存在过负荷风险	（1）加强母线、升压变压器运维防护，做好事故处理预案。 （2）提前控制电厂机组功率或中压侧负荷。 （3）故障后视情况减少区域负荷至升压变压器过负荷消除						

续表

工作时段	风险类别	主要风险点	防范措施	是否存在	分析方法	序号	风险内容	预控原则及其防范措施	特别注意事项
检修工作期间	主变压器停电后，变电站母线连接元件分布不合理，导致供电可靠性下降/重过载/短路电流超标/机组失稳等风险（需要优化调整母线运行方式）	预想故障后存在设备过负荷、局部电网解列、超过稳定限额风险	若通过将运行元件倒母线的方式可减轻或消除该风险，且不会产生新风险时应倒母线	是	暂时采取人工判断、D5000检修方式静态安全分析		甲站220kV 1B号母线掉闸，4号主变压器过负荷45%	将220kV ST线优化调整至2B号母线运行，减轻220kV 1B号母线故障3号大容量主变压器失去后1号主变压器过负荷程度（调整后过负荷32%，处理方式同3号主变压器掉闸）。 （或考虑将3号主变压器220kV侧203开关调2B号母线运行）	
		预想故障（如双母双分接线方式的分段21F、22F故障，1A、1B或2A、2B母线跳闸）后，运行主变压器连接方式不合理，运行主变压器全部失去母线连接的电源线路、主变压器、机组、负荷分布不均衡	（1）双母双分接线方式的变电站，主变压器停电检修时，应将运行变压器安排在对角母线上。 （2）双母线接线方式的变电站，主变压器停电检修时，应将运行变压器分别安排在两条母线上						
			调整母线运行方式，使电源线路、主变压器、机组、负荷均衡运行于各母线						
	设备重过载风险	（1）主变压器停电后潮流转移引起设备重过载。 （2）主变压器停电期间发输变电设备（线路、母线、主变压器、机组）$N-1$故障或同塔线路$N-2$故障后，设备重过载	（一）方式优化调整 1.“内部挖潜” （1）明确开机方式及机组功率要求。 （2）合理调整区域内电网运行方式（分合分段/母联；线路串接等）。 （3）预控断面潮流。 （4）部分负荷调本供电区域其他站供电。 （5）提前限制区域用电负荷。 （6）合理使用新能源AGC，控制新能源功率。 （7）合理利用储能电站充放电功能。	是	合理设定机组功率、选取负荷断面（总体选取原则：考虑送出问题时，选机组大方式、新能源功率高、小负荷；考虑受入问题时，考虑机组小	1	甲站3号主变压器或220kV 2B号母线掉闸，1号主变压器过负荷49.1%	加强设备运维防护和做好故障处置预案： JX公司加强甲站3号主变压器、500kV 2号母线、220kV 1B号母线和运行主变压器、A站500kV 3号母线运维防护。 （一）方式优化调整 “内部挖潜”：明确开机方式及机组功率要求：避免1	3/2接线方式下的主变压器停电，同一站内同塔线路跳闸或母线跳闸后，电

续表

工作时段	风险类别	主要风险点	防范措施	是否存在	分析方法	序号	风险内容	预控原则及其防范措施	特别注意事项
检修工作期间	设备重过载风险	（1）主变压器停电后潮流转移引起设备重过载。 （2）主变压器停电期间发输变电设备（线路、母线、主变压器、机组）$N-1$ 故障或同塔线路 $N-2$ 故障后，设备重过载	2.“外部借力” （1）将充电备用线路合环或临时短接线路（停电工期较长风险较大时）增加供电电源、通道（短路电流、潮流经校核无问题）。 （2）部分负荷调出至相邻供电区域变电站供电。 （二）故障应急处置 1.“外部开源” 故障后将相邻供电区域的开环线路/母联/分段转环路运行，减轻/消除设备过电流。 2.“临时救援” 紧急调整运行方式和机组功率：故障后紧急调整机组功率、变压器出串运行、拉开/合上母联、拉开/合上分段等。 3.“内部节流” 执行事故拉路，紧急压降负荷，减轻/消除设备过电流：要求相关公司做好故障情况下事故拉路预案并提前组织开展故障演练	是	方式、新能源功率低、大负荷），利用D5000检修方式静态安全分析、DSA（外网联络线近区停电线路）等分析工具	1	甲站3号主变压器或220kV 2B号母线掉闸，1号主变压器过负荷49.1%	号主变压器基态负载超90%或3号主变压器故障情况下，1号主变压器过负荷40%。控制己电厂功率不超3850MW，戊电厂功率不超1200MW。 部分负荷调本供电区域其他站供电：预想故障采取出串措施后，YT线过负荷13%，将A北部地区（TG站、PA站共15万）负荷调出。 合理调整区域内电网运行方式：将DX站一台主变压器调至Y电网供电，DX站母线分列运行。 （二）故障应急处置 （1）“临时救援”一紧急调整运行方式：为消除故障后1号主变压器过负荷，将甲戊Ⅰ线与1号主变压器出串运行，同时拉开戊电厂母联，由戊电厂1号机通过甲戊Ⅰ线带1号主变压器运行，控制戊电厂1号机功率不超750MW。 （2）“外部开源”一故障后将相邻供电区域的开环线路/母联/分段转环路运行：为增加A北部地区受电通道，可将A站220kV分段开关或TS线合环，进一步减轻YT线潮流	网结构发生变化较大，系统自动全网扫描后务必再手动计算一下相关设备是否过电流或重载

续表

工作时段	风险类别	主要风险点	防范措施	是否存在	分析方法	序号	风险内容	预控原则及其防范措施	特别注意事项
检修工作期间	设备重过载风险	（1）主变压器停电后潮流转移引起设备重过载。 （2）主变压器停电期间发输变电设备（线路、母线、主变压器、机组）$N-1$ 故障或同塔线路 $N-2$ 故障后，设备重过载				2	甲站 500kV 2 号母线掉闸（因甲丙、甲丁Ⅰ线解环，500kV 线路掉闸遥切戊电厂及己电厂机组装置同时动作切除 LZ 电厂两台机组），1 号主变压器过负荷 75%	（一）方式优化调整 “内部挖潜”：明确开机方式及机组功率要求：为避免故障情况下，1 号主变压器过负荷超过 40%。需预控戊电厂功率不超 1200MW。 部分负荷调本供电区域其他站供电：将 A 北部地区（TG 站、PA 站共 150MW）负荷调出。 合理调整区域内电网运行方式：将 DX 站一台主变压器调至 Y 电网供电，DX 站母线分列运行。 （二）故障应急处置 （1）“临时救援”—紧急调整运行方式和机组功率：拉开戊电厂母联开关，由戊电厂 1 号机通过甲戊Ⅰ线带 1 号主变压器运行，控制戊电厂 1 号机功率不超 750MW，甲站 1 号主变压器过负荷消除、YT 线电流 807A，轻微过电流。 （2）“外部开源”—故障后将相邻供电区域的开环线路/母联/分段转环路运行。此时可将 TS 线合环（潮流 155MW）消除 YT 线过电流	

续表

工作时段	风险类别	主要风险点	防范措施	是否存在	分析方法	序号	风险内容	预控原则及其防范措施	特别注意事项
检修工作期间	设备重过载风险	（1）主变压器停电后潮流转移引起设备重过载。 （2）主变压器停电期间发输变电设备（线路、母线、主变压器、机组）$N-1$ 故障或同塔线路 $N-2$ 故障后，设备重过载				3	甲站 1 号主变压器或 220kV 1A 号母线掉闸，3 号主变压器过负荷 15%	（一）方式优化调整 部分负荷调本供电区域其他站供电：将 A 北部地区（TG 站、PA 站共 150MW）负荷调出。 合理调整区域内电网运行方式：将 DX 站一台主变压器调至 Y 电网供电，DX 站母线分列运行。 （二）故障应急处置 （1）“外部开源”—故障后将相邻供电区域的开环线路/母联/分段转环路运行：立即将 TS 线转环路运行（27MW），甲站 3 号主变压器过负荷 13%。 （2）“临时救援”—紧急调整运行方式和机组功率：令戊电厂、己电厂各快减功率 500MW 后，将 DX 站母联转环路运行（XL 线 310MW，重载），甲站 1 号主变压器过负荷消除	
						4	500kV 甲丙、甲丁Ⅰ线掉闸（500kV 线路掉闸遥切戊电厂及己电厂机组装置同时动作切除己电厂两台机组），甲 1 号主变压器过负荷 4.5%	（一）方式优化调整 部分负荷调本供电区域其他站供电：将 A 北部地区（TG 站、PA 站共 150MW）负荷调出。 合理调整区域内电网运行方式：将 DX 站一台主变压器调至 Y 电网供电，DX 站母线分列运行。 （二）故障应急处置 “临时救援”—紧急调整运行方式和机组功率：令戊电厂快减功率 300MW 后，甲站 1 号主变压器过负荷消除	

续表

工作时段	风险类别	主要风险点	防范措施	是否存在	分析方法	序号	风险内容	预控原则及其防范措施	特别注意事项
检修工作期间	设备重过载风险	（1）主变压器停电后潮流转移引起设备重过载。 （2）主变压器停电期间发输变电设备（线路、母线、主变压器、机组）$N-1$ 故障或同塔线路 $N-2$ 故障后，设备重过载				5	A 站 500kV 3 号母线掉闸（WS 线、YW Ⅰ线、WZ 线、3 号主变压器），甲 1 号主变压器过负荷 1.3%	（一）方式优化调整 部分负荷调本供电区域其他站供电：将 A 北部地区（TG 站、PA 站共 150MW）负荷调出。 合理调整区域内电网运行方式：将 DX 站一台主变压器调至 Y 电网供电，DX 站母线分列运行。 （二）故障应急处置 “外部开源”—故障后将相邻供电区域的开环线路/母联/分段转环路运行：将 A 站 220kV 分段开关合环后（1 号主变压器 410MW），甲站 1 号主变压器过负荷消除	
	方式优化调整后的电网风险	经过方式调整后消除/减轻 $N-1$ 切负荷风险，但出现五级风险或其他风险		否			无	无	
	系统失稳风险	主变压器停电后机组与系统电气联系薄弱	明确开停机方式或合理控制机组功率限额	是	DSA 在线分析工具或经系统处校核	1	乙己双线掉闸，己电厂机组失稳	运行规定汇总： 500kV 乙己双线同时掉闸。 己电厂动作：四台机组运行时，切除功率最大的一台与次大的一台机组；三台机运行时，切除功率最大的一台	
						2	甲站 500kV 2 号母线，甲丙、甲丁Ⅰ线，甲乙双线掉闸无稳定问题	甲站 500kV 2 号母线，甲丙、甲丁Ⅰ线，甲乙双线掉闸无稳定问题	

续表

工作时段	风险类别	主要风险点	防范措施	是否存在	分析方法	序号	风险内容	预控原则及其防范措施	特别注意事项
检修工作期间	短路电流超标风险（故障应急处置时方式临时调整后的次生风险）	为提供供电可靠性，临时将开环线路/分段合环运行	（1）调整机组功率和电网运行方式。 （2）尽量缩短合环时间。 （3）尽快更换为遮断电流较大的断路器	是	DSA在线分析工具或经系统处校核		临时将跨区开环线路220kV TS线合环，或将A站220kV分段开关合环	经系统处校核，无过负荷及短路电流超标风险	
工作结束后，送电期间	变电站/发电厂/风电场全停风险（单母线运行）	××站空母线进行线路核相、保护向量测量等工作导致××站单母线运行	参见《电网一次风险分析预控标准化作业指导卡（母线停电）》进行风险防范预控	否	查阅检修申请中的“送电措施”		无	无	
其他	其他风险	根据实际情况补充					开关操作失败	发生预想故障，甲站1号主变压器过负荷严重需出串运行时，为确保开关遥控成功，500kV 1号母线停电前进行相关开关遥控预置	
							平衡问题	电网晚峰平衡紧张，若发生预想故障后失去大机组（机组故障或线路电网故障稳控装置动作切机），晚峰备用可能不足	
							自备电厂负荷控制	停电期间，为减少预想故障设备过载程度，CM热电、甲热电、HH热电应控制生产负荷，严控下网潮流	

第三节　电网一次风险分析报告要求

一、检修态专项分析工作报告要求

（一）设备直调单位填写内容（按调管范围填写相关内容）

主题：×××设备停电风险分析。

类型：计划检修/非计停/设备故障/重大问题。

等级：四级及以上/五级/六级/七级。

时间：××××年－×月－×日×时至××××年－×月－×日×时。

计划方式措施：计划方式人员批复的安全措施。

事故预想：

电网初始运行方式包括停电方式安排（负荷转移、母线运行方式调整、机组开机方式与功率要求、断面控制要求、关键设备防护要求等）、相关厂站负荷与机组功率、新能源功率、安全自动装置投停状态、环境温度等。

预想故障1：××线路（××站××设备）跳闸。

故障后运行方式及影响：描述预想故障发生后电网的运行状态、存在的运行风险及影响，应包含如下信息。

（1）故障影响的具体设备或区域、安全自动装置动作情况、可能出现的电网运行状态、引发的电网安全事故等级等。

（2）故障后电网运行状态包括但不限于：系统频率越限、功率振荡、断面/主变压器/线路潮流越限（给出具体功率/电流值）、母线电压越限、事故解列、新能源脱网、变电站全停、负荷备投与损失情况（其中特级、一级、二级重要用户失电情况应具体说明，未影响重要用户也应注明）。

故障处置措施：针对故障后运行方式及影响，调度员可采取的调整控制手段、运行方式优化与恢复送电措施、负荷恢复方案（恢复路径及数额、重要用户恢复方案应单独说明）、协同处置与信息通报要求等内容，具备可操作性。

如有多个预想故障，参考“预想故障1”编写。

最严重后果：损失负荷/过电流/过电压/解列等。

越限设备：××设备。

越限值：×××。

越限百分比：××%。

（二）参与单位填写内容（按调管范围填写相关内容）

预想故障1：××线路（××站××设备）跳闸。

故障后运行方式及影响：描述预想故障发生后电网的运行状态、存在的运行风险及影响，应包含如下信息。

（1）故障影响的具体设备或区域、安全自动装置动作情况、可能出现的电网运行状态、引发的电网安全事故等级等。

（2）故障后电网运行状态包括但不限于：系统频率越限、功率振荡、断面/主变压器/线路潮流越限（给出具体功率/电流值）、母线电压越限、事故解列、新能源脱网、变电站全停、负荷备投与损失情况（其中特级、一级、二级重要用户失电情况应具体说明，未影响重要用户也应注明）。

故障处置措施：针对故障后运行方式及影响，调度员可采取的调整控制手段、运行方式优化与恢复送电措施、负荷恢复方案（恢复路径及数额、重要用户恢复方案应单独说明）、协同处置与信息通报要求等内容，具备可操作性。

二、实时态全网分析报告要求

实时态全网分析报告应包括以下内容：

（1）越限设备。预想故障方式下，出现过负荷或电压越限的设备。

（2）越限类型。设备越限时的受限因素，包括导线电流、电缆电流、TA电流、变压器容量、母线电压等。

（3）正常限值。设备长时间允许运行限值。其中设备允许运行电流取一、二次设备各类受限因素的最小值。

（4）实际限值。架空输电线路持续允许电流应考虑环境温度影响，按温度系数对实际限值进行修正。其他受限因素应采用正常限值。

（5）开断设备。预想故障对应的开断设备。

1）同一设备在多个预想故障方式下（考虑线路、主变压器、母线、发电机等设备$N-1$、同塔线路$N-2$故障）均出现越限，应分别分析。

2）同一预想故障方式下，多个设备出现越限且处置措施存在关联性，应合并分析。

（6）越限值。预想故障下设备过负荷，电压越限时的电流、功率或电压值。

（7）越限率。越限率=（越限值－实际限值）/实际限值×100%。

（8）安自切负荷/切机量。根据安全自动装置实时可切负荷量或切机装置对应的机组实时功率，考虑安全自动装置动作定值和轮次，利用调度员潮流计算出的当前故障方式下实际切负荷量、实际切除机组及功率。

（9）安自动作后越限率。考虑切负荷、切机装置实际动作情况后，利用调度员潮流计算出的设备越限情况。对于安全自动装置动作后仍未消除设备越限的情况，应写明越限率。

（10）处置措施。处置措施包括安全自动装置动作情况、调度员可采取的调整控制措施、运行方式优化与负荷恢复方案等内容，具备可操作性。

1）处置措施涉及安全自动装置切负荷、事故拉路、负荷转供的应提供负荷恢复或转供方案，包括 220kV 变电站负荷恢复（转供）情况、操作方式（遥控合解环、备投、停电调电等）、操作所需时间、合环是否引起过电流等内容。对于处置措施中 220kV 以下设备的具体操作，地调应按操作任务逐一细化操作步骤，具备指导性。

2）处置措施涉及地区电网间合环的，应给出合环计算电流及潮流方向。

第六章

电网二次风险分析预控

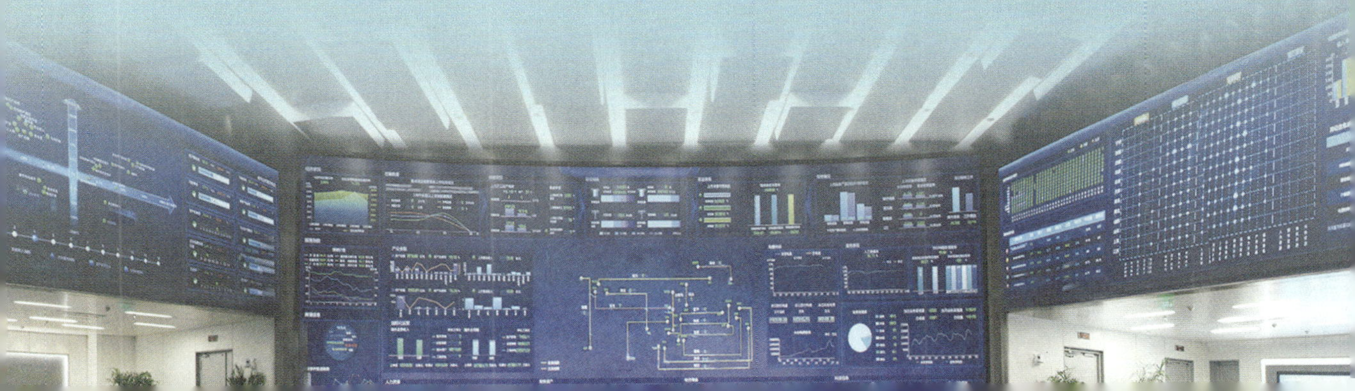

第一节　500kV 3/2 主接线二次系统及典型故障分析

一、500kV 系统保护配置及功能

（一）500kV 线路保护

500kV 线路保护按双主双后配置。通道方案均采用允许式。

所有线路均配置了过电压保护及远跳就地判别装置。多数常规站过电压保护及远跳就地判别装置单独配置，智能站及少数常规站过电压保护及远跳就地判别装置集成在线路保护中。

（二）500kV 母线及断路器保护

3/2 接线的母线保护按双套配置。

3/2 接线的重合闸、失灵保护、断路器非全相保护及充电过电流等辅助保护按断路器配置。

双母线接线的母线保护按双套配置，重合闸按断路器配置。

（三）变压器保护

500kV 变压器保护均按双主双后配置，非电量保护均按一套配置（其中高后备均指向 500kV 线路，中后备均指向 220kV 母线）。

分相差动保护和低压侧小区差动保护构成的保护范围与纵差保护相同。

相间阻抗保护主要作为变压器相间故障的后备保护。通过整定指向变压器和指向母线的阻抗定值确定阻抗保护的动作特性。

（四）电抗器保护

500kV 电抗器保护均按双套配置。

（五）调相机保护

调相机变压器组配置调相机变压器组保护和转子一点接地保护，均为双重化配置。调相机变压器组保护包括调相机保护、升压变压器保护和励磁变压器保护。

二、500kV 系统保护整定原则

（一）线路保护整定计算原则

距离Ⅰ段：按可靠躲过本线路末端故障整定，宜取 $0.75Z_L$（Z_L 为线路正序阻抗，余同）。其中，小于（含）5km 的线路，距离Ⅰ段可退出；大于 5km 小于 10km 的线路，Ⅰ段可取 $0.6Z_L$。时间为 0s。

距离Ⅱ段：按保本线路末端发生金属性故障有足够灵敏度整定，宜取 $1.25\sim1.45Z_L$。小于（含）30km 的 500kV 线路取 0.4s，大于 30km 的 500kV 线路取 0.5s。

距离Ⅲ段：同距离Ⅱ段，可靠躲过本线路的事故过负荷最小阻抗。500kV 线路取 1.7s。

（二）零序电流保护的整定配合原则

零序电流保护只保留一段，500kV 线路时间固定取 6s（主变压器高后备零序Ⅰ段 6.3s）。

（三）重合闸整定原则

500kV 联络线路均采用单相重合闸。采用三相联动机构或与发电机－变压器组共用的开关，该开关重合闸停用。

重合闸时间一般整定为 1.0s。500kV 线路带延时的保护段不启动重合闸；220kV 线路时间大于 0.5s 的保护段不启动重合闸。无论何种重合闸方式，三相故障均闭锁重合闸。采用国网标准版保护装置的，相间故障及三相故障均闭锁重合闸。

3/2 接线的重合闸，后重合的时间按比先重合的时间长 0.3s 整定。

一般情况下，3/2 接线的重合闸整定为边开关先合、中开关后合，当先合的开关或重合闸停用时，后合开关重合闸改为先合。但在聊城、滨州、胶东站中与外网联络线有关的开关，以及采用国网标准版断路器保护的，重合闸固定为边开关先合、中开关后合，当边开关重合闸或开关停用时，中开关重合闸仍按后合时间重合。存在线路两侧重合闸时间不一致情况。

三相重合闸检线路无压一般定在系统侧，检同期一般定在发电厂侧。

三、不同故障位置保护动作行为分析

（一）TA 接线对保护的影响

GIS 设备基本为双 TA 配置：① 双侧电流互感器；② 二次绕组交叉配置。

敞开式设备基本为单 TA 配置：① 单侧电流互感器；② 二次绕组交叉配置［边开关

TA 配置于元件（线路或主变压器）侧，中开关 TA 配置于Ⅱ母线侧，TA 与断路器之间发生故障时，虽然故障线路保护能快速动作，但在本断路器跳开后，故障并不能切除。此时死区保护将以较短时限动作。死区保护出口回路与失灵保护一致，动作后跳相邻断路器]。

（二）过电压及远跳就地判别装置

其主要作用如下：

（1）与断路器失灵保护配套使用，迅速消除线路对侧送来的故障电流。

（2）高压侧无断路器的线路并联电抗器保护动作：并联电抗器未配置专用断路器而和线路共用时，本侧断路器跳开并不能切除故障，需要发远方跳闸命令使对侧跳闸。

（3）与断路器死区保护配套使用，当断路器死区故障时，用来快速消除线路对侧送来的故障电流。

500kV 系统收信跳闸装置分别与线路的两套保护复用通道接口，整定原则为：配置双套收信跳闸装置的，按“一取一有判据”带延时 30ms 整定，其他方式均停用。配置单套收信跳闸装置的，整定为“二取二有判据”带延时 30ms 方式；当一个通道故障时，自动按“一取一有判据”带延时 100ms 方式；当就地判据启动元件未动作，自动按“二取二无判据”带延时 200ms 方式。

对侧有判别装置才会远传，经过就地判别装置，判据较多，用于 500kV；远跳收到信号，只要本侧装置启动，即跳闸，用于 220kV。

（三）保护动作逻辑

（1）线路主保护：跳开本线路两侧所有开关。

（2）母线保护：跳开该母线上所有开关，并远跳对侧开关。

（3）变压器主保护：跳开主变压器三侧开关。

（4）断路器保护：跳开本开关。

（5）3/2 接线远跳对侧的保护：失灵保护、高压侧无断路器的线路并联电抗器保护、过电压保护、线路变压器组的变压器保护、高压线路串联补偿电容器保护。

（6）母线故障跳线路间隔边开关失灵。母差保护动作跳开母线上其他开关，边开关失灵保护动作，跳开失灵开关所在串中开关，并经线路保护通道发送远传信号至对侧，启动线路保护跳开该线路对侧开关。

（7）变压器故障跳高压侧边开关失灵。

变压器保护动作跳开主变压器三侧开关，边开关失灵保护动作，启动边开关所在母线母差保护，跳开该母线上其他开关。

（8）线路故障跳中开关失灵。该线路主保护动作跳开边开关与线路对侧开关，中开关失灵保护动作，启动该串另一间隔设备主保护，跳开该设备所有开关。

（9）变压器故障跳高压侧中开关失灵。变压器保护动作跳开主变压器三侧开关，中开关失灵保护动作，启动该串另一间隔设备主保护，跳开该设备所有开关。

（10）死区保护。只有单 TA 才配置死区保护。在断路器与 TA 之间发生故障，开关跳开后故障无法切除，考虑这种站内故障电流大，对系统影响大，而失灵保护一般要经较长的延时，所以专设比失灵保护动作快的死区保护。

四、一起典型故障案例

（一）故障过程简述

A 站 1000kV 1 号母线停电检修（开关传动，微水、组分测试等）后开展 1 号母线送电工作。故障前，除 T071 开关处于分位，其余开关已处于运行状态，在 T0711 隔离开关合闸（T0712 隔离开关已处于合位）约 79s 后，1000kV 1 号母线及甲线跳闸，故障电流 21.75kA，故障时间 50ms，1s 后甲线 B 站侧 T051 开关重合闸动作，重合于故障，甲线三相跳开，故障电流 9.79kA，故障时间 41ms，未损失负荷。1000kV A 站一次系统如图 6－1 所示。

（二）故障位置研判

母差保护范围和线路保护范围示意如图 6－2 所示，从保护动作看，1000kV 1 号母线母差保护和甲线线路保护同时动作，判断故障点在 T071 TA1 气室与 TA2 气室之间。从录波情况看，T071 开关 TA1 无故障电流，TA2 有故障电流（故障录波见图 6－3～图 6－6），母差保护的故障电流由 T071 开关 TA2 提供，线路保护的故障电流由 T072 开关 TA2 提供。结合开关双断口结构，初步判断故障位置位于开关气室 TA2 侧。

（三）保护动作及断路器行为分析

发生 B 相闪络故障时，线路保护和母线保护同时动作，A 站母线保护三跳 1000kV 1 号母线的所有开关并闭锁所有开关的重合闸，A 站线路保护跳开 T072 B 相开关，B 站线路保护跳开 T051 B 相开关，1s 后，断路器保护重合闸动作合上 B 站 T051 B 相开关（因 A 站 T072 开关重合闸时间晚于边开关 0.3s，所以 T072 开关重合闸未动作），线路重合于永久性故障，A 站线路保护三跳 A 站 T072 开关、B 站线路保护三跳 B 站 T051 开关。

（四）设备解体检查情况

返厂解体检查发现断路器 TA2 侧 R3 合闸电阻端屏蔽罩对筒体发生放电，R4 合闸电阻炸裂散落在筒体底部，支柱绝缘子表面碳化发黑，由受热产生的絮状有机物析出，表面烧蚀起皮并形成贯穿性放电通道。TA2 侧断路器内部如图 6－7 所示。R3 合闸电阻表面放电点如图 6－8 所示。R3 合闸电阻对应筒壁放电点如图 6－9 所示。筒体底部附着放电分解物如图 6－10 所示。

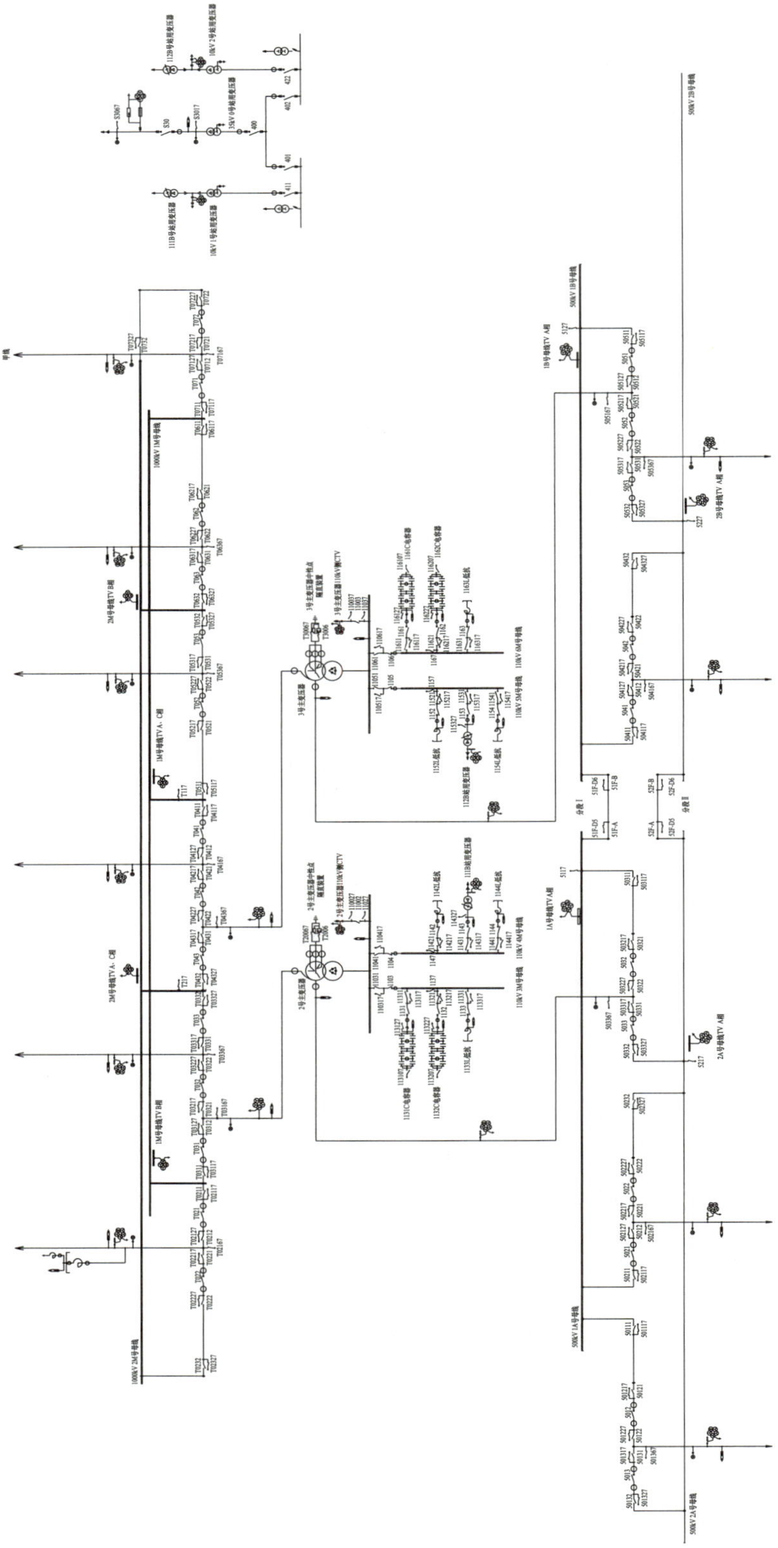

图 6-1 1000kV A 站一次系统图（1000kV 侧）

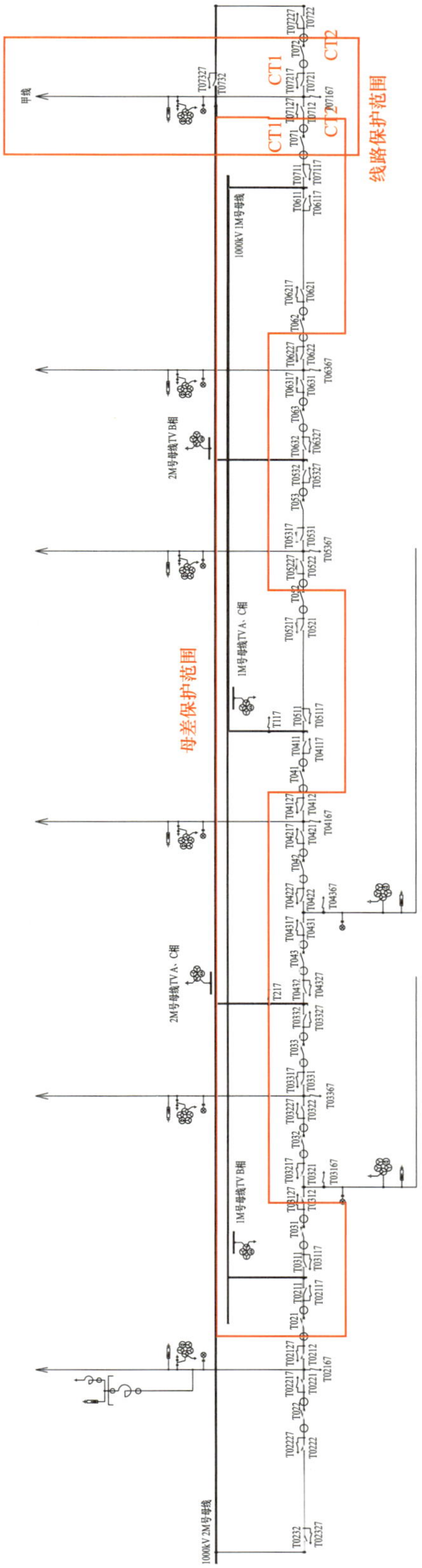

图6-2　母差保护范围和线路保护范围示意图

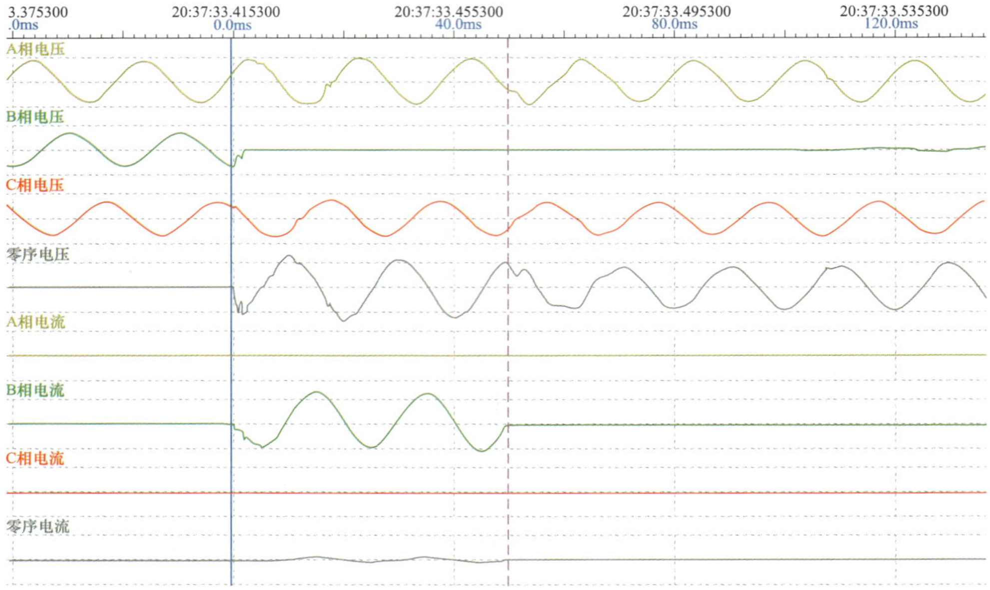

图 6-3　1000kV A 站 T071 开关故障 A 站侧波形图

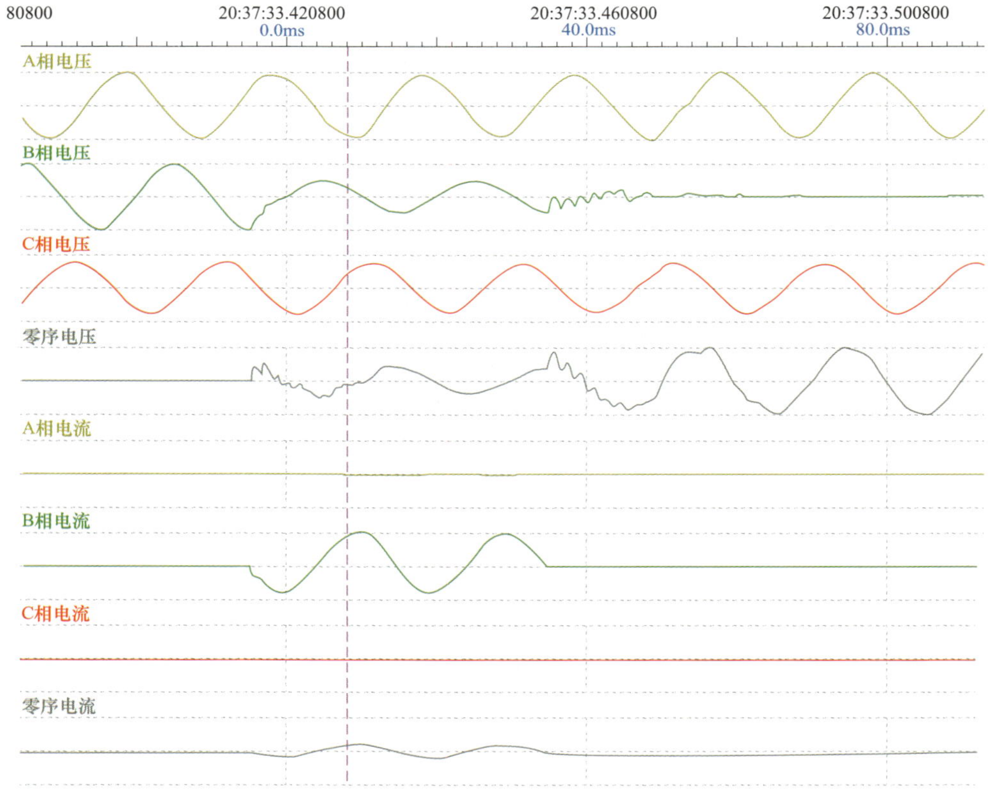

图 6-4　1000kV A 站 T071 开关故障 B 站侧波形图

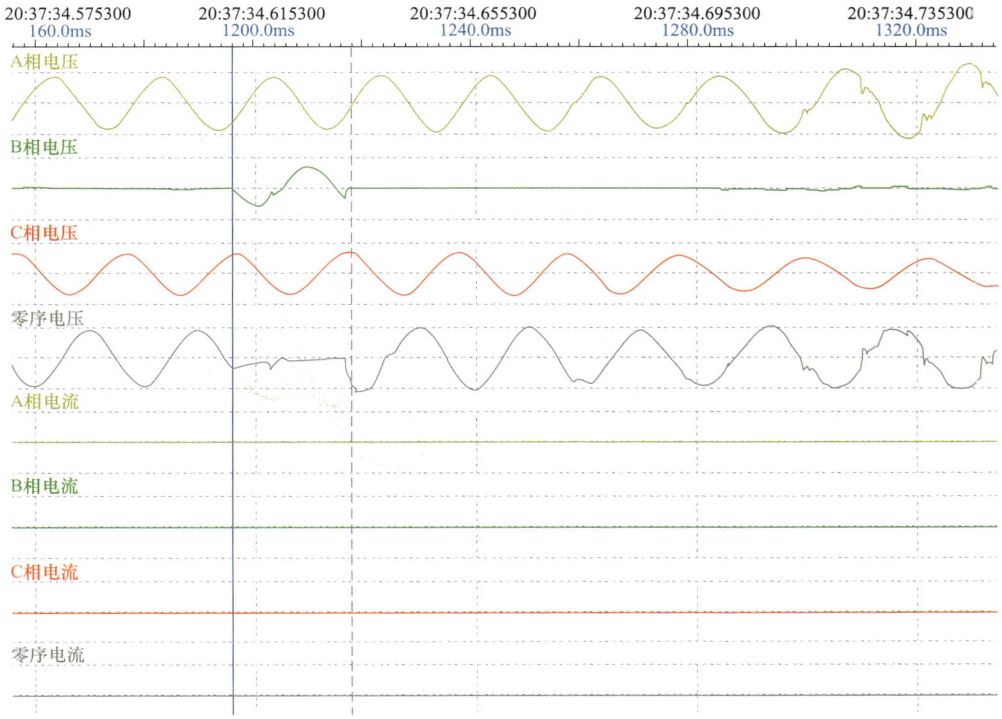

图 6-5　1000kV 甲线重合于故障 A 站侧波形图

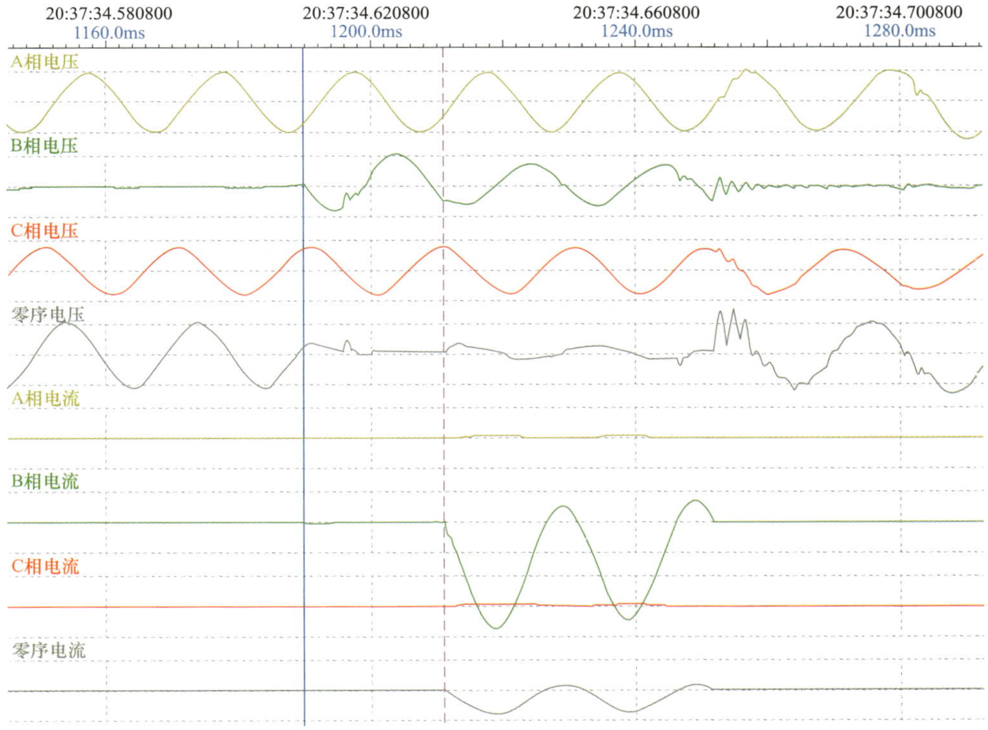

图 6-6　1000kV 甲线重合于故障 B 站侧波形图

图 6-7　TA2 侧断路器内部图

图 6-8　R3 合闸电阻表面放电点

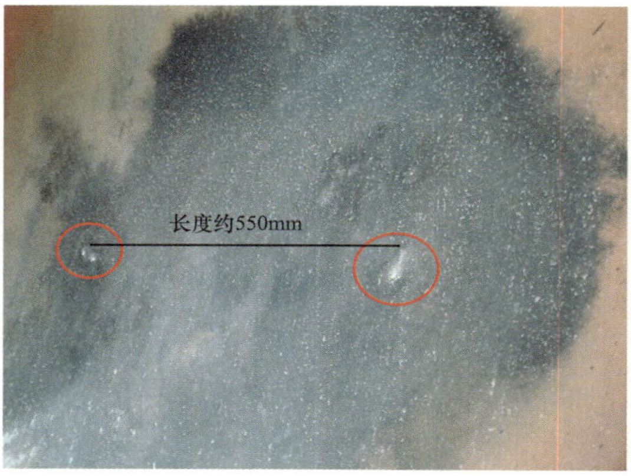

图 6-9　R3 合闸电阻对应筒壁放电点

图 6-10　筒体底部附着放电分解物

第二节　220kV 双母线主接线二次系统全站改造风险分析预控

一、220kV 双母线接线变电站保护配置及功能

以采用 GIS 设备的 220kV 常规变电站为例，简述站内 220kV 系统 TA 绕组功能、不同元件的保护范围及功能。

（一）典型主接线图与 TA 绕组功能介绍

常规站 GIS 式 220kV 部分主接线如图 6－11 所示。

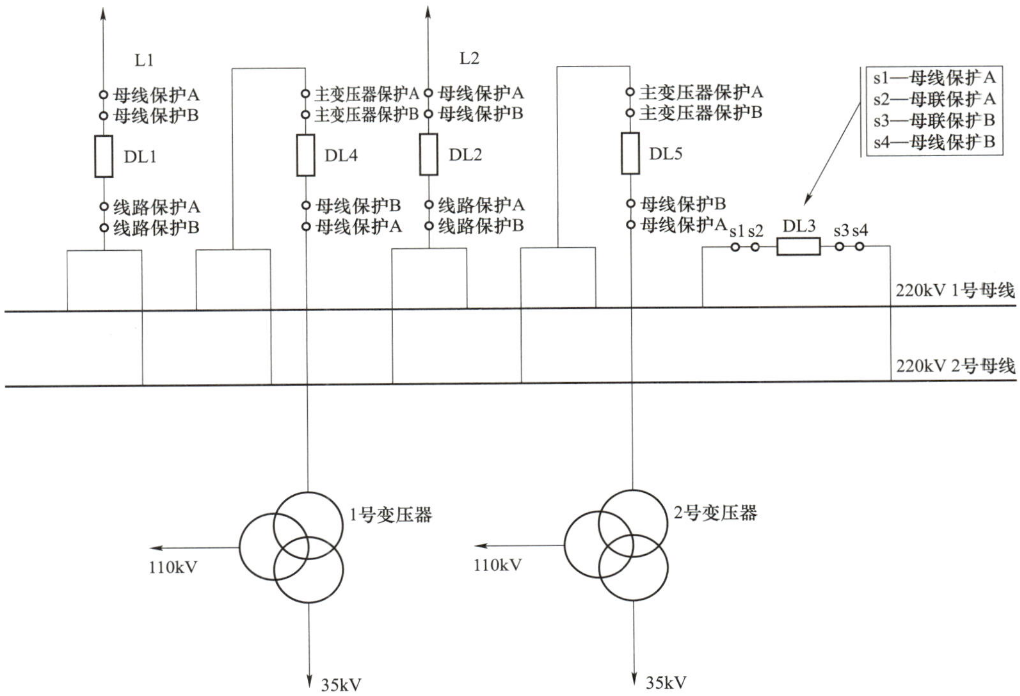

图 6－11　常规站 GIS 式 220kV 部分主接线图

TA 绕组按抗饱和能力可以分为保护级（P 级）、测量级、计量级（S 级）。如某 TA 共有 3 个绕组，其中不同精确级：

（1）5P20 准确级绕组属于 P 级，用于保护功能，表示 20 倍额定电流下 TA 误差不超过 5%。

（2）0.5 准确级绕组属于测量级，用于遥测功能，表示额定电流下 TA 误差不超过 5%，抗饱和能力差。

（3）0.2s 准确级绕组属于计量级，用于计量功能，表示额定电流下 TA 误差不超过 2%，且抗饱和能力极差。

根据 TA 装设位置的不同、TA 绕组取用的不同，来确定不同保护装置的保护范围。一般来说，保护配置需要遵循“冗余配置”原则，故 TA 装设位置或 TA 绕组选用位置需要交叉。

（二）保护范围与功能简介

220kV 系统主要保护范围示意如图 6－12 所示。

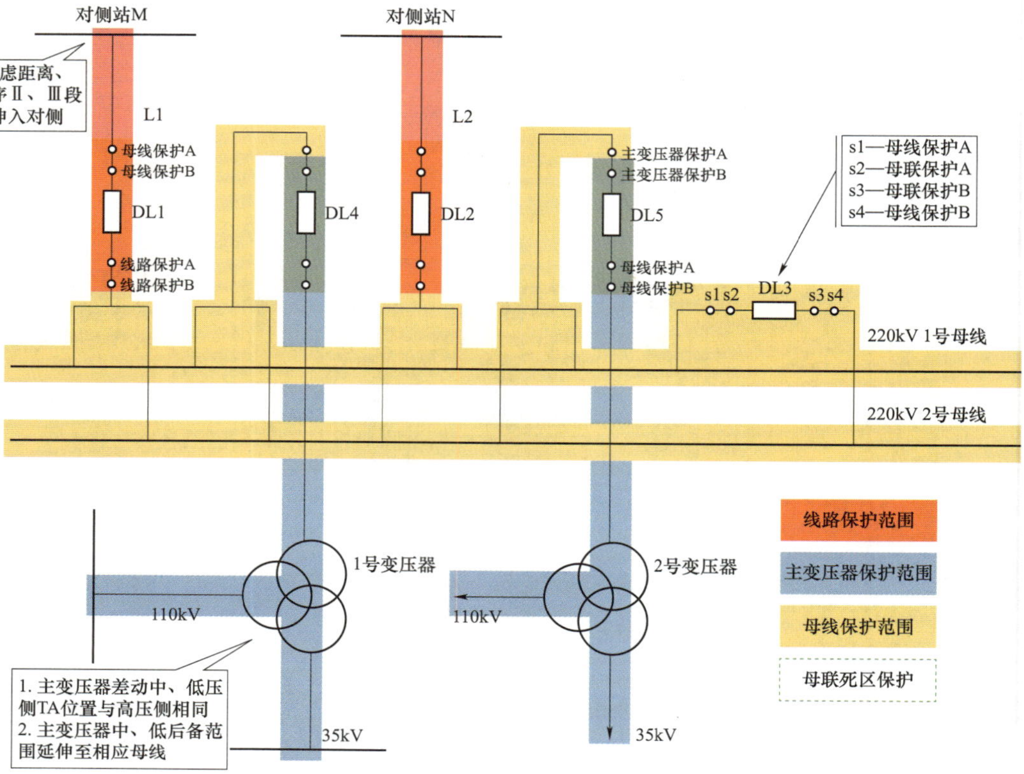

图 6-12　220kV 系统主要保护范围示意图

1. 线路保护

220kV 线路保护按双主双后配置，山东 220kV 线路实现双套纵联分相电流差动保护配置占比 99.9%，通道方案均采用允许式。每套线路保护主要配置保护功能有纵联差动、接地/相间距离、零序过电流、非全相保护（一般不用），每套装置均有失灵启动和重合闸。

（1）纵联差动保护范围为线路两侧纵差 TA 之间的部分，用于在线路发生故障时零时限跳闸。

（2）后备保护（距离、零序）范围以线路保护 TA 为界，对于带方向的保护，根据故障点在区内、区外的情况对应动作。同时，后备保护定值简化后，仍可能深入对侧站 220kV 母线。

（3）两套线路保护的失灵开出分别对应独立的两套 220kV 母线保护。

2. 母线保护

220kV 母线配置双套保护，每套母线保护配置母差（大/小）、失灵保护、母联死区、母联充电过电流与母联非全相。母差保护遵循“大差判区内、小差判母线”的原则，但在“母线互联”压板投入（也叫“投单母”）或隔离开关跨接的情况下，两段母线视为一条，仅大差动作即跳所有出线开关。

（1）母差保护动作过程描述为“一判大差启保护，二判小差选母线，开放复压不闭锁，保护跳开故障点”。

（2）开关失灵保护动作过程描述为“保护动作送母差，失灵判据电流加，再至保护操作箱，跳令远传到对家”，需注意，母差动作、失灵动作后，均发远跳令。

（3）母联失灵保护动作过程描述为“母联开关拒动作，电流位置判真假，母线复压均开放，双母延时来跳闸”，即在母联拒动的情况下，母联失灵动作跳开两段母线。

（4）母联死区保护动作过程描述为“开关 TA 夹死区，小差动作难隔离，母联电流不计算，再跳母线全失电”，死区保护动作逻辑较简单，不再描述原理，重点是死区动作后跳 2 段母线。

注：若 220kV 两段母线分列运行，此时母联电流直接不计入小差判据，若发生死区故障，小差动作仅跳母联 TA 侧母线。

3. 主变压器保护

220kV 主变压器配置双套电气量保护、单套非电量保护。每套电气量保护配置比率差动（差动、差速断保护）、高后备（阻抗保护、复压过电流、零序保护、间隙保护）、中后备（项目同高后备）、低后备（复压过电流、零序电压告警、零序过电流保护，灵敏度足够而不配阻抗保护）。主变压器高后备配置过负荷启动风冷、过负荷闭锁调压功能。

注：高、中后备的零序过电流带方向段与不带方向段采用的 TA 不同，前者采开关 TA，后者采中性点成套装置 TA。

（1）主变压器差动保护以三侧差动 TA 为界，可以反应主变压器套管故障至 TA 之间的故障，也可以反应主变压器内部的相间短路故障（单相绕组破皮短路，差动不动作），主变压器差动不经复压闭锁。

（2）高、中后备保护项目较为简单，原理不赘述。高后备保护的方向由“指向母线”或“指向主变压器”控制字决定，分别对应故障电流流向母线和流向主变压器两种方向。

（3）高后备动作一般分两个时限，t_1 动作跳本侧开关并闭锁高备投，t_2 动作跳三侧开关；中、低后备动作一般分三个时限，t_1 动作跳本侧母联并闭锁相应备投，t_2 动作跳本侧开关，t_3 动作跳三侧开关。

（4）对比较老的主变压器保护，过负荷启动风冷和过负荷闭锁有载调压用的是高后备保护 TA；比较新的主变压器保护，二者用的是主变压器高压侧套管 TA。

（5）主变压器高压侧启动失灵后，220kV 母线保护有“失灵联跳主变压器三侧”功能，视中、低压侧是否有比较大的电源点而投退。

变压器非电量保护主要有气体保护（本体/有载）、压力释放保护、超温保护，原理主要采用气体继电器、压力释放阀、油温度计或绕组温度计来反映变压器内部的异常故障情况。非电量保护动作均为跳主变压器三侧彻底隔离。

（三）敞开式常规变电站

常规站敞开式 220kV 部分主接线如图 6－13 所示。

对于采用敞开式设备的 220kV 常规变电站，与 GIS 式变电站的区别在于其各支路间隔 TA 在开关单侧布置，因此存在死区问题。

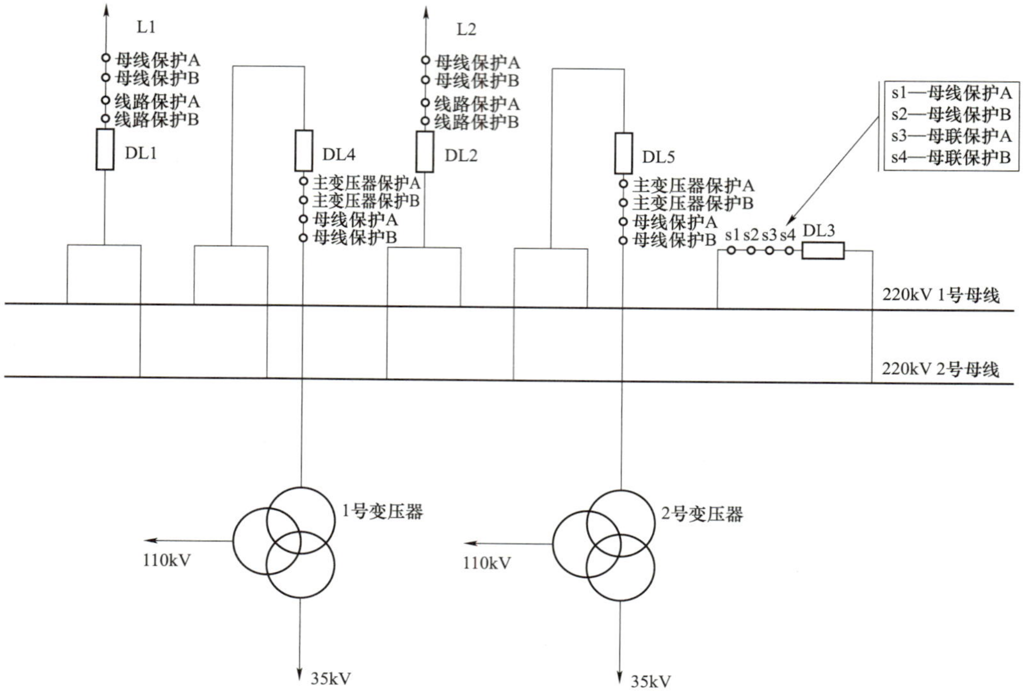

图 6-13　常规站敞开式 220kV 部分主接线图

（四）智能变电站

智能站 220kV 部分主接线如图 6-14 所示。

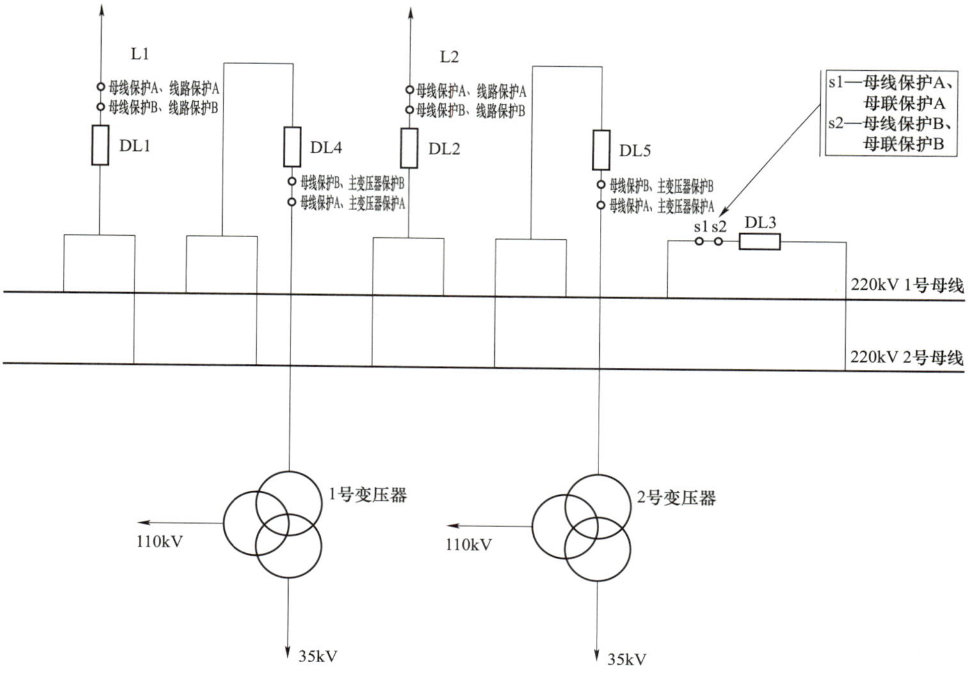

图 6-14　智能站 220kV 部分主接线图

对于 220kV 智能变电站，由于取消了大量的电缆回路，而用合并单元、光纤代替，因此 TA 绕组大大简化。只在开关单侧布置 TA，且仅两个绕组对应双配置的保护。因为 TA 在开关单侧布置，因此存在死区问题；某些智能站母联 TA 在开关双侧布置，则不存在母联死区。

二、220kV 双母线接线变电站保护整定原则

（一）线路保护整定计算原则

距离Ⅰ段：按可靠躲过本线路末端故障整定，宜取 0.75 Z_L（Z_L 为线路正序阻抗，余同）。其中，小于（含）5km 的线路，距离Ⅰ段可退出；大于 5km 小于 10km 的线路，Ⅰ段可取 0.6 Z_L，动作时间为 0s。

距离Ⅱ段：按保本线路末端发生金属性故障有足够灵敏度整定，宜取 1.25～1.45 Z_L。小于（含）10km 的 220kV 线路取 0.3s，大于 10km 的 220kV 线路取 0.4s。

距离Ⅲ段：同距离Ⅱ段，可靠躲过本线路的事故过负荷最小阻抗。小于（含）10km 的 220kV 线路时间取 1.5s，大于 10km 的 220kV 线路时间取 1.6s。

零序Ⅱ、Ⅲ段：按一次电流 300A 整定，动作时间 5s。

（二）断路器保护整定计算原则

（1）母联充电过电流保护。

充电保护Ⅰ段：躲过主变压器冲击时的励磁涌流整定（一般可取 3.5～4 倍主变压器额定电流），母线两相短路有大于 2 的灵敏度，一般取 0.1s。

充电保护Ⅱ段：主变压器中、低压侧母线发生两相短路时有 2 倍灵敏度，且必须躲过主变压器高压侧额定电流，时间一般取 0.2s。

充电保护零序电流：主变压器中、低压侧接地故障时有大于 1.5 灵敏度。时间一般取 0.2s。

（2）线路开关机构就地非全相时间 3.0s，保护非全相时间 2.5s。变压器、母联开关机构就地非全相时间 1.0s，保护非全相时间为 0.5s。

（三）变压器保护整定计算原则

1. 主保护

反映变压器内部短路和油面降低的气体保护。

反映变压器绕组和引出线的多相短路及绕组匝间短路的差动保护。

差动速断保护定值躲变压器励磁涌流，取值大于 4～12 倍变压器额定电流值，其中小容量取较大值，大容量取较小值；要求变压器故障时流过母线电流灵敏度不小于 1.5。

比率差动启动定值躲外部故障最大不平衡电流值，一般取（0.2～0.5）I_e。

2. 后备保护

高后备为例，中、低后备相应项目原则一致。

相间阻抗保护正向阻抗（指向变压器）：定值与中、低压侧限时速断保护完全配合（当

中压侧采用阻抗保护时，与相间距离保护定值相配合）。校验中低压侧母线故障有 1.2 倍灵敏度。时间固定为 1.8s。

相间阻抗保护反向阻抗（指向母线）：与 220kV 出线相间距离Ⅱ段配合，一般按指向变压器的相间阻抗定值的 5%～10%整定。时间固定为 1.8s。

接地阻抗保护正向阻抗（指向变压器）：定值与中、低压侧限时速断保护完全配合（当中压侧采用阻抗保护时，与接地距离保护定值相配合）。注意与低压侧限时独断配合时应将三相短路电流折算为两相短路电流再计算。校验中低压侧母线故障有 1.2 倍灵敏度。时间固定为 1.8s。

接地阻抗保护反向阻抗（指向母线）：与 220kV 出线接地距离Ⅱ段配合，一般按指向变压器的接地阻抗定值的 5%～10%整定。时间固定为 1.8s。

电流保护（选配）：定值与中、低压侧限时速断保护完全配合（当中压侧采用阻抗保护时，与相间距离保护定值相配合）。校验中低压侧母线故障有 1.2 倍灵敏度。时间固定为 1.8s。

复压过电流Ⅰ段（指向本侧母线），定值大于 1.25 倍高压侧额定电流，要求变压器故障时流过高压侧开关灵敏度不小于 1.5。低电压元件取（75～85）V，负压元件取（4～6）V，1 时限跳本侧，2 时限跳三侧，时间大于 220kV 线路距离保护最长时间，级差为 0.3s。

复压过电流Ⅱ段（不带方向），按与中、低压侧复压过电流保护配合整定，要求变压器故障时流过中、低压侧开关灵敏度不小于 1.5。低电压元件取（75～85）V，负压元件取（4～6）V，1 时限跳三侧，时间大于中、低压侧保护最长时间，级差为 0.3s。

零序过电流保护Ⅰ段（指向本侧母线）：按与高压出线零序电流Ⅱ段配合。1 时限跳本侧，2 时限跳三侧，时间大于 220kV 线路零序保护最长时间，级差为 0.3s。要求变压器故障时流过高压侧开关零序电流灵敏度不小于 1.5。零序过电流保护Ⅱ段（不带方向）：按与高压出线零序电流Ⅲ段配合。一般按不超过 300A，6.5s 跳三侧整定。

间隙保护：零序电压定值为 180V，0.5s 跳各侧；间隙零流定值为 100A，0.5s 跳各侧。

（四）母线保护整定计算原则

差动启动电流：按被保护母线短路故障有足够灵敏度整定，灵敏系数不小于 2.0，并躲过母线出线最大负荷电流。

差动复压开放定值：保证母线接地故障有 2 倍灵敏度，一般取为相电压低压定值 40V，零序定值 6V，负压定值 4V。

母联失灵保护：定值取母联充电过电流保护定值，时间为 0.2s。

支路失灵保护：线路末端发生两相短路时有 1.2～1.5 倍灵敏度整定，主变压器支路考虑中低压侧两相短路时有 1.2～1.5 倍灵敏度整定。

三、不同故障位置保护动作行为分析

以 220kV 变电站 220kV 系统为例，设置典型故障描述保护动作逻辑。选取了 9 处常见设备故障，分别简述各情况下保护动作逻辑、开关跳闸情况。

九处常见故障示意如图 6－15 所示。

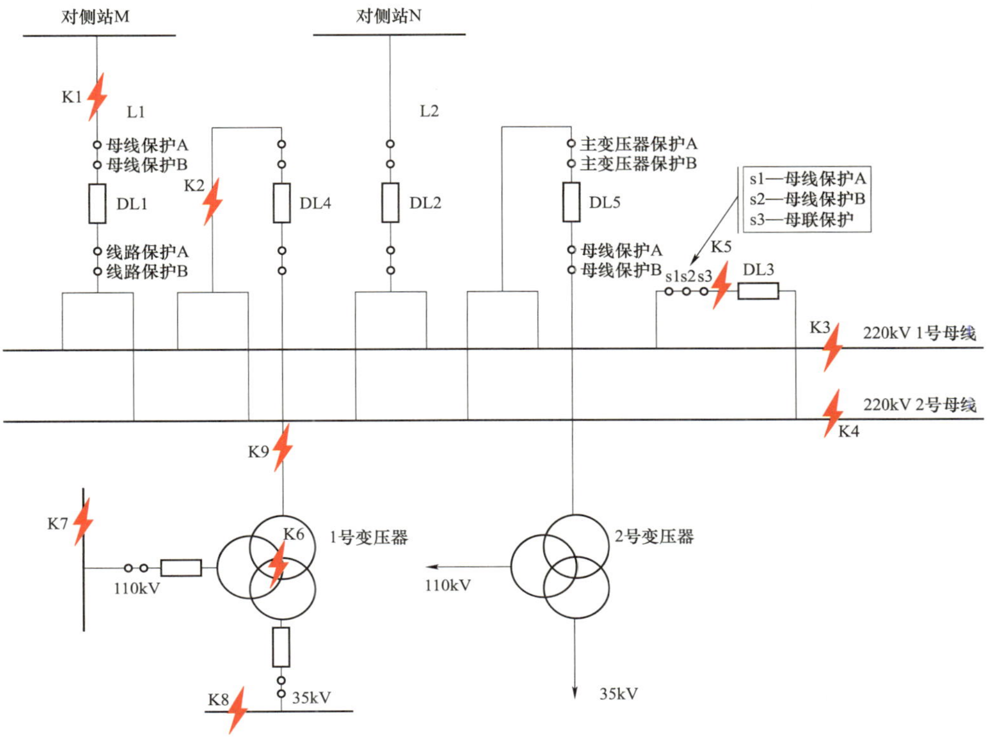

图 6－15　九处常见故障示意图

（一）线路故障

（1）K1 点故障，线路纵差保护动作，跳开线路两侧开关，不闭锁重合闸。

（2）K1 点故障，若开关拒动，则启动失灵（常规站通过线路开关辅助保护至母线保护装置，智能站则直接启动母线保护装置），由母线失灵保护动作跳开母联开关、失灵开关所在母线所有出线开关、远跳对侧开关，闭锁重合闸。

（二）开关到母线间引线/避雷器等故障

K2 点故障，此类故障相当于相应母线故障，参照母线故障。需要特别说明，在隔离此类故障时，需要对主变压器中、低压侧进行倒负荷，防止中、低压侧带电时拉开高压侧隔离开关。

（三）220kV 1 号（2 号）母线故障

（1）K3（K4）点故障，220kV 母差保护动作，跳开母联及 1 号（2 号）母线所有开关，远跳 1 号（2 号）母线所接线路的所有对侧开关，闭锁重合闸。

（2）若母差保护拒动，则故障母线所有对侧线路保护的距离/零序Ⅱ/Ⅲ段保护动作，故障母线所有对侧开关跳闸；主变压器高后备保护动作跳开主变压器高压侧开关，将母线完全隔离。

（四）母联死区故障

K5 点故障，220kV 母差保护大差动作，后 2 号母小差动作跳开母联开关和 2 号母所有出线、远跳 2 号母线所接线路的所有对侧开关，闭锁重合闸；此时大差仍有差流而 1 号母小差没有差流，判为死区故障，死区保护动作跳开 1 号母线所有出线、远跳 1 号母线所接线路的所有对侧开关。（注：死区跳闸用小差的跳闸继电器）

（五）主变压器本体故障（考虑开关彻底拒动情况）

（1）主变压器本体轻瓦斯发信号（特高压变压器动作）、重瓦斯保护动作，跳主变压器三侧。

（2）在本体内部发生相间故障、三相故障、严重接地故障情况下，差动也会动作，跳主变压器三侧。

（3）若非电量、主变压器电气量保护均拒动，则对侧线路保护的距离/零序Ⅱ/Ⅲ段保护动作，所有对侧开关跳闸。

（4）若主变压器高侧开关拒动，启动 220kV 母线保护失灵（常规站通过主变压器高压开关辅助保护至母线保护装置，智能站则直接启动母线保护装置）。

（5）若主变压器中、低侧开关拒动，且中、低压侧均有小电源，则由中、低压侧出线（接带小电源）的对侧线路保护动作，将主变压器中低压侧、中低压母线及相应出线隔离。

（六）110kV 侧母线故障

（1）110kV 母差保护动作，跳母联及故障母线所有出线，不启动远跳，闭锁重合闸。

（2）若 110kV 母差保护拒动，由主变压器中后备动作，t_1 跳中压侧母联并闭锁中备投，t_2 跳本侧开关，t_3 跳三侧开关。

（七）35kV 侧母线故障

参照 110kV 侧母线故障。

（八）主变压器高压侧套管故障

参照主变压器本体故障。

四、风险分析及预控措施—以 220kV 甲站二次改造为例

（一）工程背景及难点

220kV 甲站是将传统变电站就地改造为智能变电站的典型案例。前期变电站二次设备智能化改造均采用异地重建方式，甲站本次改造工程探索老旧二次设备治理新模式，为后续工程实施提供了新选项。甲站 220kV 系统接线如图 6－16 所示。

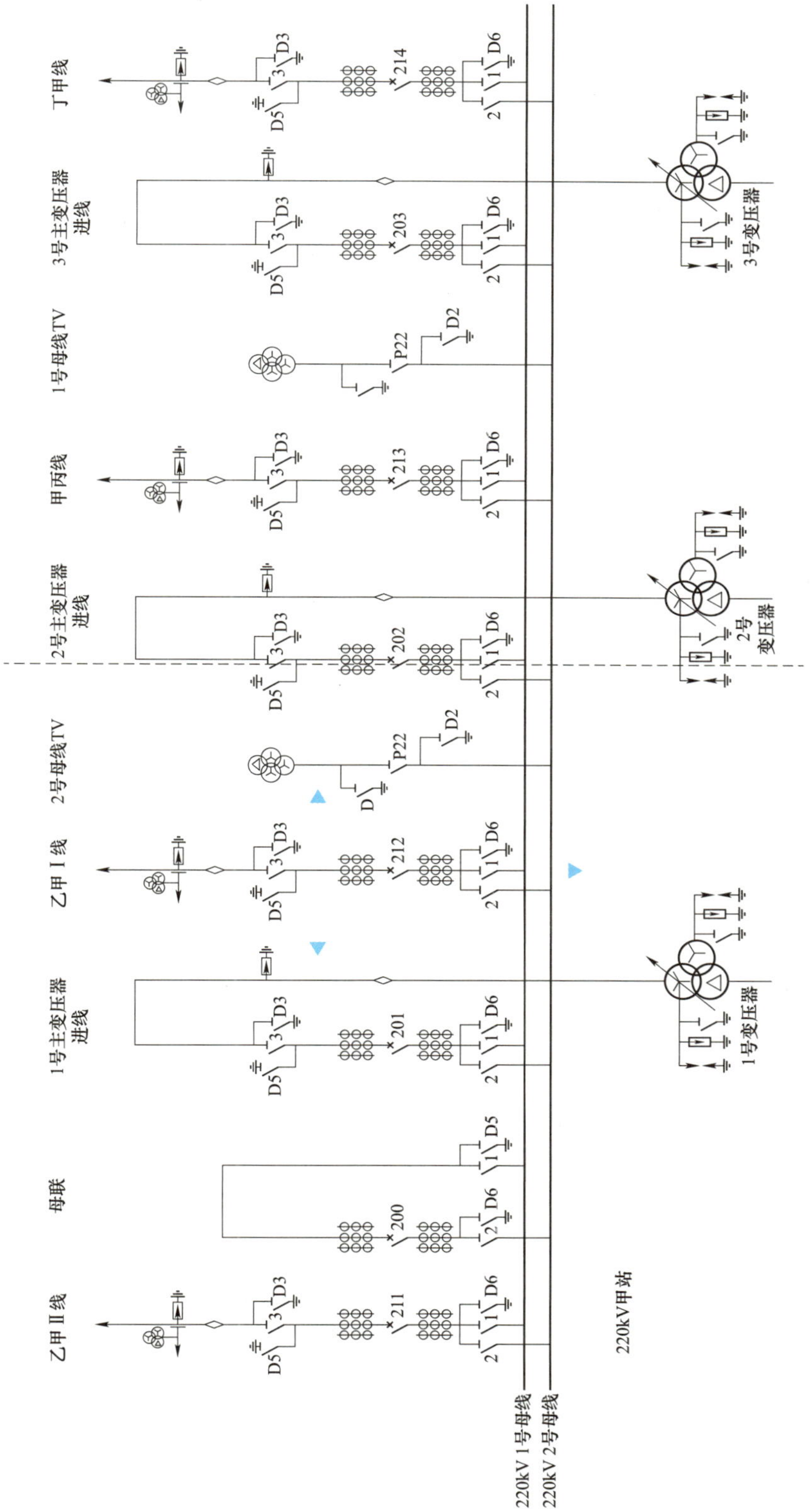

图6-16　甲站220kV系统接线图

（二）甲站二次改造工程时序

甲站 220kV 系统二次改造时序如图 6－17 所示。

时间		9月1日	9月2日	9月3日	9月4日	9月5日	9月6日	9月7日	9月8日	9月9日	9月10日	9月11日	9月12日	9月13日	9月14日	9月15日	9月16日	9月17日	9月18日
一次设备	3号主变压器			3号主变压器，7天															
	1号主变压器											1号主变压器，8天							
	2号主变压器																		
	220kV母联，220kV 1号母线							220kV母联，1天											
	220kV母联，220kV 2号母线								220kV TV，1天										
	220kV甲丁线												220kV甲丁线，3天						
	220kV甲乙Ⅰ线															220kV甲乙Ⅰ线，4天			
	220kV甲丙线																		
	220kV甲乙Ⅱ线																		
母线保护	220kV母线保护Ⅰ RCS-915（旧Ⅰ）							停用4h，传动3号主变压器、母联试验后，投入						停用2～4h，传动1号主变压器、甲丁线试验后，投入			停用2～4h，传动甲乙Ⅰ线试验后，投入		
	220kV母线保护Ⅱ BP-2C（旧Ⅱ）							RCS-915母线保护投入后，母联送电，退运	退运										
	220kV母线保护Ⅰ PCS-915A（新Ⅰ）																		
	220kV母线保护Ⅱ NSR-371A（新Ⅱ）																		

图 6－17　甲站 220kV 系统二次改造时序图

主要时间节点：

1. 一次设备

（1）主变压器停电（工作内容：更换主变压器保护、接入母线保护）。

工作时间：3 号主变压器 9 月 3 日至 9 月 9 日，1 号主变压器 9 月 11 日至 9 月 18 日，2 号主变压器 9 月 23 日至 9 月 29 日。

（2）母联停电（工作内容：更换母联保护、接入母线保护）。

工作时间：9 月 7 日。

（3）母线 TV 停电（工作内容：电压并列装置接线）。

工作时间：220kV 1、2 号母线 TV 轮停 9 月 8 日。

（4）220kV 线路停电（工作内容：更换线路保护、接入母线保护）。

工作时间：丁甲线 9 月 12 日至 9 月 14 日，乙甲Ⅰ线 9 月 15 日至 9 月 18 日，丙甲线 9 月 22 日至 9 月 25 日，乙甲Ⅱ线 9 月 26 日至 9 月 29 日。

2. 二次设备

（1）原 BP－2C 母线保护：9 月 7 日退运。

（2）原 RCS－915 母线保护：9 月 13 日、9 月 16 日、9 月 24 日各停用 2～4h 传动试验（突出风险：220kV 母线无母差保护运行）。

（三）甲站 TA 绕组分布使用情况

甲站 220kV 线路支路 TA 分布如图 6－18 所示。

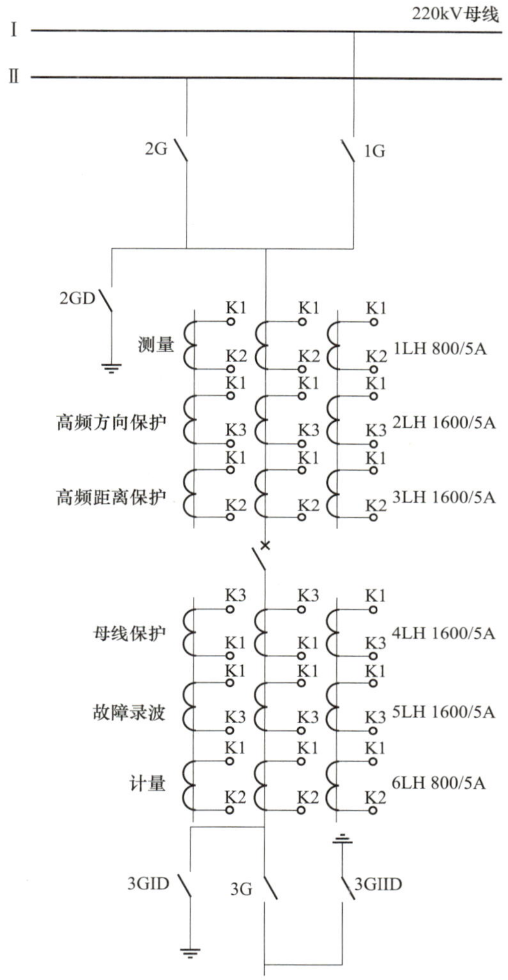

图 6－18　甲站 220kV 线路支路 TA 分布图

改造前线路保护绕组使用情况，其中 2LH 对应第一套线路保护，3LH 对应第二套线路保护，4LH 对应第一套母线保护，5LH 在母线保护双配置后，先经第二套母线保护再串接故障录波。

甲站 220kV 主变压器支路 TA 分布如图 6－19 所示。

改造前主变压器保护绕组使用情况，其中 2LH 对应第一套主变压器保护，3LH 对应第二套主变压器保护，4LH 对应第一套母线保护，5LH 在母线保护双配置后，先经第二套母线保护再串接故障录波。

甲站 220kV 母联支路 TA 分布如图 6－20 所示。

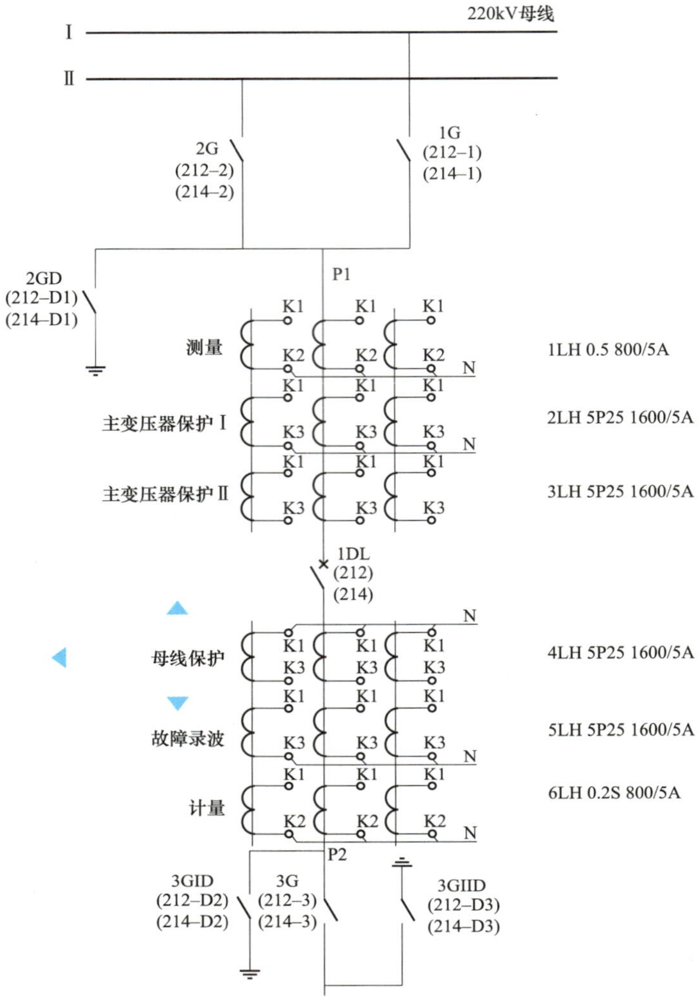

图 6–19　甲站 220kV 主变压器支路 TA 分布图

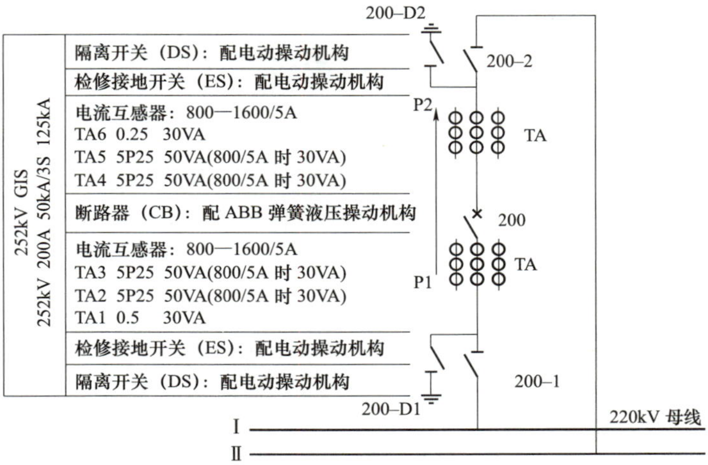

图 6–20　甲站 220kV 母联支路 TA 分布图

改造前母联绕组使用情况，TA3 对应第一套母线保护，TA4 对应第二套母线保护，改造前未配置母联断路器保护。

新旧 915 母线保护二次电流回路改接示意如图 6-21 所示。

图 6-21 新旧 915 母线保护二次电流回路改接示意图

线路、主变压器、母联间隔均使用保护 1 绕组串联旧 915 保护，甲站 220kV 系统改造完成后，在第一套采集执行单元处封星。

（四）甲站二次改造风险分析

1. 3 号主变压器停电且双套母线保护运行

故障时保护动作分析：

（1）220kV 甲站母线故障。

1）220kV 母线保护动作，跳开母联、故障母线所有出线、远跳线路对侧开关，闭锁重合闸。2 号母线故障保护动作后电网联络如图 6-22 所示。

2）220kV 母联开关失灵，母联失灵保护动作，跳开母线上所有开关、远跳线路对侧开关，闭锁重合闸。2 号母线故障，母联开关失灵，保护动作后电网联络如图 6-23 所示。

3）220kV 线路开关失灵，另一侧开关已被远跳，不影响故障切除。2 号母线故障，线路开关失灵，保护动作后电网联络如图 6-24 所示。

4）主变压器 220kV 侧开关失灵，启动失灵保护，联跳主变压器中低压侧开关。（甲站老保护无该接线，新保护具备该功能，中低压侧无小电源）2 号母线故障，主变压器高压侧开关失灵，保护动作后电网联络如图 6-25 所示。

5）母联死区故障，两套母差保护同时跳开 1、2 号母线所有开关并远跳线路对侧开关，闭锁重合闸。母联死区故障，保护动作后电网联络如图 6-26 所示。

（2）220kV 主变压器故障。

1）主变压器差动保护动作，故障切除，故障主变压器失电。2 号主变压器故障，保护动作后电网联络如图 6-27 所示。

2）主变压器中（低）压侧开关失灵，高低（中）压侧开关跳开，由于中（低）压侧无电源，故障主变压器失电。2 号主变压器故障，中（低）压侧开关失灵，保护动作后电网联络如图 6-28 所示。

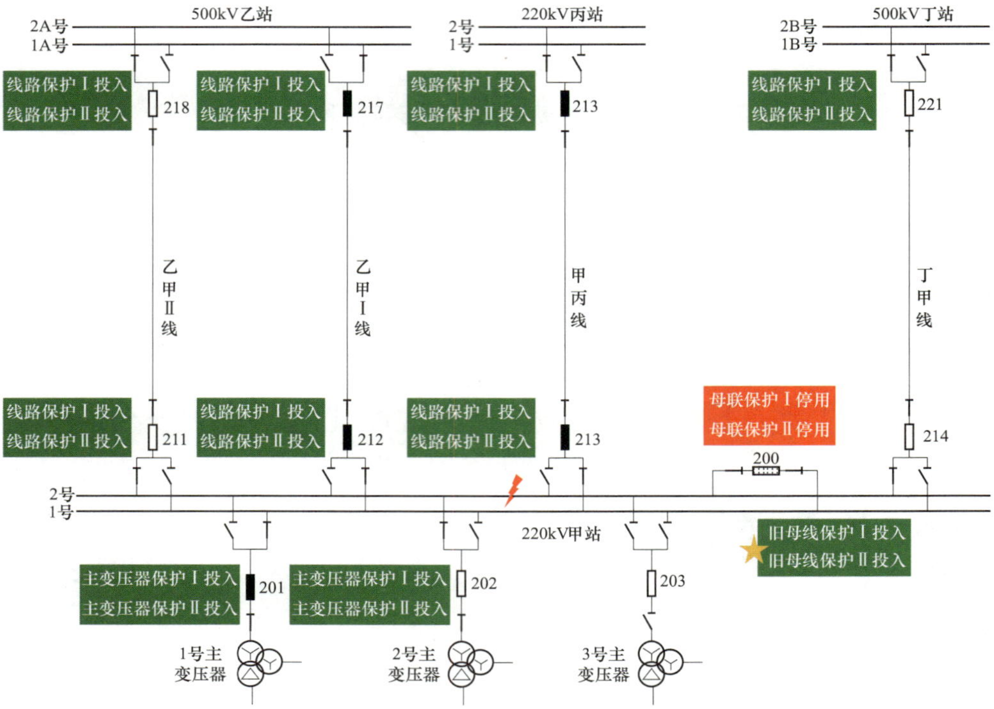

图 6-22　2 号母线故障保护动作后电网联络图

注：该部分图中，表示故障位置；表示保护动作；表示保护拒动或开关失灵；表示 TA 电流方向反向；表示动作开关。

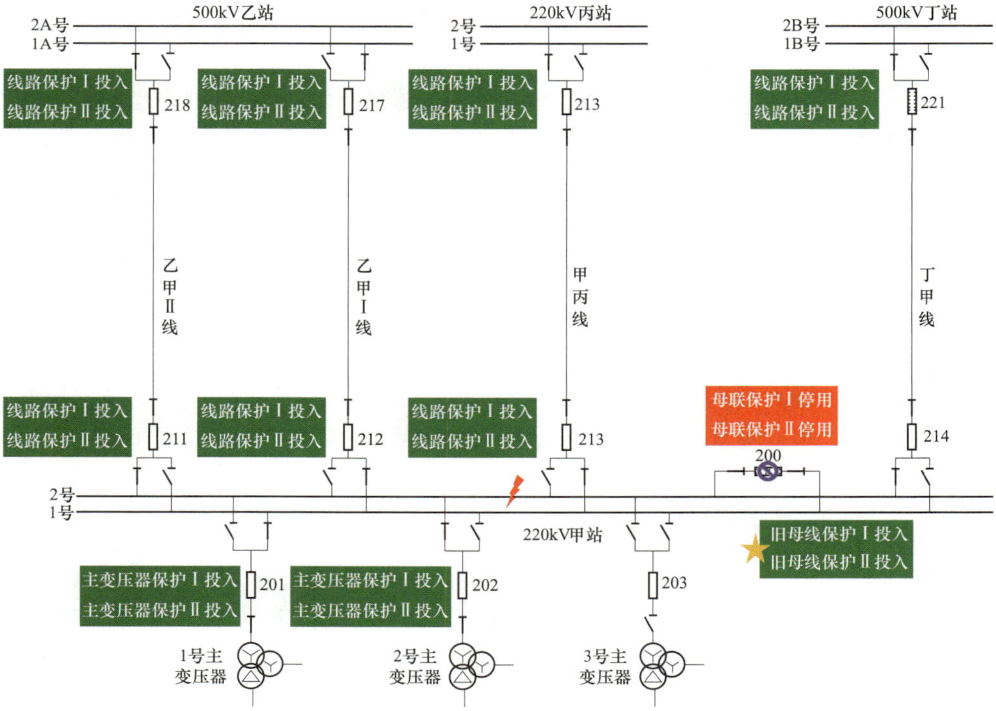

图 6-23　2 号母线故障，母联开关失灵，保护动作后电网联络图

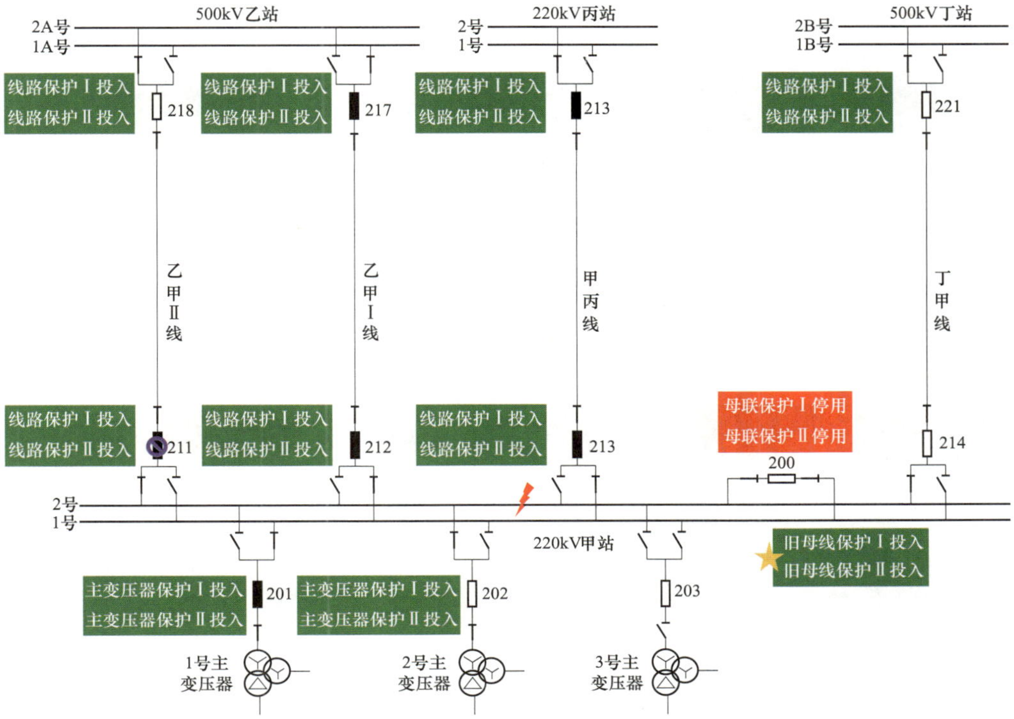

图 6-24　2 号母线故障，线路开关失灵，保护动作后电网联络图

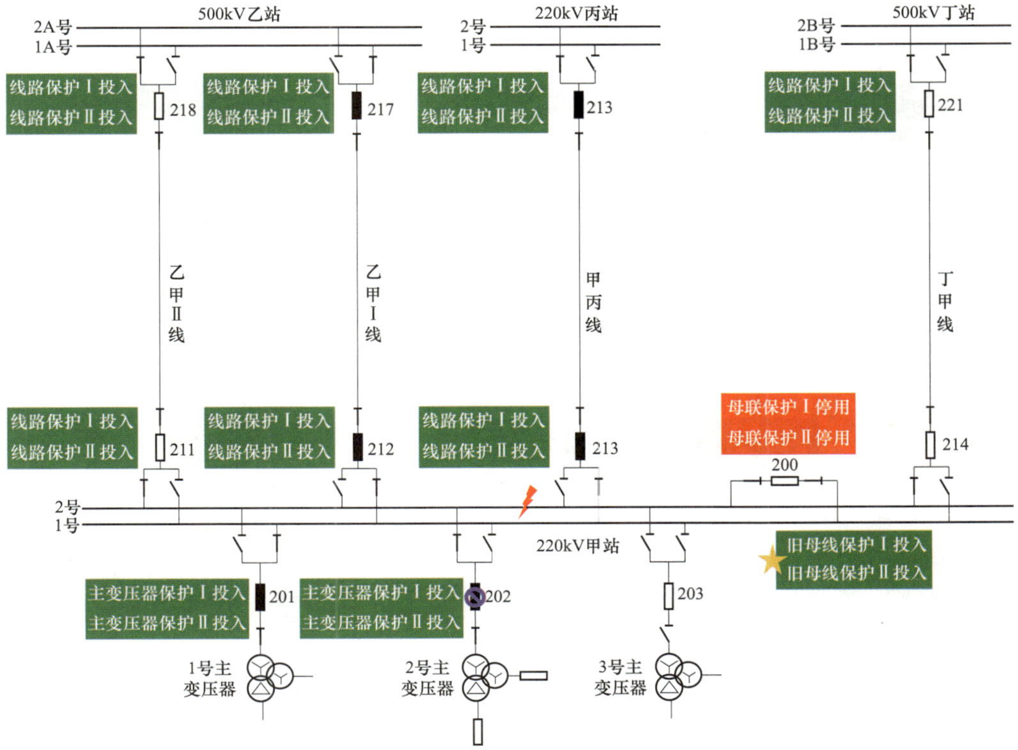

图 6-25　2 号母线故障，主变压器高压侧开关失灵，保护动作后电网联络图

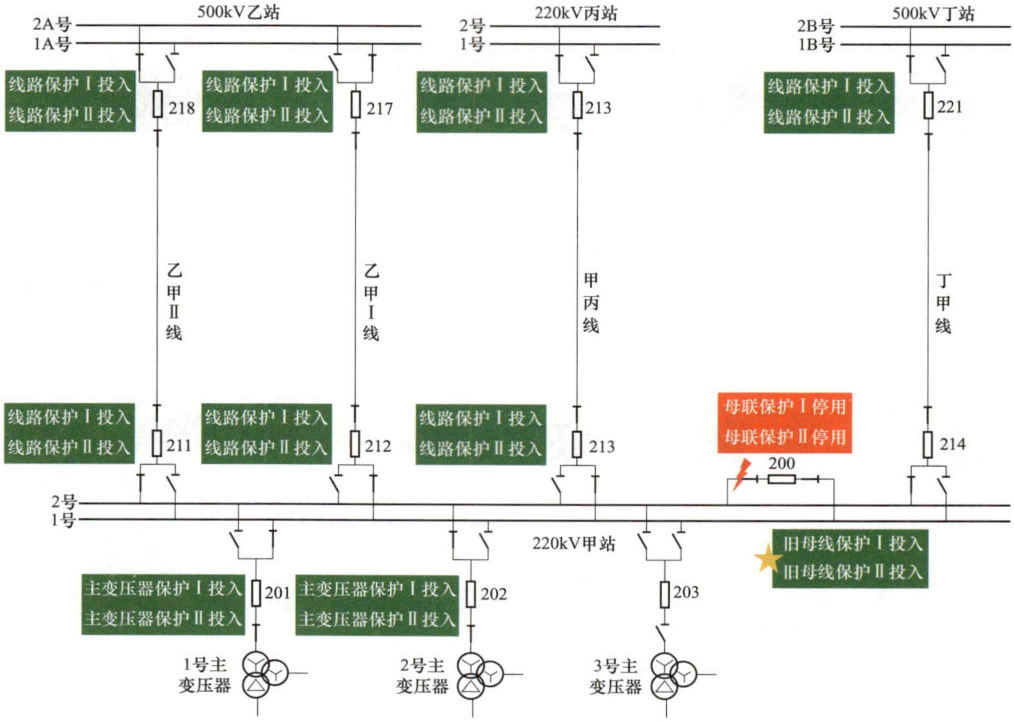

图 6-26　母联死区故障，保护动作后电网联络图

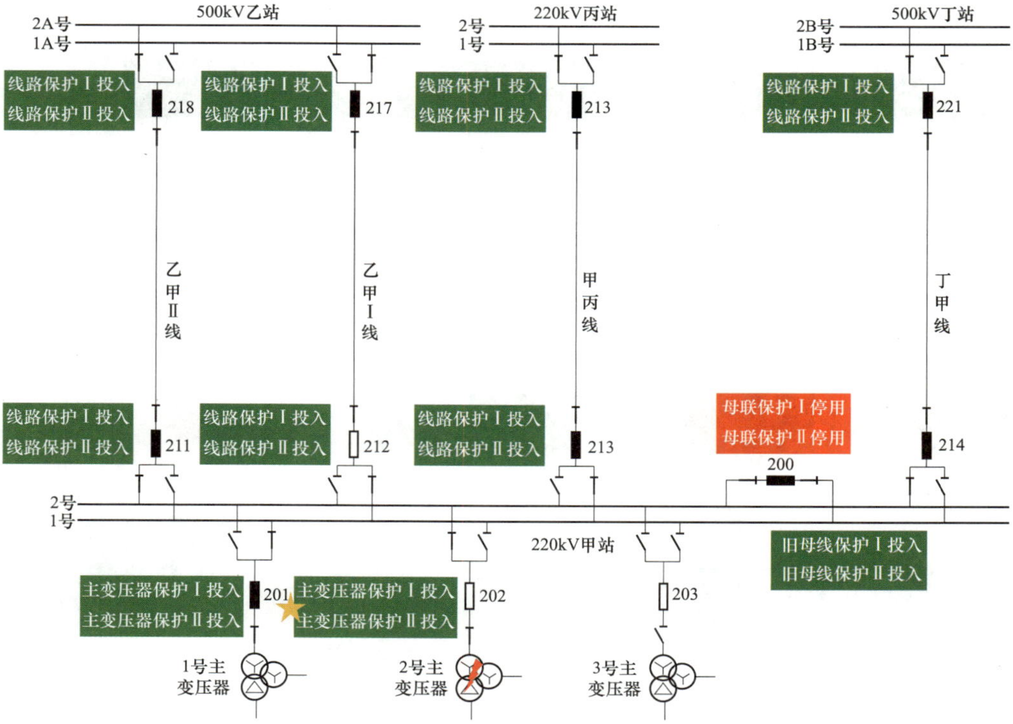

图 6-27　2 号主变压器故障，保护动作后电网联络图

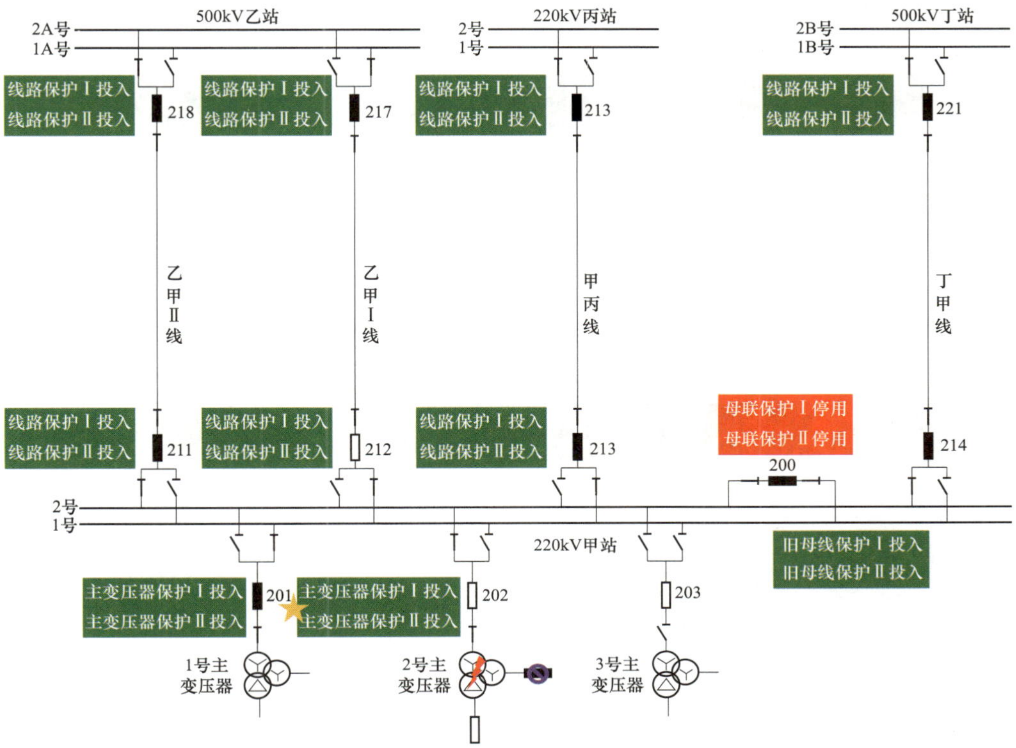

图 6－28　2 号主变压器故障，中（低）压侧开关失灵，保护动作后电网联络图

3）主变压器高压侧开关失灵，启动 220kV 母差失灵保护，跳开主变压器所在母线各侧开关，该条母线及主变压器失电。2 号主变压器故障，高压侧开关失灵，保护动作后电网联络如图 6－29 所示。

4）主变压器中压侧母线故障，中后备保护动作，若 110kV 母差保护未动，跳开中压侧开关；主变压器低压侧母线故障，低后备保护动作，跳开低压侧开关。110kV 母线故障，母差拒动，保护动作后电网联络如图 6－30 所示。

5）保护拒动或开关失灵时，主变压器高后备保护动作，跳开三侧开关。2 号主变压器中压侧或所带母线故障，中压侧开关拒动，保护动作后电网联络如图 6－31 所示。

（3）220kV 线路故障。

1）线路差动保护动作，故障切除，该线路失电。乙甲Ⅱ线故障，保护动作后电网联络如图 6－32 所示。

2）甲站侧开关失灵，启动 220kV 母差失灵保护，跳开线路所在母线各侧开关，远跳线路对侧开关，闭锁重合闸，该段母线及线路、主变压器失电。乙甲Ⅱ线故障，线路开关失灵，保护动作后电网联络如图 6－33 所示。

2. 220kV 母联开关停电

运行方式：220kV 母联开关及 2 号母线停电，1 号母线运行。

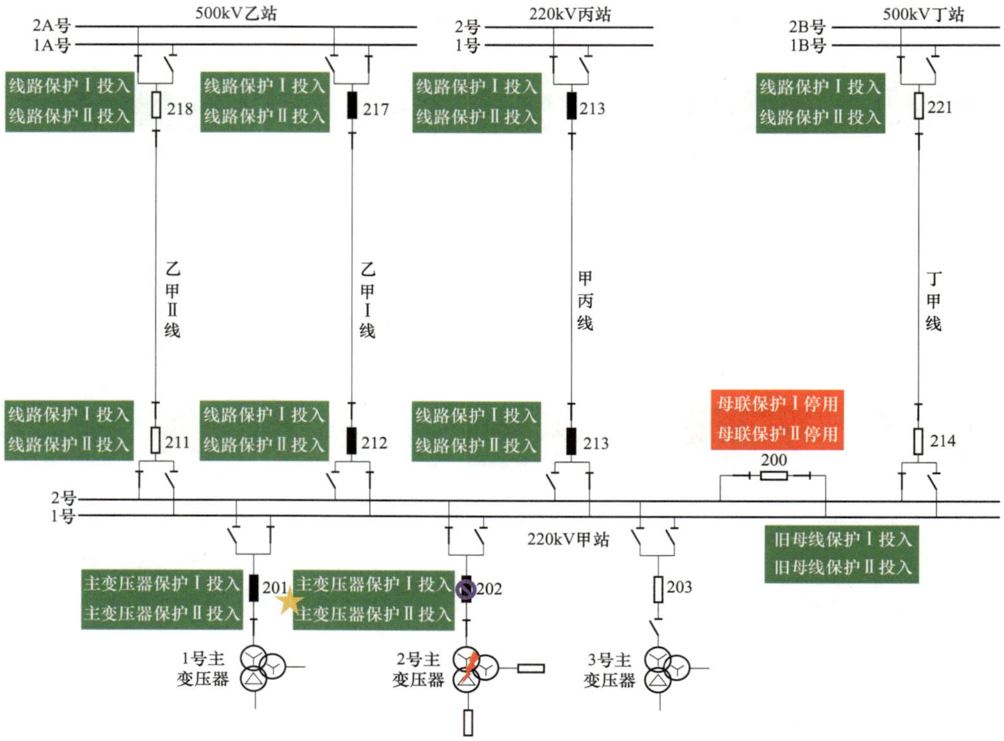

图 6–29　2 号主变压器故障，高压侧开关失灵，保护动作后电网联络图

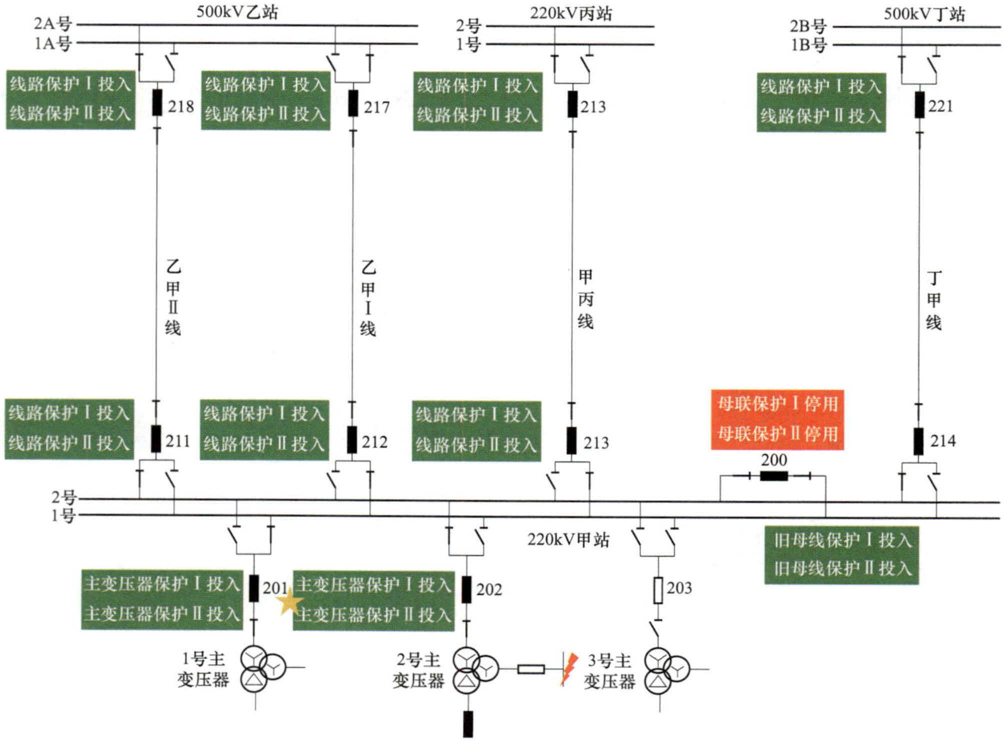

图 6–30　110kV 母线故障，母差拒动，保护动作后电网联络图

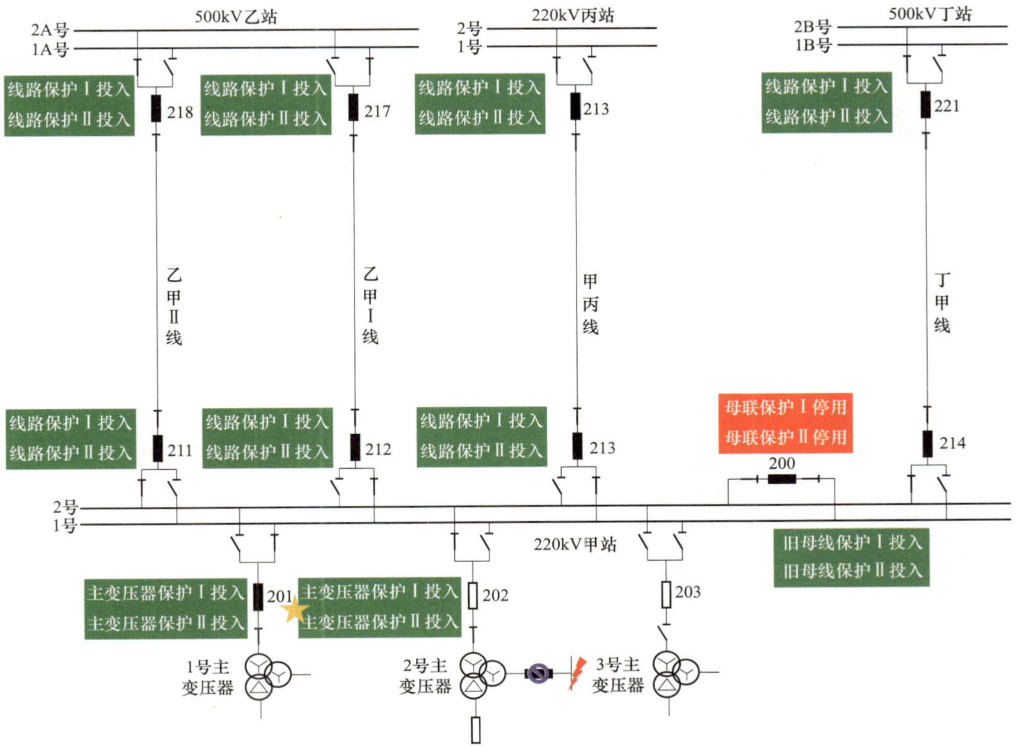

图 6－31　2 号主变压器中压侧或所带母线故障，中压侧开关拒动，保护动作后电网联络图

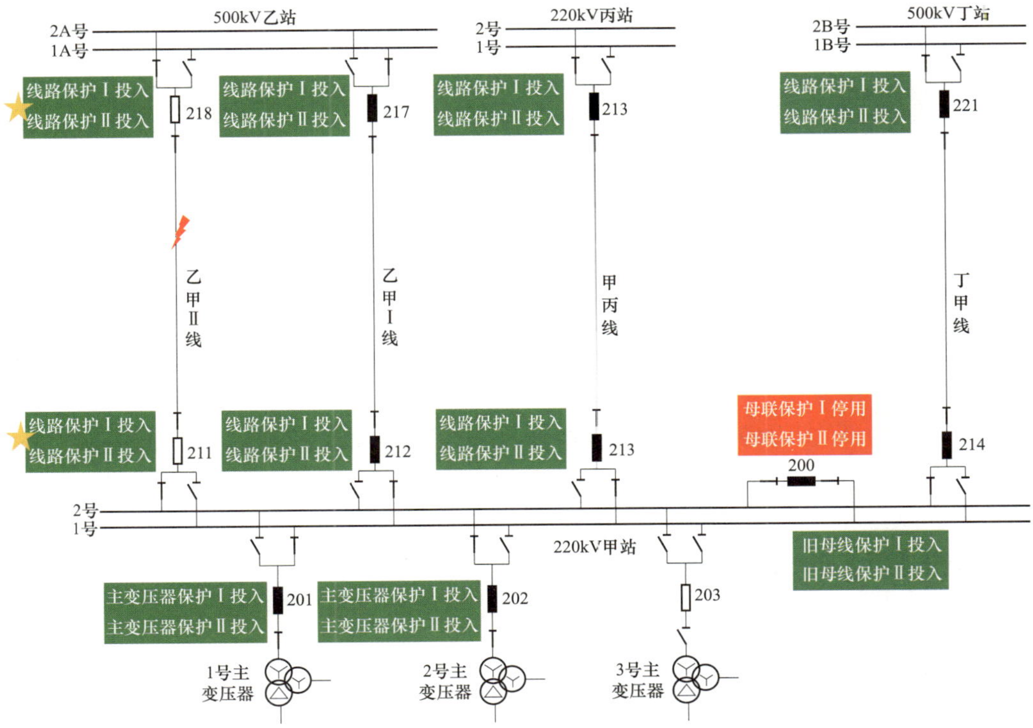

图 6－32　乙甲Ⅱ线故障，保护动作后电网联络图

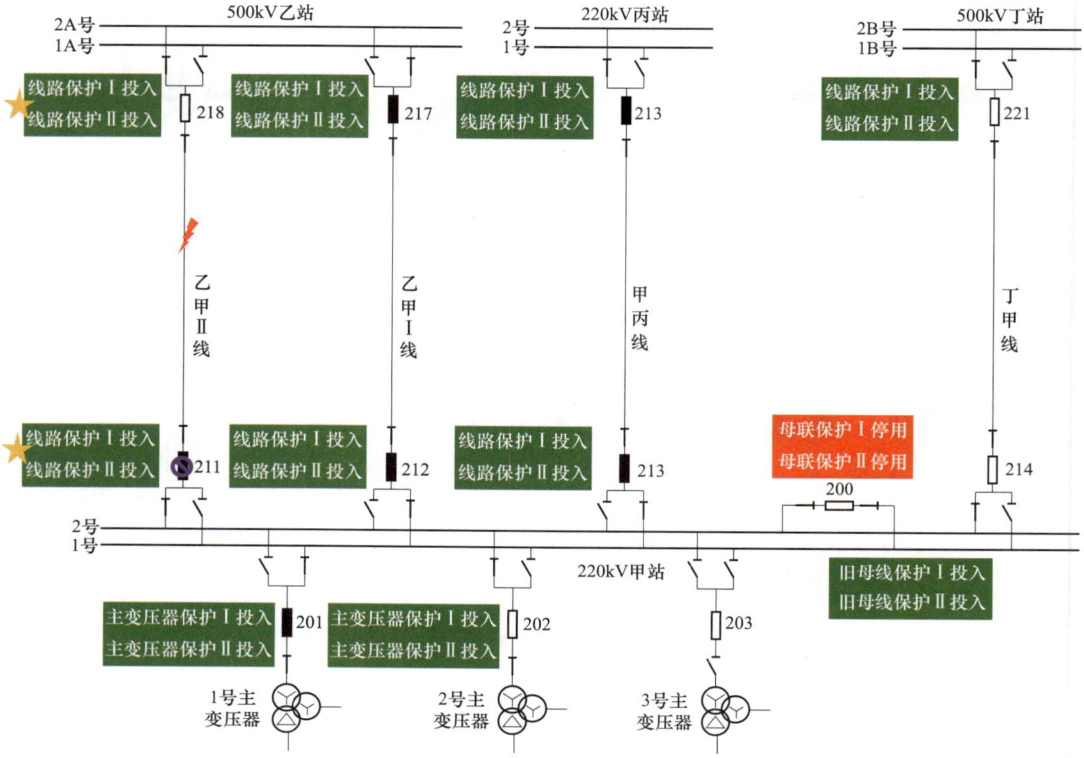

图 6－33　乙甲Ⅱ线故障，线路开关失灵，保护动作后电网联络图

风险点：

（1）旧母线保护Ⅰ（RCS－915）停用 2～4h 传动试验，期间旧母线保护Ⅱ（BP－2C）单套运行。

（2）旧母线保护Ⅰ（RCS－915）投入后，220kV 母联开关送电前，将旧母线保护Ⅱ（BP－2C）退运，仍为单套母线保护运行。

（3）220kV 母联开关送电时，旧母线保护Ⅰ（RCS－915）的母联间隔需向量测量，母线保护功能不完整。

存在问题如下：

（1）单套母线保护运行，母线故障时，母线保护存在拒动风险。

（2）如果 220kV 母联开关电流方向不正确，母线故障将导致母线保护切除两条母线，甲站全站失电。

预控措施：加强甲站内母线防护。

故障时保护动作分析如下：

（1）单套母线保护运行期间，220kV 母线故障。

1）220kV 母线保护动作，跳开故障母线所有出线、远跳线路对侧开关，闭锁重合闸。单套母线保护运行期间，母线故障，保护动作后电网联络如图 6－34 所示。

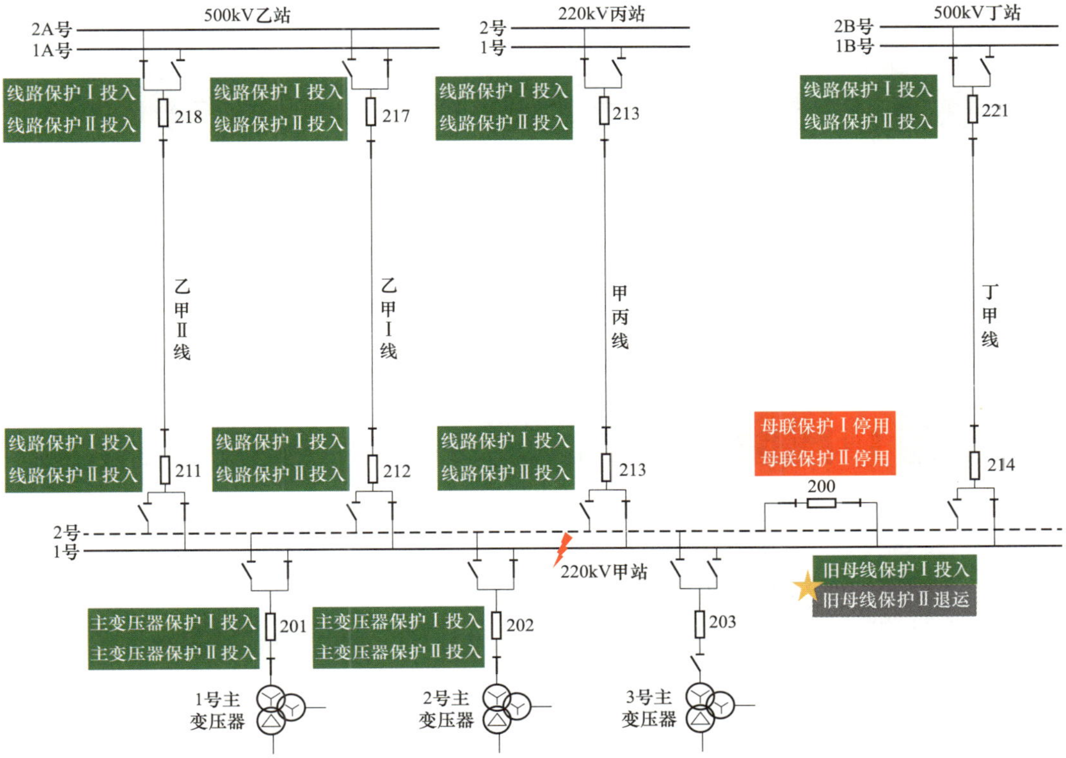

图 6－34　单套母线保护运行期间，母线故障，保护动作后电网联络图

2）220kV 母线保护拒动，两条母线上所有线路对侧后备保护动作跳闸。单套母线保护运行期间，母线故障，母线保护拒动，保护动作后电网联络如图 6－35 所示。

（2）220kV 母联开关送电时，220kV 母线故障（乙甲Ⅱ线在 2 号母线上）。

1）母联开关电流方向正确，220kV 母线保护动作，跳开母联、故障母线所有出线、远跳线路对侧开关，闭锁重合闸。母联开关送电时，母线故障，母联开关电流方向正确，保护动作后电网联络如图 6－36 所示。

2）母联开关电流方向不正确，220kV 母线保护动作，1、2 号母差相继动作跳开母线上所有开关、远跳线路对侧开关，闭锁重合闸。母联开关送电时，母线故障，母联开关电流方向不正确，保护动作后电网联络如图 6－37 所示。

3）母联死区故障，母联开关电流方向正确，母差动作跳开 1 号母线所有开关并远跳线路对侧开关，故障点未隔离，延时 150ms 后母联死区保护动作，跳开 2 号母线上所有开关、远跳线路对侧开关，闭锁重合闸。母联死区故障，母联开关电流方向正确，保护动作后电网联络如图 6－38 所示。

4）母联死区故障，母联开关电流方向不正确，跳开母联、故障母线所有出线、远跳线路对侧开关，闭锁重合闸，此处正确切除故障属于巧合。母联死区故障，母联开关电流方向不正确，保护动作后电网联络如图 6－39 所示。

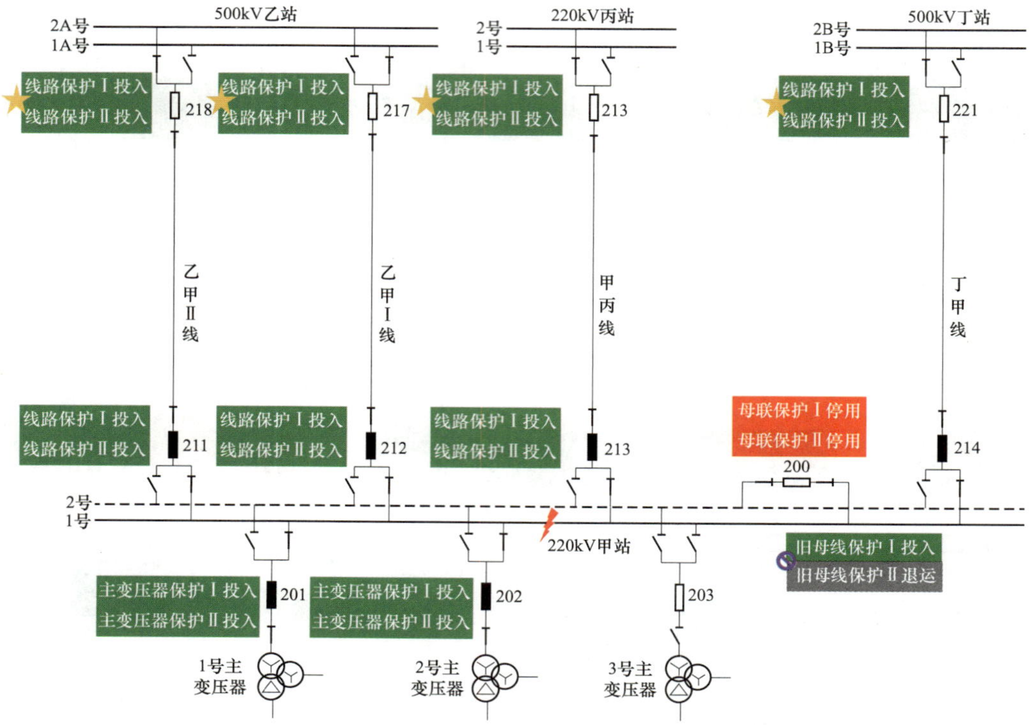

图6-35　单套母线保护运行期间，母线故障，母线保护拒动，保护动作后电网联络图

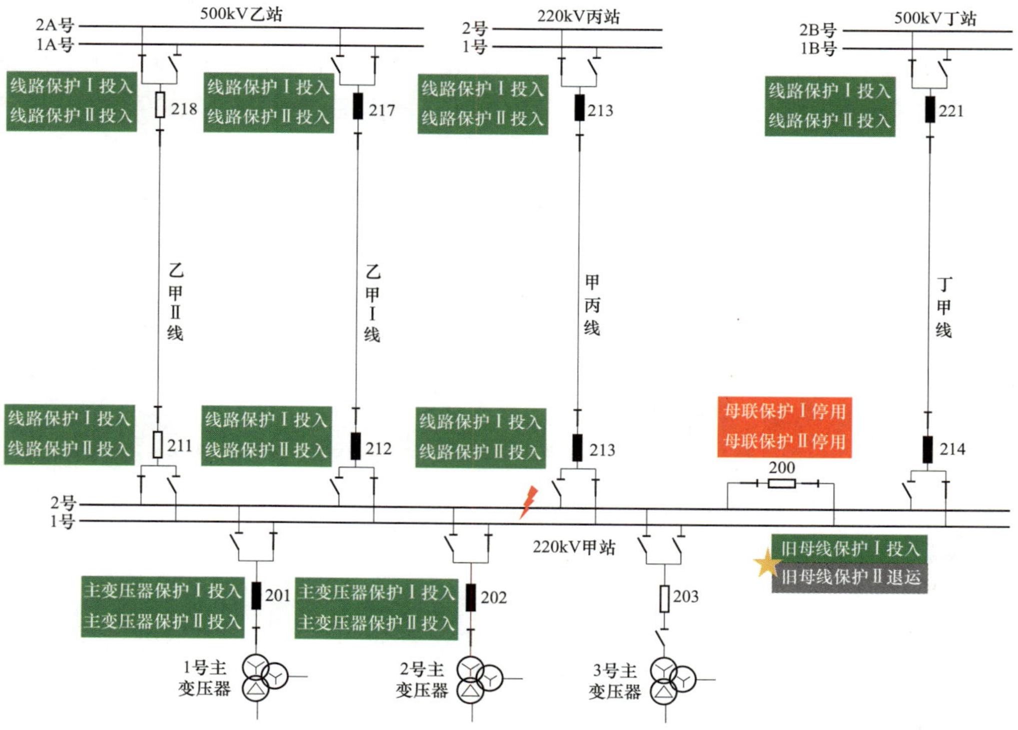

图6-36　母联开关送电时，母线故障，母联开关电流方向正确，保护动作后电网联络图

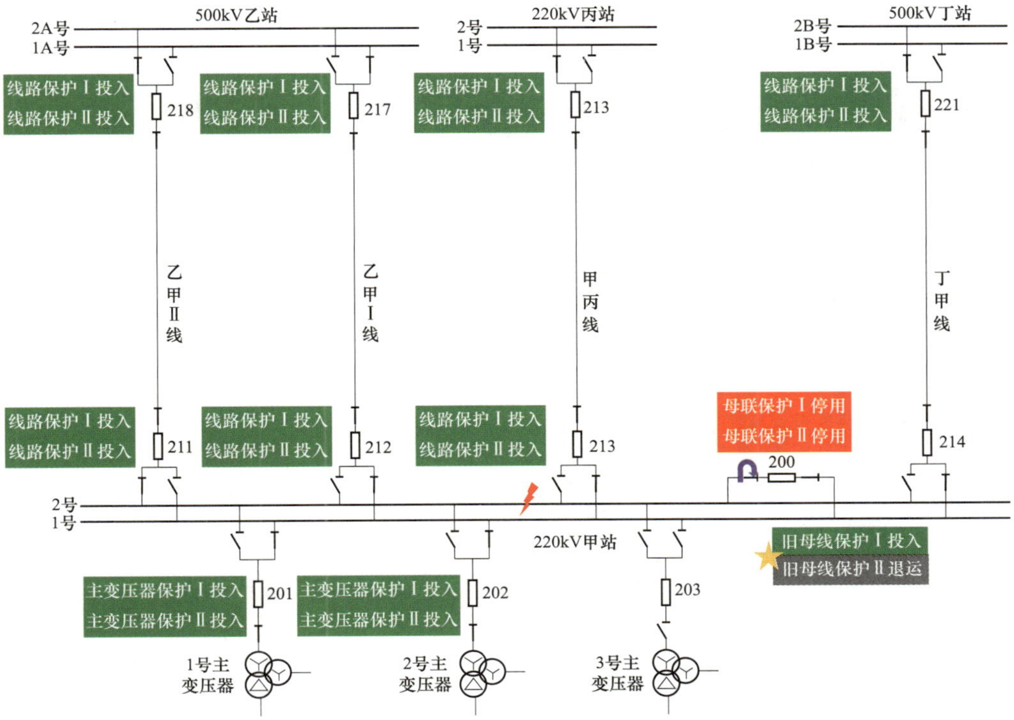

图 6-37　母联开关送电时，母线故障，母联开关电流方向不正确，保护动作后电网联络图

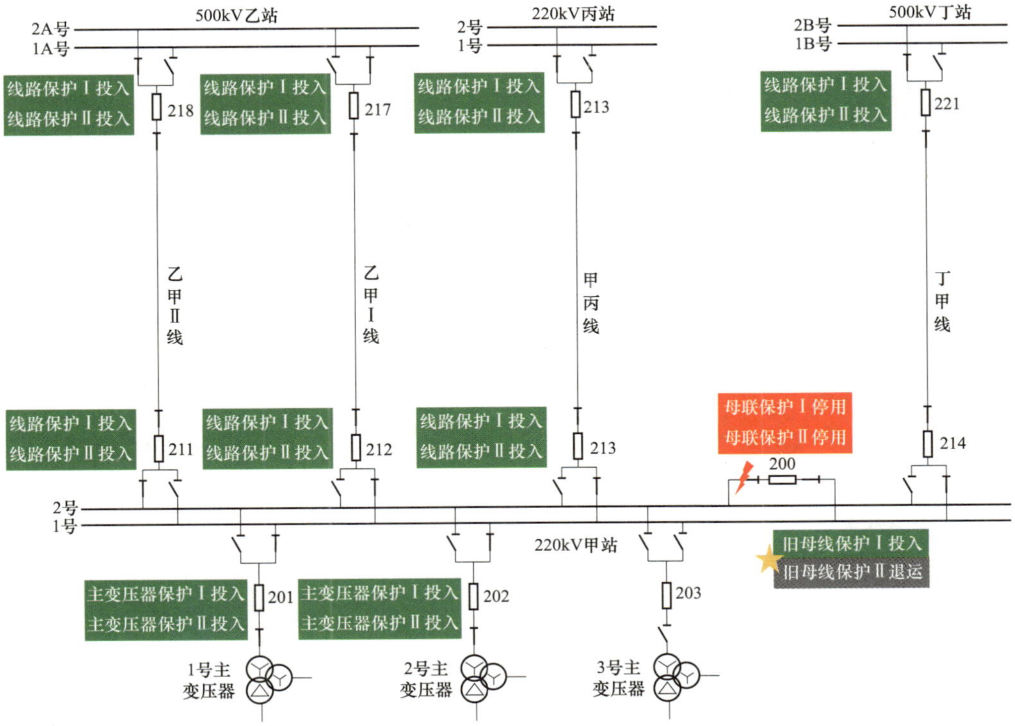

图 6-38　母联死区故障，母联开关电流方向正确，保护动作后电网联络图

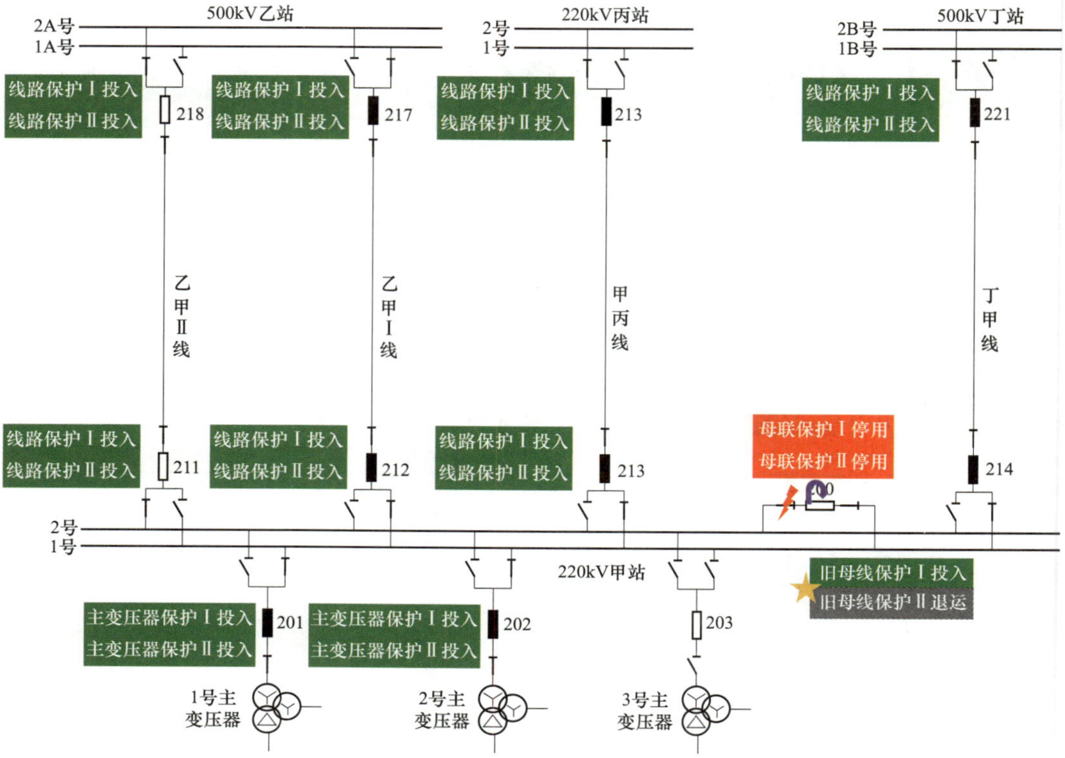

图 6－39　母联死区故障，母联开关电流方向不正确，保护动作后电网联络图

3. 丁甲线停电检修期间（母差保护退出）

风险点：9 月 13 日 220kV 母线保护Ⅰ RCS－915（旧）停用 2～4h（220kV 母线无保护运行）。

存在问题：220kV 母线故障，甲站各线路对侧后备保护动作跳闸，甲站全站失电。

预控措施：甲站 220kV 两套母差保护同时停用期间，为避免母线故障时全站停电，投入甲站双套母联 200 开关充电过电流保护并执行临时定值。

故障时保护动作分析如下：

（1）220kV 母线故障。

1）母联 200 开关保护动作，故障母线所连接 220kV 线路对侧后备保护动作，故障切除，故障母线、该母线所连接线路、所连接主变压器失电，无故障母线及主变压器继续运行。丁甲线停电期间，2 号母线故障，保护动作后电网联络如图 6－40 所示。

2）母联 200 开关保护拒动或开关失灵，两条母线所连接 220kV 线路对侧后备保护动作，故障切除，甲站全站失电。丁甲线停电期间，2 号母线故障，母联 200 开关保护拒动或开关失灵，保护动作后电网联络如图 6－41 所示。

3）任一线路对侧开关失灵，失灵保护动作，跳开所在母线所有开关。丁甲线停电期间，2 号母线故障，线路对侧开关失灵，保护动作后电网联络如图 6－42 所示。

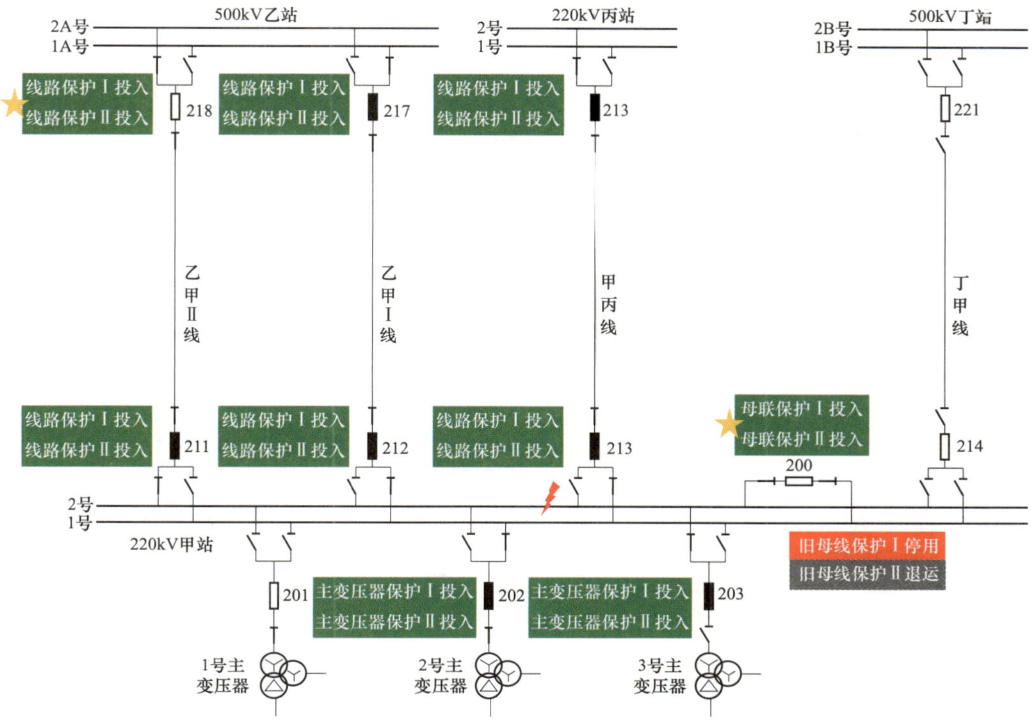

图 6–40 丁甲线停电期间，2 号母线故障，保护动作后电网联络图

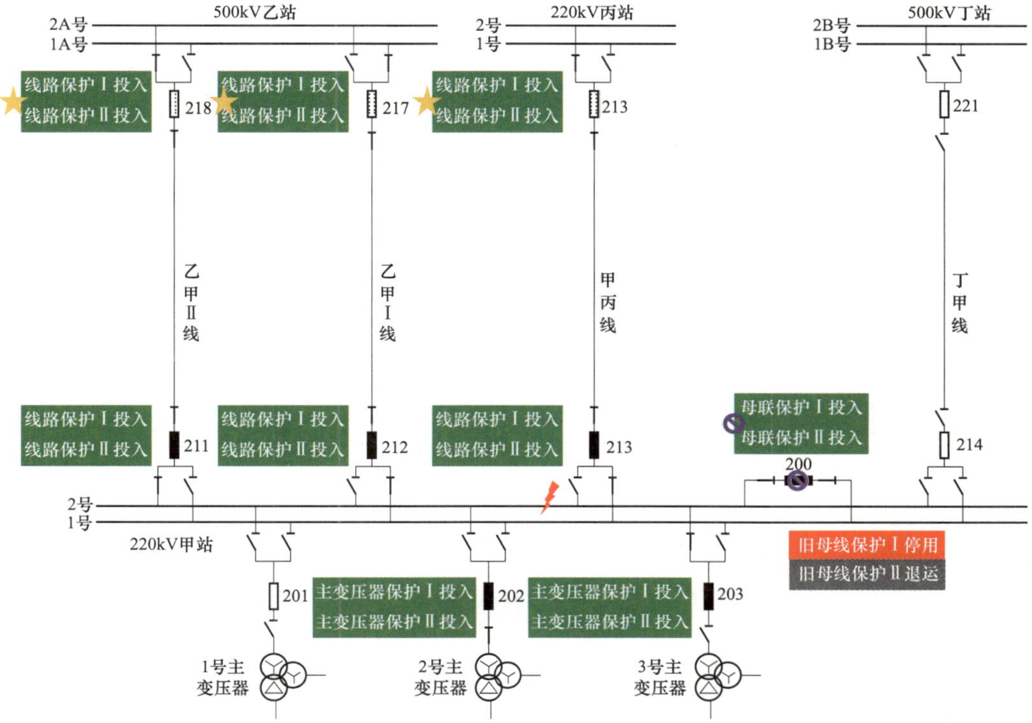

图 6–41 丁甲线停电期间，2 号母线故障，母联 200 开关保护拒动或开关失灵，保护动作后电网联络图

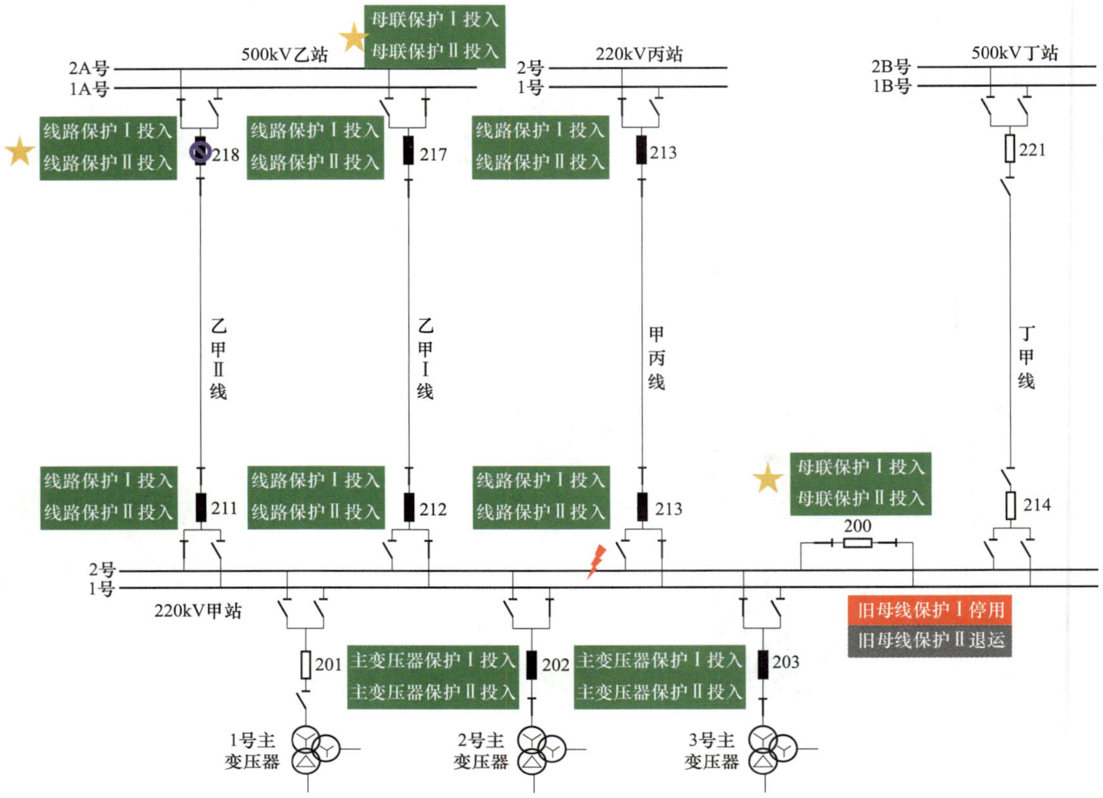

图 6-42 丁甲线停电期间，2 号母线故障，线路对侧开关失灵，保护动作后电网联络图

4）任一线路对侧后备保护拒动，因保护双套配置，该情况不考虑。

5）母联死区故障，母联 200 开关保护先动作，将母线解环，死区所在母线所连接 220kV 线路对侧后备保护动作，故障切除；另一侧母线所连接 220kV 线路对侧后备保护返回。

丁甲线停电期间，母联死区故障，保护动作后电网联络如图 6-43 所示。

（2）220kV 主变压器故障。

主变压器高压侧开关失灵，则需依靠甲站母联开关保护、母线上其他线路对侧后备保护跳闸，需要提前核算临时定值并改定值，准备及恢复工作复杂；由于母差保护同时停用时间短，而且此故障属于复故障，因此认为其发生概率极低，对该情况决定不考虑。

3 号主变压器故障，高压侧开关失灵，保护动作后电网联络如图 6-44 所示。

（3）220kV 线路故障。甲站侧开关失灵，则需依靠甲站母联开关保护、母线上其他线路对侧后备保护跳闸，需要提前核算临时定值并改定值，准备及恢复工作复杂；由于母差保护同时停用时间短，而且此故障属于复故障，因此认为其发生概率极低，因此对该情况决定不考虑。

乙甲Ⅰ线故障，线路开关失灵，保护动作后电网联络如图 6-45 所示。

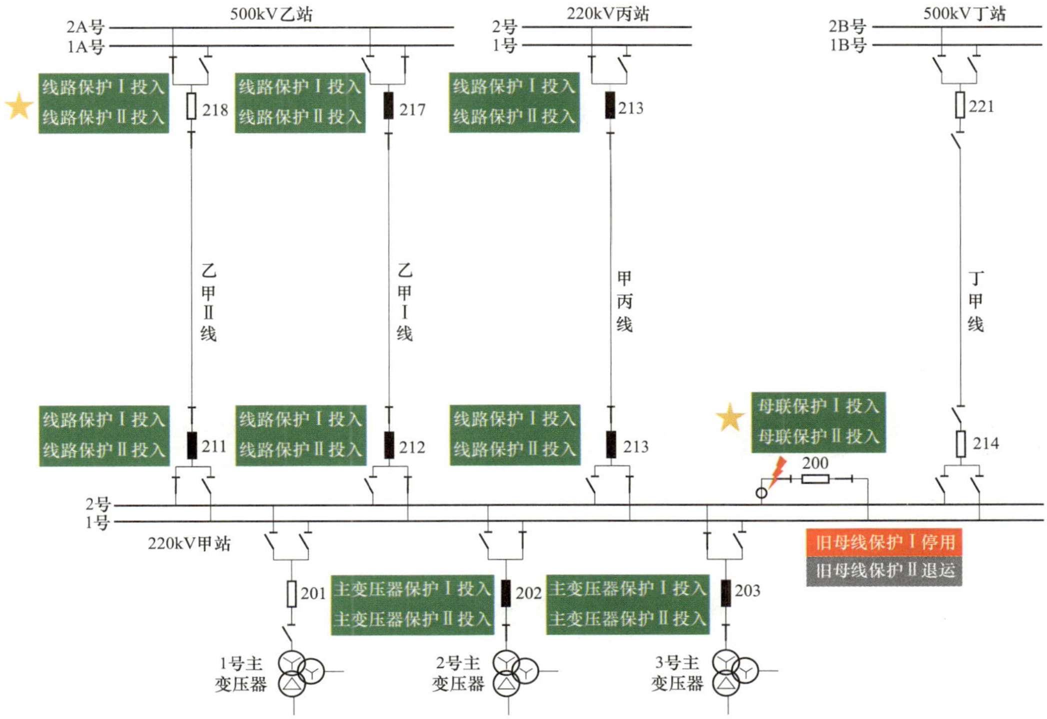

图 6-43 丁甲线停电期间，母联死区故障，保护动作后电网联络图

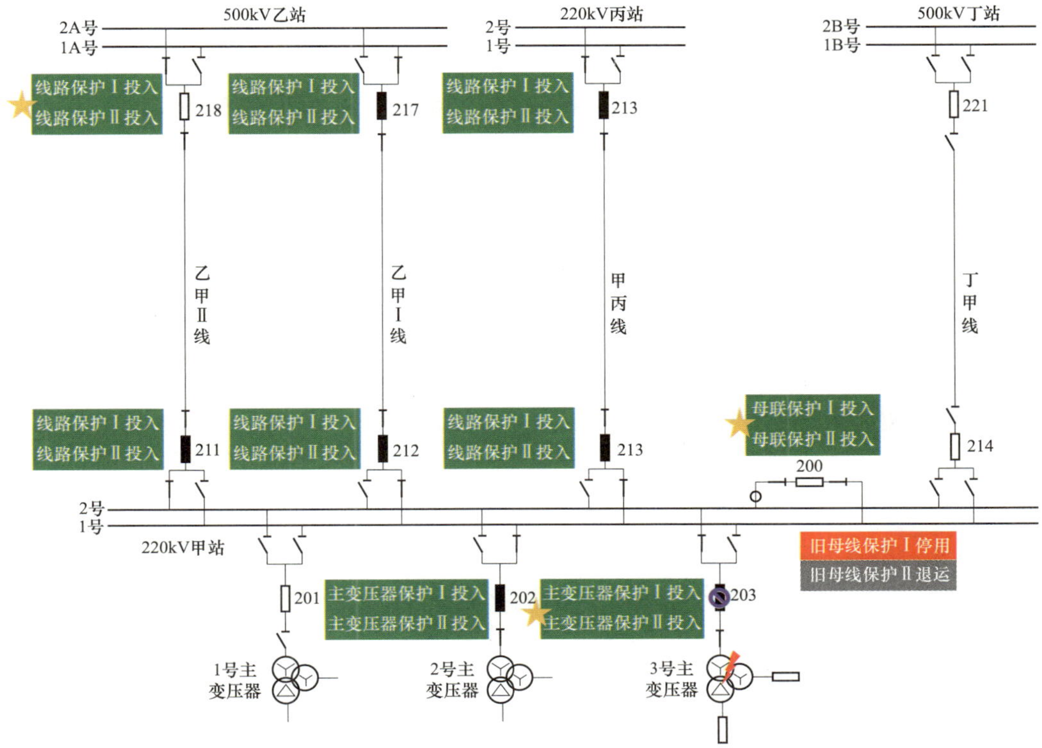

图 6-44 3 号主变压器故障，高压侧开关失灵，保护动作后电网联络图

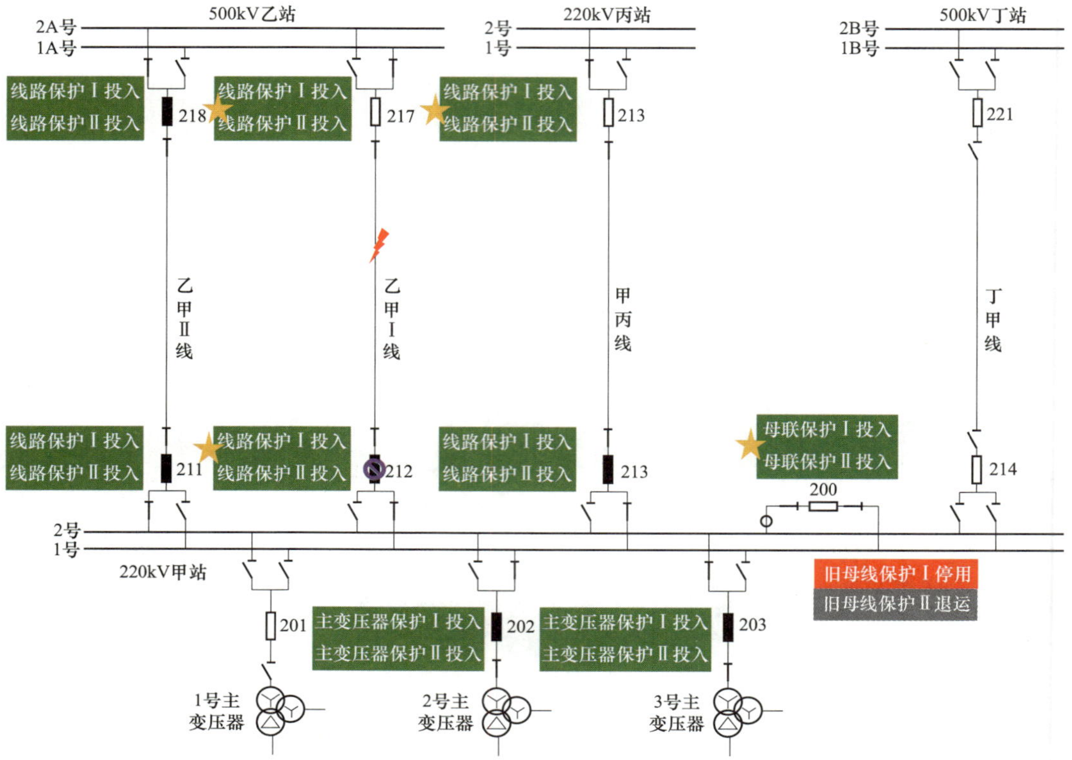

图 6-45　乙甲Ⅰ线故障，线路开关失灵，保护动作后电网联络图

4. 丁甲线完工送电期间

风险点：向量测量正确前，丁甲线两侧线路保护、甲站 220kV 母线保护（丁甲线间隔）不可靠。

存在问题：丁甲线故障，线路保护可能拒动；甲站 220kV 母线故障，母线保护可能拒动。

预控措施：丁甲线送电时，需两侧空出母线（甲站空 2 号母线、丁站空 2B 号母线），使用母联（分段）开关充电过电流保护并执行临时定值。

故障时保护动作分析如下：

（1）送电过程中 220kV 丁甲线故障。

1）丁甲线两侧电流方向不正确，则甲站 220kV 母联 200 开关、丁站 220kV 分段 22F 开关过电流保护动作，跳开甲站 220kV 母联 200 开关、丁站 220kV 分段 22F 开关，甲站 220kV 2 号母线、丁站 220kV 2B 号母线、丁甲线线路失电。

送电过程中丁甲线故障，两侧电流方向不正确，保护动作后电网联络如图 6-46 所示。

2）线路开关失灵，失灵保护动作，跳开母联（分段）开关。送电过程中丁甲线故障，线路开关失灵，保护动作后电网联络如图 6-47 所示。

3）线路开关失灵且母联（分段）开关失灵，母联失灵保护动作，跳开母线上所有开关。送电过程中丁甲线故障，线路开关失灵且母联（分段）开关失灵，保护动作后电网联络如图 6-48 所示。

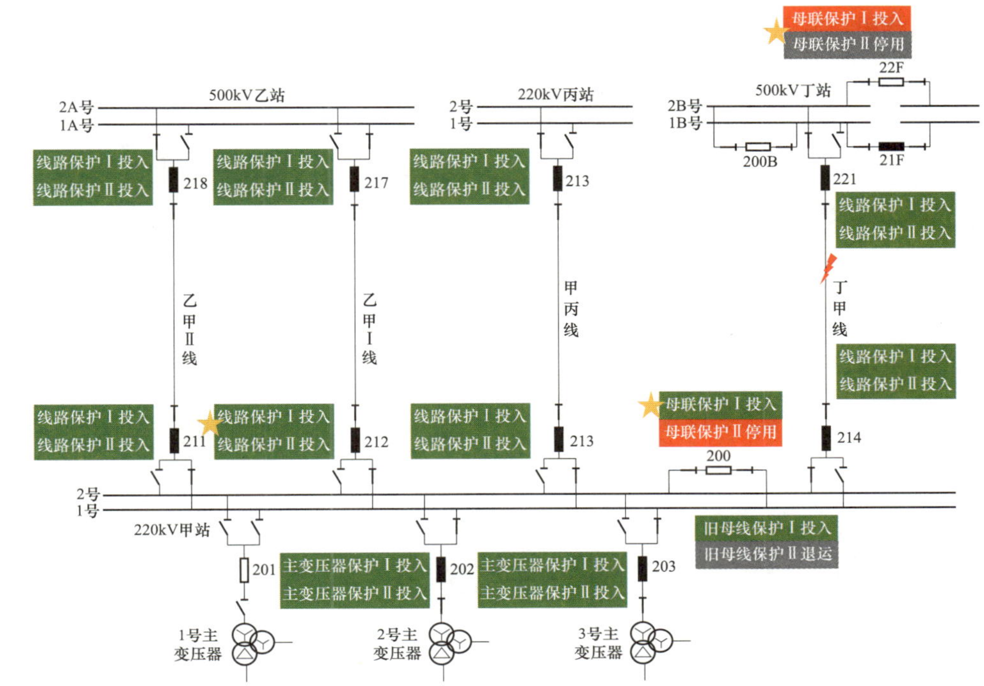

图6－46　送电过程中丁甲线故障，两侧电流方向不正确，保护动作后电网联络图

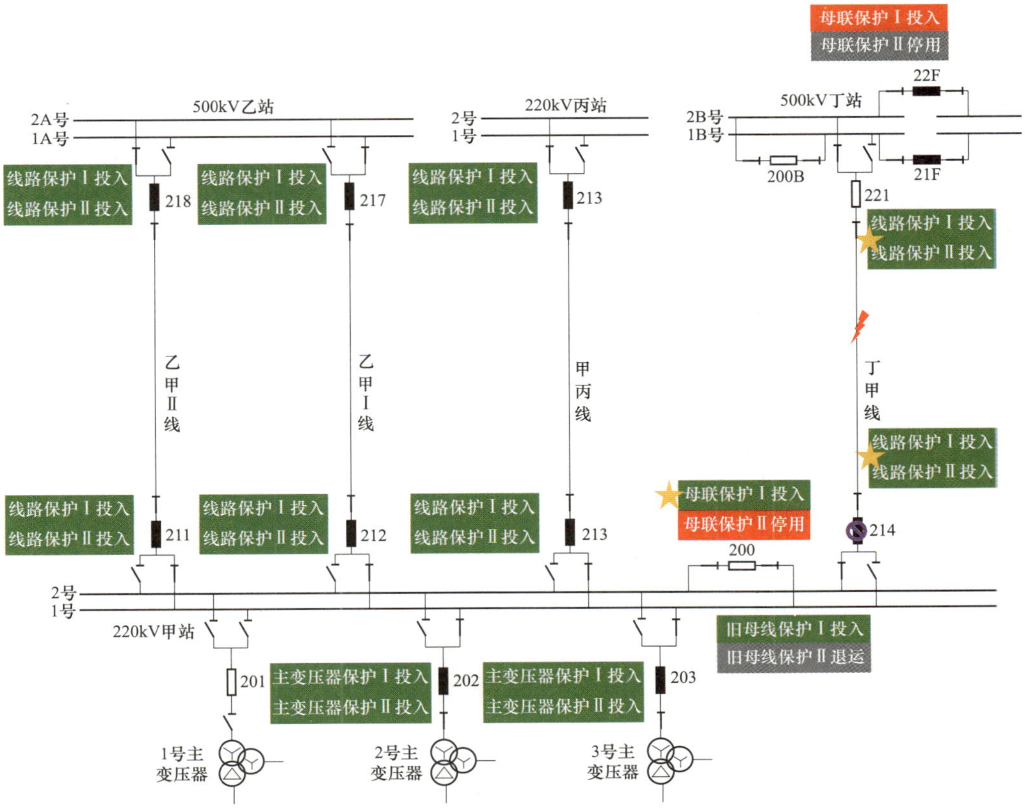

图6－47　送电过程中丁甲线故障，线路开关失灵，保护动作后电网联络图

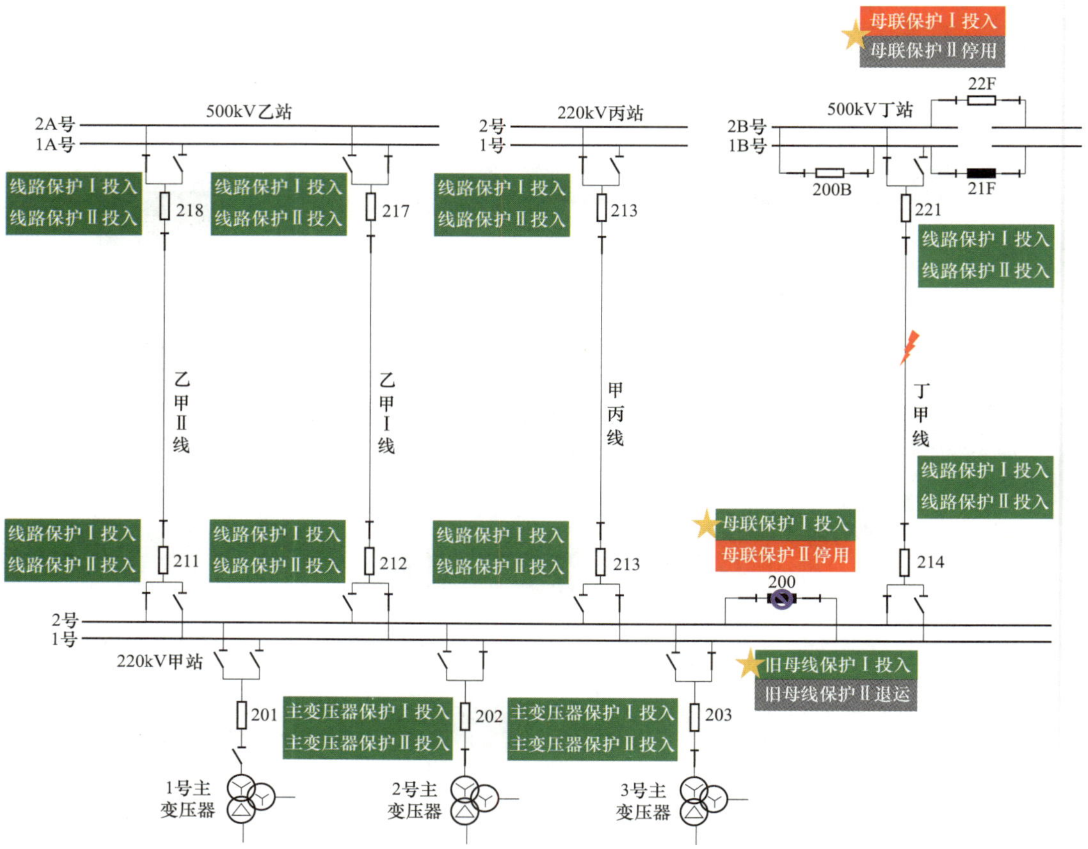

图 6-48　送电过程中丁甲线故障，线路开关失灵且母联（分段）开关失灵，保护动作后电网联络图

（2）甲站 220kV 母线故障。

1）220kV 甲站 2 号母线故障，220kV 母线保护向量不正确，220kV 母联 200 开关过电流保护动作，丁站 220kV 分段 22F 开关过电流动作，跳开甲站 220kV 母联 200 开关、丁站 220kV 分段 22F 开关，甲站 220kV 2 号母线、丁站 220kV 2B 号母线、丁甲线线路失电。

2 号母线故障，母线保护向量不正确，保护动作后电网联络如图 6-49 所示。

2）母线保护拒动，母联充电过电流保护、故障母线上所连接线路对侧后备保护动作跳闸。2 号母线故障，母线保护拒动，保护动作后电网联络如图 6-50 所示。

5. 最后一天送电

运行方式：送乙甲Ⅱ线、2 号主变压器。送电前，先将新母线保护Ⅱ（NSR-371）投跳闸，再将旧母线保护Ⅰ（RCS-915）退运。送电完成后，再完善新母线保护Ⅰ（PCS-915）接线并投入。

风险点：

（1）新母线保护Ⅱ（NSR-371）单套运行。

（2）向量测量正确前，乙甲Ⅱ线两侧线路保护、甲站 220kV 母线保护（乙甲Ⅱ线、2 号主变压器间隔）不可靠。

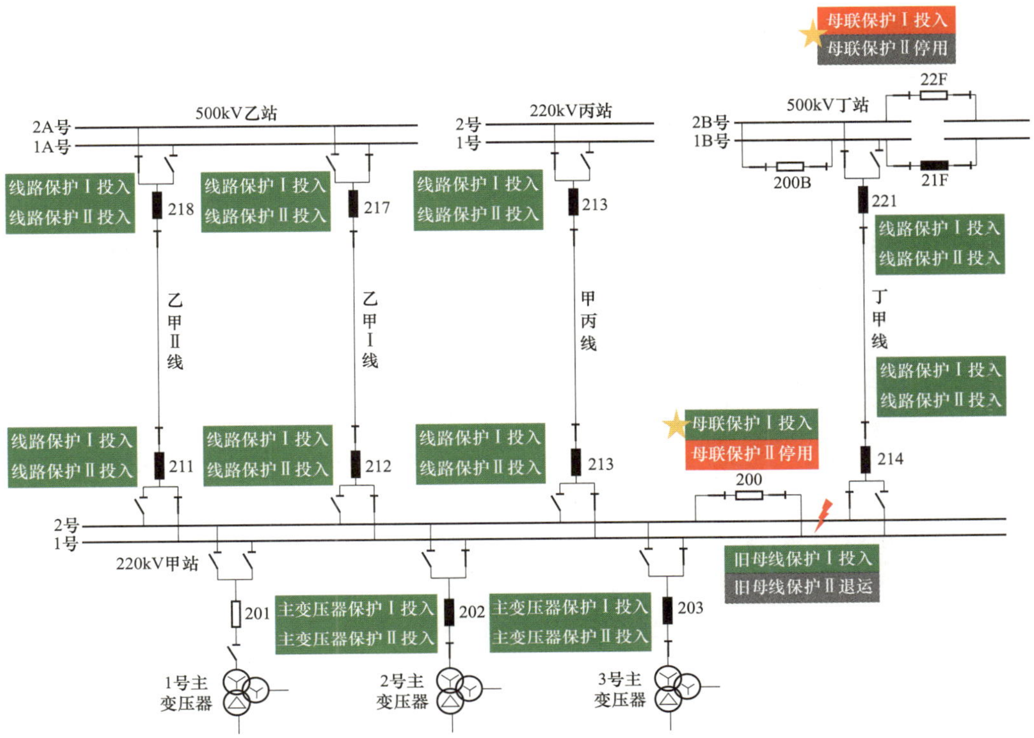

图 6－49　2 号母线故障，母线保护向量不正确，保护动作后电网联络图

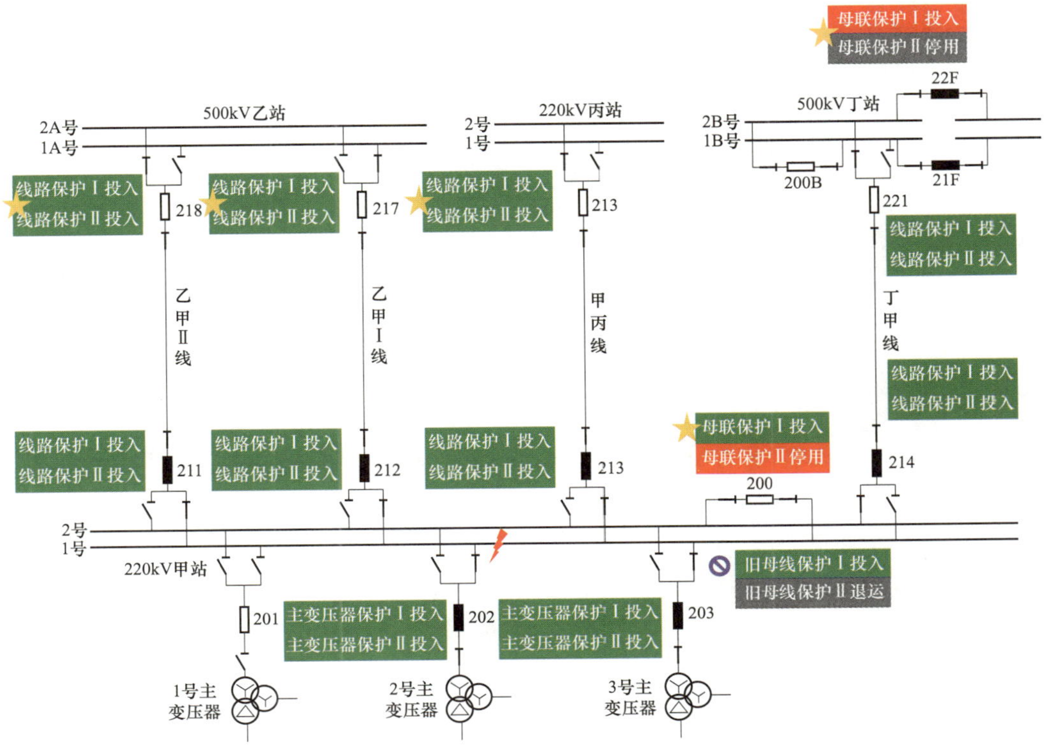

图 6－50　2 号母线故障，母线保护拒动，保护动作后电网联络图

存在问题如下：

（1）单套母线保护运行，母线故障时，母线保护存在拒动风险。

（2）如电流向量错误，乙甲Ⅱ线故障，线路保护可能拒动；甲站 220kV 母线故障，母线保护可能拒动；2 号主变压器故障，主变压器保护可能拒动。

预控措施如下：

（1）乙甲Ⅱ线送电时，需两侧空出母线（甲站空 2 号母线、乙站空 1A 号母线），使用母联（分段）开关充电过电流保护并执行临时定值。

（2）2 号主变压器送电时，甲站空 2 号母线，使用母联（分段）开关充电过电流保护并执行临时定值。

故障时保护动作分析：与前面分析类似，不再赘述。

（五）甲站二次改造后的电流回路

线路间隔电流回路示意如图 6－51 所示。母联间隔电流回路示意如图 6－52 所示。主变压器间隔电流回路示意如图 6－53 所示。

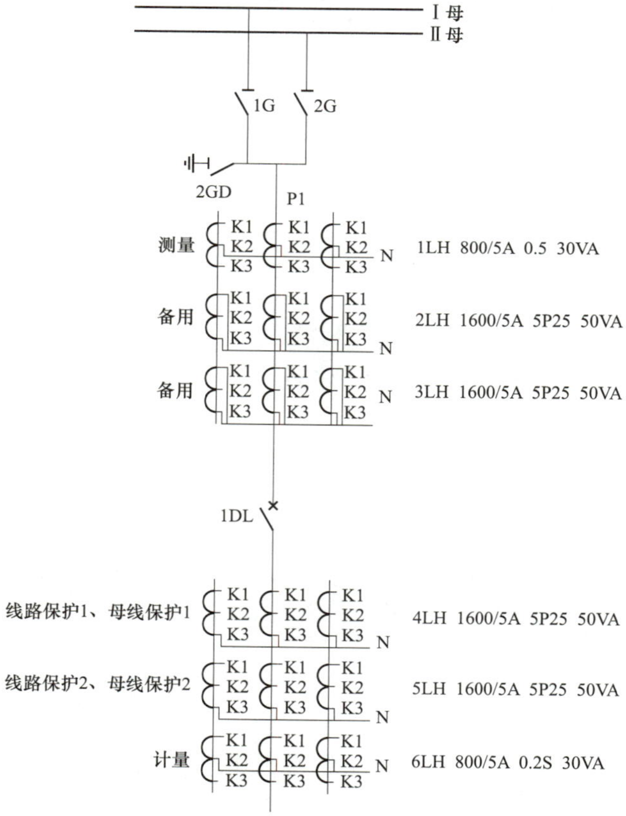

图 6－51 线路间隔电流回路示意图

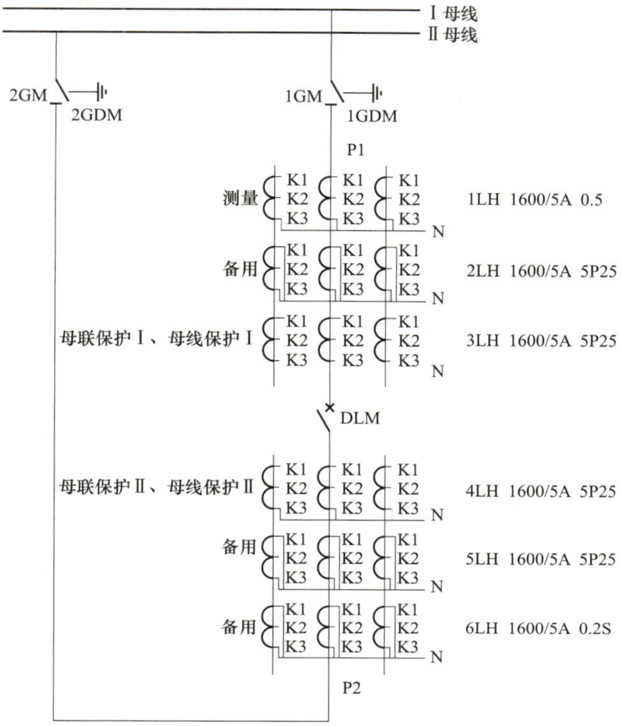

图 6－52　母联间隔电流回路示意图

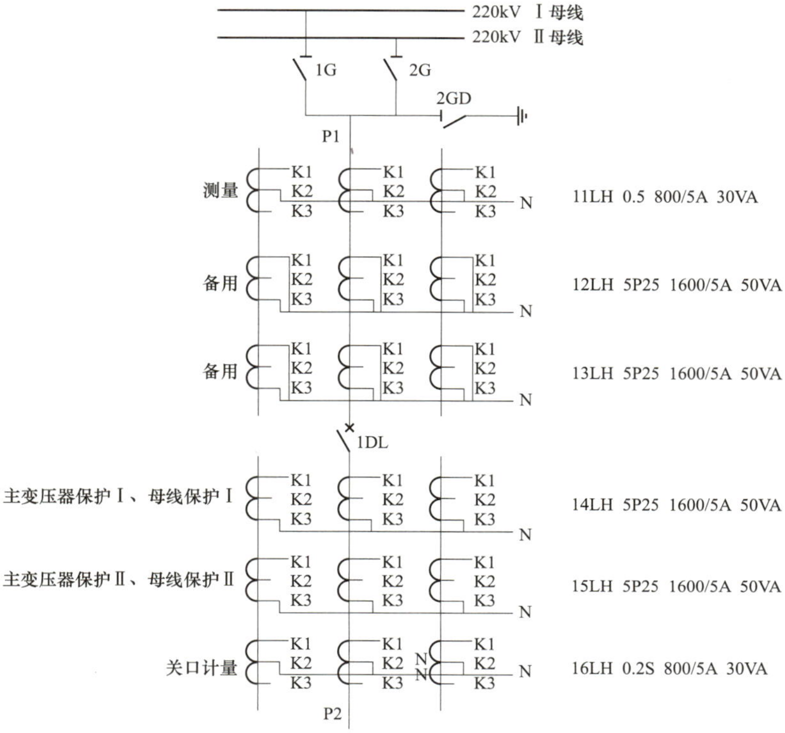

图 6－53　主变压器间隔电流回路示意图

第三节　220kV 线路旁路代路及旁路送电二次风险分析预控

一、正常一次设备运行方式

（1）地区网内 220kV 线路正常两侧开关均合环运行。

（2）地区间联络线正常一侧充电，另一侧热备用。

（3）地区内部个别线路因电网正常运行需求，需一侧热备用解环运行。

（4）旁路母线、旁路开关正常冷备用。

（5）母联兼旁路开关正常做母联开关，母联并列运行方式。

二、正常二次设备运行方式

（1）220kV 线路均配置双套差动保护，每一套均配置距离、零序作为后备保护。

（2）旁路开关将被代线路开关的所有第二套差动定值按照定值在不同的定值区进行整定存储，每条线对应不同的定值区，操作前需将定值切至对应的线路定值。

（3）旁路开关一般配置一套保护装置，包含纵差保护、距离保护和零序保护，纵差保护通道可以切换至被代线路本侧某套保护通道，该通道对应对侧该套纵差保护通道（以下以第二套为例）。

（4）倒旁路操作过程共涉及五套保护装置，即甲线 A 侧保护Ⅰ、Ⅱ，甲线 B 侧保护Ⅰ、Ⅱ，A 侧旁路保护Ⅱ（旁路只有一套保护，文中命名为旁路保护Ⅱ），每套装置均包含纵差保护、距离保护与零序保护功能，文中均针对 A 侧保护Ⅰ、Ⅱ，B 侧保护Ⅰ、Ⅱ及旁路保护Ⅱ做具体分析。正常各保护运行状态如下：

1）A 侧保护Ⅰ、Ⅱ，B 侧保护Ⅰ、Ⅱ及旁路保护Ⅱ均处于运行状态。

2）A 侧保护Ⅱ通道切换至旁路保护Ⅱ时，A 侧保护Ⅱ纵差保护功能停用，A 侧保护Ⅱ后备保护仍正常运行。

三、220kV 线路差动保护动作逻辑及功能

以下均以 PCS－931A－G－RPLD 型号的统一版本为例说明，保护型号或版本不同，动作逻辑可能存在差别。

（1）纵联差动保护动作条件。

1）本侧电气量启动（相电流突变、零序电流、低电压等）。

2）满足差流动作判据。

3）收到对侧允许令。

（2）本侧向对侧发允许令条件。

本侧开关电气量启动或开关在分位且无电流。

满足差流动作判据，即开关在合位，电气量启动且满足差流动作判据；或开关在分位，无电流，且满足差流动作判据。

（3）满足差流动作判据，须符合差动动作方程：

$$\begin{cases} I_{\text{CD}\phi} > 0.6 \times I_{\text{R}\phi} \\ I_{\text{CD}\phi} > I_{\text{CDZD}} \end{cases}$$
$$\phi = A, B, C$$

$I_{\text{CD}\phi}$ 为差动电流，$I_{\text{CD}\phi}=|\dot{I}_{\text{M}\phi}+\dot{I}_{\text{N}\phi}|$ 为两侧电流矢量和的幅值。

$I_{\text{R}\phi}$ 为制动电流，$I_{\text{R}\phi}=|\dot{I}_{\text{M}\phi}-\dot{I}_{\text{N}\phi}|$ 为两侧电流矢量差的幅值。

I_{CDZD} 为差流整定值。

（4）纵差保护动作行为差异。纵差保护满足条件动作，两侧开关均合位运行时，两侧保护装置纵差保护均动作出口；两侧开关一侧合位、一侧分位运行时，开关合位侧保护装置纵差保护动作出口，开关分位侧保护装置纵差保护动作行为因厂家逻辑不同而存在差异，其中南瑞继保、长园深瑞、北京四方、国电南自纵差保护不动作，南瑞科技与许继纵差保护动作。以下均按南瑞继保纵差保护动作行为进行分析。

四、220kV 线路后备保护整定原则

（一）距离保护

1. 距离Ⅰ段

按可靠躲过本线路末端故障整定，宜取 0.75 Z_{L}（Z_{L} 为线路正序阻抗，余同）。其中，小于（含）5km 的线路，距离Ⅰ段可停用。大于 5km 小于 10km 的线路，Ⅰ段可取 0.6 Z_{L}。

时间为 0s。

2. 距离Ⅱ段

按保本线路末端发生金属性故障有足够灵敏度整定，宜取 1.25～1.45 Z_{L}。小于（含）10km 的 220kV 线路应适当提高灵敏度。

时间：小于（含）30km 的 500kV 线路取 0.4s，大于 30km 的 500kV 线路取 0.5s。小于（含）10km 的 220kV 线路取 0.3s，大于 10km 的 220kV 线路取 0.4s。

3. 距离Ⅲ段

同距离Ⅱ段，可靠躲过本线路的事故过负荷最小阻抗。

时间：应躲过系统振荡周期。500kV 线路取 1.7s。小于（含）10km 的 220kV 线路时间取 1.5s，大于 10km 的 220kV 线路时间取 1.6s。

（二）零序保护

零序Ⅰ段停用，零序Ⅱ、Ⅲ段均按照远后备原则整定，统一按照一次值 300A，均带

方向闭锁，动作时间为 5s。

五、两种典型场景保护动作行为分析

（一）场景一：旁路代路

旁路代路前，220kV 甲线处于运行状态，A 侧 220kV 旁路开关处于冷备用状态。开始操作前，先将 A 侧保护Ⅱ纵差保护通道切换至旁路保护Ⅱ。

以下分别分析正常运行无故障、发生区内故障、发生区外故障时保护动作行为。故障类型为单相接地故障。通道良好，如向对侧发送允许令即默认对侧收到。

（1）本线两侧开关运行，旁路开关未合环前。

1）无故障时，旁路代路，旁路开关未合环时无故障情况示意如图 6－54 所示。

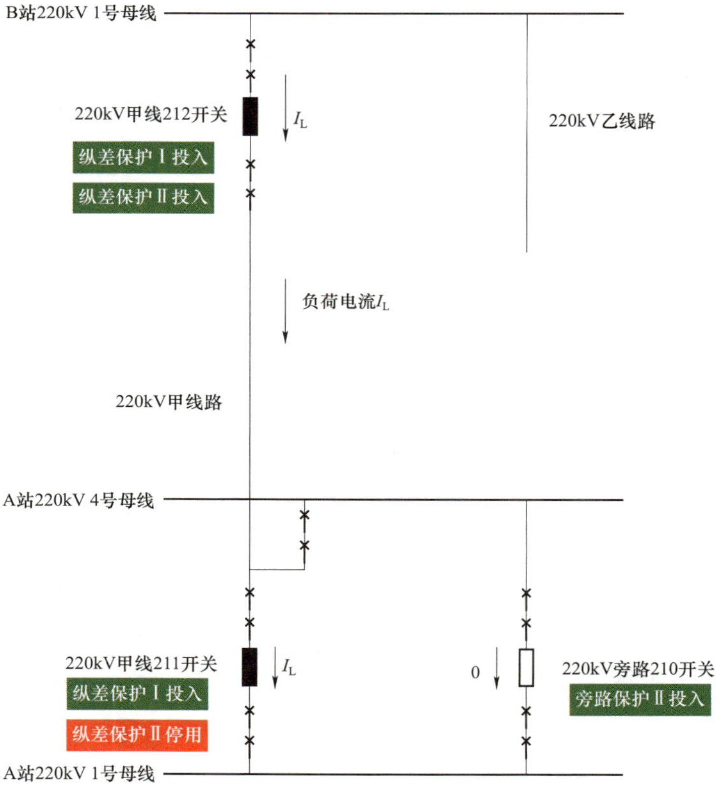

图 6－54　旁路代路，旁路开关未合环时无故障情况示意图

各保护无启动量，不启动，均不会动作。

2）区内故障时，旁路代路，旁路开关未合环时发生区内故障示意如图 6－55 所示。

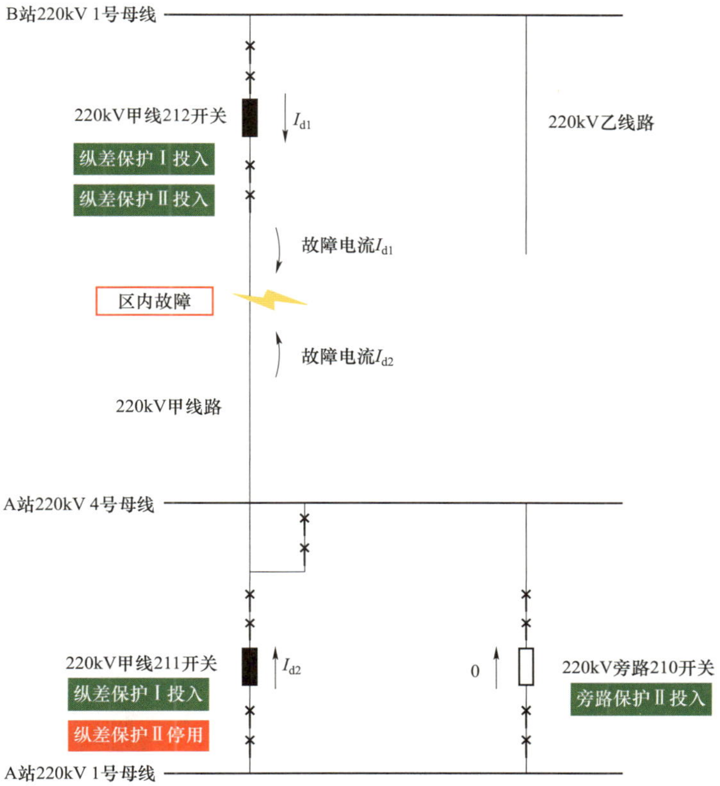

图 6－55　旁路代路，旁路开关未合环时发生区内故障示意图

A、B 侧保护Ⅰ均启动、满足差流判据，各自向对侧发送并收到允许令，A、B 侧保护Ⅰ纵差保护均动作。旁路开关分位无流且满足差流判据，向对侧发送允许令，B 侧保护Ⅱ启动、满足差流判据且收到对侧允许令，B 侧保护Ⅱ纵差保护动作。

A 侧旁路开关分位，保护无启动量，旁路保护Ⅱ主后备保护均不动作。

A、B 侧保护Ⅰ、Ⅱ后备，若故障点在保护范围内则距离Ⅰ段 0s 动作，距离Ⅱ、Ⅲ段和零序Ⅱ、Ⅲ段延时不足，不动作。

3）区外故障时，旁路代路，旁路开关未合环时发生区外故障示意如图 6－56 所示。

A、B 侧保护Ⅰ纵差保护差动电流为 0，不满足差流判据，不动作。B 侧保护Ⅱ启动、满足差流判据（差动、制动电流均为 I_{d1}）、收到对侧允许令（A 侧旁路开关分位无流且满足差流判据），B 侧保护Ⅱ纵差保护误动作。

A 侧旁路开关分位，保护无启动量，旁路保护Ⅱ主后备保护不动作。

A 侧保护Ⅰ、Ⅱ后备，故障点在保护范围外，距离Ⅰ段不动作，距离Ⅱ、Ⅲ段和零序Ⅱ、Ⅲ段延时不足（乙线区内故障速动保护 0s 动作切除），不动作。

B 侧保护Ⅰ、Ⅱ后备，故障点在反方向，距离和零序各段均不动作。

（2）旁路开关合环，线路开关尚未拉开。

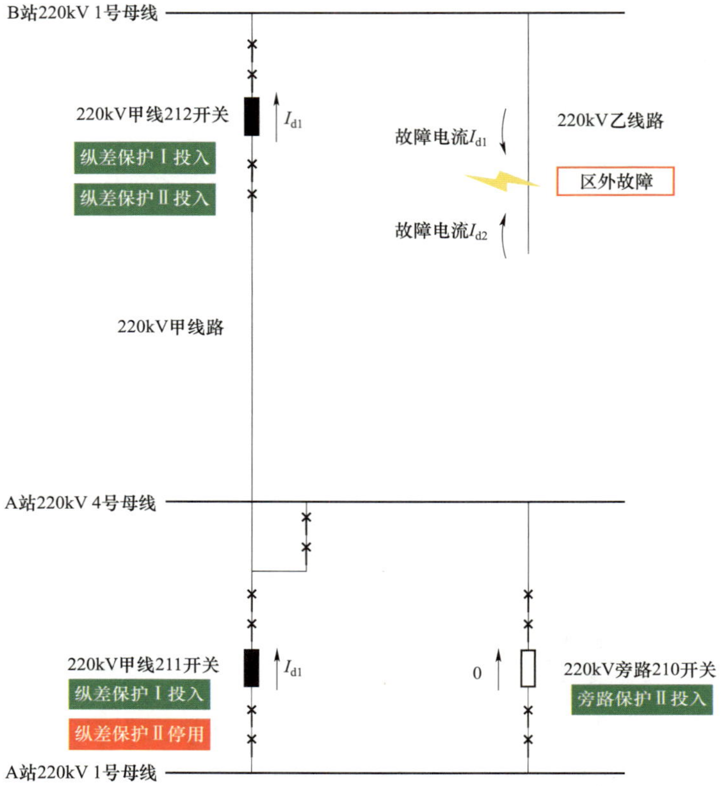

图 6－56　旁路代路，旁路开关未合环时发生区外故障示意图

1）无故障时，旁路代路，旁路开关合环时无故障情况示意如图 6－57 所示。

A 侧旁路开关合闸，与甲线 A 侧开关并联，两开关均产生分流（以下按理论 0.5 倍分流分析）。因纵联差动整定值较小（为保证故障时足够灵敏），负荷电流值一般较大，以下均按负荷电流值达到差动整定值分析。

A 侧保护Ⅰ与 B 侧保护Ⅰ、B 侧保护Ⅱ与旁路保护Ⅱ构成的两套纵差保护差动电流为 $0.5I_L$，制动电流为 $1.5I_L$，差动数值方程满足，但比率制动方程不满足，因而不满足差流判据，均不动作。

B 侧保护Ⅰ、Ⅱ后备，无启动量，不动作。

A 侧保护Ⅰ、Ⅱ和旁路保护Ⅱ后备，距离各段测量阻抗非常大，不满足动作条件，不动作。A 侧旁路开关合闸时可能因三相阻抗不一致导致三相电流不平衡，进而在并联的两开关中产生零序电流，若满足动作条件，A 侧保护Ⅰ、Ⅱ和 A 侧旁路保护Ⅱ后备保护中零序Ⅱ、Ⅲ段正常可能延时误动作。

2）区内故障时，旁路代路，旁路开关合环时发生区内故障示意如图 6－58 所示。

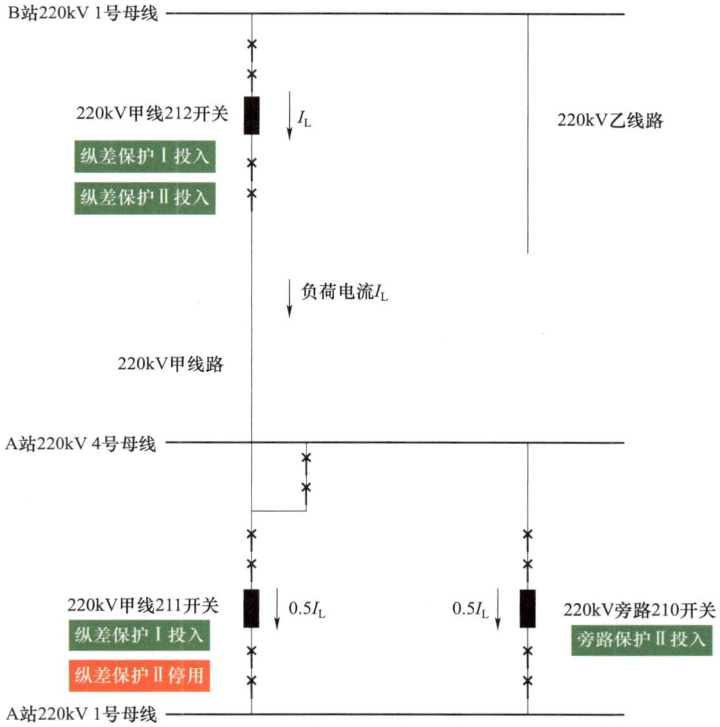

图 6-57　旁路代路，旁路开关合环时无故障情况示意图

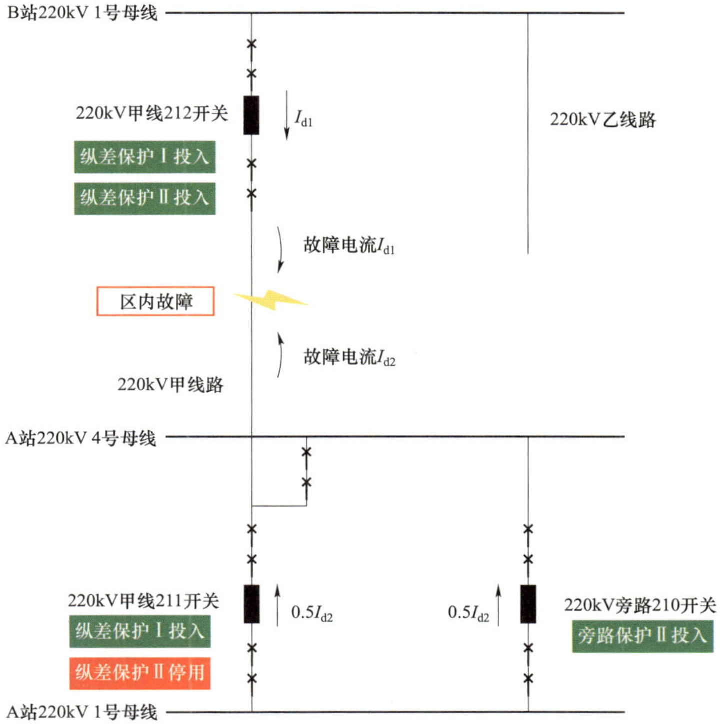

图 6-58　旁路代路，旁路开关合环时发生区内故障示意图

A 侧保护Ⅰ与 B 侧保护Ⅰ、B 侧保护Ⅱ与旁路保护Ⅱ构成的两套纵差保护差动电流为$I_{d1}+0.5I_{d2}$，制动电流为$I_{d1}-0.5I_{d2}$，满足差流判据，同时各侧保护启动，向对侧发出并收到允许令，均动作。

B 侧保护Ⅰ、Ⅱ后备，若故障点在保护范围内则距离Ⅰ段 0s 动作，距离Ⅱ、Ⅲ段和零序Ⅱ、Ⅲ段延时不足，不动作。

A 侧保护Ⅰ、Ⅱ和旁路保护Ⅱ后备，因存在 0.5 倍分流，距离保护测量阻抗将变成无分流时的 2 倍，整定值不变距离保护范围缩短，原保护范围内故障此时可能拒动，若测量阻抗满足动作条件则 A 侧保护Ⅰ、Ⅱ和旁路保护Ⅱ后备保护中距离Ⅰ段 0s 动作，距离Ⅱ、Ⅲ段和零序Ⅱ、Ⅲ段延时不足，不动作。

3）区外故障时，旁路代路，旁路开关合环时发生区外故障示意如图 6－59 所示。

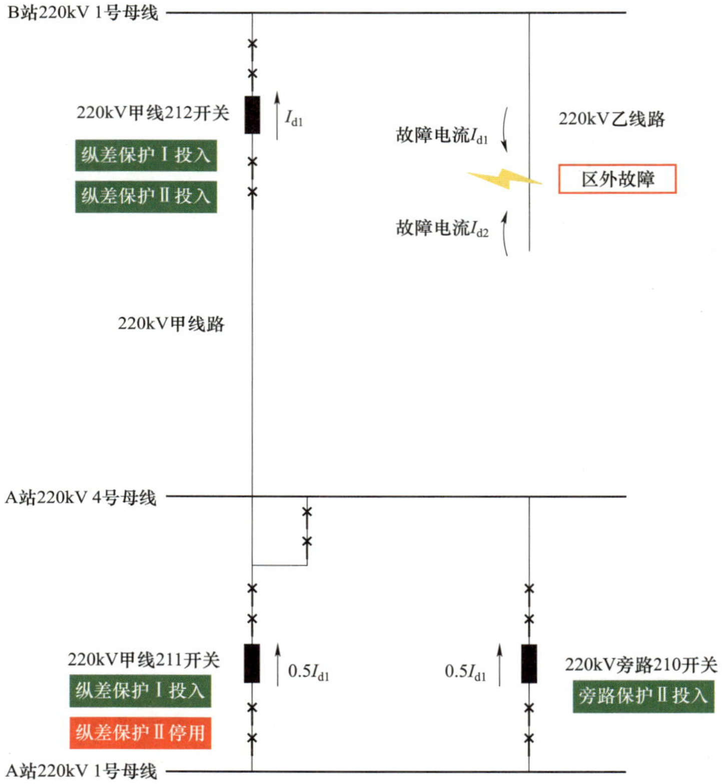

图 6－59　旁路代路，旁路开关合环时发生区外故障示意图

A 侧保护Ⅰ与 B 侧保护Ⅰ、B 侧保护Ⅱ与旁路保护Ⅱ构成的两套纵差保护差动电流为$0.5I_{d1}$，制动电流为$1.5I_{d1}$，差动数值方程满足，但比率制动方程不满足，因而不满足差流判据，均不动作。

A 侧保护Ⅰ、Ⅱ后备和旁路保护Ⅱ后备保护，故障点在保护范围（已缩短）外，距离Ⅰ段不动作，A 侧保护Ⅰ、Ⅱ后备和旁路保护Ⅱ后备保护中距离Ⅱ、Ⅲ段因保护范围缩短可能拒动，同时延时不足不动作。零序Ⅱ、Ⅲ段延时不足，不动作。

B 侧保护Ⅰ、Ⅱ后备，故障点在反方向，距离和零序各段均不动作。

（3）拉开被代线路开关，A、B 侧保护Ⅰ差动保护功能未停用。

1）无故障时，旁路代路，被代开关解环、纵差保护Ⅰ未停用时无故障示意如图 6－60 所示。

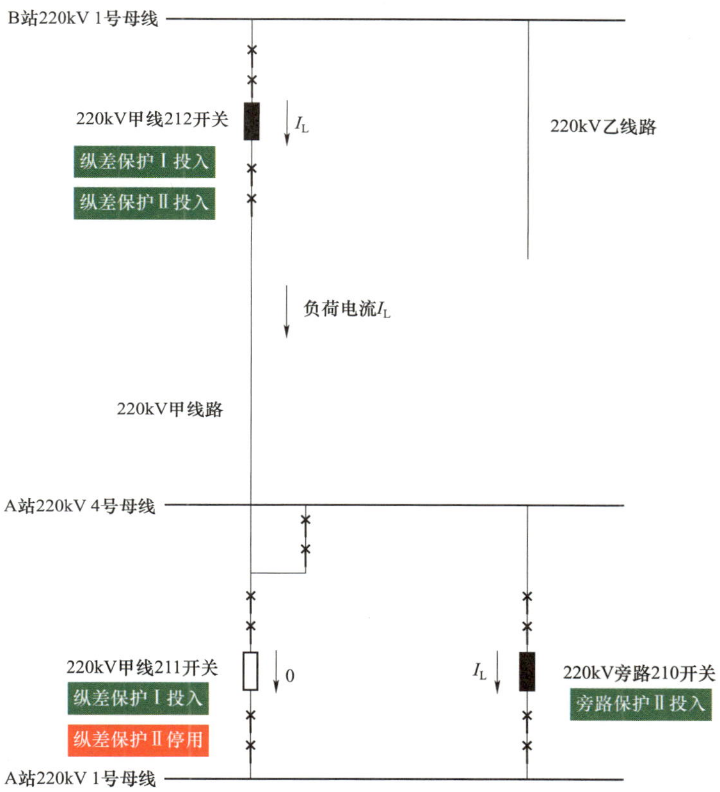

图 6－60　旁路代路，被代开关解环、纵差保护Ⅰ未停用时无故障示意图

B 侧保护Ⅰ、保护Ⅱ无启动量，不启动，主后备保护均不动作，且不向对侧发允许令。A 侧保护Ⅰ虽然启动（负荷由 0.5 I_L 突变为 0）且满足差流判据（差动和制动电流均为 I_L），但收不到对侧允许令，A、B 侧保护Ⅰ纵差保护均不动作。旁路保护Ⅱ启动（负荷由 0.5 I_L 突变为 I_L），但不满足差流判据（差动电流为 0），也收不到对侧允许令，B 侧保护Ⅱ与旁路保护Ⅱ纵差保护不动作。

A 侧保护Ⅰ、Ⅱ后备，因甲线 A 侧开关分位，无电流，不动作。

旁路保护Ⅱ后备，距离各段测量阻抗非常大，正常运行三相负荷平衡无零序电流，距离和零序各段均不满足动作条件，不动作。

2）区内故障时，旁路代路，被代开关解环、纵差保护Ⅰ未停用时发生区内故障示意如图 6－61 所示。

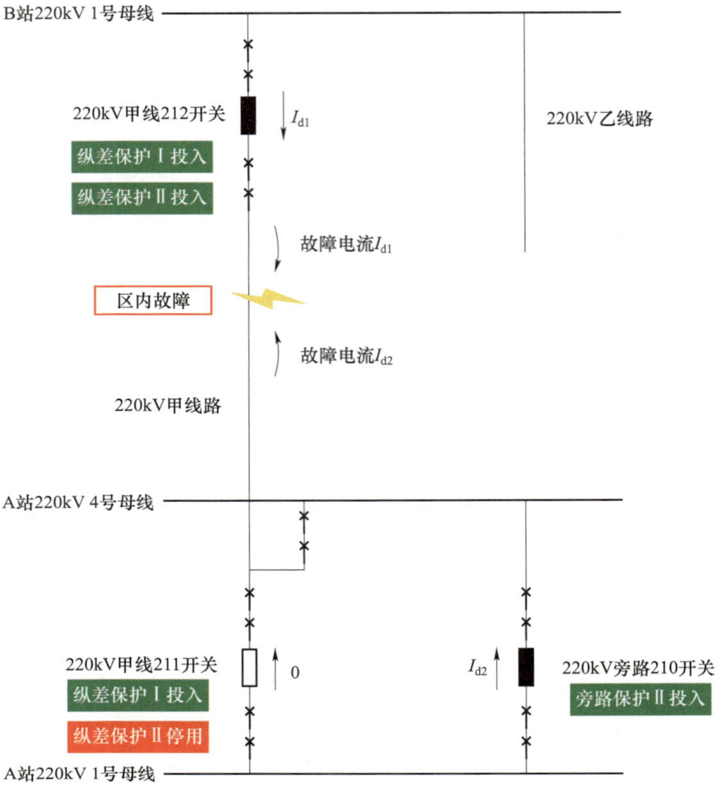

图6-61 旁路代路，被代开关解环、纵差保护Ⅰ未停用时发生区内故障示意图

甲线 A 侧开关分位无流且满足差流判据（差动和制动电流均为 I_{d1}），向对侧发送允许令，B 侧保护Ⅰ启动、满足差流判据且收到对侧允许令，B 侧保护Ⅰ纵差保护动作。旁路保护Ⅱ、B 侧保护Ⅱ均启动、满足差流判据（差动电流 $I_{d1}+I_{d2}$，制动电流 $I_{d1}-I_{d2}$），各自向对侧发送并收到允许令，旁路保护Ⅱ、B 侧保护Ⅱ纵差保护动作。

B 侧保护Ⅰ、Ⅱ和旁路保护Ⅱ后备，若故障点在保护范围内则距离Ⅰ段 0s 动作，距离Ⅱ、Ⅲ段和零序Ⅱ、Ⅲ段延时不足，不动作。

A 侧保护Ⅰ、Ⅱ后备，因甲线 A 侧开关分位，无电流，不动作。

3）区外故障时，旁路代路，被代开关解环、纵差保护Ⅰ未停用时发生区外故障示意如图 6-62 所示。

甲线 A 侧开关分位无流且满足差流判据（差动和制动电流均为 I_{d1}），向对侧发送允许令，B 侧保护Ⅰ启动、满足差流判据且收到对侧允许令，B 侧保护Ⅰ纵差保护误动作。旁路保护Ⅱ、B 侧保护Ⅱ虽然启动，但不满足差流判据（差动电流为 0），且均不向对侧发送允许令，旁路保护Ⅱ、B 侧保护Ⅱ纵差保护不动作。

A 侧保护Ⅰ、Ⅱ后备，因甲线 A 侧开关分位，无电流，不动作。

旁路保护Ⅱ后备，故障点在保护范围外，距离Ⅰ段不动作，距离Ⅱ、Ⅲ段和零序Ⅱ、Ⅲ段延时不足（乙线区内故障速动保护 0s 动作切除），不动作。

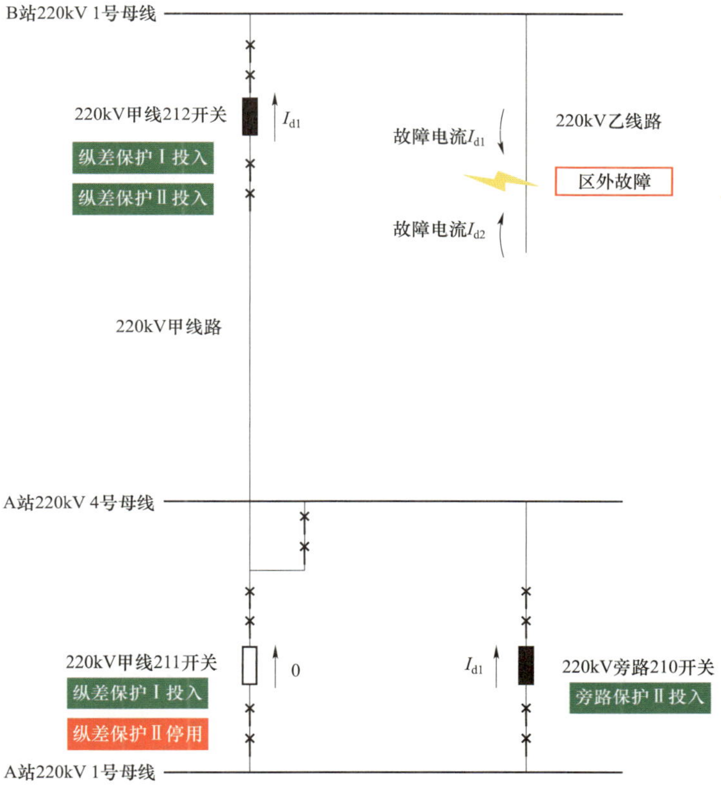

图 6－62　旁路代路，被代开关解环、纵差保护Ⅰ未停用时发生区外故障示意图

B 侧保护Ⅰ、Ⅱ后备，故障点在反方向，距离和零序各段均不动作。

（4）拉开被代线路开关，A、B 侧保护Ⅰ差动保护功能停用。

1）无故障时，旁路代路，被代开关解环、纵差保护Ⅰ已停用时无故障示意如图 6－63 所示。

以下除 A、B 侧保护Ⅰ纵差保护已停用不动作外，其他均同上述（3）1）。

B 侧保护Ⅰ、保护Ⅱ无启动量，不启动，主后备保护均不动作，且不向对侧发允许令。A、B 侧保护Ⅰ纵差保护已停用，不动作。旁路保护Ⅱ启动（负荷由 $0.5I_L$ 突变为 I_L），但不满足差流判据（差动电流为 0），也收不到对侧允许令，旁路保护Ⅱ、B 侧保护Ⅱ纵差保护不动作。

A 侧保护Ⅰ、Ⅱ后备，因甲线 A 侧开关分位，无电流，不动作。

旁路保护Ⅱ后备，距离各段测量阻抗非常大，正常运行三相负荷平衡无零序电流，距离和零序各段均不满足动作条件，不动作。

2）区内故障时，旁路代路，被代开关解环、纵差保护Ⅰ已停用时发生区内故障示意如图 6－64 所示。

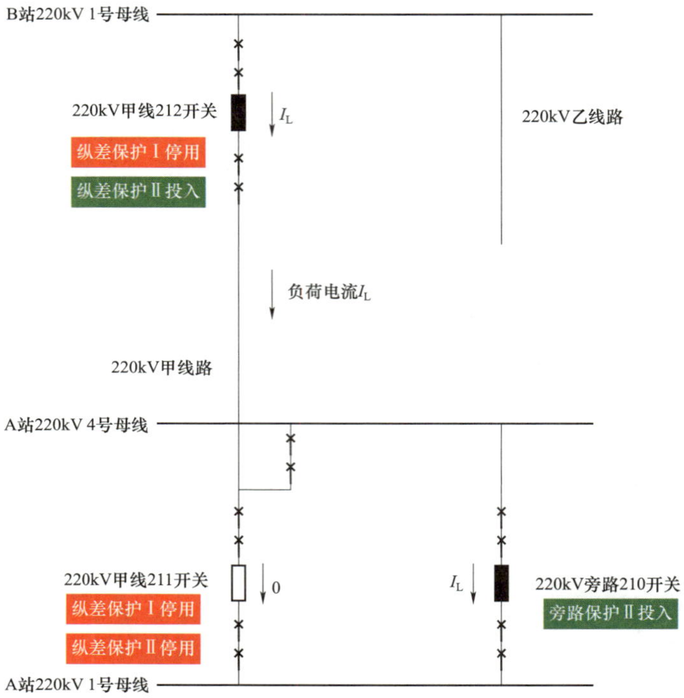

图 6-63　旁路代路，被代开关解环、纵差保护Ⅰ已停用时无故障示意图

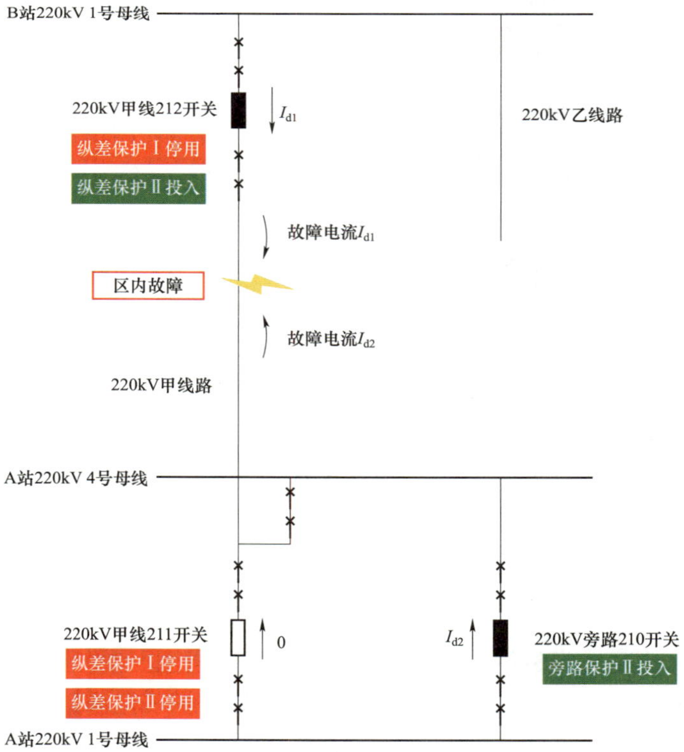

图 6-64　旁路代路，被代开关解环、纵差保护Ⅰ已停用时发生区内故障示意图

以下除 A、B 侧保护Ⅰ纵差保护已停用不动作外，其他均同上述（3）2）。

A、B 侧保护Ⅰ纵差保护功能已停用，不动作。旁路保护Ⅱ、B 侧保护Ⅱ均启动、满足差流判据（差动电流 $I_{d1}+I_{d2}$，制动电流 $I_{d1}-I_{d2}$），各自向对侧发送并收到允许令，旁路保护Ⅱ、B 侧保护Ⅱ纵差保护动作。

B 侧保护Ⅰ、Ⅱ和旁路保护Ⅱ后备，若故障点在保护范围内则距离Ⅰ段 0s 动作，距离Ⅱ、Ⅲ段和零序Ⅱ、Ⅲ段延时不足，不动作。

A 侧保护Ⅰ、Ⅱ后备，因甲线 A 侧开关分位，无电流，不动作。

3）区外故障时，旁路代路，被代开关解环、纵差保护Ⅰ已停用时发生区外故障示意如图 6－65 所示。

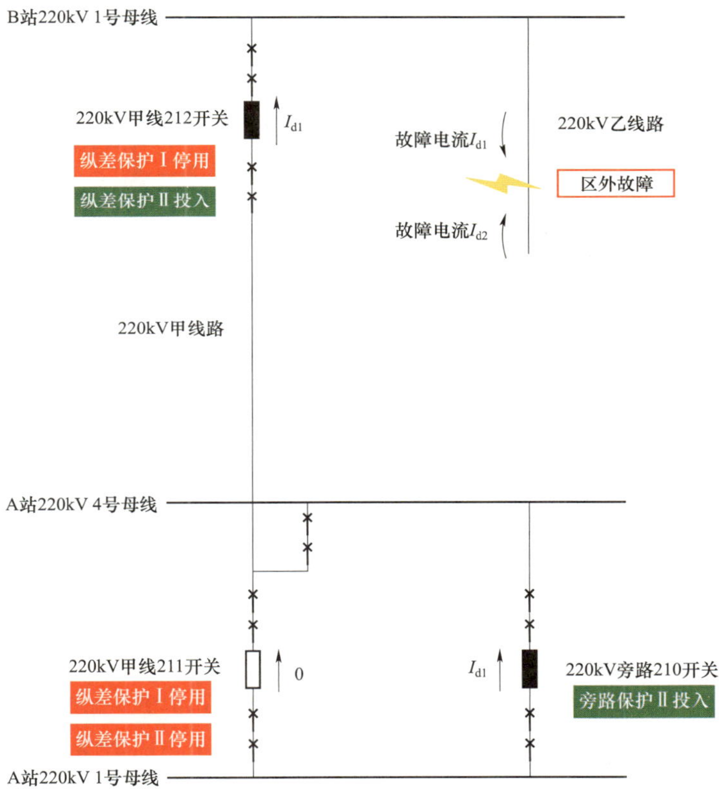

图 6－65　旁路代路，被代开关解环、纵差保护Ⅰ已停用时发生区外故障示意图

以下除 A、B 侧保护Ⅰ纵差保护已停用不动作外，其他均同上述（3）3）。

A、B 侧保护Ⅰ纵差保护已停用，不动作。旁路保护Ⅱ、B 侧保护Ⅱ虽然启动，但不满足差流判据（差动电流为 0），且均不向对侧发送允许令，旁路保护Ⅱ、B 侧保护Ⅱ纵差保护不动作。

A 侧保护Ⅰ、Ⅱ后备，因甲线 A 侧开关分位，无电流，不动作。

旁路保护Ⅱ后备，故障点在保护范围外，距离Ⅰ段不动作，距离Ⅱ、Ⅲ段和零序Ⅱ、

Ⅲ段延时不足（乙线区内故障速动保护 0s 动作切除），不动作。

B 侧保护Ⅰ、Ⅱ后备，故障点在反方向，距离和零序各段均不动作。

（5）附加分析 – 旁路合环后存在高阻现象（被代线路开关未拉开时）。

1）无故障时，旁路代路，旁路开关合环、存在高阻现象时无故障示意如图 6–66 所示。

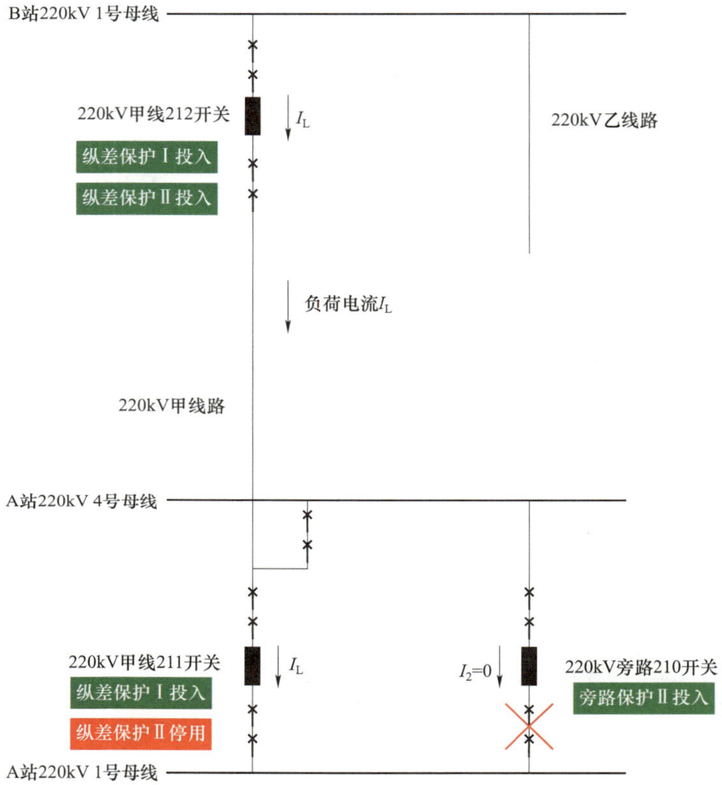

图 6–66　旁路代路，旁路开关合环、存在高阻现象时无故障示意图

考虑极端情况，A 侧旁路开关合闸后因高阻而分流为 0（检查应能发现负荷分配异常）。

B 侧保护Ⅰ、Ⅱ无启动量，不启动，主后备保护均不动作，且不向对侧发允许令。A 侧保护Ⅰ虽然可能启动（负荷微小突变），但不满足差流判据（差动电流为 0），且收不到对侧允许令，A、B 侧保护Ⅰ纵差保护不动作。旁路保护Ⅱ虽然可能启动（负荷微小突变）、满足差流判据，但收不到对侧允许令，旁路保护Ⅱ、B 侧保护Ⅱ纵差保护不动作。

A 侧保护Ⅰ、Ⅱ后备，距离各段测量阻抗非常大，正常运行三相负荷平衡无零序电流，距离和零序各段均不满足动作条件，不动作。

旁路保护Ⅱ后备，开关高阻无电流，距离和零序各段均不满足动作条件，不动作。

2）区内故障时，旁路代路，旁路开关合环、存在高阻现象时发生区内故障示意如图 6－67 所示。

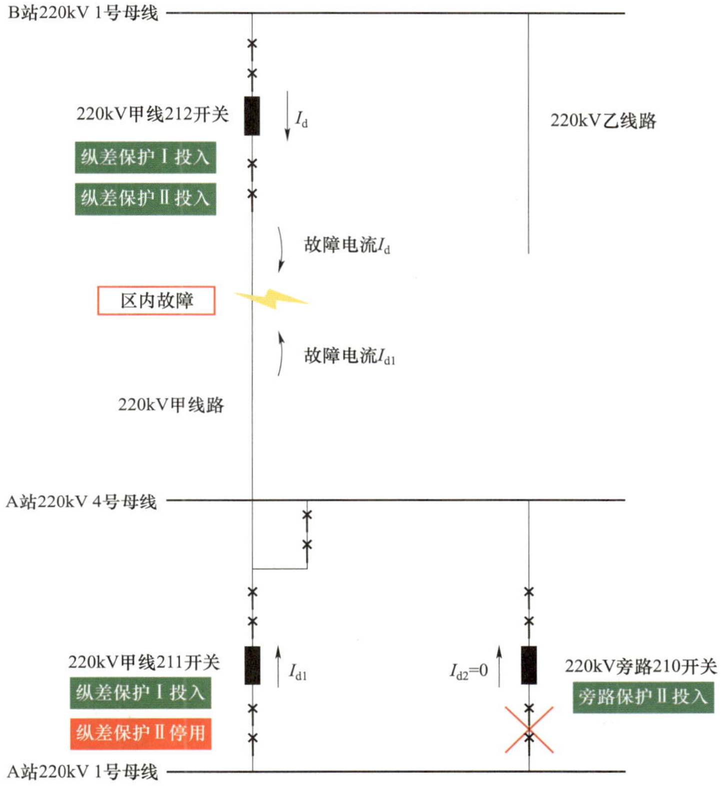

图 6－67　旁路代路，旁路开关合环、存在高阻现象时发生区内故障示意图

A、B 侧保护Ⅰ均启动、满足差流判据，各自向对侧发送并收到允许令，A、B 侧保护Ⅰ纵差保护动作。旁路保护Ⅱ因高阻无电流，电流量不启动，若低电压元件也不满足条件，则保护不启动，主后备保护均不动作，且不向对侧发允许令，B 侧保护Ⅱ虽然启动、满足差流判据，但收不到允许令，旁路保护Ⅱ、B 侧保护Ⅱ纵差保护拒动。

A、B 侧保护Ⅰ、Ⅱ后备，若故障点在保护范围内则距离Ⅰ段 0s 动作，距离Ⅱ、Ⅲ段和零序Ⅱ、Ⅲ段延时不足，不动作。

3）区外故障时，旁路代路，旁路开关合环、存在高阻现象时发生区外故障示意如图 6－68 所示。

A 侧旁路开关因高阻而故障分流为 0。A、B 侧保护Ⅰ均启动，但不满足差流判据（差动电流为 0），不向对侧发送且收不到允许令，A、B 侧保护Ⅰ纵差保护不动作。旁路保护Ⅱ因高阻无故障分流，电流量不启动，但若低电压元件满足条件，则保护启动，同时满足差流判据，向对侧发允许令。B 侧保护Ⅱ启动且满足差流判据，也向对侧发允许令，这样旁路保护Ⅱ、B 侧保护Ⅱ纵差保护两侧均启动、满足差流判据，且收到允许令，旁路保护

Ⅱ、B 侧保护Ⅱ纵差保护误动作。

A 侧保护Ⅰ、Ⅱ后备，故障点在保护范围外，距离Ⅰ段不动作，距离Ⅱ、Ⅲ段和零序Ⅱ、Ⅲ段延时不足（乙线区内故障速动保护 0s 动作切除），不动作。

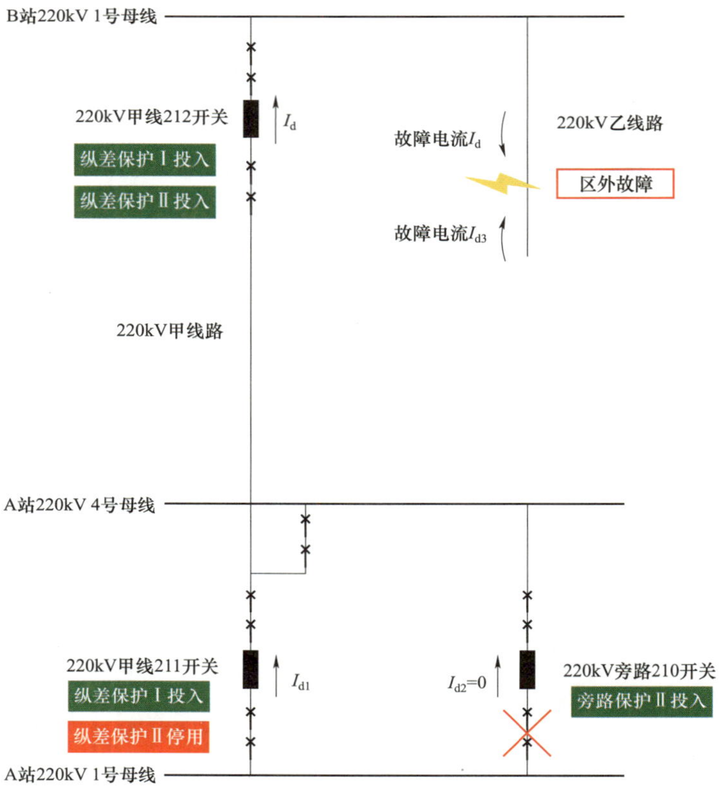

图 6－68　旁路代路，旁路开关合环、存在高阻现象时发生区外故障示意图

旁路保护Ⅱ后备，低电压元件不启动后备保护，且因高阻无故障分流，距离和零序各段均不满足动作条件，不动作。

B 侧保护Ⅰ、Ⅱ后备，故障点在反方向，距离和零序各段均不动作。

实际运行时，在旁路开关合闸后，若检查发现负荷分配异常，应停止操作，及时处理旁路开关高阻问题，不应继续拉开被代线路开关。考虑非正常情况，继续拉开被代线路开关，旁路开关仍存在高阻现象时，保护动作情况可对照思考。

（二）场景二：旁路送电

旁路送电前，220kV 甲线处于冷备用状态，220kV 旁路开关处于冷备用状态。开始操作前，先将 A 侧保护Ⅱ纵差保护通道切换至旁路保护Ⅱ。

1. 甲线自 B 侧开关送电前

旁路送电，操作前无故障示意如图 6－69 所示。

各开关均在分位，各保护无启动量，主后备保护均不动作。

2. 甲线自 B 侧用本线开关对线路送电

（1）无故障时，B 侧保护Ⅰ、Ⅱ无启动量，主后备保护均不动作；A 侧开关和旁路开关均在分位，无启动量，主后备保护均不动作。

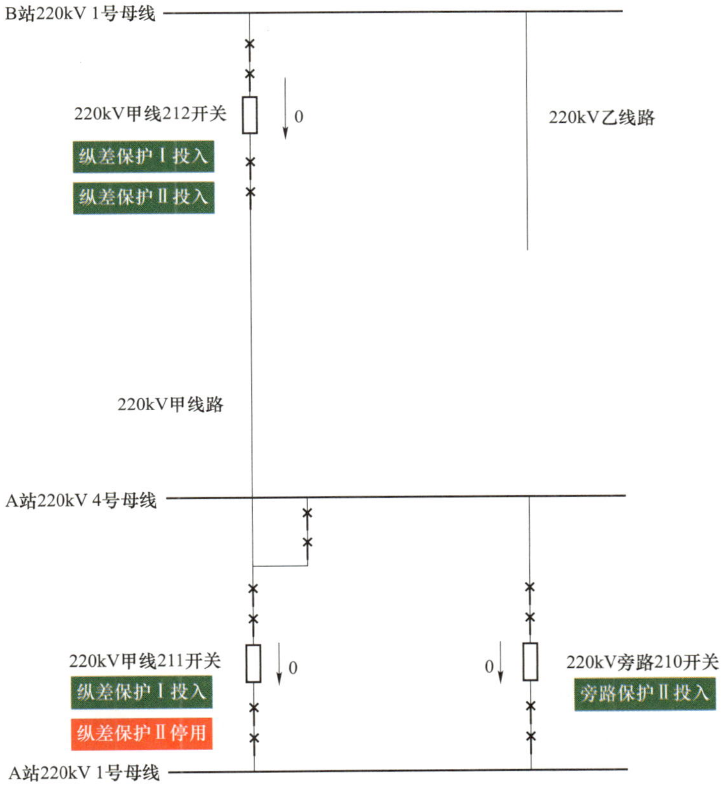

图 6－69　旁路送电，操作前无故障示意图

（2）区内故障时，旁路送电，B 侧线路开关送电、A 侧旁路开关合环前发生区内故障示意如图 6－70 所示。

甲线 A 侧开关（A 侧旁路开关）分位无流且满足差流判据，向对侧发送允许令，B 侧保护Ⅰ（保护Ⅱ）启动、满足差流判据且收到对侧允许令，B 侧保护Ⅰ、Ⅱ纵差保护均动作。

B 侧保护Ⅰ、Ⅱ后备，若故障点在保护范围内则距离Ⅰ段 0s 动作，距离Ⅱ、Ⅲ段和零序Ⅱ、Ⅲ段延时不足，不动作。

A 侧保护Ⅰ、Ⅱ和旁路保护Ⅱ后备，因开关分位，无电流，保护不启动，后备保护均不动作。

（3）区外故障时，旁路送电，B 侧线路开关送电、A 侧旁路开关合环前发生区外故障示意如图 6－71 所示。

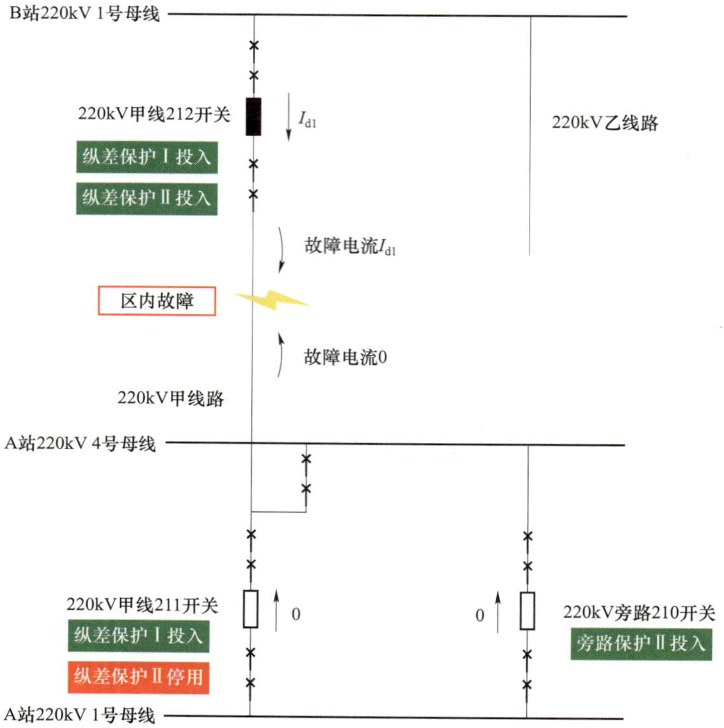

图 6-70　旁路送电，B 侧线路开关送电、A 侧旁路开关合环前发生区内故障示意图

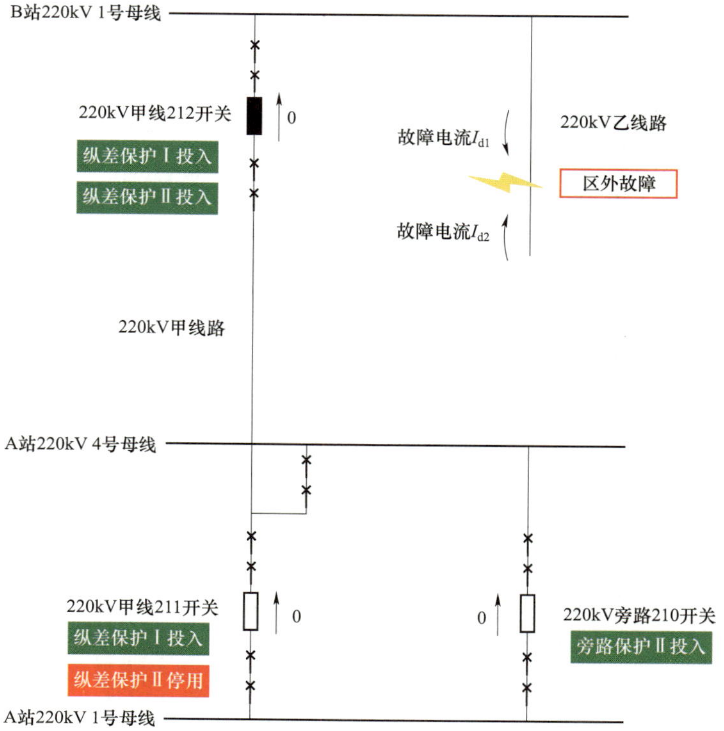

图 6-71　旁路送电，B 侧线路开关送电、A 侧旁路开关合环前发生区外故障示意图

甲线A侧开关及A侧旁路开关均在分位，甲线B侧开关无故障电流，各保护均不启动，主后备保护均不动作。

3. 旁路开关合环（未停用A、B侧保护Ⅰ纵差保护功能）

旁路送电，A侧旁路开关合环、纵差保护Ⅰ未停用时无故障示意如图6－72所示。旁路开关合环前，应先将A、B侧保护Ⅰ纵差保护功能停用，否则旁路开关合闸时，A、B侧保护Ⅰ纵差保护可能误动作跳开甲线B侧开关，具体分析如下：

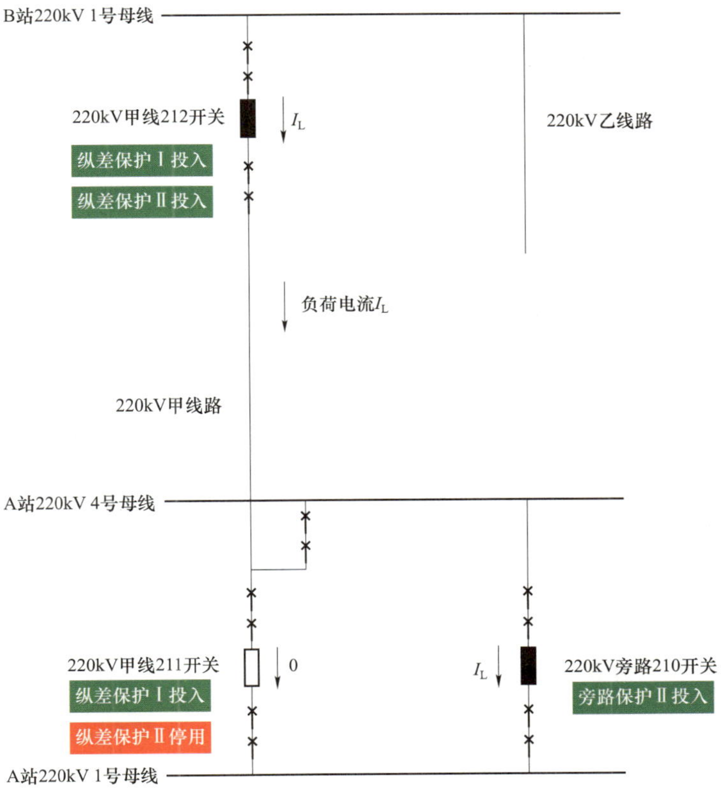

图6－72 旁路送电，A侧旁路开关合环、纵差保护Ⅰ未停用时无故障示意图

无故障状态，A侧旁路开关合闸时，甲线A侧开关分位无电流且满足差流判据（差动和制动电流均为I_L），向对侧发送允许令，B侧保护Ⅰ启动、满足差流判据且收到对侧允许令，B侧保护Ⅰ纵差保护误动作。旁路保护Ⅱ、B侧保护Ⅱ虽然启动，但不满足差流判据（差动电流为0），不向对侧发送且收不到允许令，旁路保护Ⅱ、B侧保护Ⅱ纵差保护不动作。

A侧保护Ⅰ、Ⅱ后备，因甲线A侧开关分位，无电流，均不动作。

B侧保护Ⅰ、Ⅱ和旁路保护Ⅱ后备，因测量阻抗很大、负荷三相平衡，距离和零序各段均不动作。

4. 旁路开关合环（已停用 A、B 侧保护Ⅰ纵差保护功能）

（1）无故障时，旁路送电，A 侧旁路开关合环、纵差保护Ⅰ已停用时无故障示意如图 6－73 所示。

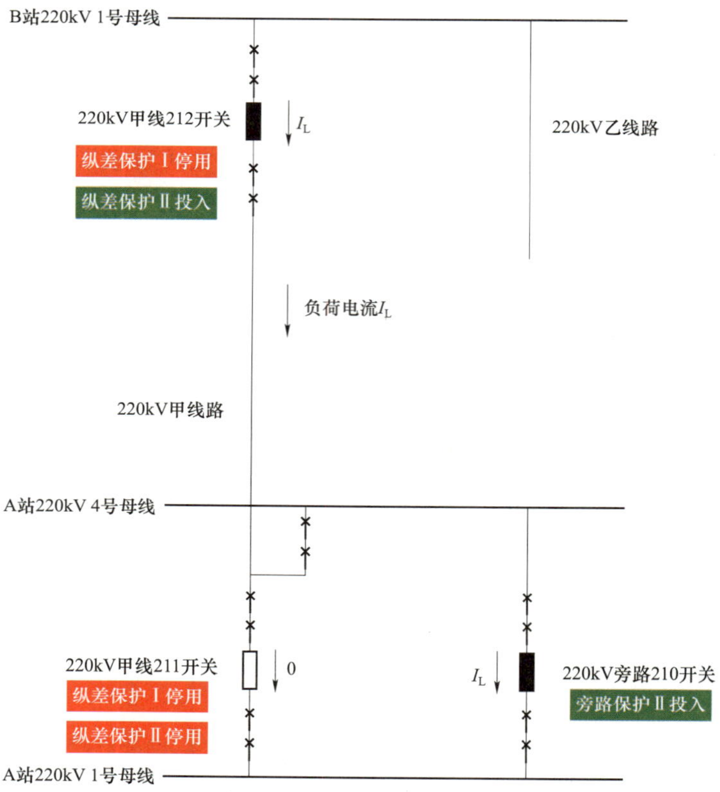

图 6－73　旁路送电，A 侧旁路开关合环、纵差保护Ⅰ已停用时无故障示意图

A 侧旁路开关合闸，A、B 侧保护Ⅰ纵差保护已停用，不动作。旁路保护Ⅱ、B 侧保护Ⅱ虽然启动，但不满足差流判据（差动电流为 0），不向对侧发送且收不到允许令，旁路保护Ⅱ、B 侧保护Ⅱ纵差保护不动作。

A 侧保护Ⅰ、Ⅱ后备，因甲线 A 侧开关分位，无电流，不动作。

B 侧保护Ⅰ、Ⅱ和旁路保护Ⅱ后备，因测量阻抗很大、负荷三相平衡，距离和零序各段均不动作。

（2）区内故障时，旁路送电，A 侧旁路开关合环、纵差保护Ⅰ停用时发生区内故障示意如图 6－74 所示。

A、B 侧保护Ⅰ纵差保护已停用，不动作。旁路保护Ⅱ、B 侧保护Ⅱ均启动、满足差流判据（差动电流 $I_{d1}+I_{d2}$，制动电流 $I_{d1}-I_{d2}$），各自向对侧发送并收到允许令，旁路保护Ⅱ、B 侧保护Ⅱ纵差保护动作。

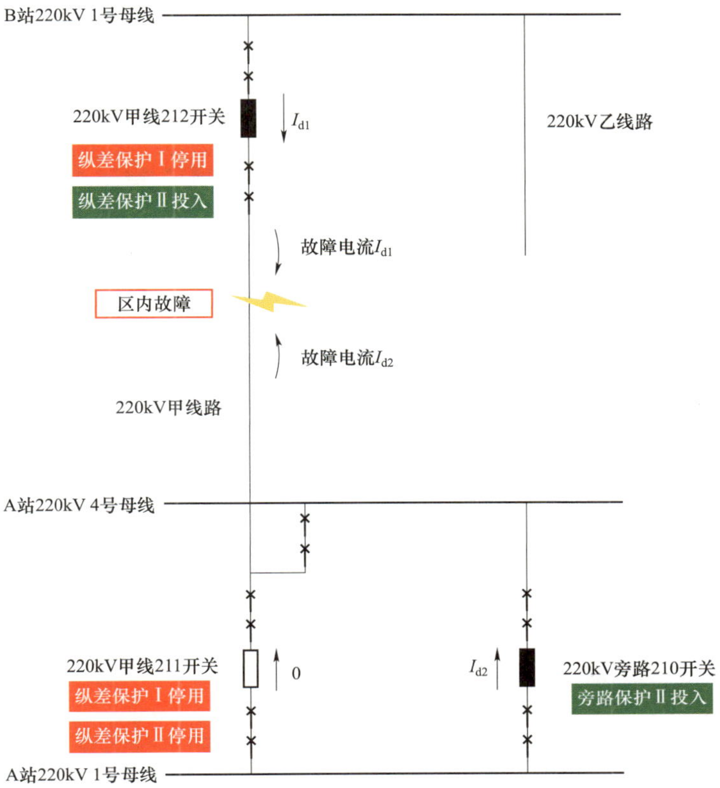

图 6－74　旁路送电，A 侧旁路开关合环、纵差保护Ⅰ停用时发生区内故障示意图

B 侧保护Ⅰ、Ⅱ和旁路保护Ⅱ后备，若故障点在保护范围内则距离Ⅰ段 0s 动作，距离Ⅱ、Ⅲ段和零序Ⅱ、Ⅲ段延时不足，不动作。

A 侧保护Ⅰ、Ⅱ后备，因甲线 A 侧开关分位，无电流，不动作。

（3）区外故障时，旁路送电，A 侧旁路开关合环、纵差保护Ⅰ停用时发生区外故障示意如图 6－75 所示。

A、B 侧保护Ⅰ纵差保护已停用，不动作。旁路保护Ⅱ、B 侧保护Ⅱ虽然启动，但不满足差流判据（差动电流为 0），均不向对侧发送且收不到允许令，旁路保护Ⅱ、B 侧保护Ⅱ纵差保护不动作。

A 侧保护Ⅰ、Ⅱ后备，因甲线 A 侧开关分位，无电流，保护不启动，不动作。

A 侧旁路保护Ⅱ后备，故障点在保护范围外，距离Ⅰ段不动作，距离Ⅱ、Ⅲ段和零序Ⅱ、Ⅲ段延时不足（乙线区内故障速动保护 0s 动作切除），不动作。

B 侧保护Ⅰ、Ⅱ后备，故障点在反方向，距离和零序各段均不动作。

倒回本开关运行时为场景一旁路代路过程的逆过程，可参照分析。

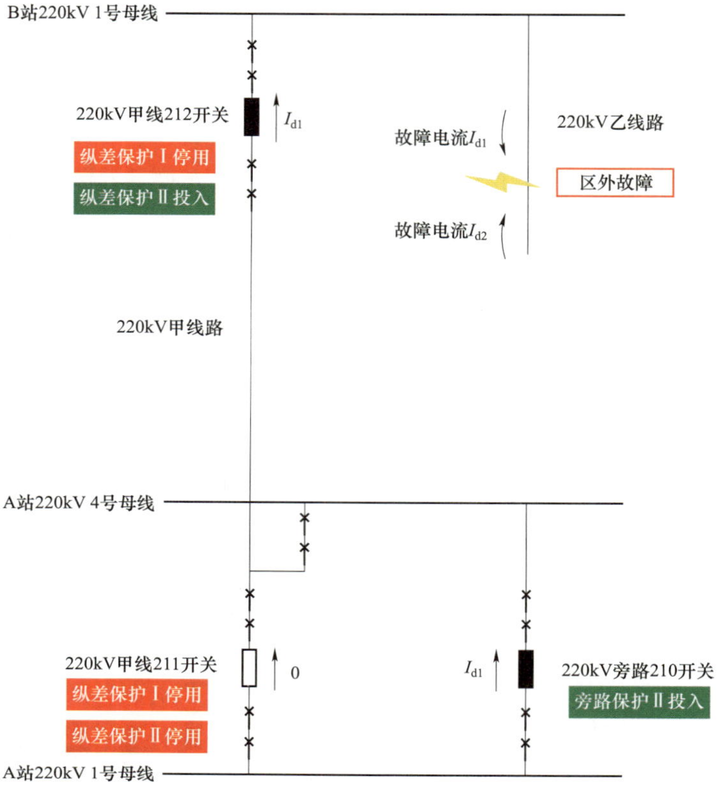

图 6-75　旁路送电，A 侧旁路开关合环、纵差保护Ⅰ停用时发生区外故障示意图

六、风险分析及预控措施

（一）风险点分析

1. *旁路代路时*

（1）A 侧保护Ⅱ纵差保护通道已切换至旁路保护Ⅱ，旁路开关未合环前，若发生区外故障，B 保护Ⅱ纵差保护存在误动风险。

（2）拉开 A 侧本线开关后，A、B 侧保护Ⅰ纵差保护停用前，若发生区外故障，B 侧保护Ⅰ纵差保护存在误动风险。

（3）旁路开关合环时，可能因三相阻抗不一致导致三相电流不平衡，将会产生零序电流，若达到动作定值，A 侧保护Ⅰ、Ⅱ与旁路保护Ⅱ后备保护中零序保护存在延时误动作风险。

（4）A 侧本线开关与旁路开关合环运行期间，若发生区内故障，因开关分流，距离保护范围缩短，A 侧保护Ⅰ、Ⅱ及旁路保护Ⅱ后备保护中的距离Ⅰ段存在拒动风险。

（5）A 侧本线开关与旁路开关合环运行期间，若发生区外故障，A 侧保护Ⅰ、Ⅱ及旁路保护Ⅱ由于开关分流，距离保护范围缩短，距离Ⅱ、Ⅲ存在拒动风险。

（6）旁路开关合环后若存在高阻现象，被代线路开关未拉开前发生区内故障时，旁路保护Ⅱ、B侧保护Ⅱ纵差保护存在拒动风险。

（7）旁路开关合环后若存在高阻现象，A侧本线开关未拉开前发生区外故障时，旁路保护Ⅱ、B侧保护Ⅱ纵差保护存在误动风险。

（8）旁路开关合闸后存在高阻现象，A侧本线开关拉开后发生区内故障时，旁路保护Ⅱ、B侧保护Ⅱ纵差保护存在拒动风险。

2. 旁路送电时

旁路开关合环前未停用A、B侧保护Ⅰ纵差保护，存在正常合环送电时B侧保护Ⅰ纵差保护误动风险。

3. 倒回本开关运行时

（1）投入A、B侧保护Ⅰ纵差保护后本侧开关合环前发生区外故障时，B侧保护Ⅰ纵差保护存在误动风险（该风险点可根据代路过程逆推）。

（2）拉开旁路开关后，若发生区外故障，B侧保护Ⅱ纵差保护存在误动风险（该风险点可根据代路过程逆推）。

（二）预控措施

预控措施如下：

（1）现场操作人员在旁路正常代路操作，合环操作前，停用被代开关与旁路开关后备保护中的零序保护，解环后及时投入。建议检修申请流转至保护环节时，批注零序保护投退问题。

（2）编制旁路正常代路、旁路开关停送电操作典型操作票，严格把控关键操作步骤的顺序，尤其注意线路第一、二套差动保护装置切换投退的顺序，防止操作中的漏项、错项和操作顺序不准确等问题。

（3）对于存在保护装置误动风险的关键节点，操作票指令要缩短装置误动时段内的一、二次设备投切操作时间，减少保护误动风险概率。

（4）进行旁路操作专题学习培训，加强各级调度员、现场运维人员及保护人员的旁代操作相关知识研讨学习，各地调组织调度员到厂站熟悉学习旁路各类装置操作运维知识，明确操作过程和操作风险，提升人员旁路操作业务水平。

（5）强化现场对旁路一、二次设备运行维护，保证旁路一、二次设备保持良好状况，具备随时可投入条件。

七、两起典型事故案例

（一）一起旁路代路时远跳压板未退出而导致开关误跳闸事件分析

1. 保护运行方式

500kV A站220kV旁路235开关代甲线263开关运行于220kV 3号母线，旁路235

开关 RCS－902 线路保护投入运行，甲线 RCS－931AM（2006 年版本）线路保护的主保护退出运行，RCS－902 线路保护的主保护退出运行。220kV B 站 220kV 甲线 RCS－931AM 线路保护的主保护退出运行，RCS－902 线路保护运行。220kV 甲线一次代路运行示意如图 6－76 所示。220kV 甲线旁路代路保护运行示意如图 6－77 所示。

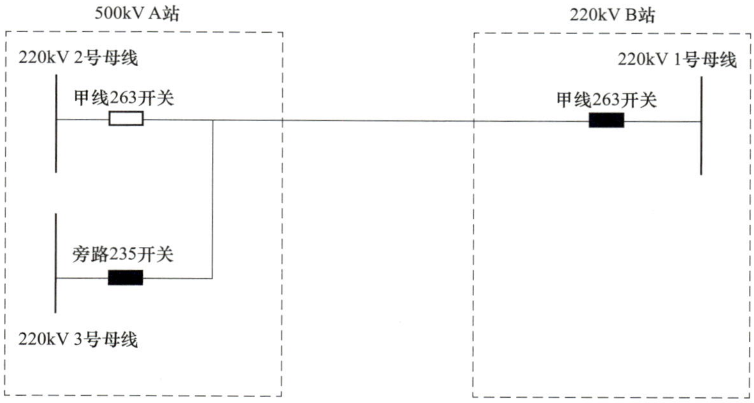

图 6－76　220kV 甲线一次代路运行示意图

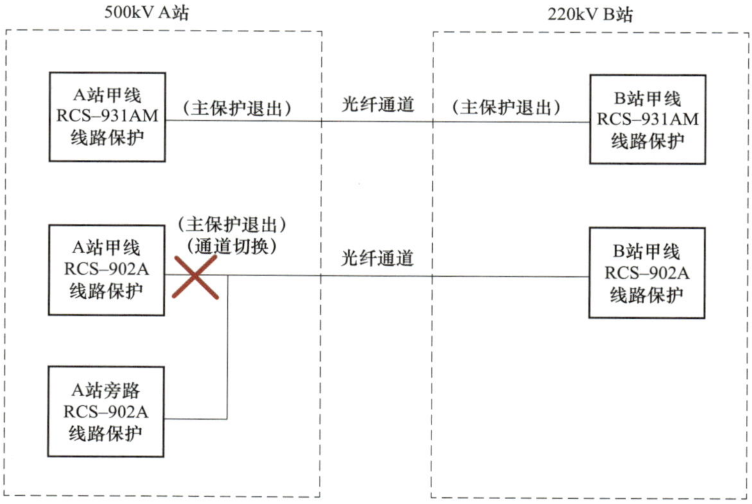

图 6－77　220kV 甲线旁路代路保护运行示意图

2. 保护动作情况

当吊车将吊物吊至 220kV 2 号母线 TV 引流线 A 相和 B 相导线之间时，B 相引流线对吊索放电。500kV A 站 220kV 母差保护动作，跳开 220kV 2 号母线所有运行开关，同时将远跳命令通过本侧 RCS－931AM 线路保护传至对侧 220kV B 站甲线的 RCS－931AM 线路保护，造成甲线跳闸。

3. 原因分析

220kV 甲线 RCS－931AM 线路保护为南瑞继保 2006 年版的早期设备，根据应用需求，线路保护的主保护停用时仍保留远跳通道。现场旁路代路运行时，500kV A 站 220kV RCS－915 母差保护跳 220kV 甲线 263 开关压板未停用。在 A 站 220kV 2 号母 B 相故障后，220kV RCS－915 母差保护动作并发远跳命令至对侧 220kV B 站，致使 220kV 甲线线路保护不正确动作跳闸。

4. 问题反思与防控措施

（1）现场操作人员对一些老旧保护装置的主保护与远跳等压板的投退关系认识不到位、旁路代路操作过程中的相关压板投退管理不规范，保护管理人员对各类保护的不同应用场景区分不透彻，同质化处理类似保护投退问题，未能针对性提出关键性保护问题。

（2）对包含保护装置在内的各类老旧设备应加强隐患排查及梳理，特别对于一些投运时间长、技术资料少，又需要保护配合较多的二次设备等，如不能及时更换老旧设备，也应明确危险点，编制可行性运行手册及相应处置预案。

（3）现场运维人员、保护管理人员、调度员等各级工作人员对旁代工作时的保护配合及内在风险点识别不够细致，未能掌握核心内涵，不能举一反三地思考保护逻辑配合问题，需加强相关业务培训。

（二）一起旁路代路时原纵差保护未停用导致合环后跳闸事件分析

1. 保护运行方式

某月 12 日 22 时 46 分 22 秒，220kV A 站 220kV 甲线 8289 开关跳闸，B 站 220kV 甲线 211 开关未跳闸。为处理 A 站甲线 8289 开关异常跳闸，用 A 站旁路 8298 开关对甲线送电。

某月 12 日 0 时 12 分 10 秒，220kV A 站旁路 8298 开关代甲线 8289 开关热备用于 220kV 4 号母线，220kV 甲线线路保护Ⅱ RCS－902C 纵联距离保护切旁路，此时 220kV 甲线线路保护Ⅰ RCS－931A 纵差保护仍投入。

220kV 甲线一次代路运行示意如图 6－78 所示。220kV 甲线旁路代路保护运行示意如图 6－79 所示。

2. 保护动作情况

某日 0 时 16 分 38 秒，A 站用旁路 8298 开关对 220kV 甲线合环送电，A 站 220kV 甲线经旁路 8298 开关合环后，B 站侧甲线 211 开关跳闸。

B 站 220kV 甲线 211 开关跳闸，220kV 甲线 RCS－931A 纵差保护动作，ABC 相故障，差流 1.47A，TA 变比 1250/5。

3. 原因分析

（1）220kV A 站 220kV 甲线 8289 开关跳闸原因：现场检查 A 站甲线汇控柜内非全相时间继电器故障，导致非全相保护动作，甲线 8289 开关跳闸。

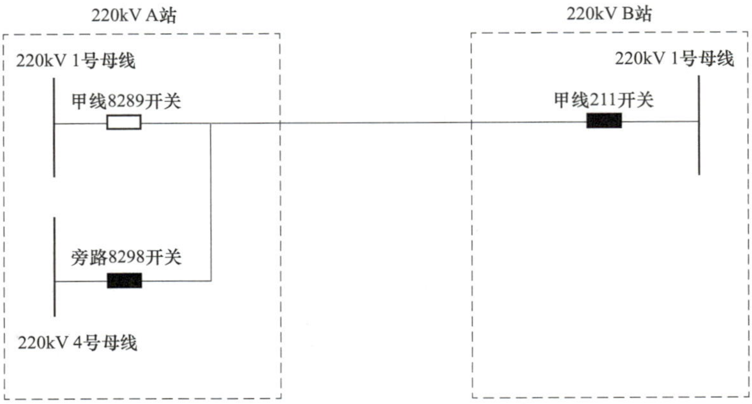

图 6-78　220kV 甲线一次代路运行示意图

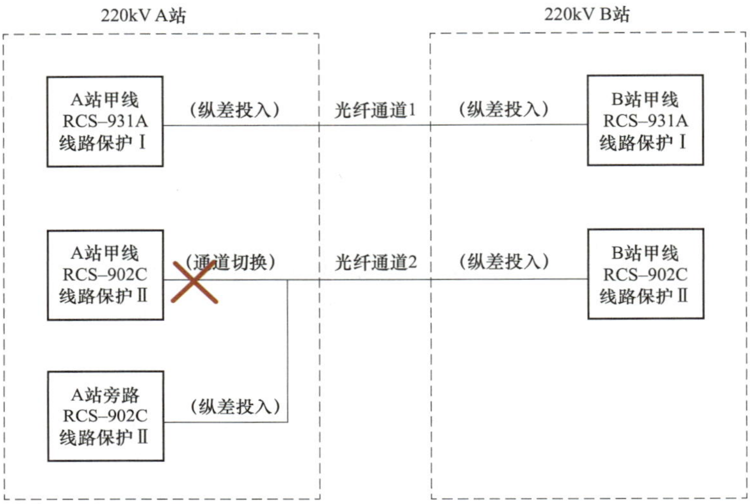

图 6-79　220kV 甲线旁路代路保护运行示意图

（2）220kV B 站 220kV 甲线 211 开关跳闸原因：220kV 甲线由 A 站旁路开关 8298 合环，合环电流 362A，此时甲线两侧线路保护Ⅰ RCS－931A 纵差保护仍投入，线路保护Ⅱ RCS－902C 纵联距离保护切旁路。当 A 站旁路 8298 开关合环后，220kV 甲线两侧线路保护Ⅰ RCS－931A 纵差保护达到主保护动作条件。

条件 1：A 站 220kV 甲线 8289 开关在分位。

条件 2：B 站 220kV 甲线电流变化量达到启动定值 1A。

条件 3：B 站 220kV 甲线差流 1.47A（一次 367A 即为合环电流），大于差动电流低定值 1.05A。

线路保护Ⅰ动作出口跳开 B 站 220kV 甲线 211 开关。

4. 问题反思与防控措施

（1）调度员误将旁路代路和旁路送电按照相同的操作步骤来执行，未看出合环送电过程中的负荷电流会造成甲线两侧线路保护Ⅰ保护误动的风险点，造成线路保护误动、开关三相跳闸。

对于因保护状态变化，存在的保护误动、拒动风险的工作，应明确风险点，并对可能引起保护误动作的设备等进行重点防护，缩短该状态的工作窗口期。

（2）旁代保护配合事件的发生也警示着电网可能存在着很多类似的隐藏风险点，各级工作人员不能完全掌握保护的逻辑内核，就不能应变不同类型的保护问题，仍存在其他非常规操作中的保护风险点未辨识的危险，应加强保护基础核心理论培训，增强各类相关工作人员的随机应变能力。

第四节　220kV 双母线主接线主变压器跳闸故障分析

一、220kV 双母线接线变电站主变压器保护配置及功能

220kV 主变压器配置双套电气量保护、单套非电量保护。每套电气量保护配置差动（比率差动、差速断保护）、高后备（阻抗保护、复压过电流、零序保护、间隙保护）、中后备（项目同高后备）、低后备（复压过电流、零序电压告警、零序过电流保护，灵敏度足够而不配阻抗保护）。主变压器高后备配置过负荷启动风冷、过负荷闭锁调压功能。

主变压器差动保护以三侧差动 TA 为界，可以反映主变压器套管故障至 TA 之间的故障，也可以反映主变压器内部的相间短路故障（单相绕组破皮短路，差动不动作），主变压器差动不经复压闭锁。

高、中后备保护项目较为简单，原理不赘述。高后备保护的方向由“指向母线”或“指向主变压器”控制字决定，分别对应故障电流流向母线和流向主变压器两种方向。

高后备动作一般分两个时限，t_1 动作跳本侧开关并闭锁高备投，t_2 动作跳三侧开关；中、低后备动作一般分三个时限，t_1 动作跳本侧母联并闭锁相应备投，t_2 动作跳本侧开关，t_3 动作跳三侧开关。

对比较老的主变压器保护，过负荷启动风冷和过负荷闭锁有载调压用的是高后备保护 TA；比较新的主变压器保护，二者用的是主变压器本体 TA。

主变压器高压侧启动失灵后，220kV 母线保护有“失灵联跳主变压器三侧”功能，视中、低压侧是否有比较大的电源点而投退。

变压器非电量保护主要有气体保护（本体/有载）、压力释放保护、超温保护，原理主要采用气体继电器、压力释放阀、油温度计或绕组温度计来反映变压器内部的异常故障情况。非电量保护仅有本体重瓦斯、有载重瓦斯动作跳主变压器三侧开关，其他保护只发信、不出口。

差动保护和气体保护均是变压器的主保护，区别在于差动保护主要用来反映变压器绕组的相间短路故障、绕组的匝间短路故障、中性点接地侧绕组的接地故障及引出线的接地故障，气体保护主要用来反映变压器的内部故障和漏油造成的油面降低，同时也能反映绕

组的开焊故障。

二、220kV 双母线接线变电站主变压器保护整定原则

（一）主保护

（1）反应变压器内部短路和油面降低的气体保护。

（2）反应变压器绕组和引出线的多相短路及绕组匝间短路的差动保护。

（3）差动速断保护定值躲变压器励磁涌流，取值大于 4～12 倍变压器额定电流值，其中小容量取较大值，大容量取较小值；要求变压器故障时流过母线电流灵敏度不小于 1.5。

（4）比率差动启动定值躲外部故障最大不平衡电流值，一般取（0.3～0.6）I_e。

（二）后备保护（高后备为例，中、低后备相应项目原则一致）

（1）相间阻抗保护正向阻抗（指向变压器）：定值与中、低压侧限时速断保护完全配合（当中压侧采用阻抗保护时，与相间距离保护定值相配合）。校验中低压侧母线故障有 1.2 倍灵敏度。时间固定为 1.8s。

（2）相间阻抗保护反向阻抗（指向母线）：与 220kV 出线相间距离Ⅱ段配合，一般按指向变压器的相间阻抗定值的 5%～10%整定。时间固定为 1.8s。

（3）接地阻抗保护正向阻抗（指向变压器）：定值与中、低压侧限时速断保护完全配合（当中压侧采用阻抗保护时，与接地距离保护定值相配合）。注意与低压侧限时速断配合时应将三相短路电流折算为两相短路电流再计算。校验中低压侧母线故障有 1.2 倍灵敏度。时间固定为 1.8s。

（4）接地阻抗保护反向阻抗（指向母线）：与 220kV 出线接地距离Ⅱ段配合，一般按指向变压器的接地阻抗定值的 5%～10%整定。时间固定为 1.8s。

（5）电流保护（选配）：定值与中、低压侧限时速断保护完全配合（当中压侧采用阻抗保护时，与相间距离保护定值相配合）。校验中低压侧母线故障有 1.2 倍灵敏度。时间固定为 1.8s。

（6）复压过电流Ⅰ段（指向本侧母线），定值大于 1.25 倍高压侧额定电流，要求变压器故障时流过高压侧开关灵敏度不小于 1.5。低电压元件取（75～85）V，负压元件取（4～6）V，1 时限跳本侧，2 时限跳三侧，时间大于 220kV 线路距离保护最长时间，级差为 0.3s。

（7）复压过电流Ⅱ段（不带方向），按与中、低压侧复压过电流保护配合整定，要求变压器故障时流过中、低压侧开关灵敏度不小于 1.5。低电压元件取（75～85）V，负压元件取（4～6）V，1 时限跳三侧，时间大于中、低压侧保护最长时间，级差为 0.3s。

（8）零序过电流保护Ⅰ段（指向本侧母线）：按与高压出线零序电流Ⅱ段配合。1 时

限跳本侧，2 时限跳三侧，时间大于 220kV 线路零序保护最长时间，级差为 0.3s。要求变压器故障时流过高压侧开关零序电流灵敏度不小于 1.5。零序过电流保护Ⅱ段(不带方向)：按与高压出线零序电流Ⅲ段配合。一般按不超过 300A，6.5s 跳三侧整定。

（9）间隙保护：零序电压定值为 180V，0.5s 跳各侧；间隙零流定值为 100A，0.5s 跳各侧。

三、常见故障情况下保护动作行为分析

以 220kV 变电站 220kV 主变压器为例，设置典型故障描述保护动作逻辑。如图 6－80 所示，选取了 5 处常见设备故障，分别简述各情况下保护动作逻辑、开关跳闸情况。

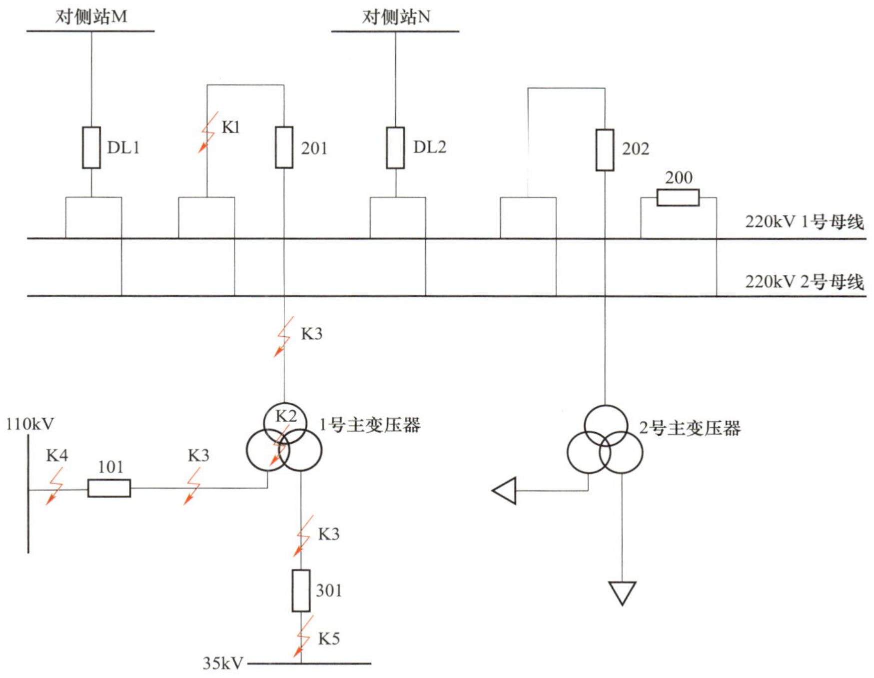

图 6－80　5 处常见故障示意图

（一）高压侧开关到 220kV 母线间引线/避雷器等故障

（1）220kV 母差保护动作，跳开母联及 1 号（2 号）母线所有开关，远跳 1 号（2 号）母线所接线路的所有对侧开关，闭锁重合闸。

（2）若母差保护拒动，则故障母线所有对侧线路保护的距离/零序Ⅱ/Ⅲ段保护动作，故障母线所有对侧开关跳闸；主变压器高后备保护动作跳开主变压器高压侧开关，将母线完全隔离。

需要特别说明，在隔离此类故障时，需要对主变压器中、低压侧进行倒负荷，防止中、低压侧带电时拉开高压侧隔离开关。

（二）主变压器本体故障（考虑开关彻底拒动情况）

（1）主变压器本体轻瓦斯发信号、重气体保护动作，跳主变压器三侧。

（2）在本体内部发生相间故障、三相故障、严重接地故障情况下，差动也会动作，跳主变压器三侧。

（3）若非电量、主变压器电气量保护均拒动，则对侧线路保护的距离/零序Ⅱ/Ⅲ段保护动作，所有对侧开关跳闸。

（4）若主变压器高压侧开关拒动，启动 220kV 母线保护失灵（常规站通过主变压器高压开关辅助保护至母线保护装置，智能站则直接启动母线保护装置）。

（5）若主变压器中、低侧开关拒动，且中、低压侧均有小电源，则由中、低压侧出线（接带小电源）的对侧线路保护动作，将主变压器中低压侧、中低压母线及相应出线隔离。

（三）三侧开关到主变压器间引线/避雷器/套管等故障

参照主变压器本体故障。

（四）110kV 母线、中压侧开关到 110kV 母线间引线/避雷器等故障

（1）110kV 母差保护动作，跳母联及故障母线所有出线，不启动远跳，闭锁重合闸。

（2）若 110kV 母差拒动，由主变压器中后备动作，t_1 跳中侧母联并闭锁中分段备投，t_2 跳本侧开关，t_3 跳主变压器三侧。

（五）35kV 侧母线故障

（1）35kV 母差保护动作，跳母联及故障母线所有出线，不启动远跳，闭锁重合闸。

（2）若 35kV 母差拒动，由主变压器低后备动作，t_1 跳低侧分段并闭锁低分段备投，t_2 跳本侧开关，t_3 跳主变压器三侧。

（3）若 35kV 无母差保护或 35kV 线路故障后出线开关拒跳，由主变压器低后备动作，t_1 跳低侧分段并闭锁低分段备投，t_2 跳本侧开关，t_3 跳主变压器三侧。

四、一起典型故障处置案例—220kV A 站 2 号主变压器跳闸为例

（一）事件描述

某日 13 时 8 分，A 站 2 号主变压器低后备保护、纵差保护先后动作，2 号主变压器低压侧、高中压侧先后跳闸。分析判断故障过程有两个，分别是 2 号站用变压器熔断器故障过程、2 号主变压器低压侧跳线故障过程。

故障前运行方式：220kV 双母线并列运行，1、2、3 号主变压器 110kV 并列运行，1、2 号主变压器 35kV 分列运行，3 号主变压器 10kV 单母线运行。

（二）故障过程

220kV A 站无主变压器故障录波器，仅以 220kV 故障录波器上送波形为基础进行故障分析、判断。故障波形如图 6－81 所示，分过程一、过程二，并对其进行分析。

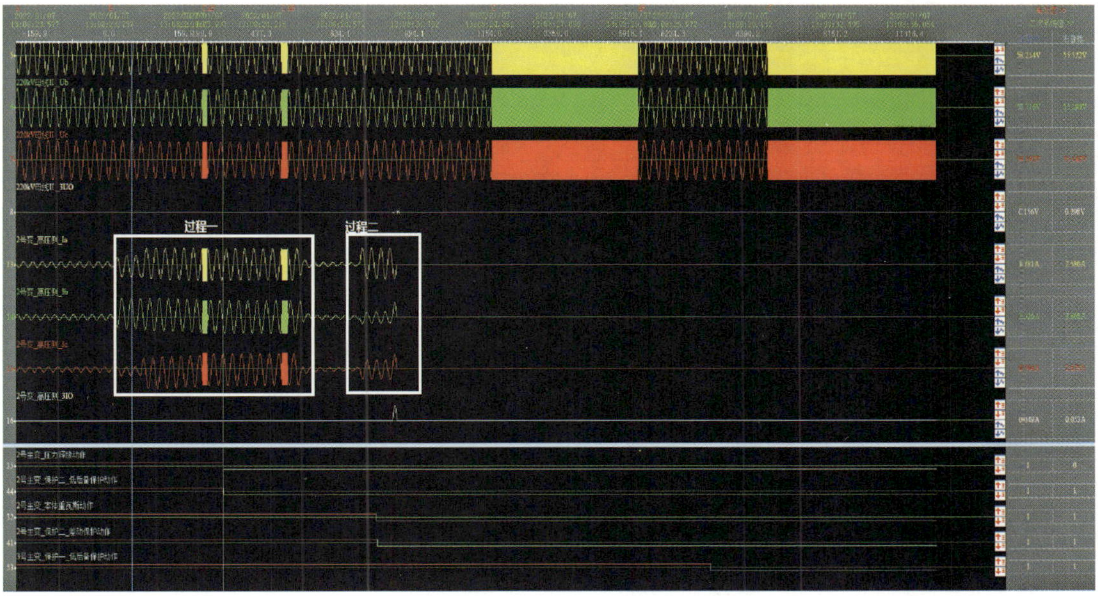

图 6－81　故障波形图

1. 过程一（主变压器低后备保护动作）

（1）2 号主变压器高压侧三相正常负荷电流 0.5A，从出现故障电流到低后备保护动作时间约 380ms，满足低后备过电流一段动作时间 0.3s（跳 35kV 分段，分段正常分位）；从出现故障电流到故障电流消失时间约 750ms，满足低后备过电流二段动作时间 0.6s（跳主变压器本侧），故障隔离。由此可判断为主变压器低后备保护动作，故障点位于低后备保护动作范围内。

注：经现场检查，为 35kV 2 号站用变压器故障，因站用变压器无开关、无保护，且 35kV 侧未配置母差保护，2 号主变压器低后备保护动作正确。

低后备保护定值如图 6－82 所示。

（2）由波形可以看出，前 50ms 时间内 A 相电流约 1.74A、B 相电流 2.49A、C 相电流 0.74A，A 相电压 58.3V、B 相电压 55.8V、C 相电压 59.3V；50ms 至低压侧开关跳开故障电流消失 A、B、C 相电流约 2.6A，大小相等。

对于 YNd11 接线变压器，YN 侧各相电流的分布与故障相别有关，其规律是：与 d 侧故障相对应的两相中滞后相的电流最大（如 d 侧 ab 相短路，YN 侧 B 相电流最大），数值上为故障相电流的 $2/\sqrt{3}$ 倍，其他两相电流大小相等、方向相同，在数值上为故障相电流的 $1/\sqrt{3}$ 倍，方向与电流最大的一相相反；计及变压器内部电抗的压降后，YN 侧与 d

侧两故障相对应的两相中的滞后相电压最低，其他两相电压较高，相角差接近。

Ⅲ侧后备保护定值

序号	符号	名称	单位	原定值	现定值
1	D258	相电流启动定值	A		5.20
2	D259	零序电压启动定值	V		70.00
3	D260	复压闭锁负序相电压定值	V		4.00
4	D261	复压闭锁相间低电压定值	V		70.00
5	D262	过电流Ⅰ段定值	A		15.00
6	D263	过电流Ⅰ段时限	s		0.30s跳35kV分段
7	D264	过电流Ⅰ段跳闸控制字			0081H
8	D265	过电流Ⅱ段定值	A		15.00
9	D266	过电流Ⅱ段时限	s		0.60s跳主变压器本侧
10	D267	过电流Ⅱ段跳闸控制字			0009H
11	D268	过电流Ⅲ段定值	A		15.00
12	D269	过电流Ⅲ段时限	s		0.90s跳主变压器三侧
13	D270	过电流Ⅲ段跳闸控制字			040FH
14	D271	过电流Ⅳ段定值	A		6.40
15	D272	过电流Ⅳ段时限	s		2.30s跳35kV分段
16	D273	过电流Ⅳ段跳闸控制字			0081H
17	D274	过电流Ⅴ段定值	A		6.40
18	D275	过电流Ⅴ段时限	s		2.60s跳主变压器本侧
19	D276	过电流Ⅴ段跳闸控制字			0009H
20	D277	零序电压定值	V		150.00
21	D278	零序电压时限	s		20.00
22	D279	零序电压跳闸控制字			0000H
23	D280	过负荷定值	A		5.50
24	D281	过负荷延时	s		9.00
25	D282	零序电压报警定值	V		40.00
26	D283	零序电压报警延时	s		9.00

图 6-82　低后备保护定值

由上述条件，结合录波图 6-83 可判断出前 50ms 为低压侧 AB 相短路（B 相电流最大、电压最低，B 相电流与 A、C 相方向相反，因叠加负荷电流高压侧电流满足），50ms 以后发展为三相短路。

2. 过程二（主变压器差动保护动作）

低后备保护动作跳开低压侧开关后，三相电流恢复正常，大小约 0.36A，持续时间约 100ms。由再次出现故障电流到主变压器差动保护动作时间约 40ms，差动保护动作后，跳开主变压器三侧开关，故障隔离。差动保护动作可判断故障点位于三侧开关差动 TA 之间。

由波形可以看出，再次故障时 A 相电流约 2.52A、B 相电流 0.96A、C 相电流 1.6A，A 相电压 56.1V、B 相电压 59.5V、C 相电压 58.8V。

根据前述条件，结合录波图 6-84 可判断出再次故障为低压侧 A、C 相短路（A 相电流最大、电压最低，A 相电流与 B、C 相电流方向相反，因叠加负荷电流高压侧电流满足）。

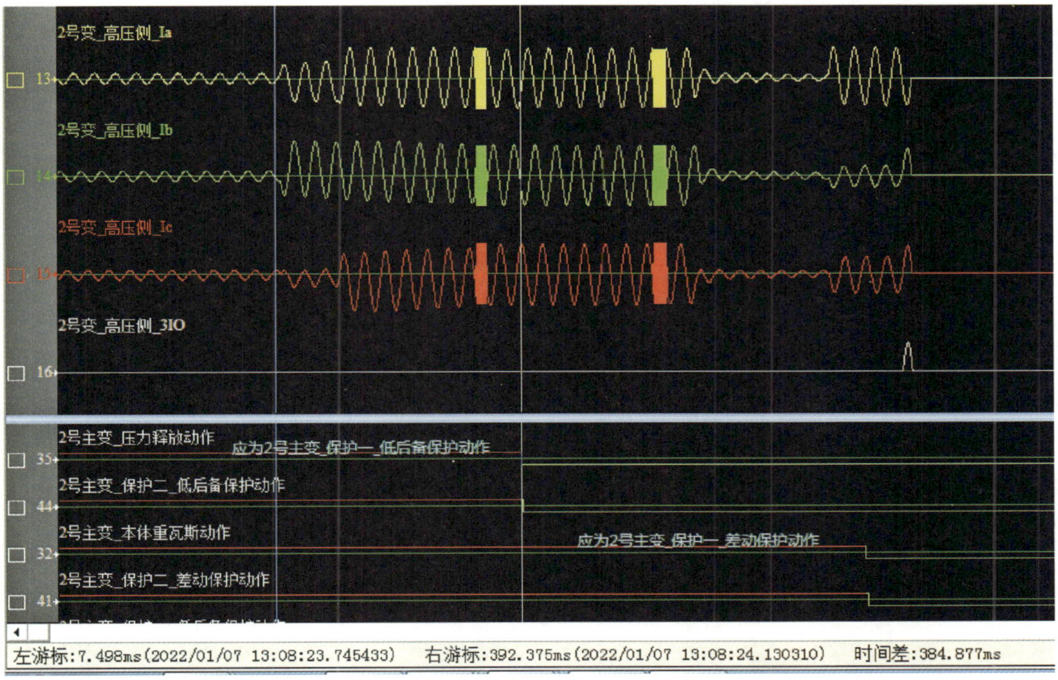

图 6-83 过程一故障波形图

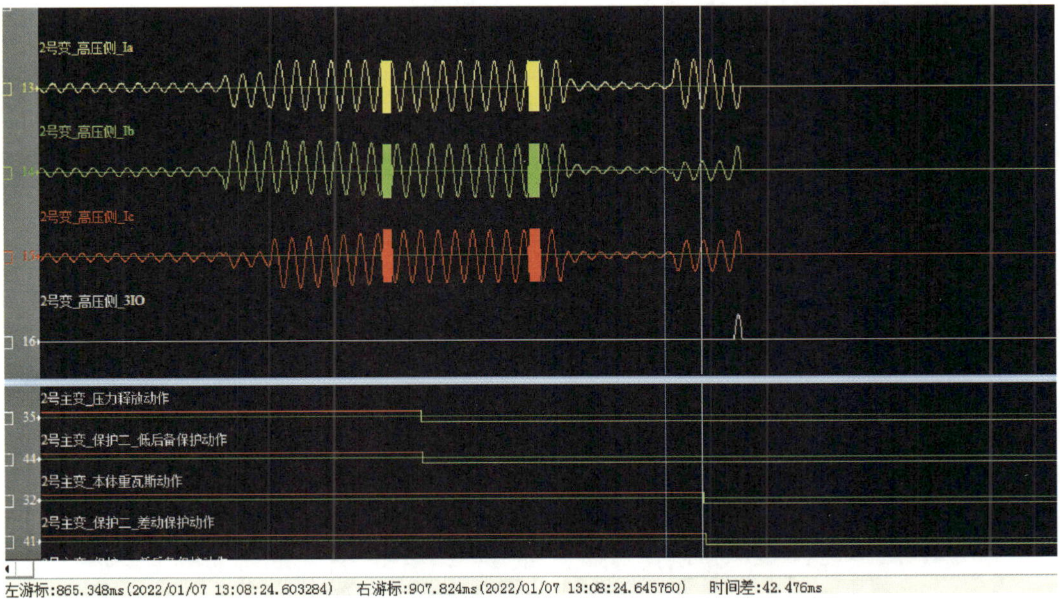

图 6-84 过程二故障波形图

（三）故障原因

A 站 2 号主变压器接线及故障点示意如图 6-85 所示。

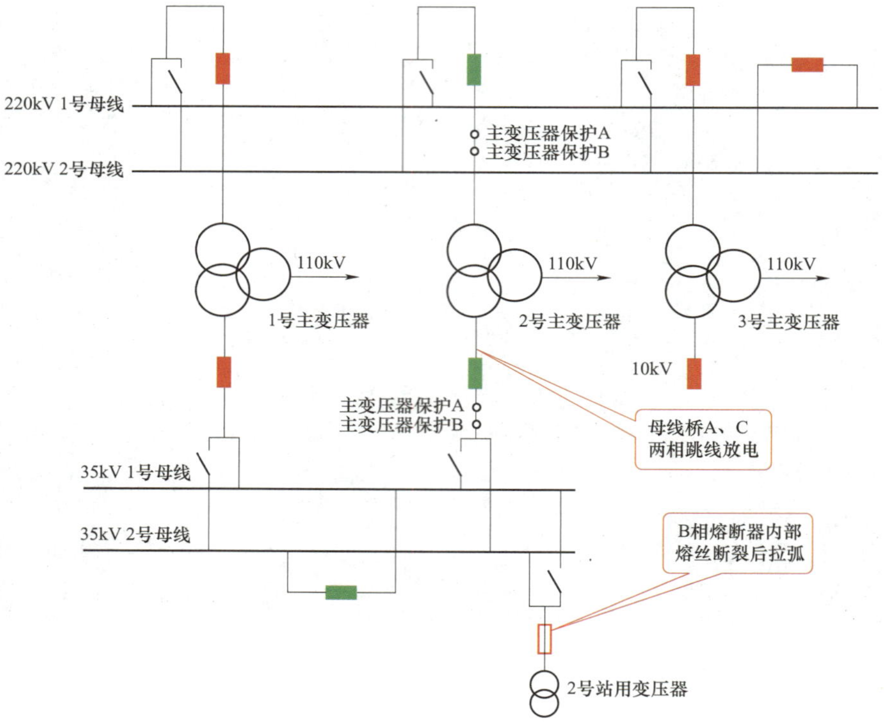

图 6-85　A 站 2 号主变压器接线及故障点示意图

2 号主变压器低后备保护跳闸原因是 2 号站用变压器 B 相熔断器内部熔丝断裂后拉弧，引起单相接地，逐步发展为相间短路所致。

2 号站用变压器熔断器检查情况。三相熔断器本体完全碎裂，上部支撑绝缘子严重烧蚀碎裂，下部支撑绝缘子较为完整，初步判断熔断器上端发生短路故障。熔断器接地引线存在严重烧蚀，A、B 相尤其较 C 相严重，如图 6-86 所示。

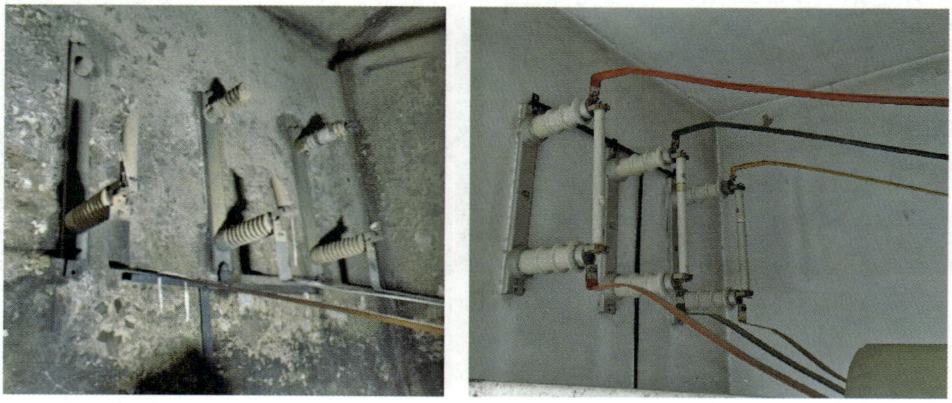

(a)　　(b)

图 6-86　站用变熔断器外观

（a）2 号站用变压器熔断器；（b）1 号站用变压器熔断器

2 号主变压器差动保护跳闸原因是 2 号主变压器 35kV 侧母线桥 A、C 两相跳线在故障电流电动力作用下向外偏移，分别对门型架爬梯、门型架放电，造成相间短路。

2 号主变压器低压侧母线桥检查情况。发现 A、C 两相对门型架两处放电点，其中 A 相导线向门型架侧偏移，导线和门型架爬梯有明显放电点（见图 6–87），C 相导线向门型架侧偏移，导线和门型架有明显放电点（见图 6–88）。

结论：根据实际故障点，印证了采用故障录波分析的正确性。

图 6–87 A 相放电点

图 6–88 C 相放电点

第七章

电力平衡分析调整

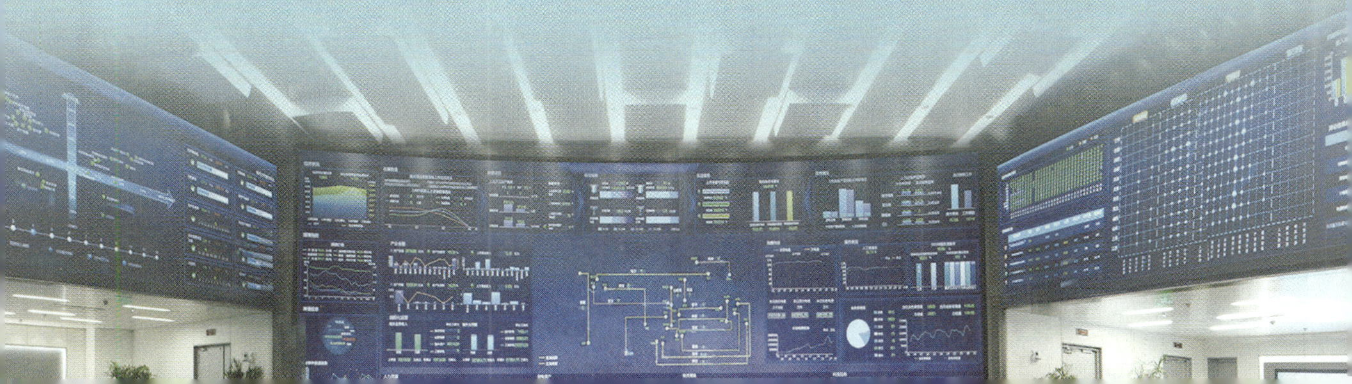

第一节 电力平衡的概念

一、电力平衡的定义

电力平衡：电力系统所有的有功电源发出的有功功率总和与电网所有用电设备（包括输电线路）所取用的有功功率总和相等；电力系统所有的无功电源发出的无功功率总和与所有用电设备（包括输电线路）所取用的无功功率总和相等。所以电力平衡的内容就是电网的有功功率的平衡和无功功率的平衡。

电力平衡是由电网发电、供电、用电三个方面决定的。电力系统的有功负荷及无功负荷是经常发生变化的，因此平衡经常被打破，要再努力使之达到平衡，所以说电力平衡是动态的，是在不平衡中求得暂时的平衡，也是在一定程度上缓和电力供需矛盾的重要措施。

电力平衡关系到电网的电能质量，关系到电力系统的安全、稳定、可靠、经济运行，也关系到诸多企业的供电和利益，关系到工农业生产和人民生活用电，因此搞好电力平衡是电力系统和广大用户共同的任务。

因为无功功率的平衡主要通过 AVC 系统自动调节，因此我们只讨论有功功率平衡的调节手段和注意事项。

二、频率超差的危害

电力系统中，有功功率的不平衡程度直接反映在电网频率上。当电网电源与负荷的有功功率失去平衡，就会使电网频率超过规定范围，也就是产生了频率超差。

频率超差包括以下两方面：

（1）频率低于规定值。当电力系统的有功电源小于有功负荷，即供小于求时，则电网频率下降；频率下降称低频运行，也称低周运行。

（2）频率高于规定值。当电力系统的有功电源大于有功负荷，即供大于求时，则电网频率上升。频率上升称高频运行，也称高周运行。

电网低频运行的危害体现在以下几方面：

（1）汽轮发电机低压级叶片将由于振动大而产生裂纹，甚至发生断裂事故。

（2）系统低频运行使用户的交流电动机转速按比例降低，直接影响工农业生产的产量和质量。

（3）电力系统中低频率运行对无线电广播、电视、电影制片等工业也有影响。

（4）电力系统中频率变化，还将导致汽轮发电机、锅炉及其他设备的效率降低，使发电厂在不经济的情况下运行。

（5）电力系统中频率变化，还会引起系统中各电源间功率的重新分配，这样就可能改变原来按经济条件所分配的功率，影响了系统的经济运行。

（6）频率过低可能造成电网瓦解事故。

当电力系统的发电功率大于用电负荷（包括厂用电负荷及线路损失负荷）时，电网就会发生高频率运行。高频率运行对电力系统及用户同样会产生重大危害，特别是在安全方面更为严重。当电网高频率运行时，发电机、电动机和所有旋转设备转速均增加，功率增加；设备往往会因超过原设计的机械应力而遭到损坏。高频率运行也会使自动化设备误动作，影响通信、电视、广播的工作质量。当频率超过额定值很大时，汽轮机可能会由于危急保安器动作而使机组突然甩负荷运行。

综上所述，为了保证电网安全、稳定、可靠、经济地运行，供电企业和用户应当遵守国家有关规定，采取有效措施，做好计划用电工作。各用户单位需按计划分配的电力、电量指标在规定的时间内使用，以保证系统的电力平衡。

第二节　电网电力平衡分析标准化作业指导卡

一、平衡形势分析

随着新能源装机规模、用电负荷不断攀升，电网平衡分析存在诸多困难，主要受以下因素影响：

（1）天气影响平衡分析。一是持续性高温、严寒天气造成负荷持续偏高；二是突发性天气变化造成负荷及新能源功率突变。

（2）负荷峰谷差不断增大。受生产生活习惯、分布式光伏功率等因素影响，负荷峰谷差不断增大，造成负荷低谷时段负备用不足、负荷高峰时段正备用不足，加大调峰难度。

（3）机组安全运行形势严峻。一是火电机组故障跳闸、非计停台次明显增多；二是受煤质、设备缺陷影响，机组降功率数额较大；三是受电煤市场、运输等因素影响，各电厂煤炭库存紧张。

（4）调峰受新能源制约凸显。一是新能源功率预测准确率影响平衡分析；二是新能源功率随机性波动加大调峰难度。

（5）外电影响日益突出。外电电力占比逐步提高，对外电依赖性加剧。

二、调度台可能出现的问题

（1）调峰措施准备不足。调度员实际调整手段不足，过度依赖外网支援。

（2）值班期间分工不明确。备用紧张时值班人员不清楚自身职责，造成工作慌乱、交代不到位、沟通不顺畅。

（3）机组实际调节能力掌握不准确。一是机组最大功率水平、最大深调能力掌握不清，供热机组供热带功率能力及机组调节速率掌握不清。二是开机机组并网时间无法按计划进行，机组并网后处理无法及时达到计划要求。

（4）与上级调度沟通不顺畅。申请支援前计划调整书编制过慢、网调核实网内备用情况用时过长、答复不及时、联络线调整不及时；网内无支援能力时，需向国调进行申请，流程繁杂。

（5）同一日内正负备用均出现缺口，加大调整难度，午间电网负备用存在缺口、晚间电网正备用不足。

（6）实时备用分析不准确影响申请支援时机。主要受负荷及新能源偏差影响，造成平衡评估困难；火电机组工况较差，无法达到功率要求。

（7）直调自备电厂、地方电厂管理不足。电力平衡紧张时段自备电厂无法按调度要求接带负荷。

三、准备工作

供需形式分析、预警及评估见表 7－1。

表 7－1　　供需形式分析、预警及评估

序号	内容	内容简述
1	供需形势分析	（1）精准开展负荷预测。综合气象等因素，预测未来负荷变化趋势，提前掌握未来最高负荷水平。 （2）开展机组运行情况摸排，发现缺陷及时组织低谷消缺，针对煤质差等原因造成机组功率受阻，督促电厂及时调配，确保负荷高峰时刻机组功率满足要求。 （3）积极与上级调度沟通协调，落实外电计划；因送端原因外电无法按计划送入，提前采取措施，确保电力可靠供应
2	电源侧可调能力监视预警	（1）密切监视火电厂煤炭库存，实时掌握各电厂煤炭可用天数，出现可用天数低于预警值、缺煤停机等情况，及时落实原因，合理安排机组功率。 （2）常态化开展机组满功率测试，不满足要求的机组严格按规定提报机组降出力，加大机组降出力管理力度。 （3）开展直调自备电厂顶峰功率测试，提前掌握自备电厂调峰能力。 （4）精准预测新能源功率。根据天气变化，精确掌握未来新能源功率水平，精确掌握电力平衡情况。 （5）根据汛期特点，及时了解抽水蓄能电站上下水库可用水位，合理预留水位。 （6）开展储能场站可用容量摸排，常态化开展储能场站充放电实验，确保负荷高峰时刻可用
3	负荷侧资源评估	（1）熟悉需求响应工作方案，协调营销部落实需求响应能力，了解需求响应执行流程。 （2）熟悉全省有序用电方案，明确执行流程。密切跟踪电力需求走势，准确预测全省电力供应缺口及局部电网供电能力，提出启动有序用电等级意见报省能源局，下达有序用电预警。 （3）熟悉事故拉路序位表，督导地调在 EMS 系统（智能电网调度控制系统）设置事故拉路序位表，常态化开展负荷批量控制系统预置演练。 （4）开展直调自备电厂可中断负荷摸排，初步掌握自备电厂可释放负荷水平
4	其他	按实际面临平衡形势补充

四、平衡分析风险辨识及防范措施

平衡分析风险辨识及防范措施见表 7－2。

表 7－2　　平衡分析风险辨识及防范措施

工作时段	分析要点	分析内容	调度台执行措施	风险内容	防范措施
日前阶段	日前负荷预测评估	预测全网最高（低）负荷及全网最大供应能力及最小可调功率，合理安排外电、机组运行方式	维护电力平衡分析表，计算基础数据下正、负备用容量	负荷预测偏差过大，对机组开机方式、外电计划、抽蓄水位留取等造成较大影响	（1）计算次日平衡情况，提出临时开停机组建议。 （2）计划处提前向上级调度申请外电支援
			落实机组开停机是否能够按计划进行		
			落实计划处日前外电调整情况		
			检修工作是否需控机组功率、分析对电力平衡影响		
		预测次日电力供应紧张	开展多专业会商，合理留取电网旋转备用		
		预测次日新能源消纳困难	评估次日新能源弃电时段、弃电电力及弃电量		
		日前外电支援	计划处及时向上级汇报，申请日前外电支援		
	电源侧可调能力保障	直调公用电厂	（1）预测次日平衡紧张，提前通知各直调公用电厂调配燃煤，做好带满功率准备。摸排降出力机组可增功率能力，通知电厂做好顶峰功率准备。 （2）预测次日新能源消纳困难，通知直调公用电厂在新能源消纳困难时段做好带最小功率准备		
		直调自备电厂	核实直调自备电厂调峰能力，通知自备电厂做好调峰准备		
		地方电厂	通知各地调落实地方电厂调峰能力，提前通知各地方电厂做好负荷高峰时刻按最大功率运行准备		
		储能电站	完成储能场站充（放）电，未经调度许可不得私自放（充）电，负荷高峰（新能源消纳困难）时段充分发挥储能作用		
		抽水蓄能电站	核实抽蓄电站可用水位，合理留取水位，负荷高峰前将水位抽至最高、负荷低谷时保证机组抽水工况满负荷运行		
	负荷侧资源落实	与营销部通过电力平衡会商机制，及时跟踪研判电力供需形势。判断存在供电缺口，及时报能源局启动有序用电方案，明确有序用电限额及执行时间	通知各地调有序用电限额、有序用电执行时段，做好记录	有序用电限额不足	会商营销部开展紧急型需求侧响应；申请外电支援；调度台做好事故拉路准备

续表

工作时段	分析要点	分析内容	调度台执行措施	风险内容	防范措施
日前阶段	负荷侧资源落实	直调自备电厂、地方电厂管理	（1）通知直调自备电厂、地调自备电厂（含地方自备电厂）电力供应紧张时段不得从电网受电。 （2）新能源消纳困难时段，直调自备电厂按要求组织开展电网调峰		
		自备电厂临时可中断负荷	统计自备电厂临时可中断负荷数量，各地调通知自备电厂做好次日临时可中断负荷压限准备		
日内阶段	供需形势分析	负荷变化评估	密切关注全网实时电力平衡情况，关注负荷变化，掌握总体平衡情况	负荷、新能源预测出现较大偏差	（1）按电力平衡形势，组织直调机组开停机调峰。 （2）参与国调跨区现货、调峰辅助服务市场。 （3）编制跨区联络线计划调整书，及时向网调、国调申请跨区支援
		滚动做好电力平衡分析	（1）预判当值及未来备用情况，做好平衡分析，滚动更新平衡计算数据，准确计算实时正（负）备用。 （2）及时传递实时平衡信息，积极向网调、国调申请支援		
	电源侧调峰措施	电力供应紧张	提前通知直调电厂做好带满功率准备。做好核电机组、自备电厂、地方电厂功率监视。 （1）出现电力平衡紧张情况，通知各直调电厂机组功率带满。降出力机组短时顶峰运行。 （2）开启抽水蓄能机组发电。 （3）通知各储能场站储能设备放电。 （4）通知直调自备电厂按最大发电能力带机组功率。 （5）通知各地调地方电厂按最大发电能力带机组功率	出现机组跳闸、非计停，火电新增降功率，进一步恶化电力供应形势	（1）按电力平衡形势，组织直调机组开机。 （2）严抓机组降出力，对功率不满足要求的机组严肃考核。 （3）参与国调跨区现货交易。 （4）编制跨区联络线计划调整书，及时向网调、国调申请跨区支援
		新能源消纳困难	（1）出现负备用不足、电力平衡紧张情况，通知各直调电厂机组开始深调。 （2）开启抽水蓄能机组抽水。 （3）通知各储能场站储能设备充电。 （4）通知直调自备电厂带最小功率。 （5）通知各地调地方电厂带最小功率。 （6）供热期供热机组短时降出力调峰。 （7）按日前计划（日前未安排可日内自行选取，保证各发电集团均衡）通知部分电厂滑参数调峰	机组深调能力掌握不准、深调不到位	（1）实时监视机组功率情况，高曲线机组立即减功率。 （2）供热期掌握供热机组最小功率水平。 （3）报送提高最低功率申请
				市场环境下做好信息披露	干预市场及时做好记录

续表

<table>
<tr><th>工作时段</th><th>分析要点</th><th>分析内容</th><th>调度台执行措施</th><th>风险内容</th><th>防范措施</th></tr>
<tr><td rowspan="5">日内阶段</td><td rowspan="2">电源侧调峰措施</td><td rowspan="2">新能源消纳困难</td><td rowspan="2">采取上述措施仍不能保证电网安全要求，采取新能源弃电措施。
（1）未闭环新能源场站停运调峰。
（2）闭环未参与市场新能源场站通过新能源 AGC 弃电调峰。
（3）闭环参与市场新能源场站（未参与市场场站可采取设点模式）通过新能源 AGC 开始弃电调峰。
（4）扶贫光伏参与弃电调峰。
新能源全部弃电，仍存在负备用缺口，安排机组停运调峰</td><td>新能源 AGC 过调</td><td>（1）AGC 闭环新能源场站开始弃电时，缓冲状态下按比例逐步将新能源场站切入调峰。
（2）AGC 调节过程中视 ACE（区域控制偏差，将在第三节详细介绍）实际调整需要修改人工偏置量</td></tr>
<tr><td>结束新能源弃电时，造成 ACE 越限</td><td>新能源弃电放开时，采用设点模式逐步放开。避免 ACE 越限</td></tr>
<tr><td rowspan="3">负荷侧调峰措施</td><td rowspan="3">电力供应紧张</td><td rowspan="3">（1）通知地调压限自备电厂临时可中断负荷。
（2）原则上按照先错峰、后避峰、再限电的顺序安排电力平衡，将有序用电影响控制在最小限度。各市按既定负荷缺口指标执行有序用电措施。
（3）监视各地市有序用电执行情况，通知地调严格控制地区用电限额。超用电限额立即通知本单位营销部严格执行有序用电措施。
（4）日前未安排需求响应、未下达有序用电压限负荷指标，日内出现缺口，会商营销部，根据预判提前 4h 启动紧急型削峰需求响应及紧急错避峰方案。
（5）当供电缺口较大超出紧急错避峰压限能力、突发事件导致执行时间不足或局部电网供电能力严重不足时，要严格执行事故拉闸序位表，确保电网运行安全。
（6）根据实时平衡计算情况，需取消或调整需求响应及有序用电，及时向处长及中心领导汇报。
（7）电力供需形势缓和后，应及时提出终止执行需求响应、有序用电方案建议，终止有序用电方案，视备用情况依次恢复批量控制负荷、压限负荷，汇报国调、网调。
（8）负荷创新高，及时传递信息，分析影响负荷因素，分析电网实时运行风险，有序用电结束后做好相关数据统计</td><td>压限负荷不到位</td><td>（1）密切监视各地有序用电执行情况，发现超限额用电情况及时通知，并做好记录。
（2）及时与营销部沟通有序用电执行情况</td></tr>
<tr><td>日前有序用电限额不足</td><td>（1）提前 4h 下达新有序用电限额。
（2）做好紧急事故拉路准备，保障电网安全</td></tr>
<tr><td>结束有序用电时机评估不准确。结束早供电能力不足、结束晚造成限电增加</td><td>（1）根据负荷发展趋势，精确计算实时电力平衡情况，备用满足要求及时建议结束有序用电。
（2）报送数据与营销部保持统计数据口径一致</td></tr>
</table>

续表

工作时段	分析要点	分析内容	调度台执行措施	风险内容	防范措施
其他	日内同时出现新能源消纳困难、负荷高峰时段电力供应不足	午间新能源消纳困难、晚峰电力供应不足，需采取有序用电措施	（1）抓住电力供应主要矛盾，重点保障晚峰电力供应。 （2）抽蓄电站保证晚峰前留取足够水位。 （3）午间采取新能源弃电措施。 （4）及时评估新能源结束弃电时机，保证负荷增长前火电机组结束深调，有足够调整能力		

五、典型案例分析

（一）案例 1：电网负备用不足执行弃电

全网用电负荷、风电、光伏及实时负备用曲线如图 7－1 所示。

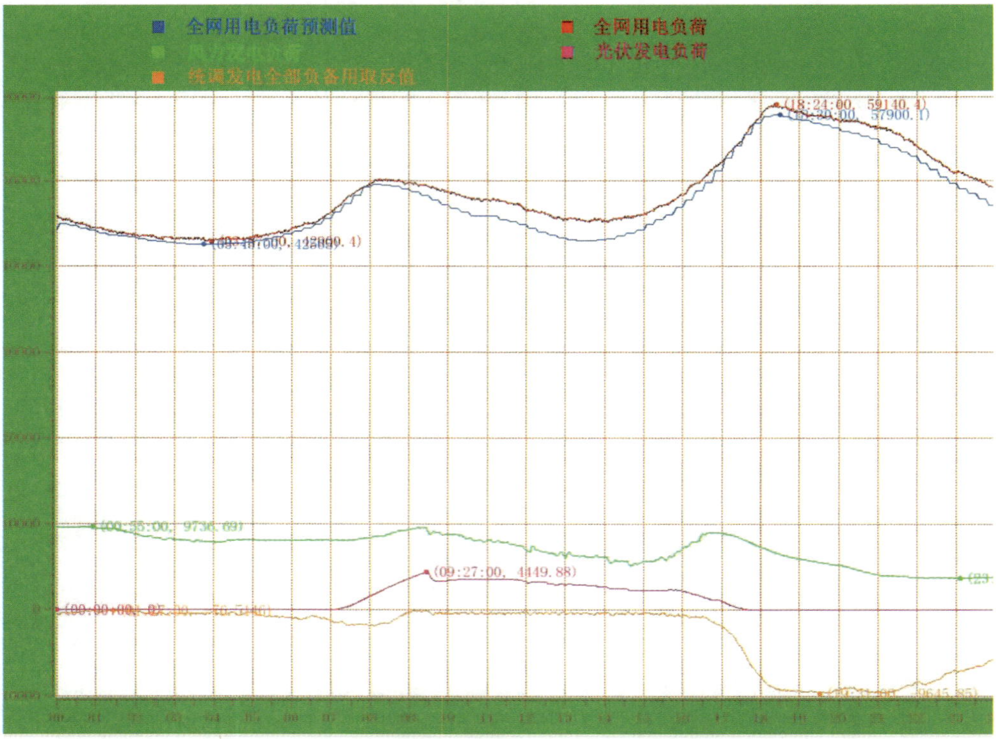

图 7－1　全网用电负荷、风电、光伏及实时负备用曲线

处理过程：

（1）A－1 日 17:57，因电网负备用紧张，通知各地调：A 日 00:15—07:30，08:30—16:15 不具备新能源 AGC 闭环资格场站做好停运调峰准备、具备 AGC 闭环运行资格场站

做好跟踪指令调峰准备，配置储能的新能源场站根据弃电情况自行进行充放电。

（2）A 日 00:01，因电网负备用紧张，通知直调公用电厂深调。通知各自备电厂按春节保电措施执行相关控制要求。

（3）A 日 00:57，通知各地调不具备 AGC 闭环资格风电场执行停运调峰。配置储能的新能源场站根据弃电情况自行进行充放电。

（4）A 日 01:30，具备 AGC 闭环资格风电场通过新能源 AGC 系统进行弃电。

（5）A 日 04:20，具备 AGC 闭环资格风电场结束弃电。

（6）A 日 04:32，通知各地调不具备 AGC 闭环资格风电场恢复并网。

（7）A 日 04:35，A 日凌晨弃风情况：00:57—04:35，因电网负备用不足执行弃风，该时段最大弃风电力 87.1 万 kW（02:42），弃风电量 184.5 万 kWh。

（8）A 日 06:39，电网负荷增长，通知各机组深调结束；通知各自备电厂恢复正常功率。

（9）A 日 08:45，因电网负备用紧张，通知直调公用电厂开始深调。通知各自备电厂按春节保电措施执行相关控制要求。

（10）A 日 09:25，通知各地调不具备 AGC 闭环资格新能源场站执行停运调峰。配置储能的新能源场站根据弃电情况自行进行充放电。

（11）A 日 09:30，具备 AGC 闭环资格新能源场站通过新能源 AGC 系统进行弃电。

（12）A 日 16:40，具备 AGC 闭环资格新能源场站通过新能源 AGC 系统结束弃电。

（13）A 日 16:45，通知各地调不具备 AGC 闭环资格新能源场站结束停运调峰。

（14）A 日 17:00，电网负荷增长，通知各机组深调结束；通知各自备电厂恢复正常功率。

（二）案例 2：电网正备用不足采取紧急错避峰措施

全网用电负荷如图 7－2 所示。电网 ACE 曲线如图 7－3 所示。网内联络线功率如图 7－4 所示。风力发电负荷曲线如图 7－5 所示。

B 日 15:00 起，全网负荷高计划 350 万 kW，全网正备用不足，令火电机组增加功率，将甲抽水蓄能电站 4 台机组、乙抽水蓄能电站 1 台机组转发电仍有备用缺口，造成 15:30—15:45 A2 越下限 1 次。全网用电负荷高计划 350 万 kW，网内火电机组功率已达最高可调功率，甲抽水蓄能电站 4 台机组、乙抽水蓄能电站 1 台机组全部转发电，国调、网调无支援能力，采取紧急错避峰措施，电网正备用仍不足，造成 16:00—19:00，A1、A2 越下限 13 次。

在此过程中，网内联络线持续偏离计划曲线 1000MW 以上，电网最低频率 49.31Hz。处理过程如下：

（1）B－1 日 19:24，因预计明日早峰 05:45—06:45、晚峰 17:45—19:45 电网正备用紧张，通知各直调电厂做好明日负荷高峰期间顶峰功率准备。

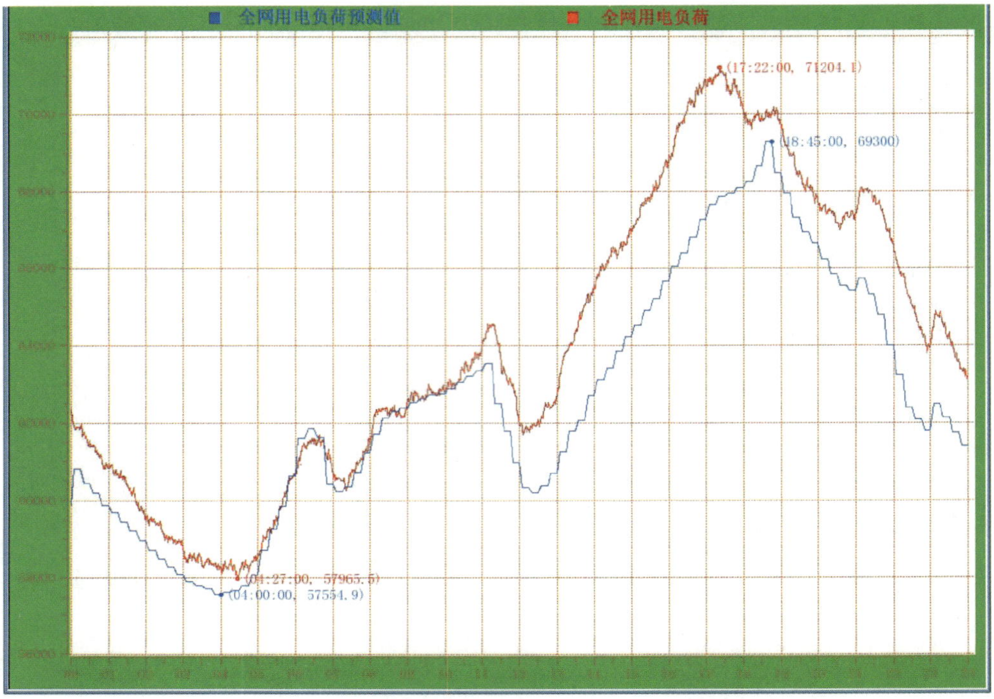

图 7-2　全网用电负荷

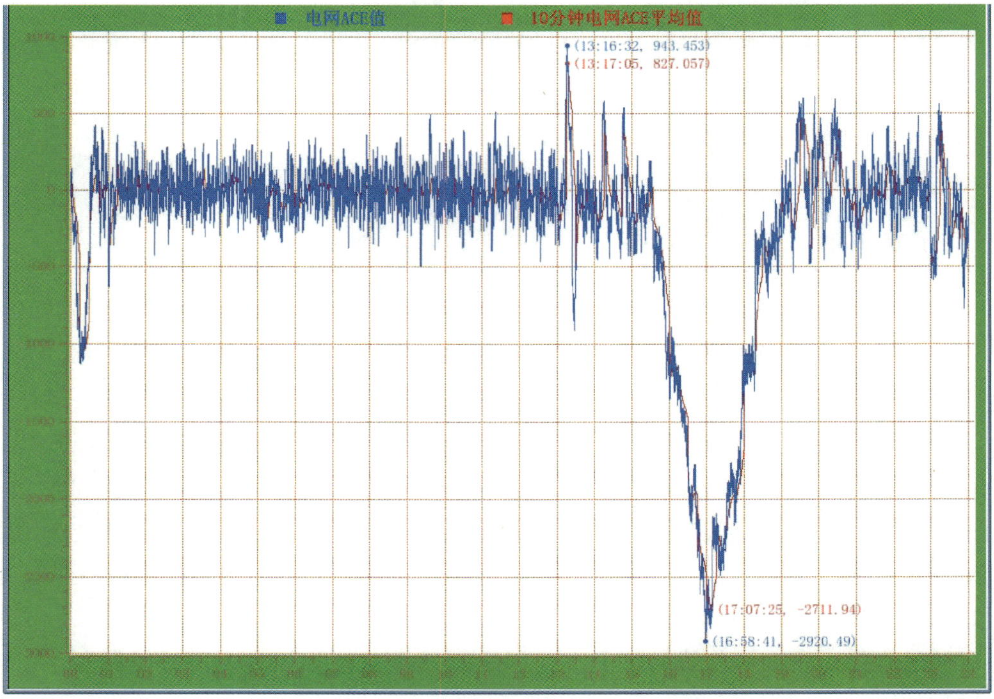

图 7-3　电网 ACE 曲线

图 7-4 网内联络线功率

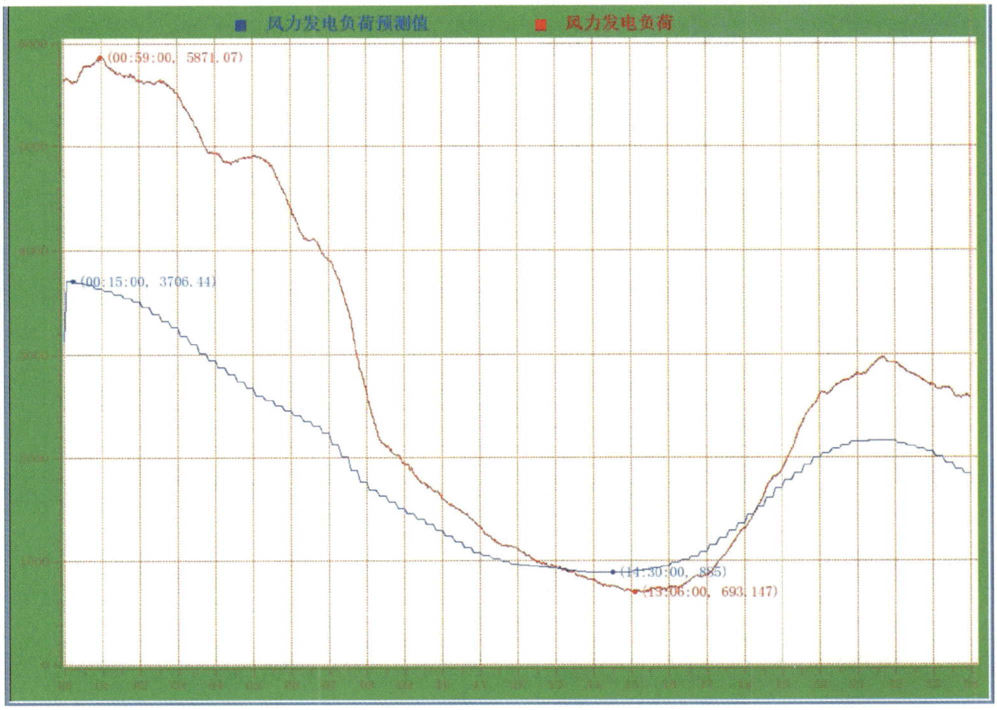

图 7-5 风力发电负荷曲线

（2）B－1 日 19:26，通知各地调储能场站在明日 15:30 前完成储能设备充电，计划晚峰 17:45—19:45 安排储能设施放电，实际充放电时间按省调调度指令进行。

（3）B－1 日 19:30，通知 M 地调：明日晚峰正备用紧张，根据 TY 热电停机方式下 TY 公司限负荷有关协议，明日晚峰 18:30—19:30 TY 公司从主网受电不得超过 170MW。

（4）B－1 日 19:34，通知各地调明日 18:30—19:30 做好自备电厂临时可中断负荷调用准备。

（5）B 日 16:00，通知各电厂功率带满、自备电厂压限可中断负荷（合计 79MW）。

（6）B 日 17:10，通知各地调储能场站安排储能设施放电。

（7）B 日 17:30，因电网正备用不足，通知各地区采取紧急错避峰措施（200 万 kW）。汇报网调、国调。

（8）B 日 18:03，通知 M 地调：根据 TY 热电停机方式下 TY 公司限负荷有关协议，18:30—19:30，TY 公司从主网受电不得超过 170MW。

（9）B 日 19:25、17:18—19:20，全省储能电站最大放电功率 7.5 万 kW，累计放电量 12.8 万 kWh。

（10）B 日 20:10，因国调、网调提供外电支援，全网用电负荷回落，全网备用缺口减小，通知各地区恢复部分紧急错避峰负荷（100 万 kW）。

（11）B 日 20:25，通知各地区恢复剩余紧急错避峰负荷（100 万 kW）。汇报网调、国调。

（三）案例 3：电网正备用不足采取有序用电措施

（1）C－1 日 18:09、预测 C 日电网用电缺口最大 500 万 kW，计划安排 16:30—19:00 500 万 kW、19:00—24:00，300 万 kW 需求响应及有序用电，通知各地调 C 日地区用电限额，告其加强负荷监视、做好措施执行准备。

（2）C－1 日 18:09，通知各自备电厂（含地方自备电厂）全天各时段控制从主网不受电。

（3）C 日 17:58，通知各地调储能场站放电。

（4）C 日 19:50，根据日内平衡情况综合研判，通知营销部 20:00 起调减有序用电限额 100 万 kW，执行 200 万 kW 需求响应及有序用电。

各类负荷及备用曲线如图 7－6 所示。

（四）案例 4：电网负备用不足申请网内调峰辅助服务

1. 申请支援

（1）D 日 09:23，申报网内辅助服务调峰需求，11:30—12:00 中标最大调峰需求 100 万 kW。

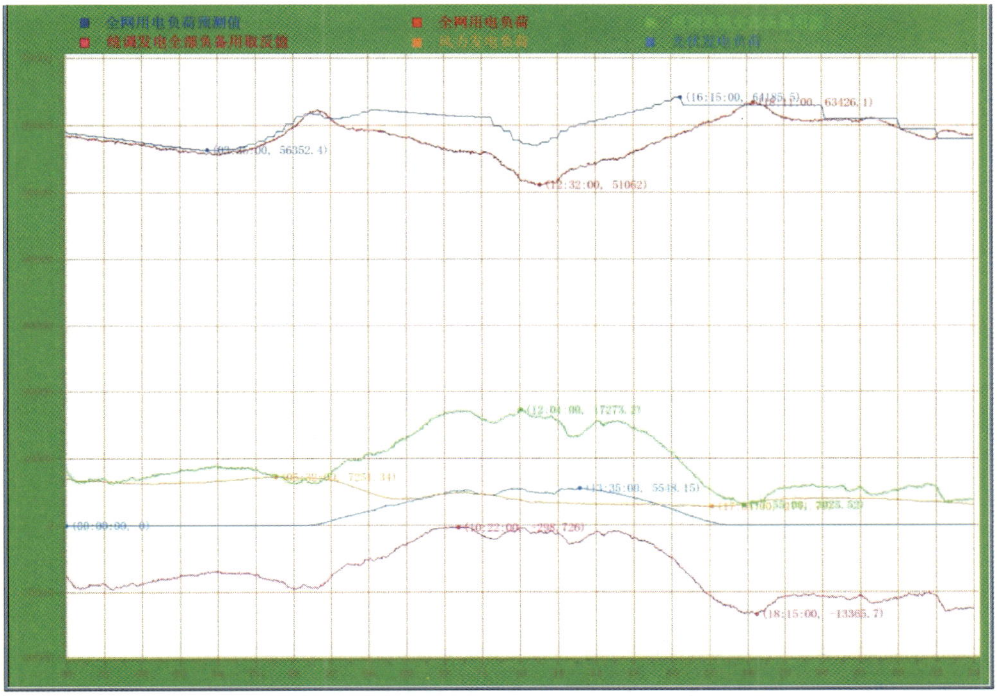

图 7-6　各类负荷及备用曲线

（2）D 日 10:01，申报网内辅助服务调峰需求，11:00—12:00 中标最大调峰需求 150 万 kW。

（3）D 日 12:04，申报网内辅助服务调峰需求，12:15—15:00 中标最大调峰需求 294.4 万 kW。

（4）D 日 12:52，国调组织各网调通过直流输电系统进行支援，13:00—13:30 最大支援 180 万 kW。

2. 网内调整

（1）D 日 08:48，因电网负备用紧张，通知各直调公用电厂开始深调。

（2）D 日 09:55，通知各地调：因午间电网负备用紧张，不具备新能源 AGC 闭环资格场站做好停运调峰准备，新能源 AGC 闭环场站做好跟踪 AGC 指令调峰准备。

（3）D 日 10:07，通知各自备电厂通过辅助服务市场参与调峰。

（4）D 日 10:32，通知各地调储能场站充电调峰。

（5）D 日 10:34，通知 LW 电厂 4 号机、LZ 电厂 3 号机、HD 电厂 2 号机、YK 电厂 2 号机开始滑参数调峰。

（6）D 日 10:36，因电网负备用不足，通知各地调不具备新能源 AGC 闭环资格场站（非扶贫光伏）执行停运调峰。

（7）D 日 11:05、11:00—12:00，中标网内调峰辅助服务 150 万 kW，新能源消纳空间增长，通知各地调不具备新能源 AGC 闭环资格场站（非扶贫光伏）恢复并网。

（8）D 日 11:58，因电网负备用不足，通知各地调不具备新能源 AGC 闭环资格场站（非扶贫光伏）执行停运调峰。

（9）D 日 12:55，电网负荷增长，通知各地调不具备新能源 AGC 闭环资格场站（非扶贫光伏）恢复并网。

（10）D 日 13:02，通知各直调自备电厂结束调峰。

（11）D 日 13:14，通知各直调公用电厂结束深度调峰和滑参数调峰。

第三节　电网 ACE 调整标准化作业指导卡

一、联络线控制基础知识

（一）频率和联络线调整方式

频率和联络线调整方式包括定频率调整方式（flat frequency control，FFC）、定联络线潮流调整方式（flat tie-line control，FTC）、区域网间联络线功率及频率偏差调整方式（tie-line load frequency bias control，TBC）。

（二）区域控制偏差（area control error，ACE）

ACE 及其控制方式是为了在大电网互联情况下，进行频率及网间联络线潮流控制。

ACE 的计算公式为

$$\mathrm{ACE} = \Delta P_{\mathrm{T}} - B\Delta f$$

式中　ΔP_{T} ——电网联络线功率交换偏差；

Δf ——电网频率偏差；

B ——电网频率偏差系数。

区域电网的频率偏差系数等于各控制区（一般为各省网）频率偏差系数之和。

ACE 综合考虑了电网的联络线功率交换偏差和频率偏差，准确地反映了电网的发电功率与负荷的关系。区域电网 ACE 等于各个省网 ACE 之和。

几个基本结论如下：

TBC 模式下的 ACE 本质上反映的是本区域有功功率的不平衡值。

只要调整本区域 ACE 为零值，就实现了有功功率的就地平衡，对互联电网贡献了应尽的义务。

区外的有功不平衡量不会对本区域 ACE 造成影响。

ACE 调整示意如图 7－7 所示。

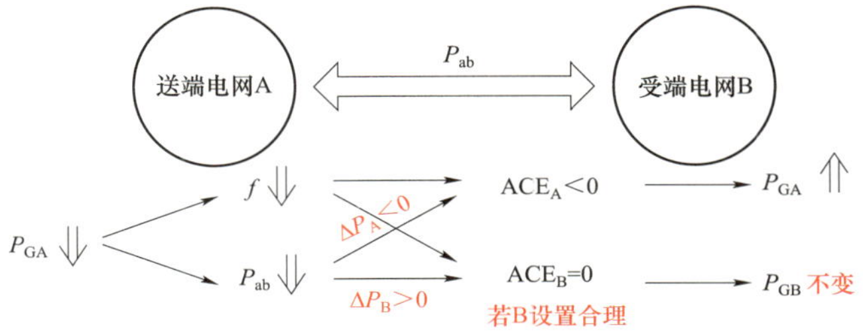

图 7-7　ACE 调整示意图

（三）调频和调 ACE 的区别

独立运行时调频，控制目标为 50Hz±0.1Hz；调整方法：电厂跟踪频率增减功率。

与其他电网互联调 ACE，控制目标：A1、A2 或者 CPS1、CPS2，调整方法：兼顾频率和联络线。

（四）A1、A2 标准

每 15min 作为 ACE 的一个考核时段，全天 96 个考核时段，具体要求如下。

（1）A1：ACE 在每个考核时段内必须至少过零一次，即在考核时段之内 ACE 有正的时段也有负的时段。

（2）A2：ACE 在考核时段内的算数平均值不超过给定值考核带宽 $\pm L_d$。L_d 是网调根据电网规模参数进行测算的数值，一般每年进行更新。

（五）控制区 ACE 参数选取

B 值计算公式：

$$B_i=\frac{\text{控制区}i\text{预测最大负荷}\times 1\%}{\sum \text{控制区预测最大负荷}}\times \text{网内预测最大负荷}$$

按上述公式计算出结果后，考虑当前值约为测算值 70%，可以考虑采用历史最大负荷计算数据的 70%。

考核带宽 L_d 值计算公式：

$$L_d=(0.025\times \Delta L+5)\text{MW}$$

考核带宽 L_d 是根据电网的容量选择的，每年网调开展电网参数测算，次年执行新参数。

网内各控制区均采取基于联络线偏差及特高压偏差责任分担的控制方式。各省网 ACE 计算如下：

当 $|\Delta P|<K_2\times L_f$ 时，各省网 i 控制 $\text{ACE}_i=\text{ACE}_i$。

当 $|\Delta P|\geqslant K_2\times L_f$ 时，$\text{ACE}_i\times \Delta P<0$ 的省网 i：控制 $\text{ACE}_i=\text{ACE}_i$。$\text{ACE}_i\times \Delta P\geqslant 0$ 的省网 i：当 $\Delta P\geqslant 0$ 时，控制 $\text{ACE}_i=\text{ACE}_i+K_1\times(\Delta P-K_2\times L_f)\times B_i/\sum B_i$；当 $\Delta P<0$ 时，控

制 $ACE_i = ACE_i + K_1 \times (\Delta P + K_2 \times L_f) \times B_i / \sum B_i$。

（1）$ACE_i \times \Delta P < 0$ 的省网，对减少特高压联络线 ΔP 有利，其控制 ACE 即是本网 ACE。

（2）$ACE_i \times \Delta P \geqslant 0$ 的省网，对减少特高压联络线 ΔP 有害，其控制 ACE 增加一部分与 ΔP 相关的分量，$\sum B_i$ 为各个 $ACE_i \times \Delta P \geqslant 0$ 的省网的 B 值之和，B_i 为本网的，即各省网按照 B 值分担 ΔP。

（3）K_1、K_2 控制系数。K_1 为比例控制系数，实现对各省网 $(\Delta P \pm K_2 \times L_f) \times B_i / \sum B_i$ 的比例调整。K_2 为 ΔP 容忍度控制系数，当取 0 时，目标即为将 ΔP 控制到 0，当取 0.5 时，目标即为将 ΔP 控制到 $\pm L_d$ 以内。根据特高压联络线运行情况，进行系数调整，各省网相同。

基于联络线偏差及特高压偏差责任分担的控制方式示意如图 7－8 所示。

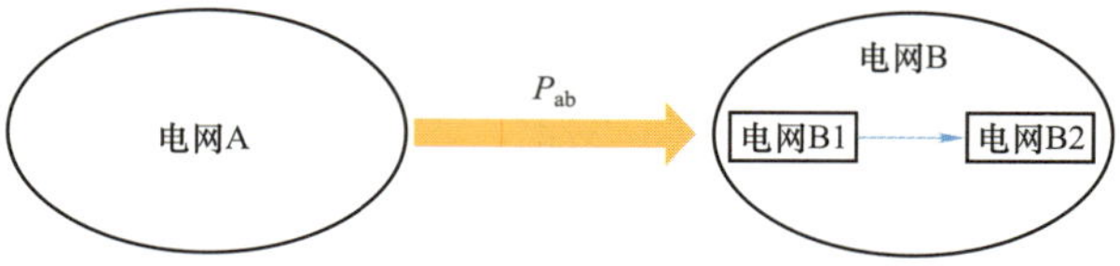

图 7－8　基于联络线偏差及特高压偏差责任分担的控制方式示意图

（六）A1、A2 标准优点

（1）互联的各个电网功率波动互不干扰。如果电网的频率偏差系数选择合适，ACE 只反映本电网内的发电功率与负荷之间的平衡关系，ACE 为正值表明发电功率大于负荷，ACE 为负值表明发电功率小于负荷，ACE 为 0 表明发电功率等于负荷。当一个电网的发电功率与其负荷不平衡时，只是反映在本电网的 ACE 上，与其互联的其他电网 ACE 不会发生变化。

（2）减少了联络线交换电量的偏差。由于 A1、A2 控制标准要求 15min 之内必须至少过零一次及 15min 内的算术平均值不超过给定值，使实际的联络线交换功率与计划的联络线交换功率尽可能接近，减少偏差的交换电量。

（七）A1、A2 标准缺点

（1）忽视整个互联电网的频率控制。在 A1、A2 标准中，没有突出体现对电网频率质量的要求，在互联电网中的各个电网只负责本网的 ACE 符合 A1、A2 标准的要求。

（2）不利于事故情况下各个电网的相互支援。因为 ACE 只反映本电网的发电功率与负荷的关系，当互联电网中的一个电网发生大机组掉闸等事故，产生较大的功率缺额时，其他互联电网的 ACE 均正常，并不反映这种功率缺额，只能由发生事故的电网的机组根据其 ACE 调整发电功率，机组容量有限的情况下，恢复频率很慢，其他电网若超过联络线计划支援事故电网，则它的 ACE 就会偏离 0，将造成 ACE 不符合 A1、A2 标准的要求，这样就不能发挥出互联电网的相互支援能力。

（3）网内机组调整频繁和过度调整。因为要求 ACE 在 15min 之内必须至少过零一次，就要减少或增加发电功率，使 ACE 过零，增加了机组的调整次数。当 ACE 在 15min 的前部分时段一直在一个方向上偏差较大，造成前部分时段 ACE 算数平均值较大超过了 L_d，后部分时段就必须加大机组调整力度，使 ACE 在剩余时间在相反方向产生较大偏差，最终使 15min ACE 算数平均值不超过 L_d，造成机组的过度调整。

二、准备工作

准备工作见表 7－3。

表 7－3　　准　备　工　作

序号	内容	内容简述
1	掌握实时电力平衡情况	（1）掌握当前负荷变化趋势，负荷、外电及新能源偏差。 （2）掌握当前电网正负备用情况
2	检查 R 模式机组调整速率和容量满足要求	（1）R 模式机组上下调节容量满足要求。 （2）检查机组调节速率满足要求，可根据情况适当增投 R 模式
3	检查 AGC O 模式机组投入情况	R 模式机组通过 AGC 自动响应无法满足 ACE 调节要求时，使用一键爬坡功能调整 O 模式机组功率进行快速调整
4	检查抽水蓄能机组实时水位	抽水蓄能机组可以快速为电网 ACE 调整提供电源、负荷支撑，调节效果明显，合理留取水位，为电网 ACE 调整提供保障

三、ACE 面临困难及采取措施

ACE 面临困难及采取措施见表 7－4。

表 7－4　　ACE 面临困难及采取措施

序号	面临困难	产生原因	应对措施	典型案例
1	负荷季节性变化	受新能源功率影响，春秋季新能源大发，负备用不足，夏季负荷高，正备用不足	常规措施如下： （1）日前视 R 模式机组中标情况，适时增投 R 模式机组，保证调整容量和调整速率满足要求。 （2）根据负荷偏差、外电计划快速变化，及时修改滚动计划偏差调整量（提前修改），保证 AGC R 模式上下调空间在合理范围内。 （3）正（负）备用紧张情况下，提前向上级调度申请支援，保障 R 模式调整空间。 （4）视电网上下调空间，提前通知非 AGC 机组提高（降低）机组功率。 （5）提前开启抽水蓄能电站机组（发电或抽水调相）。 （6）使用一键爬坡进行调整（保证 O 模式机组投入量）。	A 日 21:00—21:15 全网用电负荷快速增长 160 万 kW，高计划曲线 420 万 kW，已开启甲抽水蓄能电站 4 台机发电，火电机组已无调整能力，该时段 A2 越下限 1 次。 21:15—21:30、21:30—21:45 全网用电负荷高计划 500 万 kW，甲抽水蓄能电站 4 台机组已转发电，火电机组已无调整能力，向网调申请支援未答复，

续表

序号	面临困难	产生原因	应对措施	典型案例
1	负荷季节性变化	受新能源功率影响，春秋季新能源大发，负备用不足，夏季负荷高，正备用不足	（7）使用新能源AGC进行调整（负备用不足）。 （8）A2偏差过大时，注意调整策略，适当放弃一个点，确保后续调整更加顺利	造成21:15—21:30、21:30—21:45时段A1、A2各越下限1次
2	负荷及新能源预测偏差大，造成ACE调整困难	日前负荷预测不准，日内风电、光伏随机性波动大	根据负荷偏差、外电计划快速变化，及时修改滚动计划系统（市场环境下修改现货系统）偏差调整量，保证AGC R模式机组上下调空间在合理范围内	B日09:30—09:45、09:45—10:00全网用电负荷增长100万kW，网内联络线功率减少50万kW，网内部分火电机组临时停机调峰、其余火电机组均处在深调状态，快速调整火电机组功率同时开启甲抽水蓄能电站4台机组转发电仍调整不及，造成该时段A2越下限2次
3	AGC响应逻辑	AGC R模式机组仅响应ACE A1，未考虑A2进行调节，导致R模式机组出现反调	设置A2分段控制与紧急情况下的反调节控制功能（监视A2考核指标，在考核时段后5min，以及A2值在一定范围内，自动开启反调节抑制功能，阻止A2进一步恶化）	
4	电网负备用不足情况下，新能源AGC使用不及时；新能源AGC设置人工偏置不合理	（1）值班调度员对电网实时负备用掌握不清楚。 （2）弃电前，机组深调、储能、抽水蓄能电站未全部到位。 （3）新能源AGC切至区域调节时未经过缓冲状态，造成ACE突变。 （4）弃电结束时，未合理评估结束时机，造成ACE突变； （5）结束弃电后，火电机组仍在深调，无法达到调节要求	（1）实时计算电网正负备用，详见“电力平衡分析作业指导书”。 （2）预判电网负备用情况，提前将弃电前措施执行到位。 （3）合理使用新能源AGC人工偏置进行调节，或使用设点模式。 （4）预判负荷增长趋势，提前将部分深调机组功率带至最低技术功率以上	（1）C日全网负荷快速下降100万kW，风电高计划曲线150万kW，令全网火电机组快减功率仍调整不及，造成08:30—08:45时段A2越上限1次。（弃电前） （2）D日13:45—14:00全网风电功率快速增长40万kW，联络线电力增长80万kW，火电机组未结束深调、下调速率不足，造成该时段A2越上限一次（结束弃电）
5	外电计划修改不及时或修改错误	外电计划突然修改未及时通知、大容量机组跳闸等，导致ACE调整困难	（1）及时汇报网调，按网调要求进行全网功率调整，出现越限情况及时申请免考。 （2）注意监视ACE远方/本地控制模式，及时进行切换	因1000kV N线跳闸，国调紧急调减直流联络线功率，直流群和功率快速下降200万kW，快速调整网内火电机组功率仍调整不及（甲抽水蓄能电站4台机已转发电），造成21:00—21:15 A2越下限一次
6	特殊时段ACE调整困难	（1）07:00—09:00负荷快速增长。 （2）11:00—11:30负荷先增后降。 （3）午后时段负荷快速增长。 （4）23:00负荷快速增长、外电计划快速下降	（1）合理调整系统偏差量。 （2）提前调整火电机组功率。 （3）提前开启抽水蓄能机组发电（或抽水）	E日23:00—23:15全网用电负荷快速增长90万kW，外电快速下降190万kW，令火电机组快速增加功率仍调整不及，造成该时段A1、A2各越下限1次
7	机组调整能力不足	AGC投入率较低，需增投AGC R模式机组，AGC O模式机组投入较少，爬坡响应有限	（1）增投火电机组R模式，保证调节容量和调节速率满足要求。 （2）提前调整未投AGC机组功率。 （3）建议对AGC O模式机组投入情况进行考核	

续表

序号	面临困难	产生原因	应对措施	典型案例
8	一键爬坡功能使用不合理，造成ACE上下跳变	（1）爬坡设置量过大造成ACE过调、爬坡量过小造成调整速率不足。 （2）O模式爬坡恢复时机不当	合理设置爬坡量与恢复时机，与抽蓄机组配合	
9	有序用电执行不到位	（1）有序用电不到位，负荷快速增长。 （2）外电快速下降。 （3）火电机组调整速率不足、运行状况受限，显示备用，无法调出。 （4）申请外电支援不及时。 （5）值班期间未准确预判负荷走势	（1）有序用电期间，严格控制各地用电限额。 （2）调度员及时判断实时电力供应情况，主动申请支援	E日23:00—23:15 全网用电负荷快速增长90万kW，外电快速下降190万kW令火电机组快速增加功率仍调整不及，造成该时段A1、A2各越下限1次
10	市场环境下ACE调整受诸多因素限制	（1）人为干预影响市场出清价格。 （2）过多干预造成引起市场参与主体投诉	（1）优先采用AGC R模式机组、抽蓄机组进行调整。 （2）调整困难时采用设置系统偏差、O模式一键爬坡功能进行调整（尽量减少人为干预）	
11	一次调频与R模式机组反调	联络线偏差过大造成系统频率偏低、ACE过高	汇报网调按网调要求进行调整	

四、ACE越限案例分析

（一）案例1：负荷增长过快

电网ACE及正备用曲线如图7－9所示。全网用电负荷、风力发电负荷及正备用曲线如图7－10所示。

A日 21:00—21:15，全网用电负荷快速增长160万kW，高计划曲线420万kW，已开启甲抽水蓄能电站4台机发电，火电机组已无调整能力，该时段A2越下限1次。

21:15—21:30、21:30—21:45全网用电负荷高计划500万kW，甲抽水蓄能电站4台机组已转发电，火电机组已无调整能力，向网调申请支援未答复，造成21:15—21:30、21:30—21:45时段A1、A2各越下限1次。

（二）案例2：负荷和联络线同时快速变化

电网ACE曲线如图7－11所示。

B日 09:30—09:45、09:45—10:00，全网用电负荷增长100万kW，网内联络线功率减少50万kW，网内部分火电机组临时停机调峰、其余火电机组均处在深调状态，快速调整火电机组功率同时开启甲抽水蓄能电站4台机组转发电仍调整不及，造成该时段A2越下限2次。

电网负荷及统调发电曲线如图7－12所示。

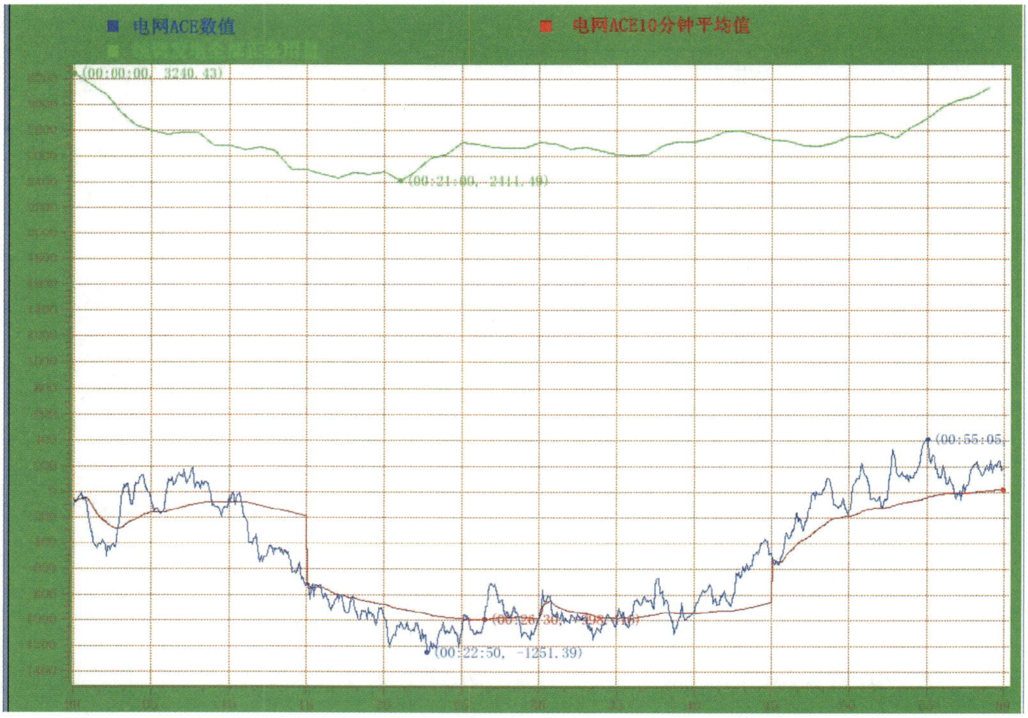

图 7-9　电网 ACE 及正备用曲线

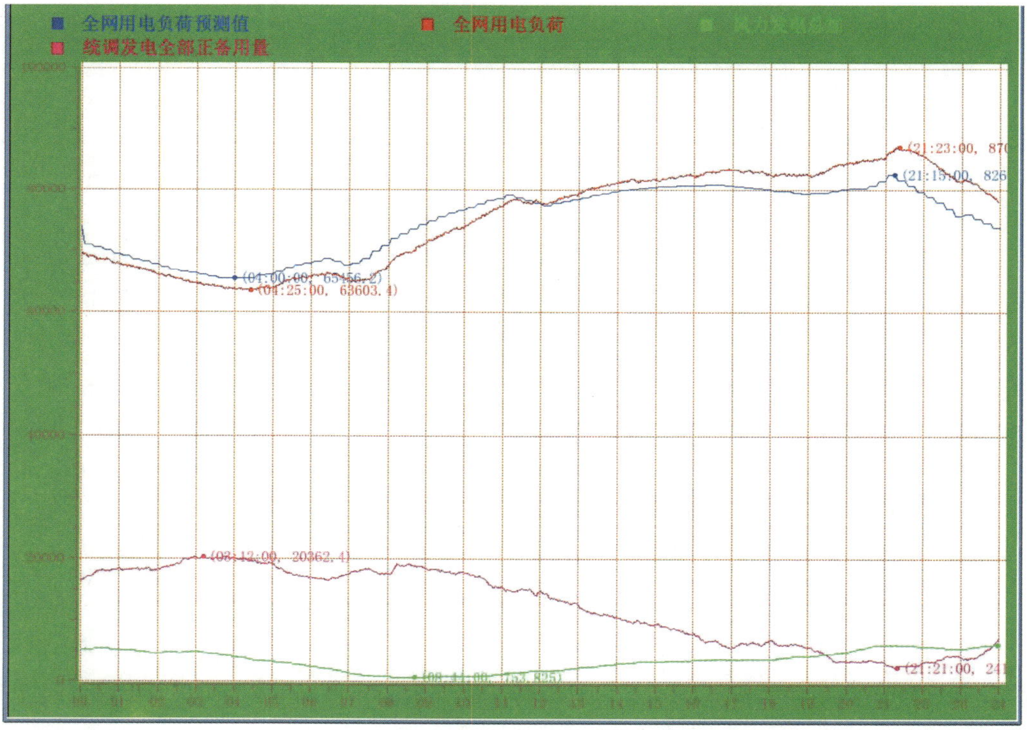

图 7-10　全网用电负荷、风力发电负荷及正备用曲线

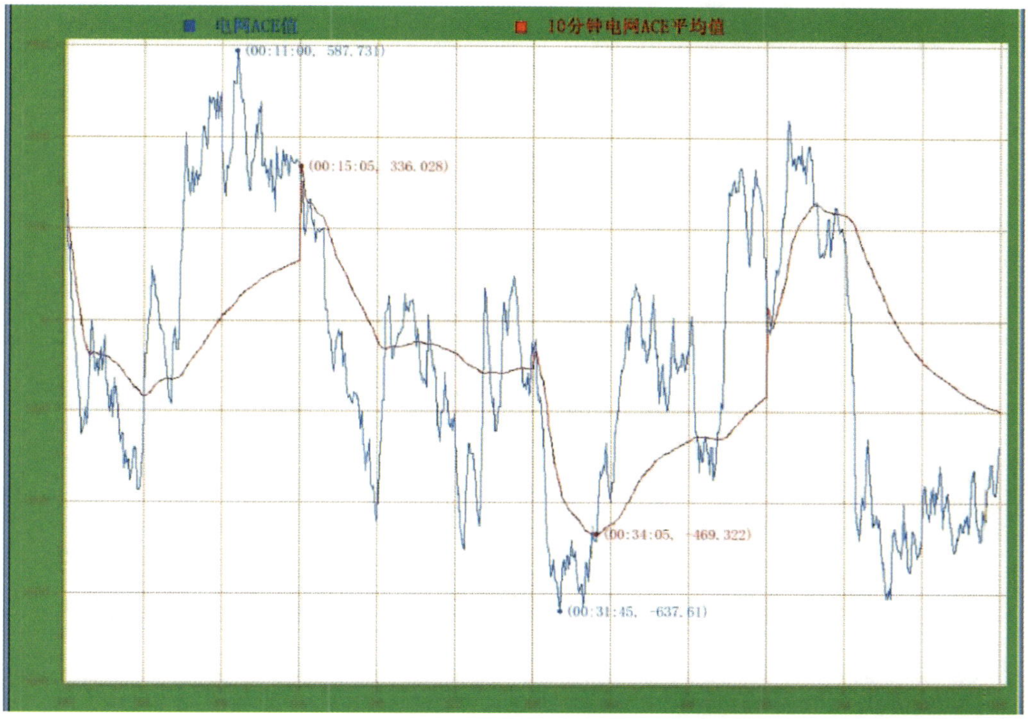

图 7－11　电网 ACE 曲线

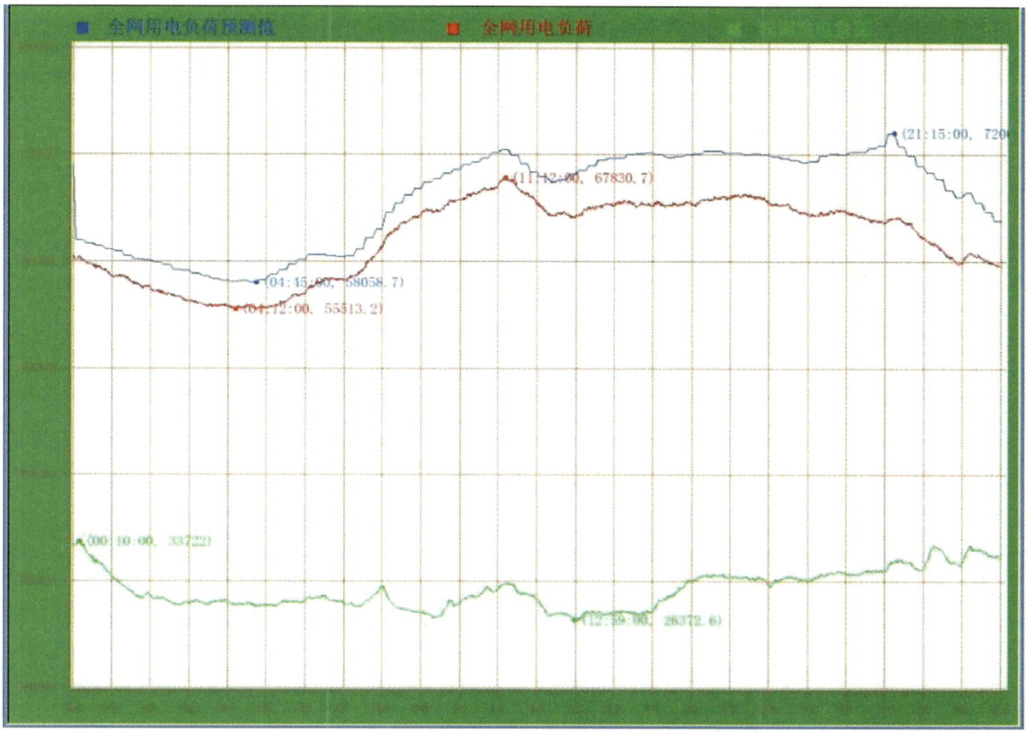

图 7－12　电网负荷及统调发电曲线

（三）案例 3：联络线调整不及时

电网 ACE 曲线如图 7－13 所示。

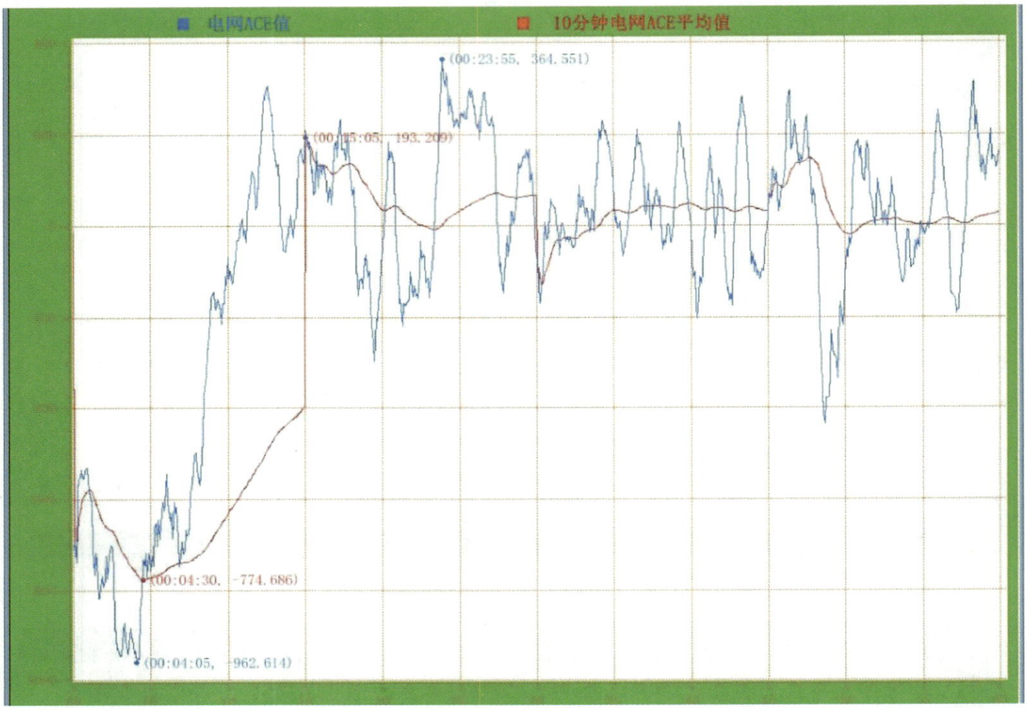

图 7－13　电网 ACE 曲线

因 1000kV N 线跳闸，国调紧急调减外直流联络线功率，直流群和功率快速下降 200 万 kW，快速调整网内火电机组功率仍调整不及（甲抽水蓄能电站 4 台机已转发电），造成 21:00—21:15 A2 越下限一次。

（四）案例 4：有序用电执行不到位，外电快速下降

E 日 23:00—23:15 全网用电负荷快速增长 90 万 kW，外电快速下降 190 万 kW，令火电机组快速增加功率仍调整不及，造成该时段 A1、A2 各越下限 1 次。电网 ACE 曲线如图 7－14 所示。

（五）案例 5：新能源弃电不及时

F 日全网负荷快速下降 100 万 kW，风电高计划曲线 150 万 kW，令全网火电机组快减功率仍调整不及，造成 08:30—08:45 时段 A2 越上限 1 次。09:24 开始执行新能源弃电。

风力发电负荷曲线如图 7－15 所示。

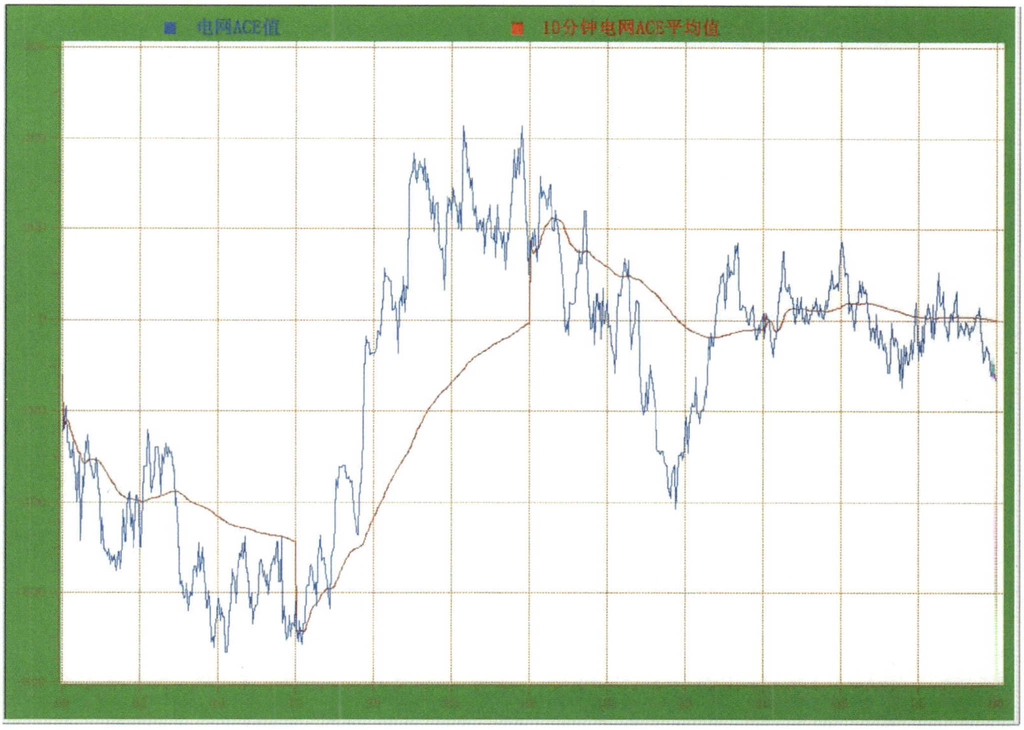

图 7－14　电网 ACE 曲线

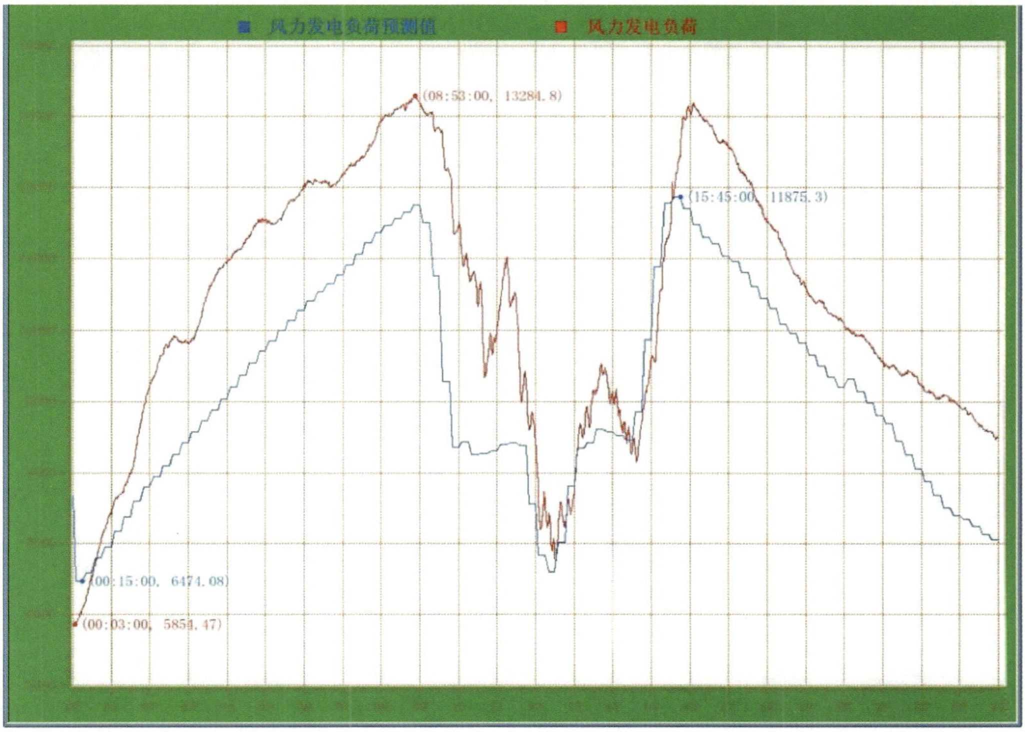

图 7－15　风力发电负荷曲线

（六）案例 6：结束弃电操作不合理

风力发电及跨区联络线负荷曲线如图 7－16 所示。

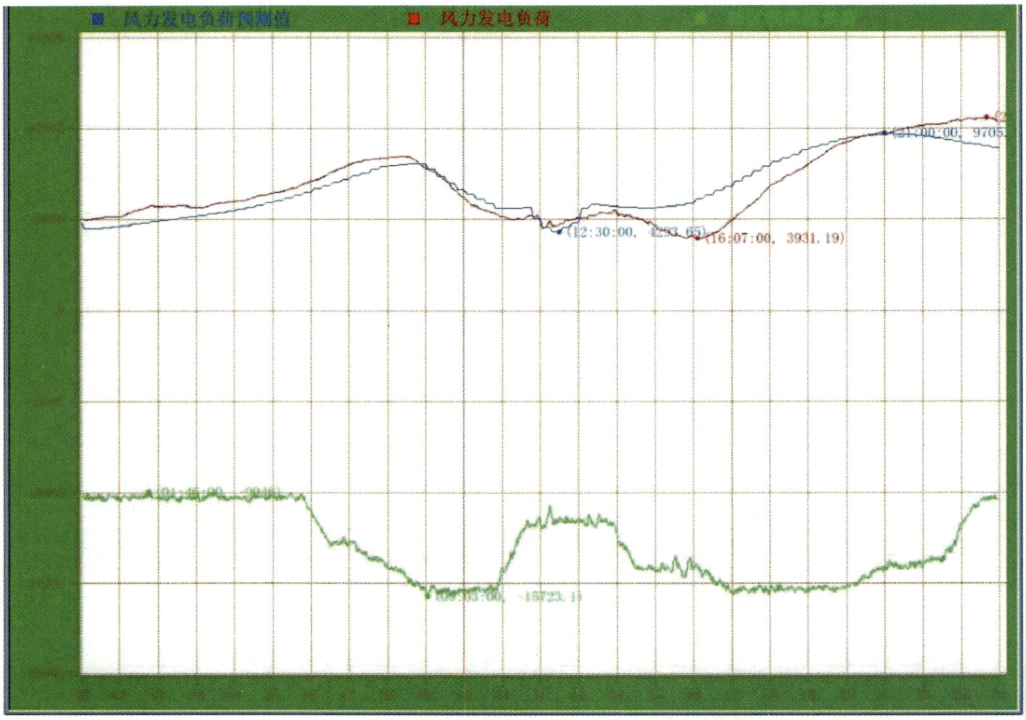

图 7－16　风力发电及跨区联络线负荷曲线

G 日 13:45—14:00，全网风电功率快速增长 40 万 kW，外网联络线电力增长 80 万 kW，火电机组结束深调、下调速率不足，造成该时段 A2 越上限一次。

第八章

电力现货市场

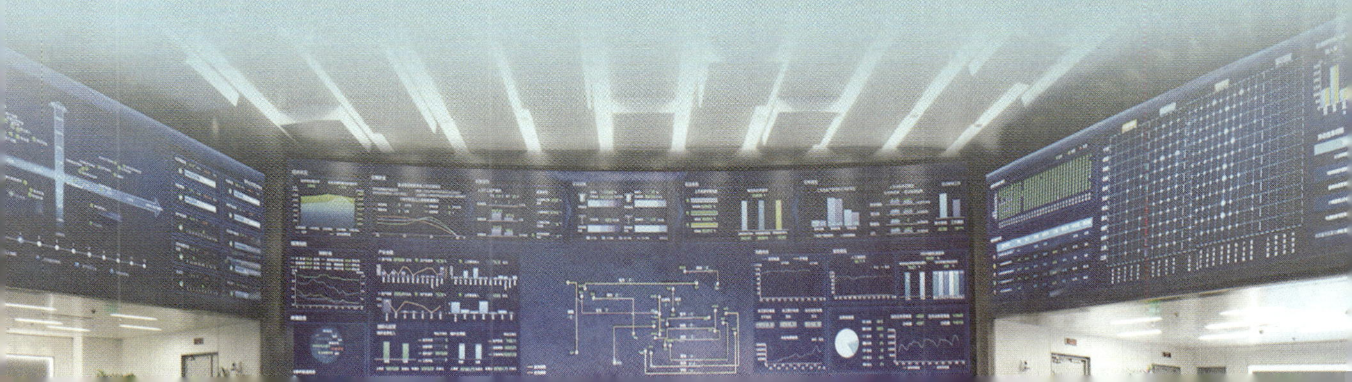

第一节　电力现货市场基本原理

一、现货市场主要内容及出清流程

1. 主要内容

现货市场主要包括日前、日内和实时的电能量与备用等辅助服务交易市场，现货市场与中长期直接交易市场和期货电力衍生品市场构成现代电力市场体系。国内现货市场的定位是现货交易作为市场化电力电量平衡机制的补充部分，发挥发现价格、完善交易品种、形成充分竞争的作用。

2. 出清流程

现货市场出清流程如图 8－1 所示。

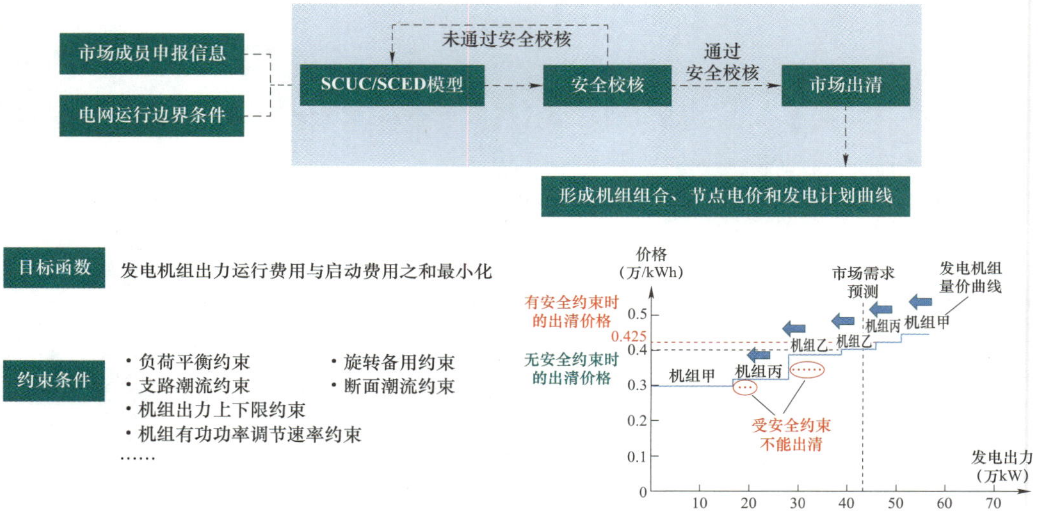

图 8－1　现货市场出清流程图

二、节点电价机制

在满足各类设备和资源的运行特性和约束条件的情况下，在某一节点增加单位负荷需求时所需要增加的边际成本，即在某时间、某地点消费“多一度电”所需要增加的成本，简称“节点电价”。

节点电价（LMP）＝系统电量价格＋阻塞价格＋网损价格

式中，系统电量价格是在不考虑阻塞与网络的情况下，无约束最优调度的发电成本，等于 SCED 模型最优解中，对应时段系统负荷平衡约束的影子价格。

阻塞价格等于节点相关支路安全约束的影子价格与潮流灵敏度的乘积之和，反映节点增加单位负荷时维持相关支路潮流不越限的成本，反映输电线路阻塞对系统发电成本的影响。

网损价格：网损费用占发、用电总费用的比例较低，对电力系统规划和电力市场竞争的影响相对较弱，在输配电价核定时已包含网损的情况，不再单独考虑。

三、阻塞盈余

阻塞盈余示意如图 8－2 所示。

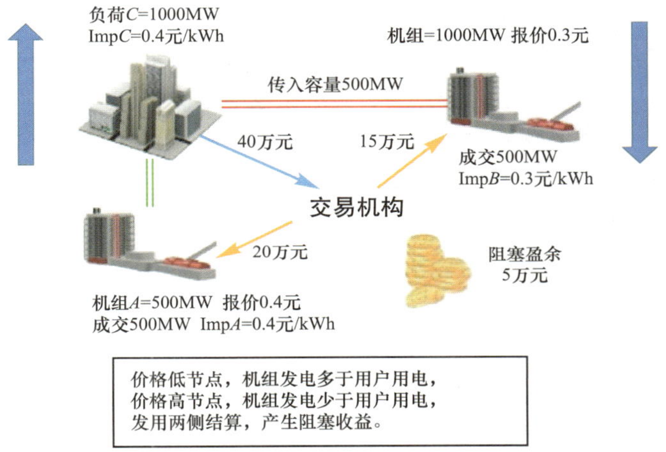

图 8－2　阻塞盈余示意图

本质：高价节点的用户多付部分电费。

分析：阻塞盈余来源于用户，需通过合理的方法返还给用户，在美国市场，主要通过金融输电权的分配和交易，实现阻塞盈余的分摊。

措施：在尚不具备输电权分配机制的条件下，可采用对高于系统边际价格的用户，按阻塞分量的电费比例进行返还的方式。进一步可探索通过金融输电权的分配和交易机制进行分摊。

四、节点电价计算

3 节点、3 线路小系统，图 8－3 中给出线路电抗参数。节点 2 负荷为 50MW，市场出清结果为 G1 功率 40MW，G2 功率 10MW，此时线路 12 的潮流 30MW，正好处于满载状态。在这个基态下，若节点 2 增加 1MW 负荷，机组 G1 必须相应减少 1MW 功率，以维持线路 12 潮流不超过 30MW 的限制，为满足负荷平衡，G2 需要增加 2MW 功率，因此系统增加的发电成本为 $(-1)\times100+2\times300=500$（元）。节点 2 的节点电价为 500 元/MWh，高于机组 G1 和 G2 的报价。

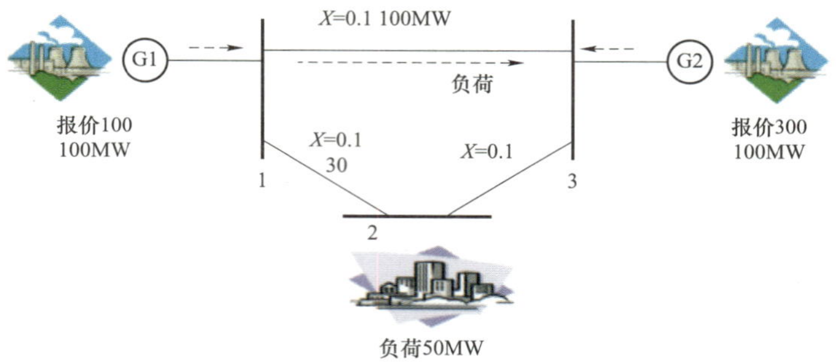

图 8-3　节点电价计算示意图

五、两部制结算

电力市场结算时，通过对中长期合约和现货市场的比对，合约以内按合同价结算，合约以外按现货市场价结算，合约签订电量少了可以在现货市场再买，合约签订电量多了在现货市场卖出。合约以内，若现货市场价格比差价合约价格高，发电侧会退给用户侧相应电费，若现货市场价格比差价合约价格低，用户侧会支付发电侧相应电费。所以，对于差价合约以及现货市场价格的判断，直接关系着实际利益，对于发用双方而言，都有利于电价的稳定，是一种良好的回避价格风险的机制。

（一）差价合约结算方式：中长期交易与现货交易的偏差量结算

双向差价合约示例如图 8-4 所示。

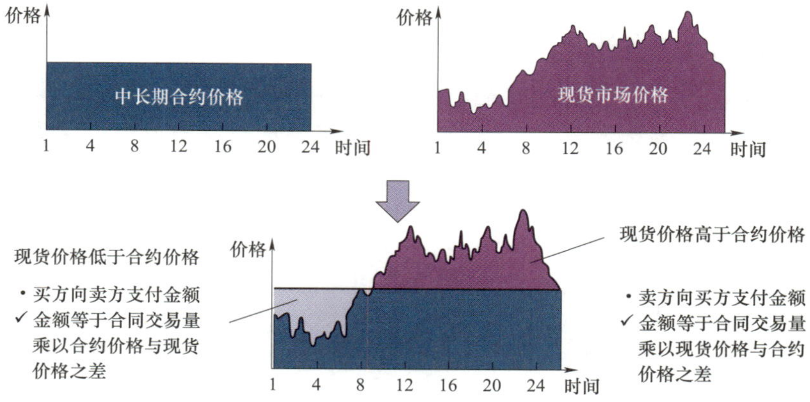

图 8-4　双向差价合约示例图

（二）差价合约结算方式：中长期合同结算+现货偏差电量结算

中长期+现货偏差合约示例如图 8-5 所示。

$$电费=Q_{中长期}\times P_{中长期}+(Q_{日前中标量}-Q_{中长期})\times P_{日前出清电价}+(Q_{实时中标量}-Q_{日前中标量})\times P_{实时出清电价}$$

中长期收益　　现货偏差电量结算

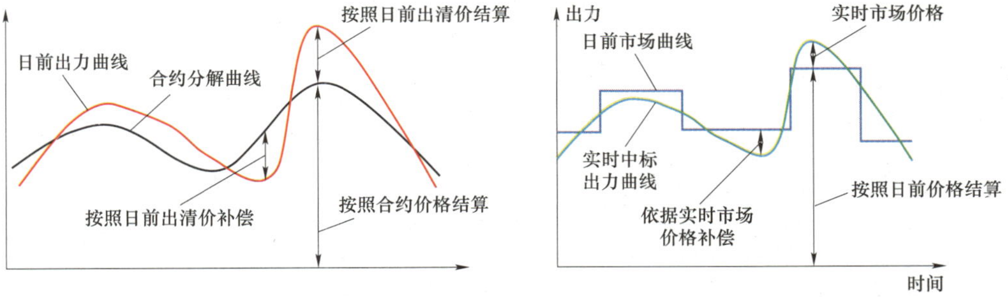

图 8－5　中长期＋现货偏差合约示例图

（三）示例 1

负荷侧需求增量结算示意如图 8－6 所示。

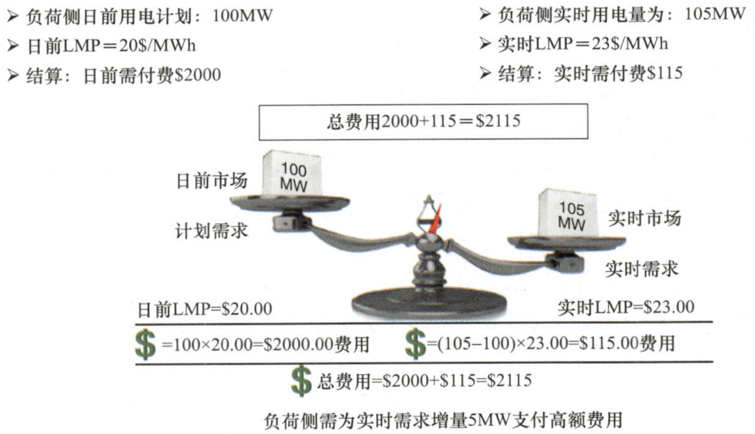

图 8－6　负荷侧需求增量结算示意图

（四）示例 2

发电侧实时少发结算示意如图 8－7 所示。

（五）示例 3

用户买空结算示意如图 8－8 所示。

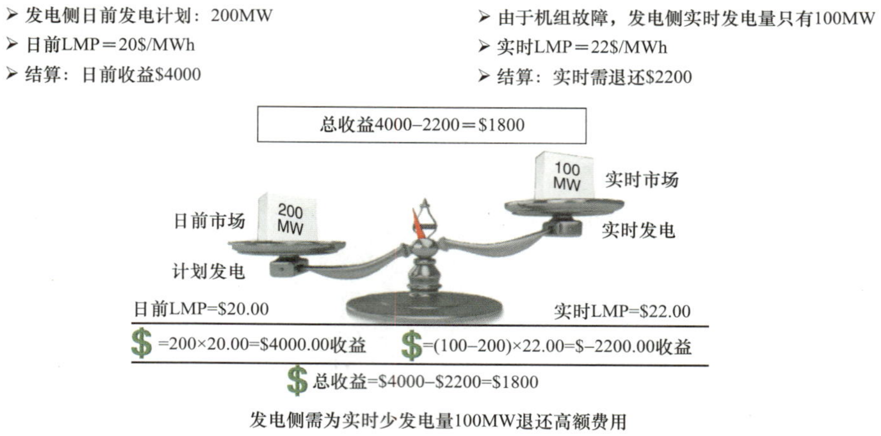

图 8–7　发电侧实时少发结算示意图

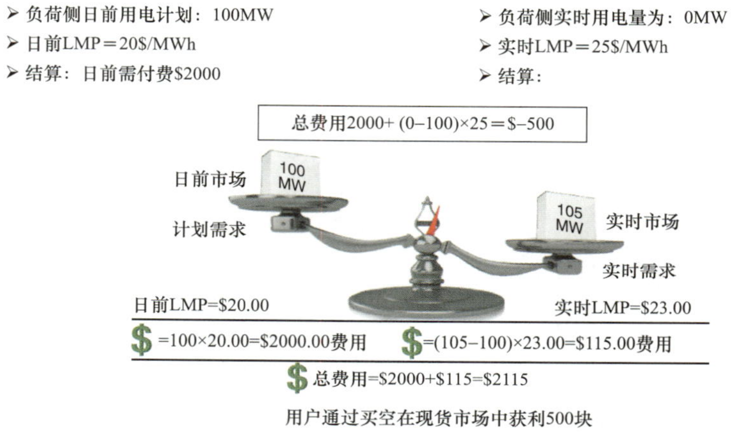

图 8–8　用户买空结算示意图

第二节　电力现货市场交易规则

一、市场框架

电力现货市场框架如图 8–9 所示。

二、发电侧参与市场主体和基本原则

（一）燃煤电厂

符合市场准入条件的直调公用电厂、地方公用电厂、并网自备电厂参与结算试运行。

直调公用电厂：全部发电量签订市场合约。

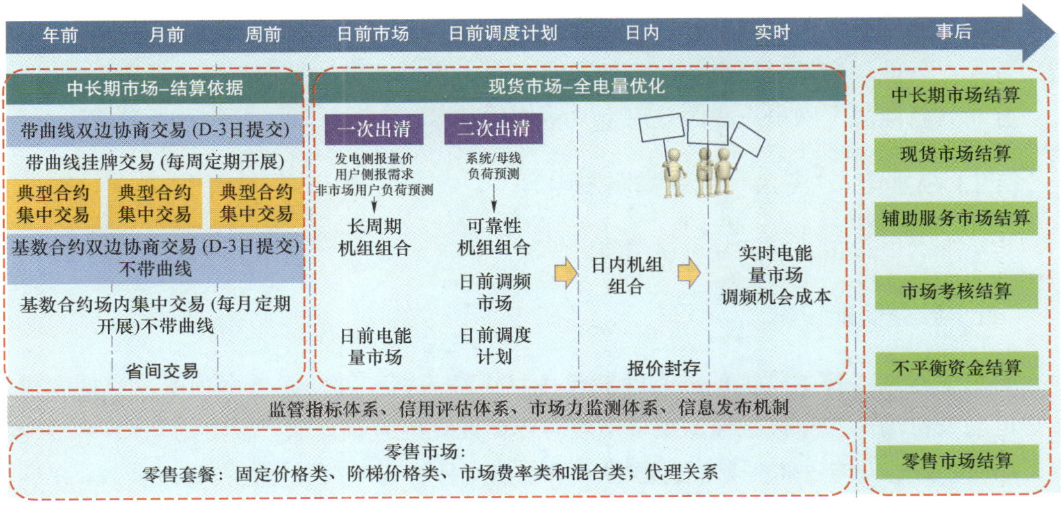

图 8–9　电力现货市场框架

地方公用电厂和并网自备电厂：以厂为单位参与结算试运行。满足电网接入技术规范、具备现货市场计量条件的地方公用电厂和并网自备电厂自愿原则签订市场合约、自主参与市场。

不满足电网接入技术规范、未自主签订市场合约的地方公用电厂和并网自备电厂参与市场方式：以历史可计量可采集最近一天的电厂实际上网电量拟合为典型曲线（直线）作为日前市场申报曲线，作为价格接受者参与日前市场出清。日内执行日前市场出清结果。事后根据各发电厂实际上网电量，按照典型曲线（直线）电量比例确定中长期合约结算曲线，同时作为日前市场结算曲线；以实际分时电量作为实时市场结算依据（不具备分时计量条件的采用直线拟合为分时电量进行结算）。

地方公用电厂和并网自备电厂按照月度可用容量参与发电容量补偿费用分配。将当日负荷高峰时段电厂实际上网功率作为其日可用容量，求取月度算术平均值后，作为月度可用容量。

（二）核电

核电发电机组按照有关核电项目上网电价文件要求，优发上网电量按照政府批复价格结算。在此基础上，核电机组参与现货市场，并自愿参与中长期市场。

（三）风电、光伏等新能源电站

集中式新能源电站（不含扶贫光伏）按自愿原则参与中长期交易，按照风电、光伏发电典型发电曲线或自定义曲线，申报合同电量、价格（不含容量补偿电价）。参与中长期交易的新能源电站全电量参与现货市场。

未参与中长期交易的新能源电站（不含扶贫光伏），按现货规则规定参与日前现货市场出清及定价，实际上网电量的 90%按照其实际发电曲线，按照政府批复价格结算。

新能源电站给予一定容量补偿费用，按照月度市场化有效发电容量参与发电容量补偿费用分配，新能源电站月度市场化有效发电容量为当月该电站平均市场化发电功率。

分布式新能源上网电量按照政府批复价格结算。

（四）小水电、"三余"和生物质发电等

实际上网电量按政府批复价格结算。

（五）独立储能设施

满足电网接入技术规范的独立储能设施自主参与调频辅助服务市场或以自调度模式参与电能量市场。参与调频辅助服务市场时，储能设施调频贡献率设定为0.1。参与电能量市场时，储能设施主体在竞价日通过山东电力交易平台申报运行日自调度曲线，在满足电网安全运行和新能源优先消纳的条件下优先出清，并接受现货市场价格。

三、现货交易边界条件

现货交易边界条件如下：

（1）市场主体采用发电侧报量报价、用电侧报量不报价的申报方式参与现货交易。其中，机组启动费用（含冷态、温态、热态）由发电企业在日前进行申报，不超出给定的启动费用上下限范围。供热电厂在日前申报全厂运行日24h总供热量曲线（单位为GJ/h）和供热机组（包括机组名称及编号），高背压供热机组申报运行日24h（96点）供热电力负荷上下限曲线。

（2）电力调度机构以试运行当日的电网预测信息和实际运行情况作为边界条件，依据市场规则进行日前与实时市场出清，出清结果作为实际发电安排依据执行。

（3）电力供不应求需要采取有序用电措施时，电力调度机构根据相关规定启动有序用电方案，并根据调整后的负荷预测数据进行现货市场出清。

（4）调度机构结合电网运行情况，在保障电网安全运行和新能源优先消纳的条件下，统筹制定新能源非市场化部分、核电和未取得准入资格的并网自备电厂的日发电计划。

四、现货交易组织

（一）辅助服务市场

现货市场与辅助服务市场协调运行，提供调频辅助服务的发电机组预留调频容量后，剩余可调功率空间根据日前报价参与日前市场和实时市场出清，出清的各时段发电功率作为调频功率基值。

（二）基本原则

暂只开展二次调频辅助服务的集中交易。

参与对象：并网发电企业的发电单元、独立辅助服务提供者（含独立储能设施），抽水蓄能电站暂不参加。

资格：根据发电单元和独立辅助服务提供者调节性能试验结果确定。

（三）调频服务综合成本

调频服务费用：调频服务申报价格。

调频机会成本：调频机组因预留调频容量而未能参与电能量市场部分损失的电量机会成本。

（四）调频市场出清

日前出清（临时调用）原则：价格优先，性能优先，时间优先，按需调度。

调频调节速率不能满足电网次日调频调节速率需求：性能优先，按需调度。

（五）调频容量预留

常规火电机组最小上调、下调预留调频容量一般设置为机组额定容量的 15%。实际市场执行参数按照下限 10%、上限 15%执行。

第三节 现货市场技术支持系统实时市场功能介绍

一、电力现货市场技术支持系统功能介绍——主界面

现货市场技术支持系统为现货市场高效、安全、稳定运行提供了全面技术支撑。各类市场主体通过技术支持系统提供的技术手段实现反映市场供需关系的市场双向互动操作，购售电市场主体主要通过系统完成市场报价、市场信息获取，调度机构通过系统完成市场出清、市场管理、市场监视、市场分析等业务。

根据现货市场业务流程及市场规则设计，电力现货市场技术支持系统一般包括市场模型与数据管理、市场申报发布管理、可靠性机组组合、日前市场、日内市场、实时市场、辅助服务市场、市场评估分析、市场风险管控、市场模拟推演、市场监管支持、潮流安全分析、数据交换等功能。

电力现货市场技术支持系统操作界面如图 8－10 所示。

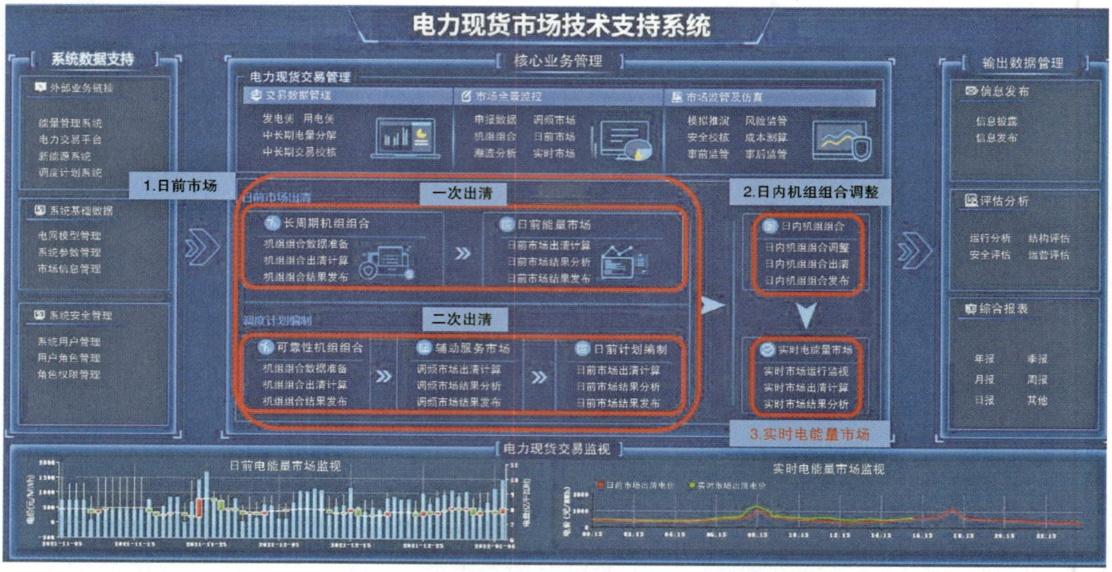

图 8－10　电力现货市场技术支持系统

二、平衡约束

（一）实时系统负荷预测

主要功能：界面展示负荷预测、实际负荷有功值等数据曲线。展示负荷预测、实际负荷的相关统计信息。

操作方式：选择日期，曲线图显示 96 时刻点的实际负荷与预测负荷曲线，下方表格显示当日最大值、最小值等统计信息。

拖动负荷预测曲线，可联动修改表格数据或者修改表格数据，曲线联动变化。单击保存按钮，将修改后的数据保存到数据库。

系统负荷预测操作界面如图 8－11 所示。

（二）系统负荷偏差量调整

主要功能：系统负荷偏差调整。

操作方式如下：

（1）在系统负荷预测调整量中输入想要调整的数值（正数就是增加负荷量，负数就是减少负荷量），输入之后单击保存。

（2）当前信息那一栏会显示新增的数据。

系统负荷偏差调整操作界面如图 8－12 所示。

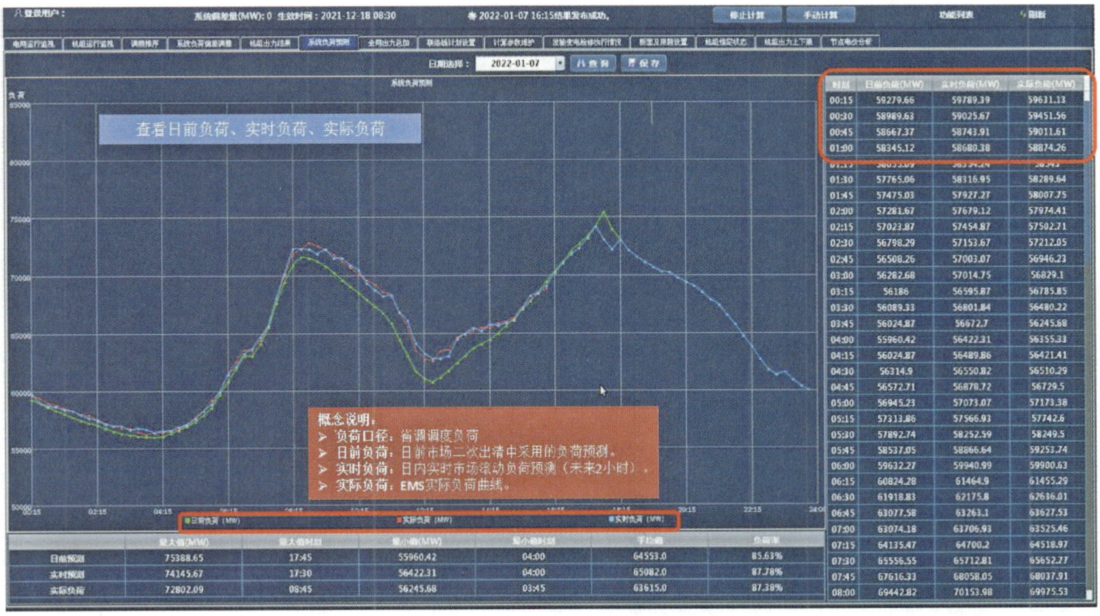

图 8–11 系统负荷预测

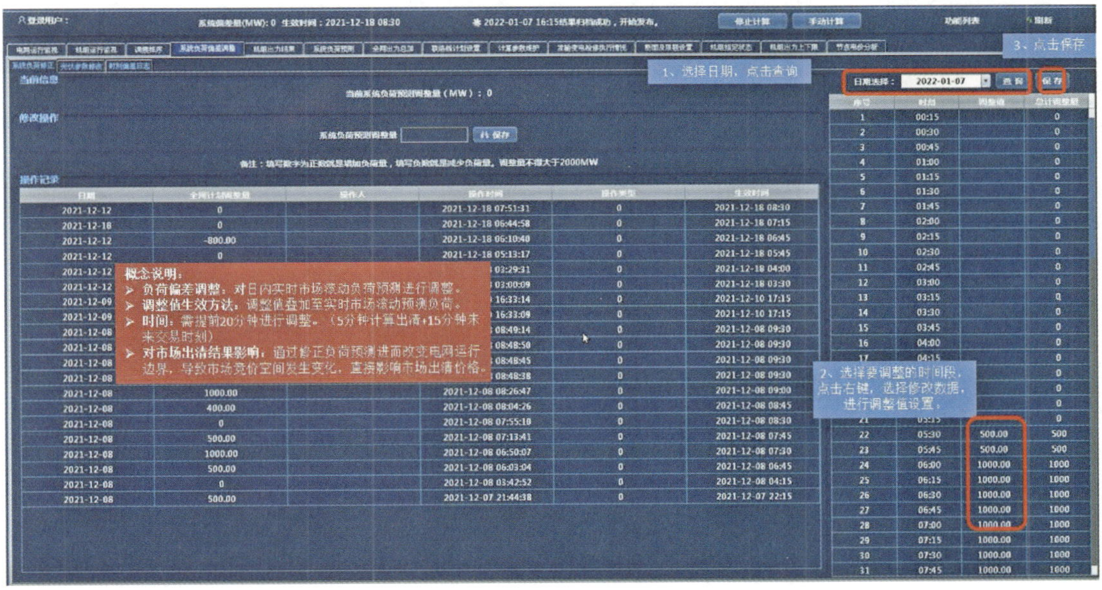

图 8–12 系统负荷偏差调整

（三）供需平衡

主要功能：供需平衡。

操作方式如下：

（1）选择日期，单击查询按钮查询数据。

（2）展示发电负荷、算法可调和理论可调曲线，最下边展示上面曲线的相关统计信息。

供需平衡操作界面如图 8－13 所示。

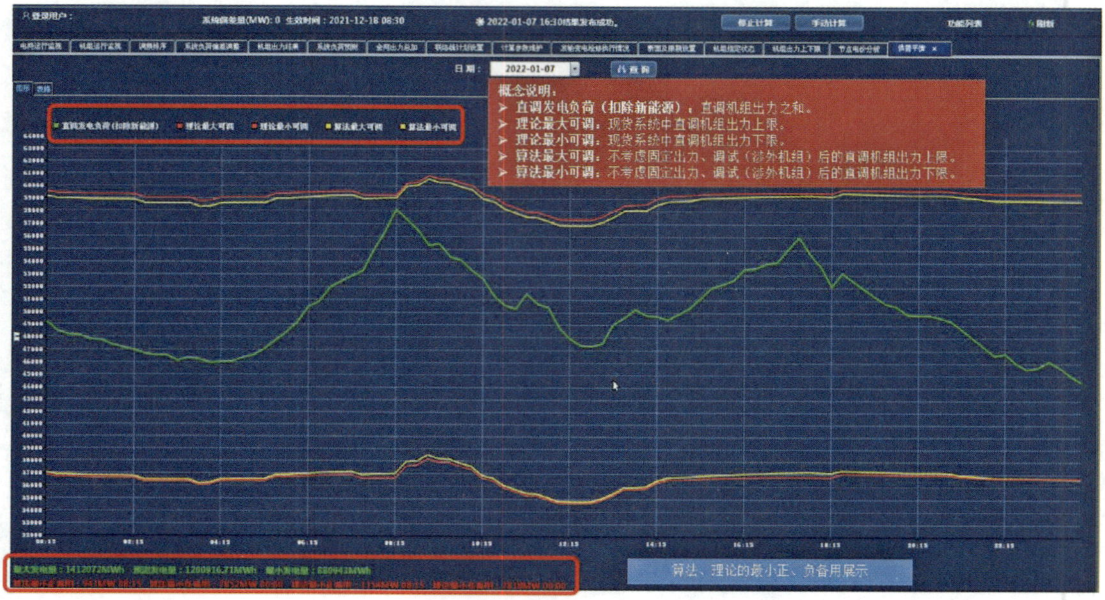

图 8－13　供需平衡

（四）联络线计划（外交易）

主要功能：因调峰需要参与省间辅助服务，待出清结果下发后，需对联络线计划进行维护。

操作方式如下：

（1）选择日期，单击查询按钮查询数据。

（2）选择交易时段。

（3）展示统计信息，用于展示值班日志相关内容核对。

（4）单击同步，同步到联络线设置界面中的联络线实时功率。

（5）单击保存按钮，将联络线修改结果录入系统。

联络线计划操作界面如图 8－14 所示。

三、发电约束

（一）机组指定状态

主要功能：机组指定状态。

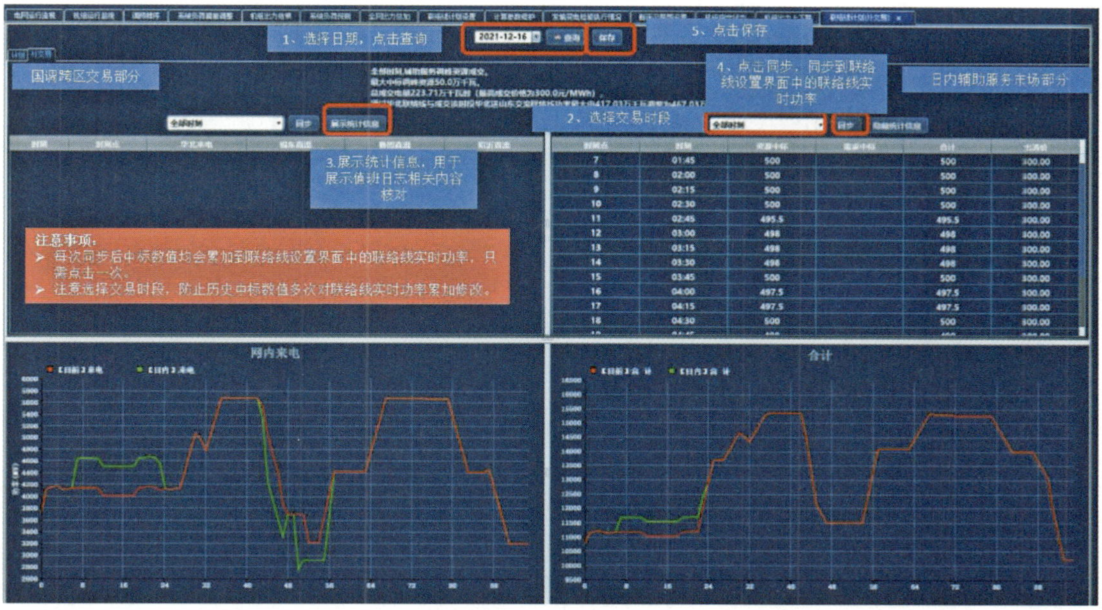

图 8－14　联络线计划

操作方式如下：

（1）最上边可以通过状态选择框筛选机组的状态。

（2）最左边显示机组名称和机组的状态。

（3）中间显示所选左侧机组的 96 点的日前状态和实时状态，右边展示机组的台数。机组指定状态操作界面如图 8－15 所示。

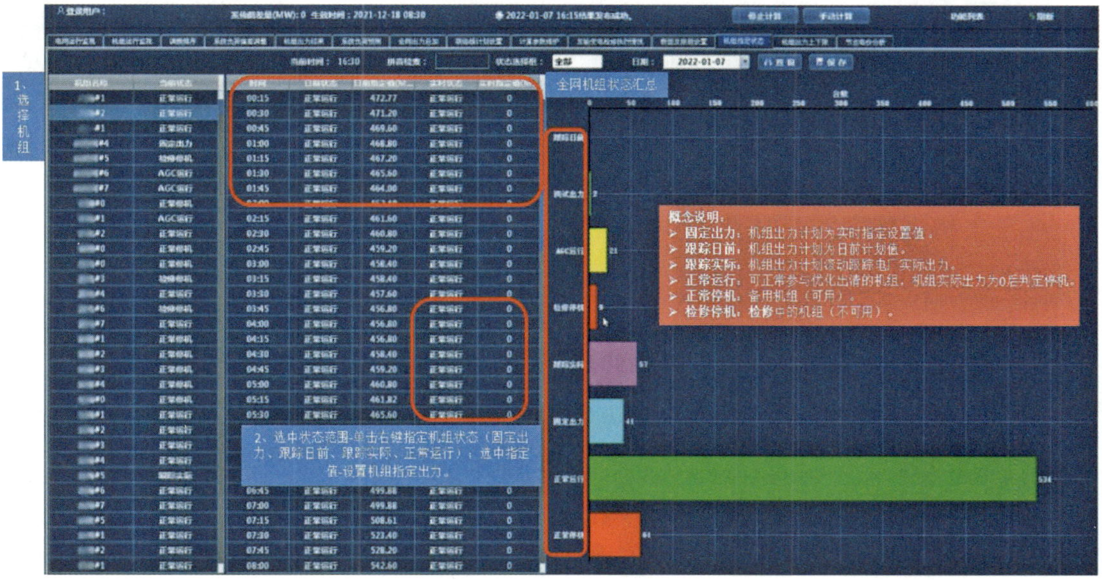

图 8－15　机组指定状态

（二）机组群控功率约束

主要功能：对多个机组形成的机群进行功率上下限设置，形成机群功率约束。机群内各机组的功率计划按照报价进行分配。

操作方式如下：

（1）输入机组群名称，单击添加。

（2）选择机组，单击添加或删除对机组群范围进行增减。

（3）输入上下限数值。

（4）单击保存按钮保存机组群约束信息。

机组群控功率约束操作界面如图 8－16 所示。

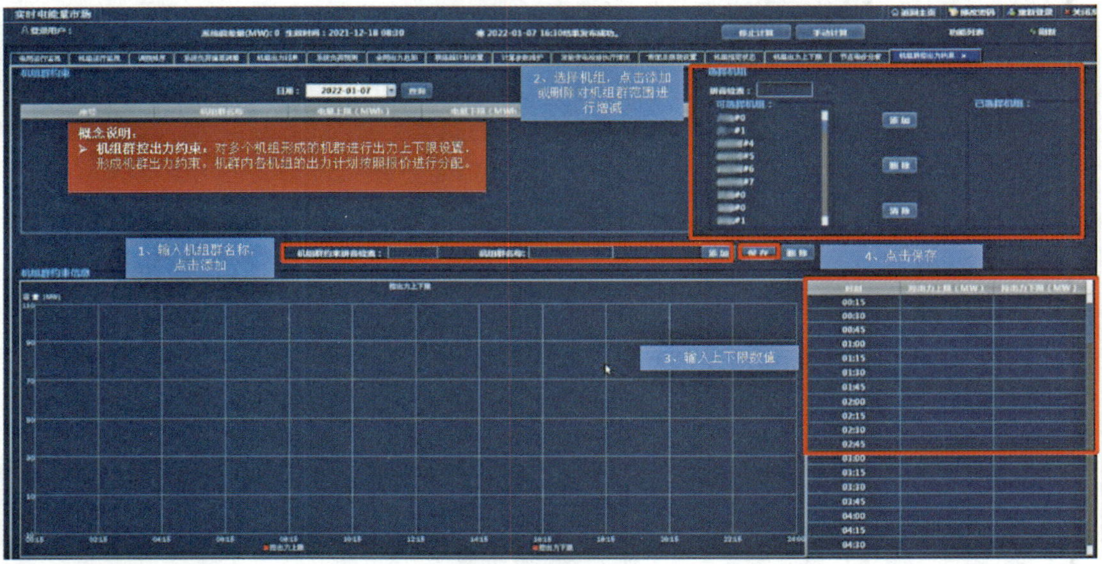

图 8－16　机组群控功率约束

（三）机组功率上下限

主要功能：机组功率上下限。

操作方式如下：

单击树，选择机组节点，选择日期，单击查询按钮，查询选中机组选中日期的功率上下限数据和曲线。日期可在日期框中手动填写，也可单击下拉菜单进行选择，也可以单击向左向右箭头进行微调，然后单击查询按钮，查询数据。

选中机组，选择日期，选择开始时刻点和结束时刻点，选择修改功率上限或功率下限，输入修改值。单击设置按钮，将输入值设置到表格对应的时刻中。单击增加按钮，给表格当前值加上输入值重新填到表格中。单击减少按钮，则给表格当前值减少输入值重新填写进表格中，同时刷新曲线。单击保存按钮，将数据保存到数据库中。

机组功率上下限操作界面如图 8－17 所示。

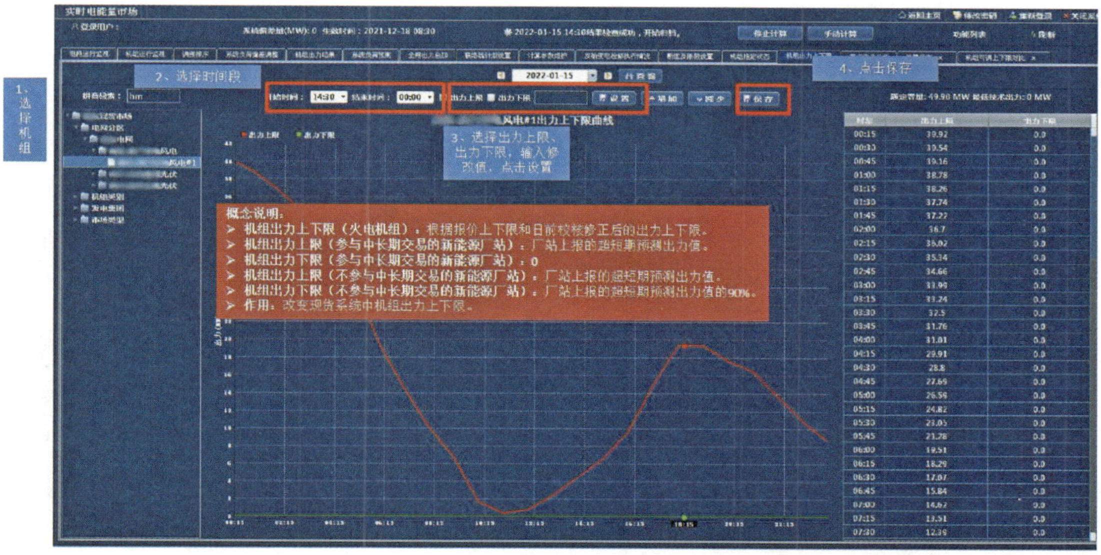

图 8－17　机组功率上下限

（四）机组功率上下限对比

主要功能：机组功率上下限。

操作方式如下：选择日期，单击提取调度计划可调功率上下限，选择时刻，单击查询按钮，即可查询机组在该时刻的现货与调度计划可调上下限对比。

机组功率上下限对比操作界面如图 8－18 所示。

图 8－18　机组功率上下限对比

（五）机组申报下限

主要功能：查看机组申报下限。

操作方式：选择日期，单击查询按钮，查看机组申报下限信息。

机组申报下限操作界面如图 8－19 所示。

图 8－19　机组申报下限

四、电网安全约束

（一）母线负荷预测

主要功能：展示指定日期、时刻点的母线负荷数据。

操作方式如下：

选择日期，选择时刻，单击查询按钮，查询选中日期时刻点和母线的预测值及负荷率。

单击左侧表格选中母线，查询选中日期该母线 96 点母线负荷预测数据展示在右上侧，并绘制曲线。

右下侧展示选中日期的母线负荷总和、系统负荷预测及上下限数据及曲线。

母线负荷预测操作界面如图 8－20 所示。

（二）断面及限额设置

主要功能：对实时能量市场断面及限额信息进行维护。

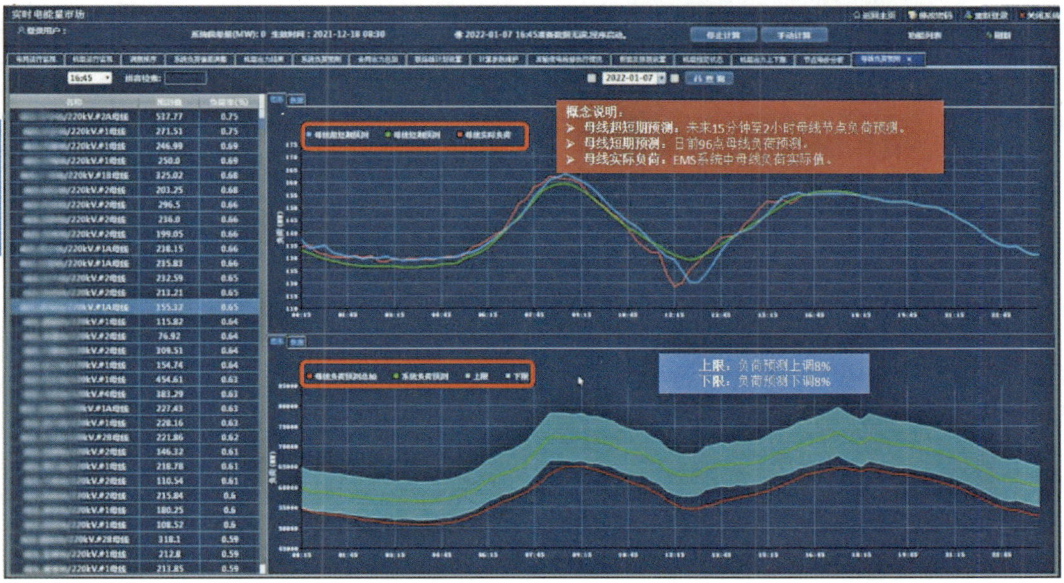

图 8－20 母线负荷预测

操作方式如下：

选择日期，选中断面，查询断面极限及断面包含设备信息。

单击新增按钮，输入断面名称，单击保存按钮，保存数据。

选中断面，选择上限或者下限，选择修改时刻点范围，输入修改值。单击设置按钮，将输入值设置到表格对应的时刻中。单击增加按钮，给表格当前值加上输入值重新加载到曲线中。单击减少按钮，则给表格当前值减少输入值重新加载到曲线中。单击保存按钮，将数据保存到数据库中。

在断面包含设备维护界面，选中可选设备列表中设备，单击增加按钮，将设备增加到已选设备列表中。双击左侧表格的系数列，可设置断面设备系数。选中已选设备列表中设备，单击删除按钮，可将已选设备移除。操作完成后，单击保存按钮保存数据。

拼音检索：输入拼音字母，自动筛选符合条件的数据。检索断面名称。

注意事项：断面极限只能设置计算时刻之后的数据；断面设备系数在［－1，1］范围内。

断面及限额设置操作界面如图 8－21 所示。

（三）支路 *N*－1 约束设置

主要功能：对支路 *N*－1 校核校正设置。

操作方式如下：

界面展示所选日期所有的线路 *N*－1 校核信息，其中是否 *N*－1 校核、是否 *N*－1 校正列可编辑，单击可改变是否校验校正，单击保存按钮即可保存当前修改。

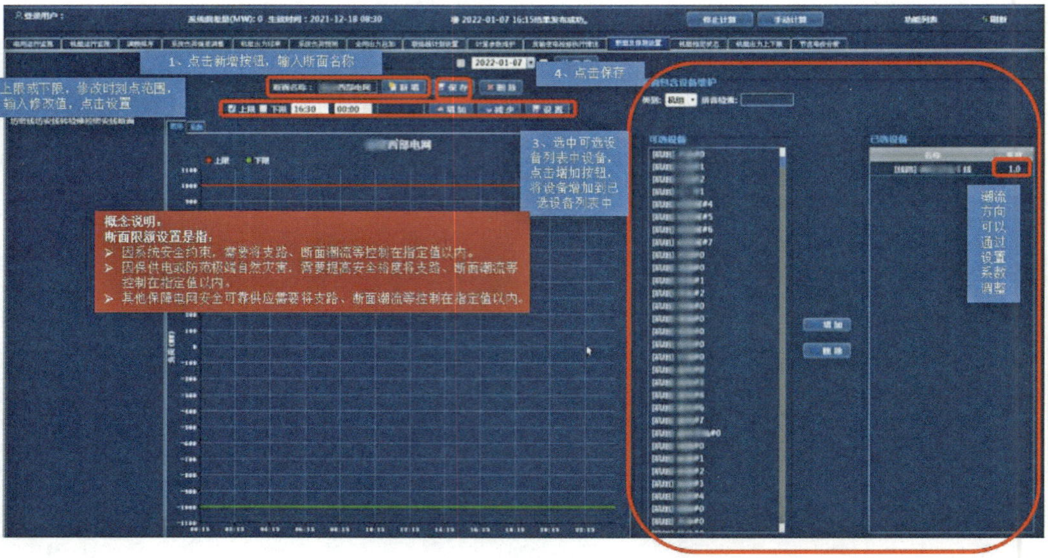

图 8－21　断面及限额设置

通过单击全部校核、全部不校核批量修改是否 $N-1$ 校核列，全部校正、全部不校正批量修改是否 $N-1$ 校正列。修改完成后，单击界面下侧保存按钮，保存线路 $N-1$ 信息。

批量操作：可通过拖动表格或按住 Ctrl 键单击进行多选，单击鼠标右键，可进行批量操作，操作完成后需单击保存按钮完成操作。

拼音检索：输入拼音字母，则自动筛选符合条件的数据。检索线路名称。

支路 $N-1$ 约束设置操作界面如图 8－22 所示。

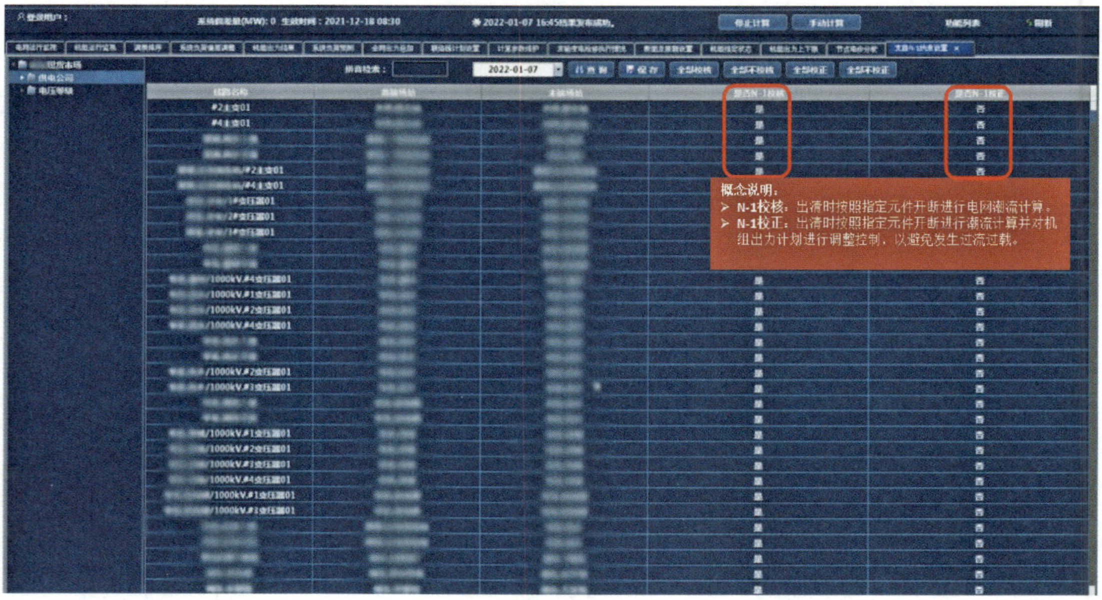

图 8－22　支路 $N-1$ 约束设置

五、出清结果查看

（一）全网功率总和

主要功能：全网总和展示。

操作方式：选择左边节点，右边显示对应机组的系统功率。

全网功率总加操作界面如图 8－23 所示。

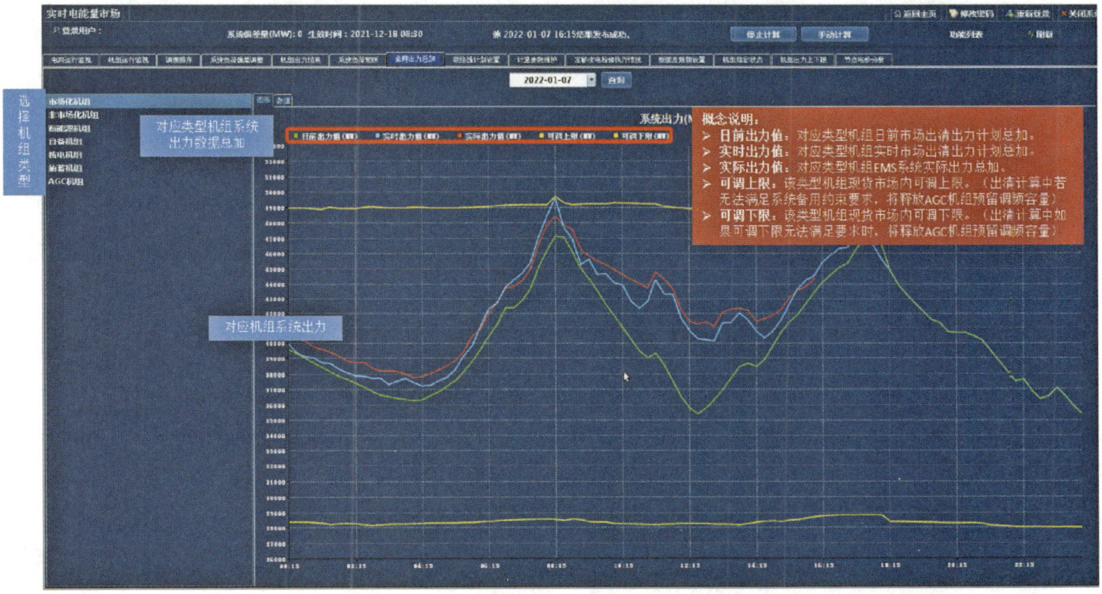

图 8－23　全网功率总和

（二）机组功率结果

主要功能：对机组功率结果进行分析。

操作方式如下：

选中机组类别和发电集团节点，曲线图展示该节点下各子节点 96 点有约束功率曲线，饼图展示各子节点有约束功率总和占比。左侧表格统计该节点 96 点日前功率、实际功率、功率上下限、有约束功率、无约束功率。右侧表格展示各子节点类别的相关统计信息。

选中各机组类别、各发电集团、电厂、机组节点。

机组功率结果操作界面如图 8－24 所示。

（三）边际机组总览

主要功能：展示边际机组总览。

图 8-24　机组功率结果

操作方式如下：

（1）左侧展示边际机组名称、节点电价及边际机组出清价格等数据。

（2）右侧图展示机组边际价格曲线。

边际机组总览操作界面如图 8-25 所示。

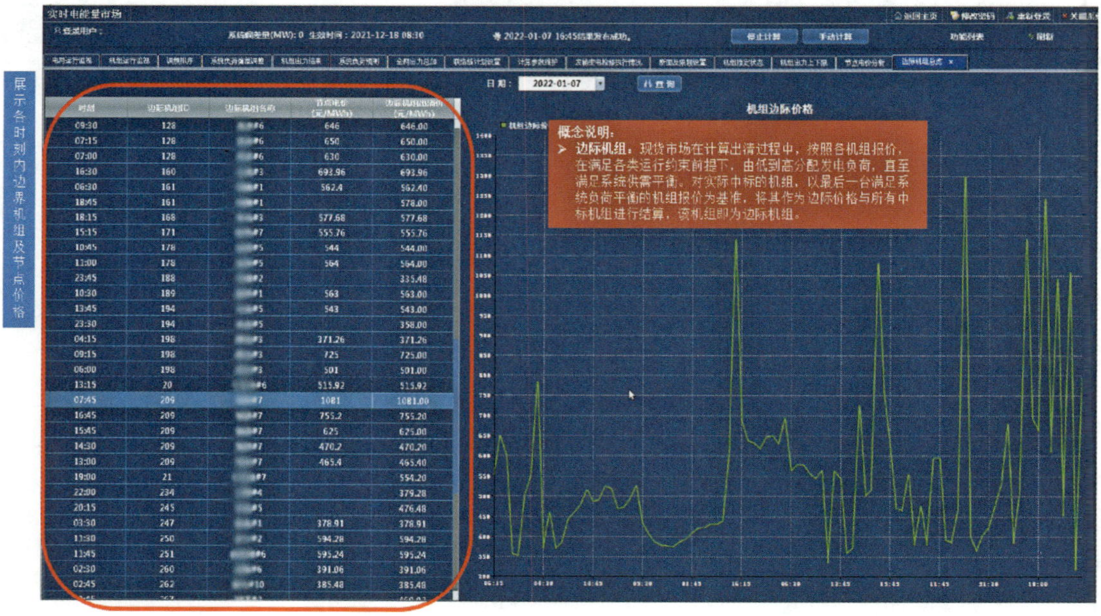

图 8-25　边际机组总览

（四）事后机会成本展示

主要功能：事后成本展示。

操作方式如下：

（1）选择日期，展示机组的机会成本和所选机组的 96 点时刻机会成本曲线。

（2）右上侧展示中标调频机组校验。

事后机会成本展示操作界面如图 8－26 所示。

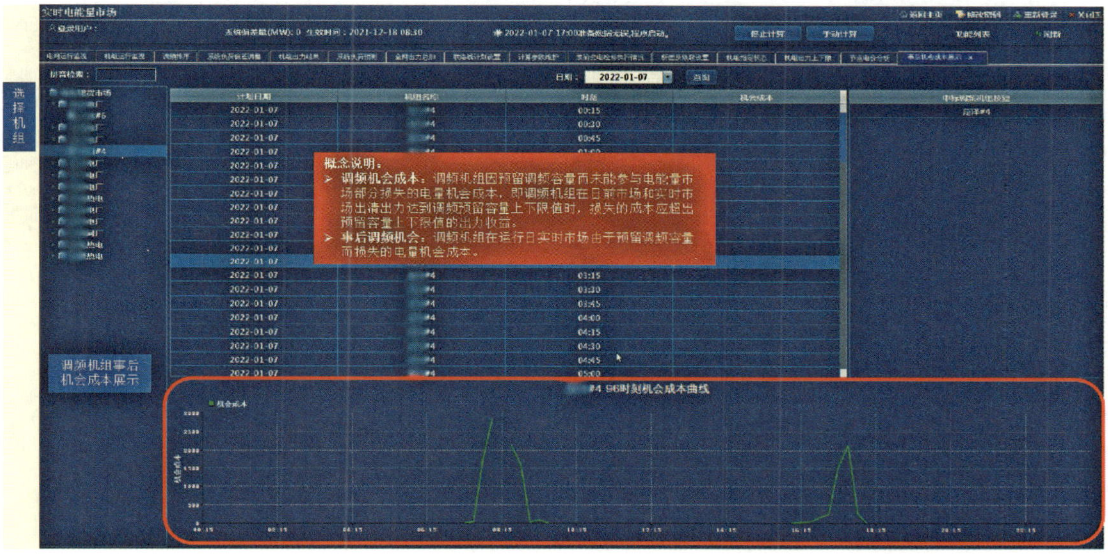

图 8－26　事后机会成本展示

（五）节点电价分析

主要功能：节点电价分析。

操作手册如下：

（1）拼音检索，即输入拼音字母，则自动筛选符合条件数据；检索节点名称。

（2）选中时刻点，单击查询按钮，查询当前时刻所有节点的节点报价、能量报价、网损价格、阻塞价格等信息，并将能量价格、节点价格以柱状图形式展示在右侧曲线图中。

（3）界面下方展示 K－线图和曲线图。K－线图展示每个时刻点的最高成交电价、最低成交电价、当前时刻平均电价、上一时刻平均电价。曲线图展示当前日所有节点的 96 点功率。

节点电价分析操作界面如图 8－27 所示。

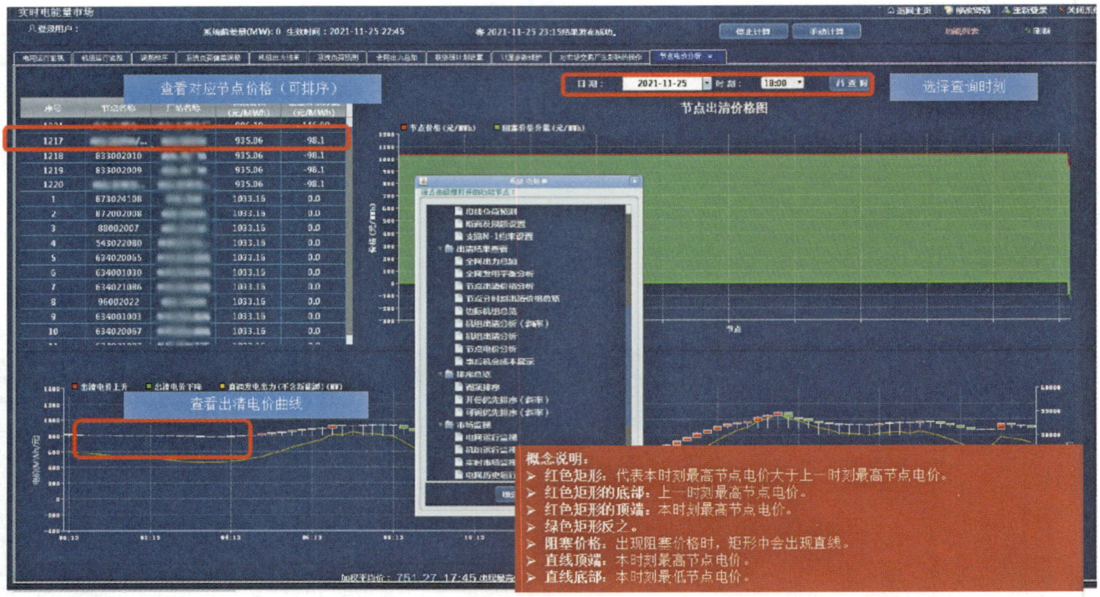

图 8－27　节点电价分析

六、排序总览

主要功能：调频排序。

操作手册：左侧展示调频准入机组和调频不准直调火电机组。

调频排序操作界面如图 8－28 所示。

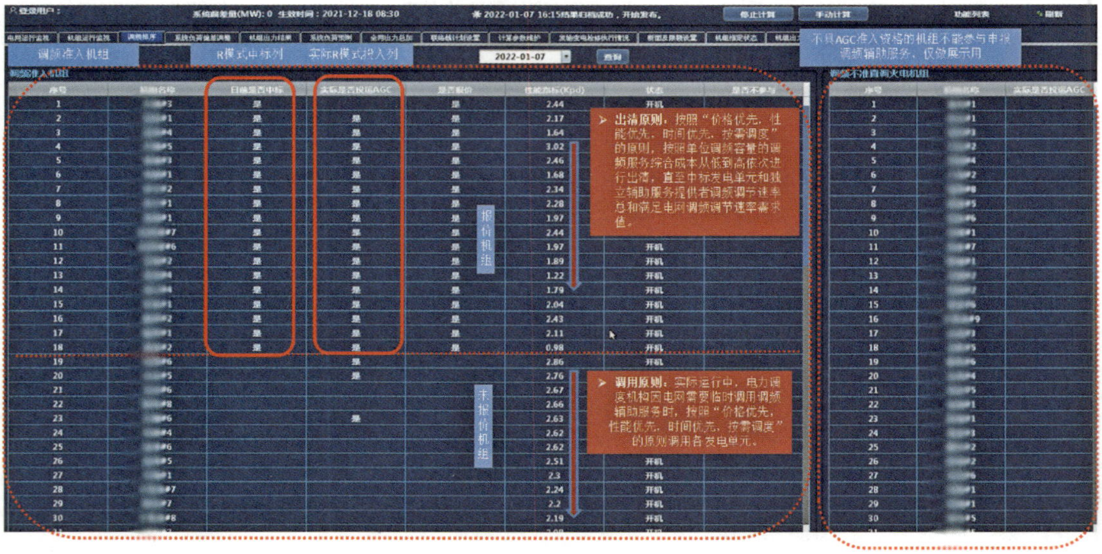

图 8－28　调频排序

七、市场监视

（一）电网运行监视

主要功能：电网运行监视。

操作手册如下：

（1）右上角展示当前时刻各个类别的实时功率统计信息及偏差数据。

（2）右下侧展示全网机组日前出清功率总和、实时出清电力总和、实际功率总和及机组可调功率上下限信息。

（3）左下侧展示日前市场出清电价、实时市场出清电价曲线。

（4）右上角分别展示当前时刻 AGC 机组的下调空间、实时功率、上调空间。

（5）上部中间展示各个时刻点的出清计算是否成功。

电网运行监视操作界面如图 8－29 所示。

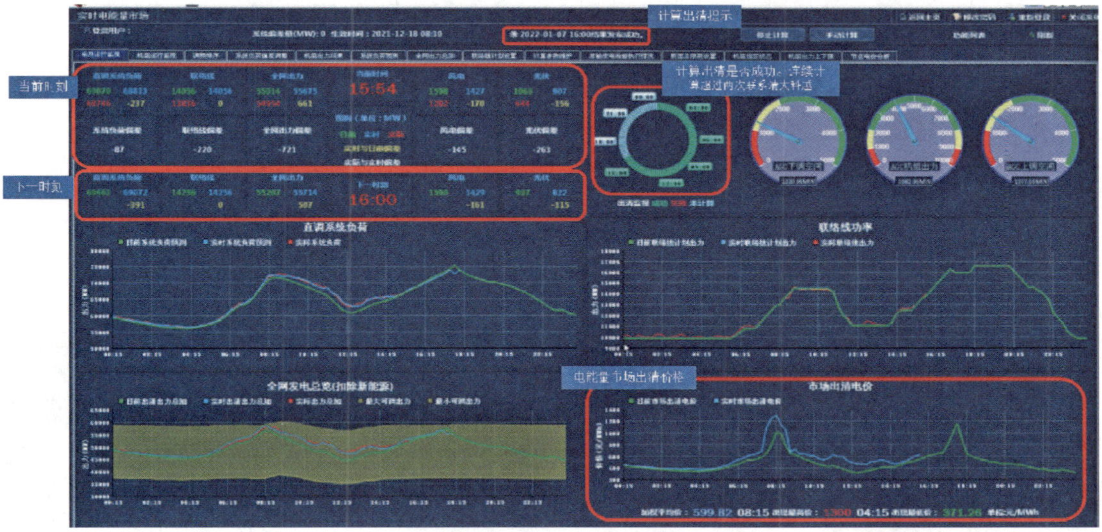

图 8－29　电网运行监视

（二）机组运行监视

主要功能：机组运行监视。

操作手册如下：

（1）展示各个供电集团，单击文字可切换并刷新中间机组功率信息。

（2）展示该供电集团下的电厂包含的各个机组的机组状态、功率计划值和实际功率值及电厂的累加统计。

（3）机组状态对应的图例说明。

机组运行监视操作界面如图 8－30 所示。

图 8－30　机组运行监视

（三）电网历史运行查看

主要功能：电网历史运行查看。

操作方式：选择左上角的时间和时刻，可以查看历史的电网运行监视的数据。

电网历史运行查看操作界面如图 8－31 所示。

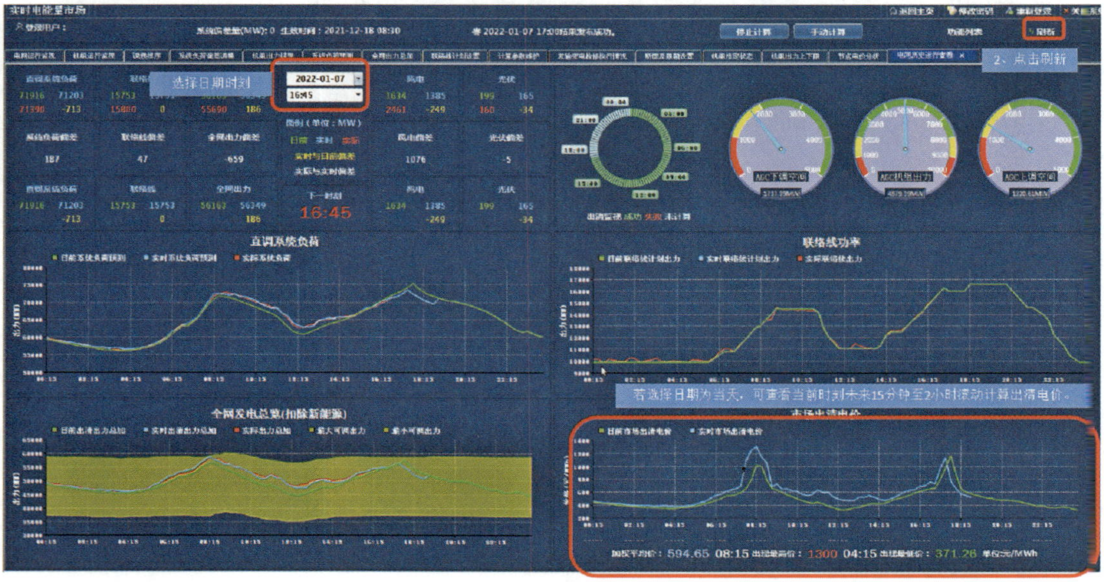

图 8－31　电网历史运行查看

八、安全分析

断面潮流分析主要功能：展示实时市场的断面潮流信息。

断面潮流分析操作方式如下：

默认进入页面，左上角断面信息，单击表格选中断面，右侧展示该断面的潮流数据及潮流曲线。

右下角展示选中断面包含的设备信息及该断面的分布因子数据，并展示分布因子数据在雷达图上。

拼音检索：输入拼音字母，则自动筛选符合条件数据；检索断面名称。

断面潮流分析操作界面如图 8－32 所示。

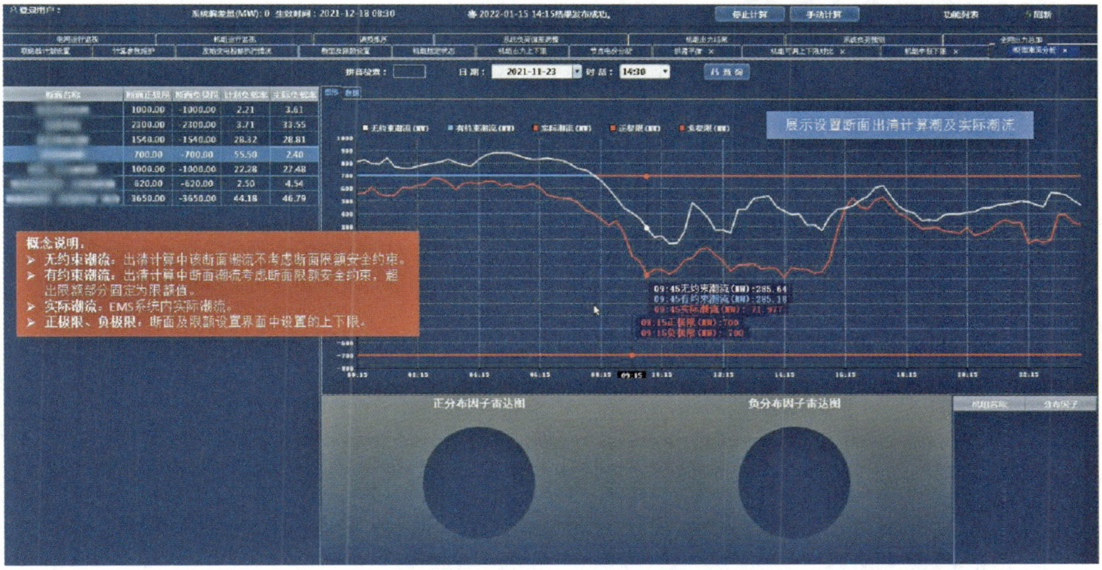

图 8－32　断面潮流分析

第四节　案　例　分　析

一、案例 1：新增电网安全约束

当电网由于设备故障等出现运行风险，需要增加断面安全约束进行风险预控。

（一）应对措施

（1）措施 1：为了消除电网运行风险，对电厂功率进行控制，增设机组群控功率约束。

机组群控功率设置操作界面如图 8－33 所示。

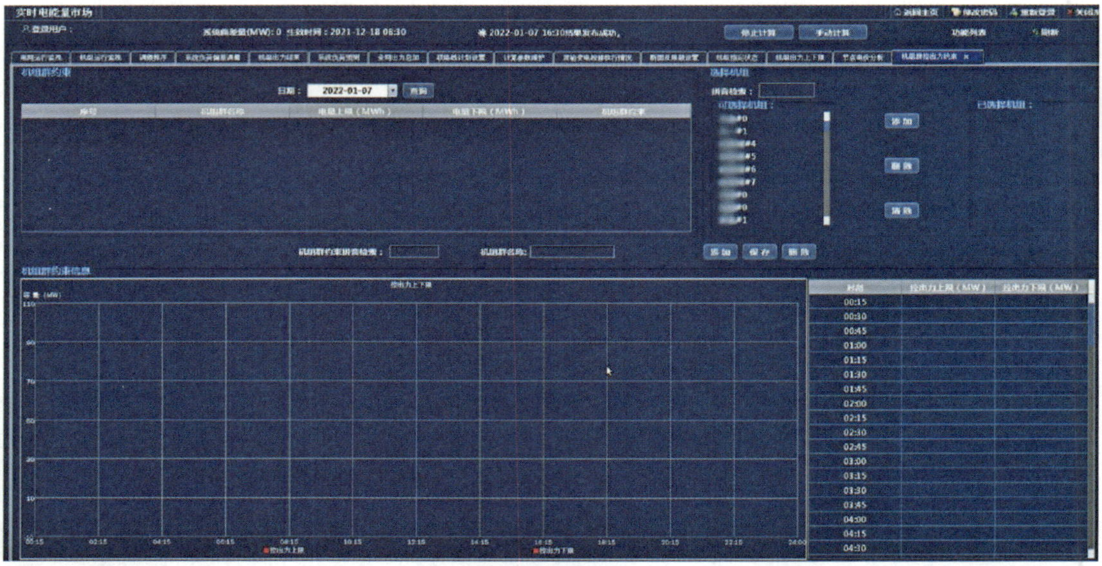

图 8－33　机组群控功率设置

（2）措施 2：为了消除电网运行风险，对网内断面潮流进行控制，增设断面限额控制。断面及限额设置操作界面如图 8－34 所示。

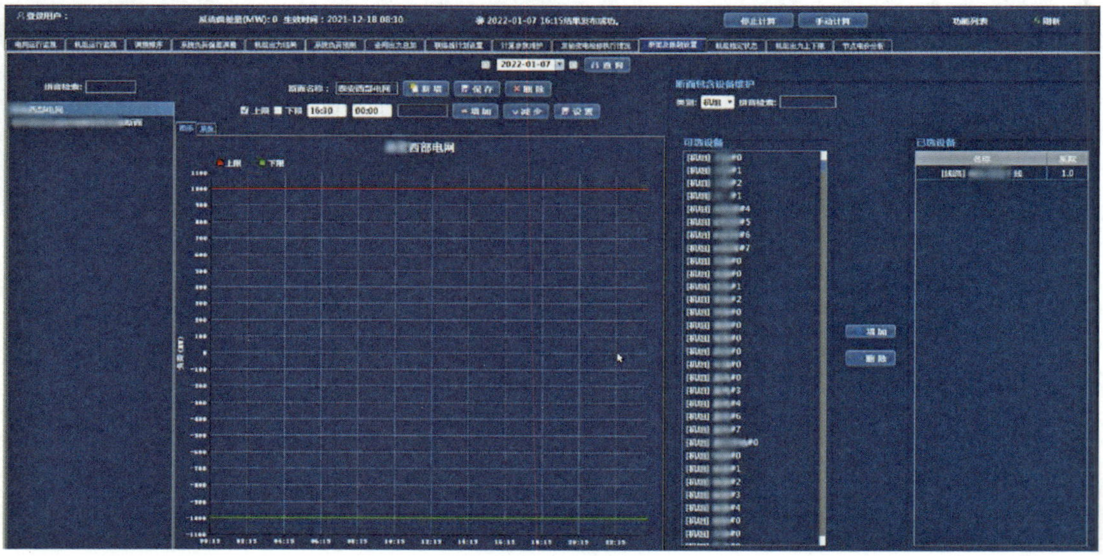

图 8－34　断面及限额设置

（二）市场影响分析

节点电价：由系统电量价格与阻塞价格两部分构成，系统电量价格反映全市场的电力供需情况，阻塞价格反映节点所在位置的电网阻塞情况。

措施 1 影响：改变机组群内机组总的功率上下限，实时市场运行边界发生变化，影响市场内机组的竞价空间，从而影响系统电量价格。但由于在出清计算过程中直接约束机群功率上下限，不产生潮流阻塞，没有阻塞价格，不能真实反映由于电网元件停运产生的系统阻塞。该措施更适用于由于电量约束、环保要求等机组本身原因造成的功率上下限约束。

措施 2 影响：设置断面限额后将在出清计算过程中产生潮流阻塞，进而产生阻塞价格，能够真实反映由于电网元件停运产生的系统阻塞情况。

母线节点出现阻塞价格操作界面如图 8－35 所示。

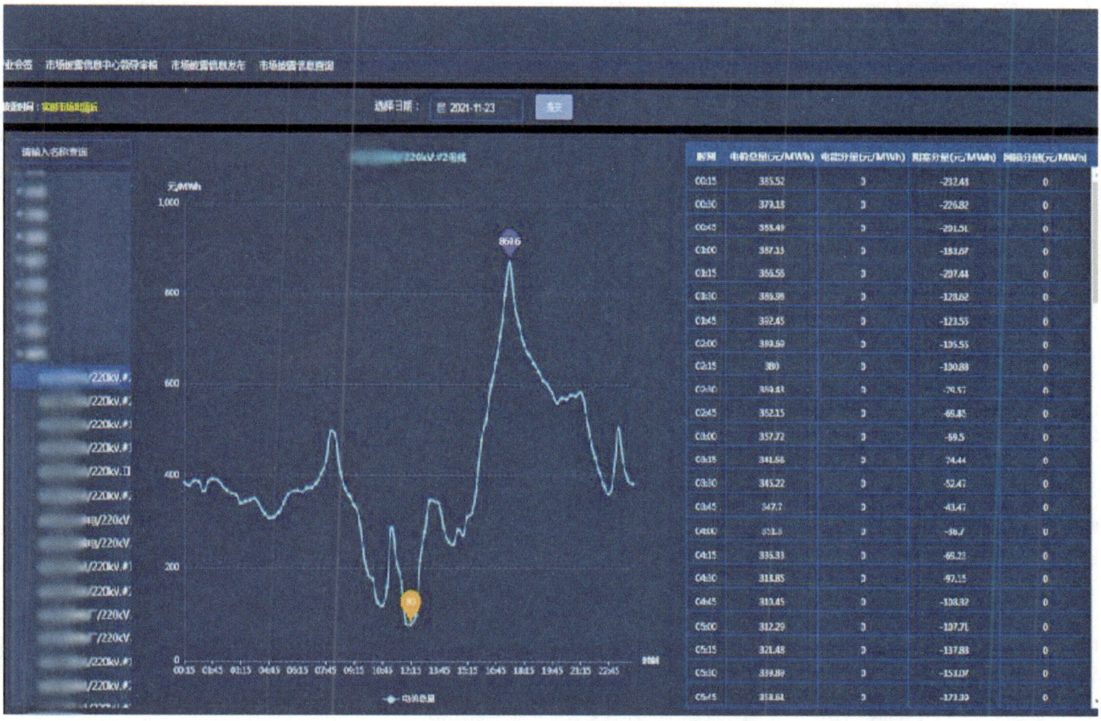

图 8－35　母线节点出现阻塞价格

（三）注意事项

（1）加强对断面潮流进行监视。断面潮流控制是通过在市场计算出清过程中调整电厂机组功率实现的，如果控制区内母线负荷预测不准确，将影响电厂机组功率计划值准确性，断面潮流的控制效果受到影响，甚至会出现断面潮流越限的情况。值班人员需对断面潮流分析界面加强监视，针对断面计算潮流持续高于或低于实际潮流情况及时反馈，针对性查看控制区近区母线负荷预测是否准确。

断面潮流分析操作界面如图 8－36 所示。

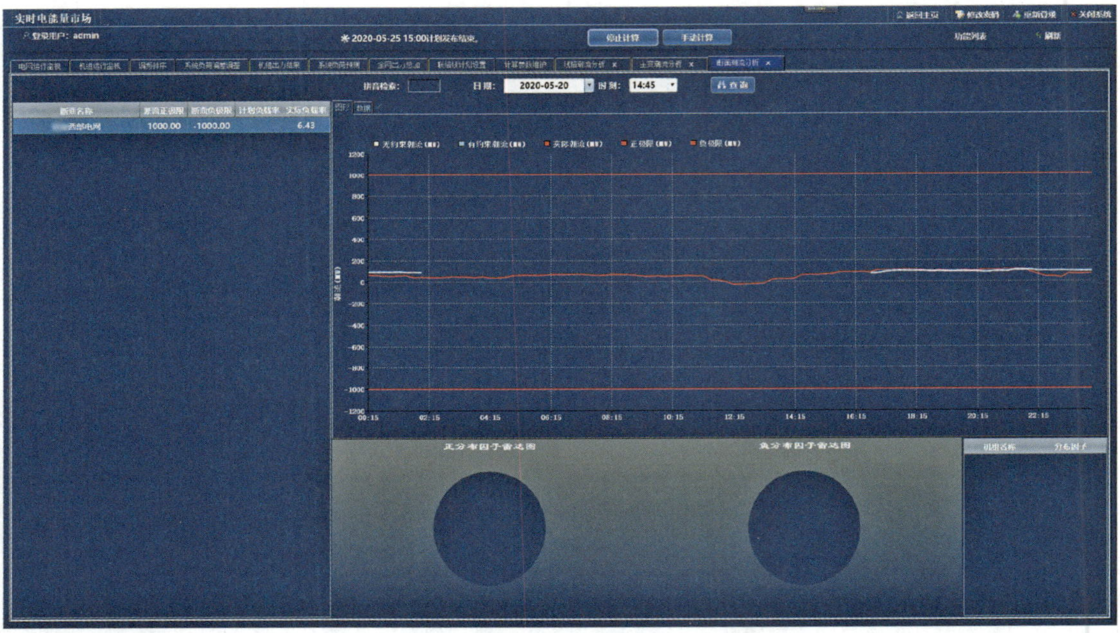

图 8－36　断面潮流分析

母线负荷预测操作界面如图 8－37 所示。

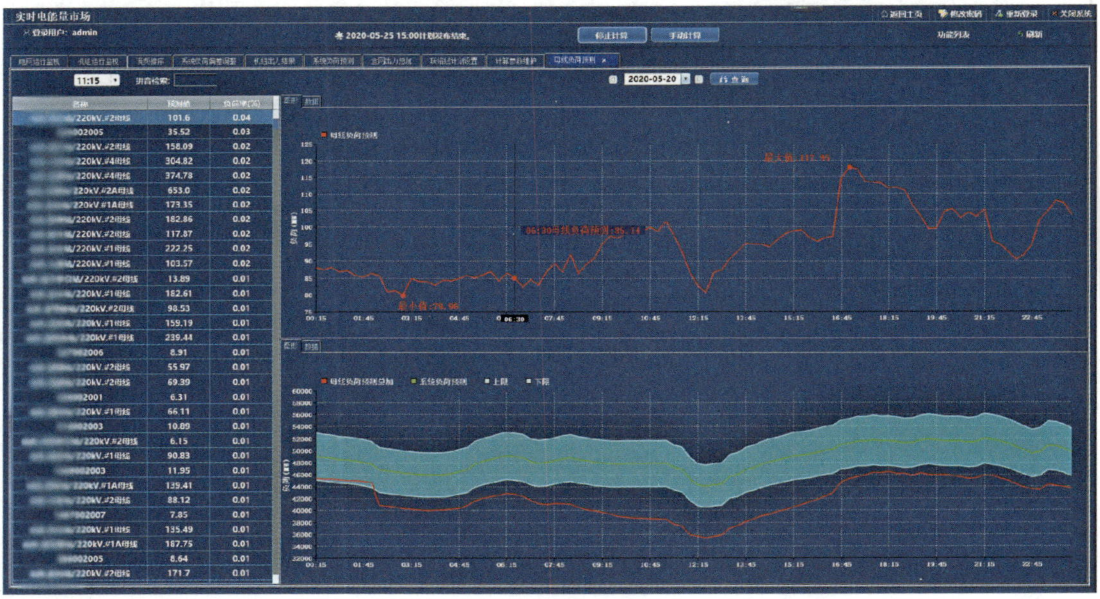

图 8－37　母线负荷预测

（2）如果检修断面内机组均为固定功率机组，其功率计划不受电网安全约束影响（如 220kV 甲线、乙线检修，控制丙线、丁线潮流，断面内某电厂机组均为高背压，市场中无法调整）。值班人员加强 D5000 系统中断面潮流监视。

（3）若日前断面相关工作延期，日内需手动延长断面时限。

（4）若日前断面相关工作提前完工，日内需手动取消实际送电之后的断面，不建议直接删除断面，会影响次日信息披露。

二、案例 2：ACE 调整

电网 R 模式上下调容量不足造成 ACE 越限。

（一）应对措施

1. 措施 1：机组一键爬坡或直接通知电厂调整功率

时效：不受时间限制，可以随时调整、执行。

调整范围：根据实际情况进行调整，受机组功率上下限限制。

适用范围：作为 ACE 紧急调整手段。

D5000 系统 ACE 操作界面如图 8－38 所示。

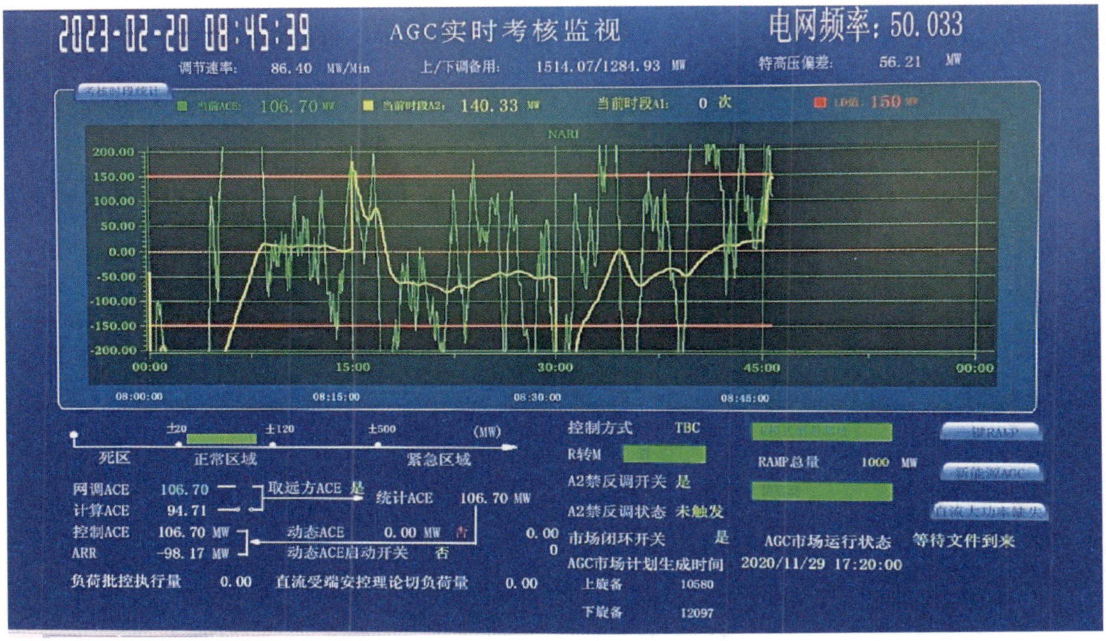

图 8－38　D5000 系统 ACE

2. 措施 2：系统负荷偏差调整

时效：需提前 20min 进行调整，不可以随时调整。

调整范围：系统负荷偏差调整值一般为－2000～2000MW。负荷偏差限制可以调整。

系统负荷偏差调整操作界面如图 8－39 所示。

图 8－39　系统负荷偏差调整

适用范围：预判机组爬坡困难阶段为早上 8:30 左右负荷升、下午 15:30 左右光伏发电功率下降快、全网负荷上升时段；系统负荷预测、新能源预测偏差较大时。

（二）市场影响分析

1. 措施 1：机组一键爬坡或直接通知电厂调整功率

（1）对市场出清影响。如果该阶段机组调整后实际功率不满足下时段市场出清机组爬坡约束，则该机组出清计划受爬坡约束限制并且成为不可定价机组，其余机组竞价空间改变，从而影响市场出清价格。

爬坡约束：

$$P_{i,t}-P_{i,t-1}\leqslant \Delta P_i^U\alpha_{i,t-1}+P_{i,t}^{min}(\alpha_{i,t}-\alpha_{i,t-1})+P_{i,t}^{max}(1-\alpha_{i,t})$$

$$P_{i,t-t}-P_{i,t}\leqslant \Delta P_i^D\alpha_{i,t}+P_{i,t}^{min}(\alpha_{i,t}-\alpha_{i,t-1})+P_{i,t}^{max}(1-\alpha_{i,t-1})$$

其中，ΔP_i^U 为机组 i 最大上爬坡速率，ΔP_i^D 为机组 i 最大下爬坡速率。$\alpha_{i,t}$ 表示机组 i 在时段 t 的启停状态，0 表示机组停机，1 表示机组开机。

如果该阶段机组调整后实际功率满足下个时刻的机组爬坡约束，对出清价格基本无影响。

（2）对机组结算影响。实时偏差公式为

$$R_{\mathrm{rtb}}=\sum[(Q_{\mathrm{og},t}-Q_{\mathrm{da},t})\times P_{\mathrm{rt},t}]$$

其中，$Q_{\mathrm{og},t}$ 为机组实时市场 t 时段上网电量；$Q_{\mathrm{da},t}$ 为机组日前市场 t 时段中标电量；$P_{\mathrm{rt},t}$ 为机组所在节点实时市场 t 时段结算价格。

因为令机组改变功率，从而改变机组实时市场上网电量，影响机组结算。

2. 措施 2：系统负荷偏差调整

通过修正负荷预测进而改变电网运行边界，导致市场竞价空间发生变化，直接影响市场出清价格，并且影响机组结算。负荷大小对节点电价的影响如图 8－40 所示。

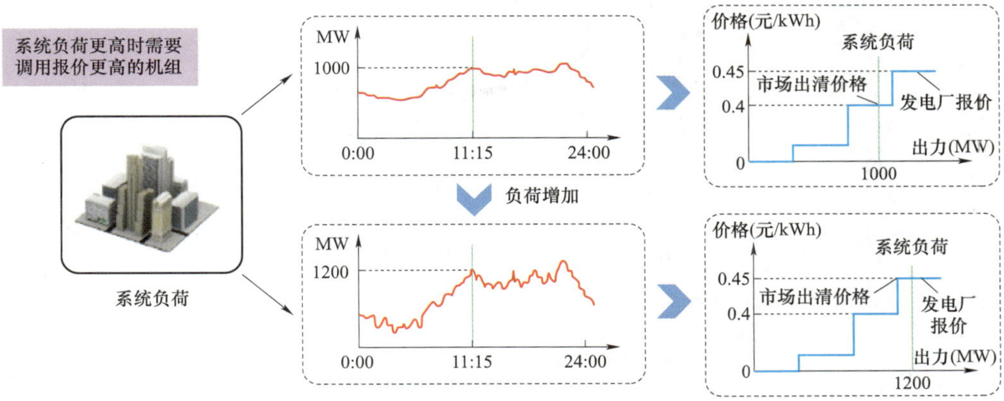

图 8－40　负荷大小对节点电价的影响

三、案例 3：机组日内功率试验（应对措施及分析）

日内机组进行功率试验。

（1）措施 1：电厂根据试验曲线或调度指令带功率。

出清影响：除出清计划不满足爬坡约束的情况外，基本不改变市场竞价空间，对市场出清结果影响较小。

对电网调整影响：机组实际功率与计划功率偏差大，占用电网 R 模式备用。（注：正常运行状态的报价机组功率若低于报价下限，状态将自动转为跟踪实际）

（2）措施 2：机组状态改为固定功率，对功率值进行设置。

出清影响：机组变为不可定价机组，作为运行边界条件，成为市场价格的接受者，电网运行边界条件受到改变，市场竞价空间变化，出清价格受到影响。

对电网调整影响：固定功率设置增加调度台工作量，且设置功率与机组实际功率不一定吻合，偏差较大时影响电网调整。若实际功率偏离固定功率值，可正常执行两个细则偏差考核。

（3）措施 3：机组状态改为跟踪实际。

出清影响：机组变为不可定价机组，作为运行边界条件，成为市场价格的接受者，电网运行边界条件受到改变，市场竞价空间变化，出清价格受到影响。

对电网调整影响：机组正常实际功率与计划功率偏差小，机组计划与实际功率接近，对电网 R 模式备用影响小。但由于机组功率计划始终跟踪机组实际功率，不利于两个细则偏差考核。

机组指定运行状态操作界面如图 8－41 所示。

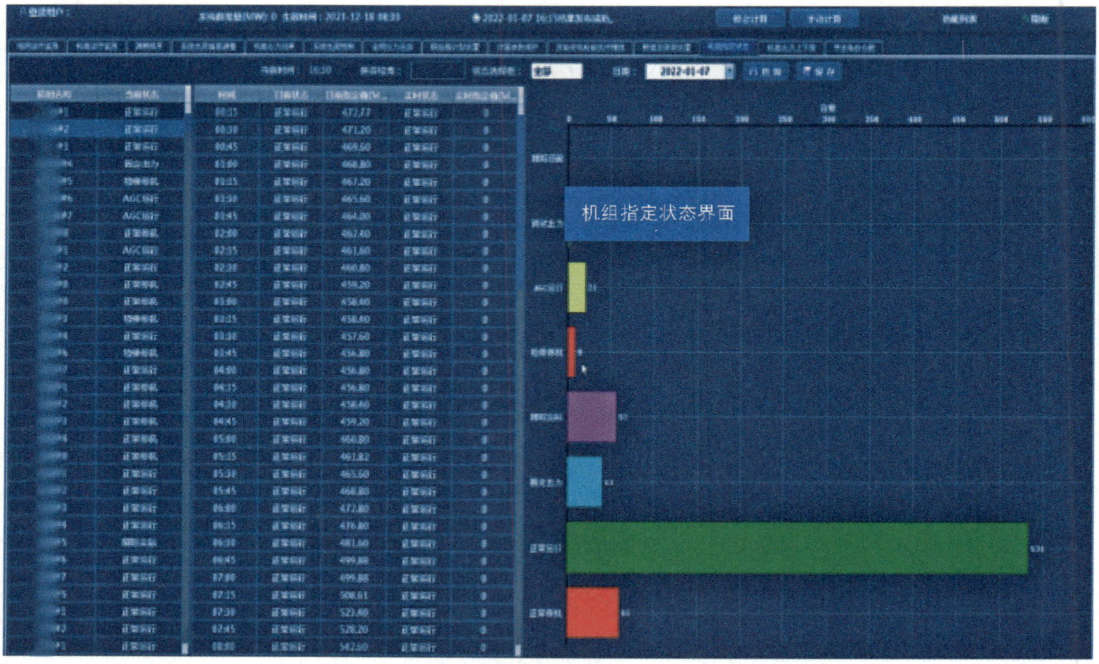

图 8-41　机组指定运行状态

四、案例 4：特殊机组日内临停（应对措施及分析）

特殊机组（高背压、自备电厂、涉外、试验机组）日内临停。

影响分析：自备电厂、涉外、高背压、试验机组在系统中功率计划固定不变，其中自备电厂、涉外机组状态为正常运行，但功率计划固定为日前计划，高背压、试验机组状态通常为固定功率。上述机组临停后，虽然机组实际功率降至 0，但市场仍按照固定功率计划进行出清计算。一方面导致机组实际功率与计划功率偏差较大，持续占用电网 R 模式备用空间；另一方面电网运行边界条件与实际不一致，市场出清结果受到影响。

应对措施：如果上述机组临停后，将机组状态改为跟踪实际，计划功率将降至 0，与实际功率相符，不会占用电网调整空间，并释放市场中其余机组竞价空间，不影响市场出清结果。所以上述机组临停后，需将机组状态改为跟踪实际。

第九章

电网异常及故障处置

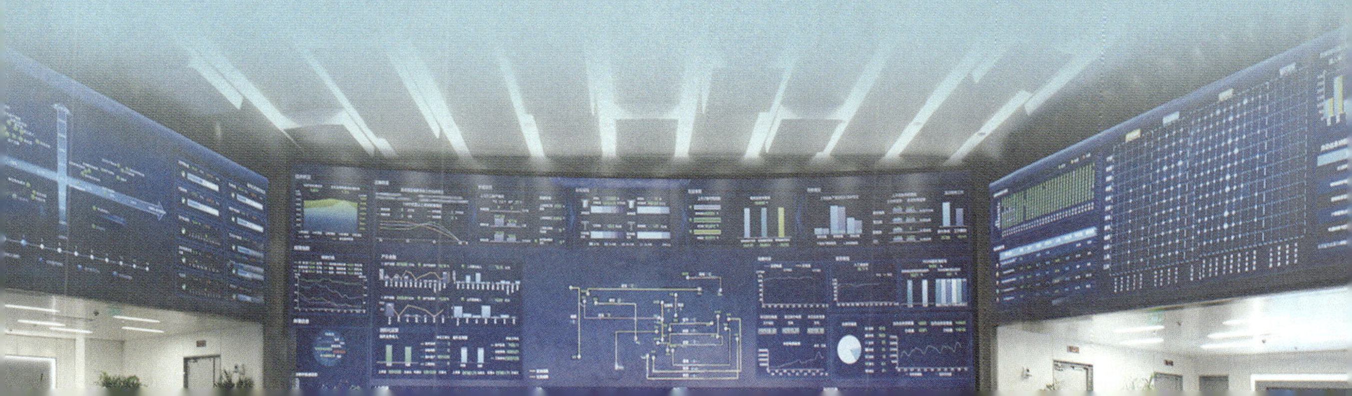

第一节　电力事故规定及要求

一、事故等级分类

电力安全事故是指电力生产或者电网运行过程中发生的影响电力系统安全稳定运行或者影响电力正常供应的事故（包括热电厂发生的影响热力正常供应的事故）。《电力安全事故应急处置和调查处理条例》（国务院令第 599 号）中规定，根据电力安全稳定运行或者影响电力（热力）正常供应的程度，分为特别重大事故、重大事故、较大事故和一般事故 4 种。《国家电网有限公司安全事故调查规程》（国家电网安监〔2020〕820 号）将安全事故分为一至八级事件，其中一至四级事件对应于国务院法规中特别重大、重大、较大、一般事故。同时要求五级以上事件，应立即上报至国家电网有限公司。六级以上事件中断安全日。以下给出一至六级事件详细说明。电网安全事故等级见表 9－1。

表 9－1　电网安全事故等级

事件等级	事件特征
一级电网事件（特别重大电网事故）	（1）区域性电网：减供负荷 30%以上。 （2）省、自治区电网：负荷 20000MW 以上的减供负荷 30%以上，负荷 5000MW 以上 20000MW 以下的减供负荷 40%以上。 （3）直辖市电网：减供负荷 50%以上或 60%以上供电用户停电。 （4）省、自治区人民政府所在地城市电网：负荷 2000MW 以上的减供负荷 60%以上或 70%以上供电用户停电
二级电网事件（重大电网事故）	（1）区域性电网：减供负荷 10%以上 30%以下。 （2）省、自治区电网：负荷 20000MW 以上的减供负荷 13%以上 30%以下，负荷 5000MW 以上 20000MW 以下的减供负荷 16%以上 40%以下，负荷 1000MW 以上 5000MW 以下的减供负荷 50%以上编制调度管辖范围内设备的检修进度表，根据情况批准设备检修计划。 （3）直辖市电网：减供负荷 20%以上 50%以下或 30%以上 60%以下供电用户停电。 （4）省、自治区人民政府所在地城市电网：负荷 2000MW 以上的减供负荷 40%以上 60%以下或 50%以上 70%以下供电用户停电；负荷 2000MW 以下的减供负荷 40%以上或 50%以上供电用户停电。 （5）其他设区的市电网：负荷 600MW 以上的减供负荷 60%以上或 70%以上供电用户停电
三级电网事件（较大电网事故）	（1）区域性电网：减供负荷 7%以上 10%以下。 （2）省、自治区电网：负荷 20000MW 以上的减供负荷 10%以上 13%以下，负荷 5000MW 以上 20000MW 以下的减供负荷 12%以上 16%以下，负荷 1000MW 以上 5000MW 以下的减供负荷 20%以上 50%以下，负荷 1000MW 以下的减供负荷 40%以上。 （3）直辖市电网：减供负荷 10%以上 20%以下或 15%以上 30%以下供电用户停电。 （4）省、自治区人民政府所在地城市电网：减供负荷 20%以上 40%以下或 30%以上 50%以下供电用户停电。 （5）其他设区的市电网：负荷 600MW 以上的减供负荷 40%以上 60%以下或 50%以上 70%以下供电用户停电；负荷 600MW 以下的减供负荷 40%以上或 50%以上供电用户停电。 （6）县级市电网：负荷 150MW 以上的减供负荷 60%以上或 70%以上供电用户停电。 （7）发电厂或者 220kV 以上变电站因安全故障造成全厂（站）对外停电，导致周边电压监视控制点电压低于调度机构规定的电压曲线值 20%并且持续时间 30min 以上，或者导致周边电压监视控制点电压低于调度机构规定的电压曲线值 10%并且持续时间 1h 以上者

续表

事件等级	事件特征
四级电网事件（一般电网事故）	（1）区域性电网：减供负荷4%以上7%以下。 （2）省、自治区电网：负荷20000MW以上的减供负荷5%以上10%以下，负荷5000MW以上20000MW以下的减供负荷6%以上12%以下，负荷1000MW以上5000MW以下的减供负荷10%以上20%以下，负荷1000MW以下的减供负荷25%以上40%以下。 （3）直辖市电网：减供负荷5%以上10%以下或10%以上15%以下供电用户停电。 （4）省、自治区人民政府所在地城市电网：减供负荷10%以上20%以下或15%以上30%以下供电用户停电。 （5）其他设区的市电网：减供负荷20%以上40%以下或30%以上50%以下供电用户停电。 （6）县级市电网：负荷150MW以上的减供负荷40%以上60%以下或50%以上70%以下供电用户停电；负荷150MW以下的减供负荷40%以上或50%以上供电用户停电。 （7）发电厂或者220kV以上变电站因安全故障造成全厂（站）对外停电，导致周边电压监视控制点电压低于调度机构规定的电压曲线值5%以上10%以下并且持续时间2h以上者。 （8）发电机组因安全故障停止运行超过行业标准规定的小修时间两周，并导致电网减供负荷者
五级电网事件	（1）电网减供负荷，有下列情形之一者。 1）城市电网（含直辖市、省级人民政府所在地城市、其他设区的市、县级市电网）减供负荷比例或者城市供电用户停电比例超过一般电网事故数值60%者。 2）造成电网减供负荷100MW以上者。 （2）电网稳定破坏，有下列情形之一者。 1）220kV以上系统中，并列运行的两个或者几个电源间的局部电网或全网引起震荡，且振荡超过一个周期（功角超过360°），不论时间长短或是否拉入同步。 2）220kV以上电网非正常解列成三片以上，其中至少有三片每片内解列前发电功率和供电负荷超过100MW。 3）省（自治区、直辖市）级电网与所在区域电网解列运行。 （3）电网电能质量降低，有下列情形之一者。 1）在装机容量3000MW以上电网，频率偏差超出（50±0.2）Hz，延续时间30min以上。 2）在装机容量3000MW以下电网，频率偏差超出（50±0.5）Hz，延续时间30min以上。 3）500kV以上电压监视控制点电压偏差超出±5%，延续时间超过1h。 （4）交流系统故障，有下列情形之一者。 1）变电站内220kV以上任一电压等级运行母线跳闸全停。 2）三座以上110kV（含66kV）变电站全停。 3）220kV以上系统中，一次事件造成两台以上主变压器跳闸停运。 4）500kV以上系统中，一次事件造成同一输电断面两回以上线路跳闸停运。 5）故障时，500kV以上断路器拒动。 （5）直流系统故障，有下列情形之一者。 1）±400kV以上直流双极闭锁（不含柔性直流）。 2）两回以上±400kV以上直流单极闭锁。 3）±400kV以上柔性直流输电系统全停。 4）具有两个以上换流单元的背靠背直流输电系统换流单元全部闭锁。 （6）二次系统故障，有下列情形之一者。 1）500kV以上安全自动装置不正确动作。 2）500kV以上继电保护不正确动作致使越级跳闸。 （7）发电厂故障，有下列情形之一者。 1）因电网侧故障造成发电厂一次减少功率2000MW以上。 2）具有黑启动功能的机组在黑启动时未满足调度指令需求
六级电网事件	（1）造成电网减供负荷40MW以上者。 （2）电网稳定破坏，有下列情形之一者。 1）220kV以上电网发生振荡，导致机组跳闸或安全自动装置动作。 2）110kV（含66kV）以上局部电网与主网解列运行。 （3）电网电能质量降低，有下列情形之一者。 1）在装机容量 3000MW以上电网，频率偏差超出（50±0.2）Hz。 2）在装机容量 3000MW以下电网，频率偏差超出（50±0.5）Hz。 3）220kV以上电压监视控制点电压偏差超出±5%，延续时间超过 30min。 （4）电网安全水平降低，有下列情形之一者。 1）电网输电断面超稳定限额，连续运行时间超过1h。 2）区域电网、省（自治区、直辖市）电网实时运行中的备用有功功率不能满足调度规定的备用要求。

续表

事件等级	事件特征
六级电网事件	（5）交流系统故障，有下列情形之一者。 1）变电站内 110kV（含 66kV）运行母线跳闸全停。 2）变电站内两条以上 220kV 以上母线跳闸停运。 3）三座以上 35kV 变电站全停。 4）110kV（含 66kV）以上系统中，一次事件造成两台以上主变压器跳闸停运。 5）220kV 以上系统中，一次事件造成同一输电断面两回以上线路跳闸停运。 6）故障时，220kV（含 330kV）断路器拒动。 （6）直流系统故障，有下列情形之一者。 1）±400kV 以下直流双极闭锁（不含柔性直流）。 2）±400kV 以上直流单极或单换流器闭锁，并造成功率损失。 3）±400kV 以下柔性直流输电系统全停。 4）具有两个以上换流单元的背靠背直流输电系统换流单元闭锁，并造成功率损失。 5）直流中性点接地极线路故障，造成直流运行方式改变。 6）±400kV 以上直流输电系统功率速降超过 2000MW 或额定功率的 50%。 （7）二次系统故障，有下列情形之一者。 1）220kV（含 330kV）安全自动装置不正确动作。 2）220kV（含 330kV）继电保护不正确动作致使越级跳闸。 3）220kV 以上线路、母线或变压器失去主保护。 （8）因电网侧故障造成发电厂一次减少功率 1000MW 以上。 （9）县级以上地方人民政府有关部门确定的二级重要电力用户及电气化铁路等电网侧供电全部中断

《国家电网有限公司安全事故调查规程》（国家电网安监〔2020〕820 号）将设备事故分为一至五级设备事件，其中一级至四级设备事件分别对应特别重大设备事故、重大设备事故、较大设备事故、一般设备事故。设备事故等级见表 9-2。

表 9-2　　设备事故等级

事件等级	事件特征
一级设备事件（特别重大设备事故）	有下列情形之一者，为特别重大事故（一级设备事件）： （1）造成 1 亿元以上直接经济损失者。 （2）600MW 以上锅炉爆炸者。 （3）压力容器、压力管道有毒介质泄漏，造成 15 万人以上转移者
二级设备事件（重大设备事故）	有下列情形之一者，为重大事故（二级设备事件）： （1）造成 5000 万元以上 1 亿元以下直接经济损失者。 （2）600MW 以上锅炉因安全故障中断运行 24h 以上者。 （3）压力容器、压力管道有毒介质泄漏，造成 5 万人以上 15 万人以下转移者
三级设备事件（较大设备事故）	有下列情形之一者，为较大设备事故（三级设备事件）： （1）造成 1000 万元以上 5000 万元以下直接经济损失者。 （2）锅炉、压力容器、压力管道爆炸者。 （3）压力容器、压力管道有毒介质泄漏，造成 1 万人以上 5 万人以下转移者。 （4）起重机械整体倾覆者。 （5）供热机组装机容量 200MW 以上的热电厂，在当地人民政府规定的采暖期内同时发生 2 台以上供热机组因安全故障停止运行，造成全厂对外停止供热并且持续时间 48h 以上者
四级设备事件（一般设备事故）	有下列情形之一者，为一般设备事故（四级设备事件）： （1）造成 100 万元以上 1000 万元以下直接经济损失者。 （2）特种设备事故造成 1 万元以上 1000 万元以下直接经济损失者。 （3）压力容器、压力管道有毒介质泄漏，造成 500 人以上 1 万人以下转移者。 （4）电梯轿厢滞留人员 2h 以上者。 （5）起重机械主要受力结构件折断或者起升机构坠落者。 （6）供热机组装机容量 200MW 以上的热电厂，在当地人民政府规定的采暖期内同时发生 2 台以上供热机组因安全故障停止运行，造成全厂对外停止供热并且持续时间 24h 以上者

续表

事件等级	事件特征
五级设备事件	有下列情形之一者，为一般设备事故（四级设备事件）： （1）造成100万元以上1000万元以下直接经济损失者。 （2）特种设备事故造成1万元以上1000万元以下直接经济损失者。 （3）压力容器、压力管道有毒介质泄漏，造成500人以上1万人以下转移者。 （4）电梯轿厢滞留人员2h以上者。 （5）起重机械主要受力结构件折断或者起升机构坠落者。 （6）供热机组装机容量200MW以上的热电厂，在当地人民政府规定的采暖期内同时发生2台以上供热机组因安全故障停止运行，造成全厂对外停止供热并且持续时间24h以上者

为正确、有效和快速地处理大面积停电事件，最大程度地减少大面积停电造成的影响和损失，维护国家安全、社会稳定和人民生命财产安全，国家编制《国家处置大面积停电事件应急预案》，编制的原则是预防为主、统一指挥、分工负责、保证重点。国家处置大面积停电事件应急预案中停电事件状态见表9－3。

表9－3　国家处置大面积停电事件应急预案中停电事件状态

停电事件状态	事件特征
电网Ⅰ级停电事件状态	发生下列情形之一，电网进入Ⅰ级停电事件状态： （1）因电力生产发生重特大事故，引起连锁反应，造成区域电网大面积停电，减供负荷达到事故前总负荷的30%及以上。 （2）因电力生产发生重特大事故，引起连锁反应，造成重要政治、经济中心城市减供负荷达到事故前总负荷的50%及以上。 （3）因严重自然灾害引起电力设施大范围破坏，造成省电网公司大面积停电，减供负荷达到事故前总负荷的40%及以上，并且造成重要发电厂停电、重要输变电设备受损，对区域电网、跨区电网安全稳定运行构成严重威胁。 （4）因发电燃料供应短缺等各类原因引起电力供应严重危机，造成省电网60%及以上容量机组非计划停机，省电网拉限负荷达到正常值的50%以上，并且对区域电网、跨区电网正常电力供应构成严重影响
电网Ⅱ级停电事件状态	发生下列情形之一，电网进入Ⅱ级停电事件状态： （1）因电力生产发生重特大事故，造成区域电网减供负荷达到事故前总负荷的10%以上30%以下。 （2）因电力生产发生重特大事故，造成重要政治、经济中心城市减供负荷达到事故前总负荷的20%以上50%以下。 （3）因严重自然灾害引起电力设施大范围破坏，造成省电网减供负荷达到事故前总负荷的20%以上40%以下。 （4）因发电燃料供应短缺等各类原因引起电力供应危机，造成省公司电网40%以上60%以下容量机组非计划停机
应急状态事件	发生下列情形之一，电网进入应急状态事件： （1）区域电网减供负荷达到事故前总负荷的20%及以上。 （2）中央直接管辖市减供负荷达到事故前总负荷的30%及以上。 （3）省电网减供负荷达到事故前总负荷的50%及以上。 （4）省会城市或其他大城市减供负荷达到事故前总负荷的70%及以上。 （5）因严重自然灾害引起电力设施大范围破坏，造成省公司减供负荷达到事故前的30%及以上，并且造成重要发电厂停电、重要输变电设备受损，对区域电网、跨区电网安全稳定运行构成严重威胁。 （6）因发电燃料供应短缺、水电来水不足等各类原因引起电力供应严重危机，造成省电网50%及以上容量机组非计划停机，省电网拉限负荷达到正常值的40%及以上，并且对区域电网、跨区电网正常电力供应构成严重影响。 （7）因重要发电厂、重要变电站、重要输变电设备遭受毁灭性破坏或打击，造成区域电网大面积停电，减供负荷达到事故前10%及以上，对区域电网、跨区电网安全稳定运行构成严重威胁
预警状态	发生下列情形之一，电网进入应急状态事件： （1）区域电网减供负荷达到事故前总负荷的10%以上20%以下。 （2）中央直辖市减供负荷达到事故前总负荷的20%以上30%以下。

续表

停电事件状态	事件特征
预警状态	（3）省电网减供负荷达到事故前总负荷的30%以上50%以下。 （4）省会城市或其他大城市减供负荷达到事故前总负荷的40%以上70%以下。 （5）因严重自然灾害等原因引起电力设施大范围破坏，造成省公司电网减供负荷达到事故前的20%以上30%以下。 （6）因发电燃料供应短缺、水电来水不足等各类原因引起电力供应危机，造成省电网40%以上50%以下容量机组非计划停机。 （7）因重要发电厂、重要变电站、重要输变电设备遭受破坏或打击，对区域电网、跨区电网安全稳定运行构成威胁

《国家电网调度系统重大事件汇报规定》中将重大事件分类为特急报告类事件、紧急报告类事件、一般报告类事件。

特急报告类事件包括《电力安全事故应急处置和调查处理条例》中规定的特别重大事故、重大事故中涉及电网减供负荷的事故，《国家大面积停电事件应急预案》《国家电网公司大面积停电事件应急预案》中规定的特别重大、重大大面积停电事件以及《国家电网公司安全事故调查规程》规定中涉及电网减供负荷的事件。

紧急报告类事件包括《电力安全事故应急处置和调查处理条例》规定的较大事故、一般事故中涉及电网减供负荷的事故，《国家大面积停电事件应急预案》《国家电网公司大面积停电事件应急预案》规定的较大、一般大面积停电事件，《电力安全事故应急处置和调查处理条例》规定的较大事故、一般事故中涉及电网电压过低、供热受限的事故，《国家电网公司安全事故调查规程》规定中涉及电网减供负荷、电压过低、供热受限的事件以及除上述事件外规定的其他电网异常情况。

一般报告类事件包括《国家电网公司安全事故调查规程》规定的五级电网事件及五级设备事件中涉及电网安全的内容，电网内出现四级以上的“电网运行风险预警通知单”对应的停电检修、调试等事件以及除上述事件外规定的其他电网异常情况。

特急报告类事件范围见表9－4。《国家电网公司安全事故调查规程》规定的特急报告类事件见表9－5。紧急报告类事件见表9－6。《国家电网公司安全事故调查规程》规定的紧急报告类事件见表9－7。其他报告类事件见表9－8。

表9－4　　特急报告类事件范围

事件分类	不同规定条例	判定标准
特急报告类事件	《电力安全事故应急处置和调查处理条例》	特别重大事故、重大事故中涉及电网减供负荷的事故
	《国家大面积停电事件应急预案》	Ⅰ、Ⅱ级大面积停电事件
	《国家电网公司大面积停电事件应急预案》	特别重大电网大面积停电事件、重大电网大面积停电事件
	《国家电网公司安全事故调查规程》	规定特急报告类事件

表 9-5　《国家电网公司安全事故调查规程》规定的特急报告类事件

事件类型	判定标准
电网事件	（1）造成区域性电网减供负荷 10% 以上。 （2）造成电网负荷 20000MW 以上的省（自治区）电网减供负荷 13% 以上者。 （3）造成电网负荷 5000MW 以上 20000MW 以下的省（自治区）电网减供负荷 16% 以上者。 （4）造成电网负荷 1000MW 以上 5000MW 以下的省（自治区）电网减供负荷 50% 以上者。 （5）造成直辖市电网减供负荷 20% 以上或供电用户 30% 以上停电者。 （6）造成电网负荷 2000MW 以上的省（自治区）人民政府所在地城市电网减供负荷。 （7）荷 40% 以上或者供电用户 50%以上停电者。 （8）造成电网负荷 2000MW 以下的省（自治区）人民政府所在地城市电网减供负荷。 （9）荷 40% 以上或者 50% 以上供电用户停电者。 （10）造成电网负荷 600MW 以上的其他设区的市电网减供负荷 60% 以上或者 70%。 （11）以上供电用户停电者
设备事件	（1）600MW 以上锅炉爆炸或者因安全事故中断运行 240h 以上者。 （2）压力容器、压力管道有毒介质泄漏，明确造成严重社会影响

表 9-6　紧急报告类事件

事件分类	不同规定条例	事件定义
紧急报告类事件	《电力安全事故应急处置和调查处理条例》	较大事故、一般事故
	《国家电网公司大面积停电事件应急预案》	较大电网大面积停电事件、 一般电网大面积停电事件
	《国家电网公司安全事故调查规程》	规定的紧急报告类事件
	其他紧急类报告事件	

表 9-7　《国家电网公司安全事故调查规程》规定的紧急报告类事件

事件类型	判定标准
电网事件	（1）造成区域性电网减供负荷 4%以上 10%以下。 （2）造成电网负荷 20000MW 以上的省（自治区）电网减供负荷 5%以上 13%以下。 （3）造成电网负荷 5000MW 以上 20000MW 以下的省（自治区）电网减供负荷 6%以上 16%以下者。 （4）造成电网负荷 1000MW 以上 5000MW 以下的省（自治区）电网减供负荷 10%以上 50%以下者。 （5）造成电网负荷 1000MW 以下的省（自治区）电网减供 25%以上者。 （6）造成直辖市电网减供负荷 5%以上 20%以下或 10%以上 30%以下供电用户停电者。 （7）造成省（自治区）人民政府所在地城市电网减供负荷 10%以上 40%以下或 15%以上 50%以下供电用户停电者。 （8）造成其他设区的市电网减供负荷 20%以上或供电用户 30%以上停电者。 （9）造成电网负荷 150MW 以上的县级市电网减供负荷 40%以上或供电用户 50%以上停电者。 （10）发电厂或者 220kV 以上变电站因安全故障造成全厂（站）对外停电，导致周边电压监视控制点电压低于调控机构规定的电压曲线值 20%并且持续时间 30min 以上、低于调控机构规定的电压曲线值 10%并且持续时间 1h 以上者、低于调控机构规定的电压曲线 5%以上 10%以下并且持续时间 2h 以上者。 （11）发电机组因安全故障停止运行超过行业标准规定的大修时间两周，并导致电网减供负荷者或超过行业标准规定的小修时间两周，并导致电网减供负荷者
设备事件	（1）锅炉、压力容器、压力管道爆炸者。 （2）压力容器、压力管道有毒介质泄漏，明确造成 500 人以上人员转移者。 （3）电梯桥厢滞留人员 2h 以上者。 （4）起重机械整体倾覆或主要受力机构件折断或者起升机构坠落者。 （5）供热机组装机容量 200MW 以上的热电厂，在当地人民政府规定的采暖期内同时发生 2 台以上供热机组因安全故障停止运行，造成全厂对外停止供热并且持续时间 24h 以上者

表 9-8　　其他报告类事件

事件类型	判定标准
省级电网解列故障	省（自治区、直辖市）配电网与所在区域电网解列运行故障
线路多重故障跳闸	区域电网内 500kV 以上电压等级送电断面出现 3 回以上线路相继跳闸停运的事件；因同一次恶劣天气、地质灾害等外力原因造成区域电网 500kV 以上线路跳闸停运超过 3 条，省级电网 220kV 以上（西藏电网 110kV 以上）线路跳闸停运超过 5 条的事件
重要用户停电	北京、上海发生停电事件、造成重要用户停电、对国家、政治经济活动造成重大影响的事件
保电异常	《特殊时期保证电网安全运行工作标准》规定的一级特殊保电期间出现保电范围内的损失负荷、拉限电等异常情况
其他	《国家电网公司突发事件信息报告与新闻发布应急预案》规定的安全生产事件中，其他可能造成较大的社会影响或对公司系统有负面影响的事件

二、汇报要求

《国家电网调度系统重大事件汇报规定》中，对重大事件汇报时间做了详细规定，在直调范围内发生特急（紧急、一般）报告类事件的调控机构调度员，须在 15min（30min、2h）内向上一级调控机构调度员进行特急报告，省调调度员须在 15min（30min、2h）内向国调调度员进行特急（紧急、一般）报告。

在直调范围内发生造成较大社会影响事件的调控机构调度员须在获知相应社会影响后第一时间向上一级调控机构调度员进行报告，省调调度员须在获知相应社会影响后第一时间向国调调度员进行报告。特急报告类、紧急报告类、一般报告类事件应按调管范围由发生重大事件的调控机构尽快将详细情况以书面形式报送至上一级调控机构，省调应同时抄报国调。分中心或省调发生与所有直调厂站调度电话业务全部中断、调度数据网业务全部中断或调度控制系统 SCADA 功能全部丧失事件，应立即报告国调调度员；地县调发生与直调厂站调度电话业务全部中断、调度数据网业务全部中断或调度控制系统 SCADA 功能全部丧失事件，应立即逐级报告省调调度员。各级调控机构调度控制系统应具有大面积停电分级告警和告警信息逐级自动推送功能。重大事件汇报时间要求见表 9-9。

表 9-9　　重大事件汇报时间要求

事件类型	汇报单位	上级单位	时间要求
特急报告类事件	省调调度员/分中心调度员	国调调度员	15min
紧急报告类事件	省调调度员/分中心调度员	国调调度员	30min
一般报告类事件	省调调度员/分中心调度员	国调调度员	2h
分中心或省调发生电力调度通信中断事件	省调调度员/分中心调度员	国调调度员	立即汇报

注　特急报告类事件、紧急报告类事件、一般报告类事件应按调管范围由发生重大事件的分中心或省调尽快将详细情况以书面形式报送至国调，省调应同时抄报分中心。相应调控机构在接到下级调控机构事件报告后，应按照逐级汇报的原则，5min 内将事件情况汇报至上一级调控机构，省调应同时上报国调和分中心。

发生文中规定的重大事件后，相应调控机构的汇报内容主要包括事件发生时间、概况、造成的影响等情况。在事件处置暂告一段落后，相应调控机构应将详细情况汇报上级调控机构，内容主要包括事件发生的时间、地点、运行方式、保护及安全自动装置动作、影响负荷情况，调度系统应对措施、系统恢复情况，掌握的重要设备损坏情况，对社会及重要用户影响情况等。当事件后续情况更新时，相应调控机构应及时向上级调控机构汇报。

发生特急报告类、紧急报告类事件，除值班调度员报告外，相应调控机构负责生产的相关领导应及时了解情况，并向上级调控机构汇报事件发展及处理的详细情况，符合《电力安全事故应急处置和调查处理条例》《国家电网公司安全事故调查规程》调查条件的事件，要及时汇报调查进展。在发生严重电网事故或受自然灾害影响，恢复系统正常方式需要较长时间时，相关调控机构应随时向上级调控机构汇报恢复情况。

第二节　故障处置流程

一、电网故障处置原则

电网故障处置原则如下：

（1）迅速限制故障发展，消除故障根源，解除对人身、电网和设备安全的威胁。

（2）调整并恢复正常电网运行方式，电网解列后要尽快恢复并列运行。

（3）尽可能保持正常设备的运行和对重要用户及厂用电、站用电的正常供电。

（4）尽快恢复对已停电的用户和设备供电。

二、线路设备故障处置

线路设备故障处置要求如下：

（1）线路故障跳闸后，值班调度员立刻收集故障相关信息，根据线路属性、同塔情况、电缆占比、保护及重合闸动作、录波测距信息研判是否强送，制定正确的强送方案，若线路管辖涉及上级调度，须经上级调度同意后，进行线路强送操作。

（2）同时需密切关注线路故障后电网运行情况，及时调整电网运行方式。特别是有无负荷损失、输变电设备重过载、运行方式薄弱、电压频率越限等异常。若线路强送失败（或不能强送），应第一时间处置电网异常，并将故障及异常信息及时汇报领导和上级调度。

（3）根据线路管线单位反馈的巡线信息，落实现场线路实际情况；对于需要线路转检修的故障，应提报检修申请。值班调度员根据方式、保护等专业意见，编制电网风险分析方案，切实保障电网安全，及时开展电网停送电操作，第一时间消除线路故障缺陷，线路故障处置流程如图 9-1 所示。

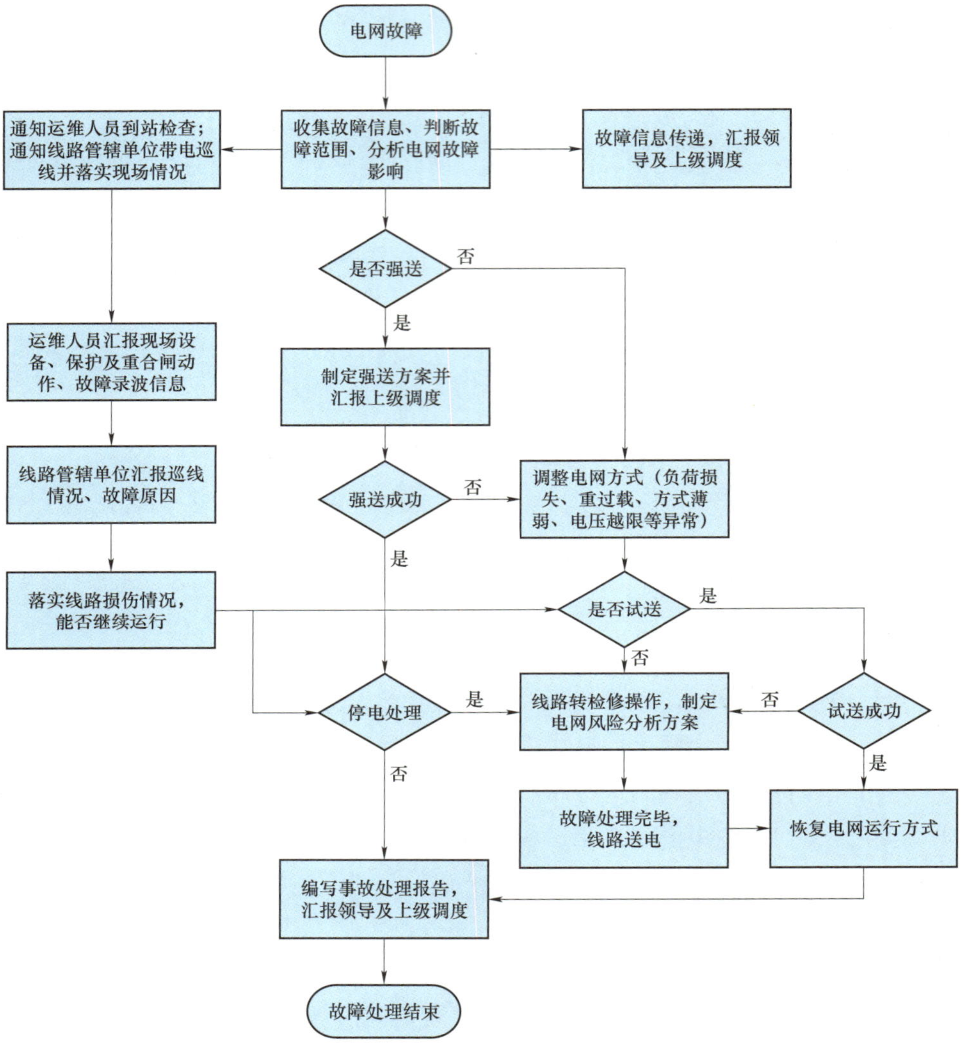

图 9-1　线路故障处置流程图

三、站内设备故障处置

站内设备发生故障后，值班调度员需及时处理设备重过载、负荷损失等情况，进行电网方式调整。故障发生后，一般需要等变电运维人员现场检查后，确认故障点位置。隔离故障点后，检修人员快速处理故障设备。处理完毕，设备送电，电网运行方式恢复，故障处置流程如图 9-2 所示。

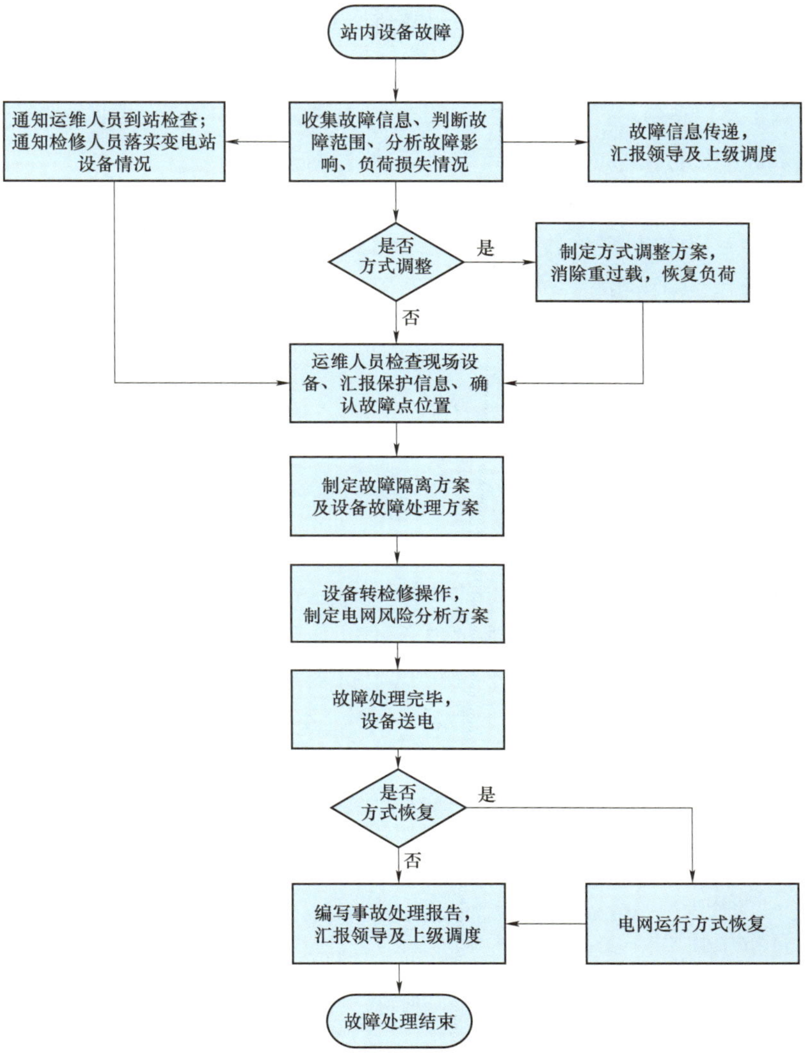

图 9-2　站内设备故障处置流程图

第三节　典型故障处置规定

一、线路故障处置

线路故障处置内容如下：

（1）线路故障跳闸后，值班监控员、厂站运行值班人员及输变电设备运维人员应立即收集故障相关信息并汇报值班调度员。值班调度员综合考虑故障的相关信息及故障点的位置确定是否强送。

（2）220kV 以上线路跳闸，根据调度指令进行处理：无重合闸、重合闸停用或拒动时，应立即强送一次（对于无人值守变电站，可不待现场检查结果）；有重合闸重合不成时，应强送一次。若强送不成功，而电网运行急需，可请示调控机构领导批准后再强送一次。

（3）两端有电源的线路，一般按下列原则确定强送端：

1）电网稳定规程有规定的按规定执行。

2）对于发电厂的并网联络线，由变电站侧进行强送。

3）故障后单电源供电的变电站，由对侧厂站进行强送。

4）开关遮断故障次数少和开关遮断容量大的一端。

5）保护健全并能快速动作跳闸的一端。

（4）线路故障跳闸后，当开关允许遮断故障次数（220kV 以上分相统计）少于两次时，输变电设备运维人员、厂站运行值班人员应向管辖调度提出要求，停用该开关的重合闸。若开关的故障切除次数已达到规定次数，厂站运行值班人员、输变电设备运维人员应根据规定向相关调控机构提出运行建议。

（5）当线路保护和高压电抗器保护同时动作跳闸时，应按线路和高压电抗器同时故障来考虑故障处置。在未查明高压电抗器保护动作原因和消除故障之前，线路不得带高压电抗器进行强送。在线路允许不带高压电抗器运行时，可退出高压电抗器对线路强送。

（6）下列情况线路跳闸后，不能强送：

1）电缆线路（根据故障录波测距，故障在电缆范围内）。

2）线路变压器组开关跳闸，不能带变压器强送。

3）试运行线路。

4）线路有带电作业。

5）已发现明显故障象征。

6）线路发生三相故障。

7）其他有明确规定的不能强送的线路。

（7）线路故障跳闸，虽重合或强送成功，均要通知有关单位巡线。下达巡线指令时应说明线路状态、继电保护动作和故障测距情况，并明确是否为带电巡线。

（8）线路故障跳闸，经巡线检查并处理后可试送一次。

（9）如线路是永久性故障，应立即将该线路停电，并通知有关单位抢修。各单位应将抢修情况及时汇报值班调度员。

二、母线故障处置

母线故障处置内容如下：

（1）母线发生故障或失压后，值班监控员、厂站运行值班人员及输变电设备运维人员应立即报告值班调度员，同时将故障或失压母线上的开关全部断开。

（2）母线故障停电后，厂站运行值班人员及输变电设备运维人员应立即对停电母线进行检查，并将检查情况汇报值班调度员，调度员应按以下原则进行处置：

1）母差保护动作跳闸，并伴有故障象征而使母线电压消失时，在未查明原因前，一般不应试送。

2）找到故障点并能迅速隔离的，在隔离故障后对停电母线恢复送电。

3）找到故障点但不能隔离的，将该母线转为检修。无故障设备用另一条母线送电。倒换母线操作时，应先拉开故障母线侧隔离开关，再合非故障母线侧隔离开关。

4）经检查不能找到故障点，一般不得对停电母线试送。

5）母线因后备保护动作跳闸电压消失（多为线路故障开关拒动越级跳闸所致），在查明故障点并隔离后，再恢复母线送电。

6）对停电母线进行试送时，应优先采用外来电源。试送开关必须完好，并有完备的继电保护。有条件者可对故障母线进行零起升压。只有在无其他试送条件时，方可使用带有充电保护的母联（分段）开关。

7）母线有带电作业时电压消失，应先进行母线检查，不得立即试送。

三、变压器故障处置

变压器故障处置内容如下：

（1）并列运行的变压器故障跳闸，应首先监视运行变压器的过负荷情况，并及时调整。对于有备用变压器的厂站，应迅速将备用变压器转运行。

（2）变压器、高压电抗器的重气体保护或差动保护之一动作跳闸，在未查明原因和消除故障之前，不得送电。经检查确认内、外部无故障者，可试送一次，有条件时应进行零起升压。

（3）变压器、高压电抗器的后备保护动作跳闸，确定本体及引线无故障后，可试送一次。

（4）中性点接地的变压器故障跳闸后，值班调度员应按规定调整其他运行变压器的中性点接地方式。

（5）变压器过负荷及其他异常情况，按现场运行规程及有关规定进行处理。

四、直流闭锁故障处置

直流设备常见故障一般为单换流器故障或单极线路故障，多换流器或双极线路同时故障相对少见。以当前 SD 电网输送功率最大的 LG 直流为例，LG 直流 650 万 kW 满功率运行时，若单换流器故障，功率会自动转移至其他换流器且不会造成功率损失。若发生单极线路故障，另一极接带功率最大为 500 万 kW，瞬时损失功率 150 万 kW，直流受端安全控制系统不动作，但大功率缺失系统可能会动作，此时直流运行方式为单极大地回线运行方式，要求在 2h 内将接地极线路电流控制在 3000A 以内，即极电流也为 3000A，单极输送功率需降至 240 万 kW，需进一步人工调减功率 260 万 kW。以 LG 直流双极闭锁功率全部损失为例，图 9－3 为制作故障处置思维导图。

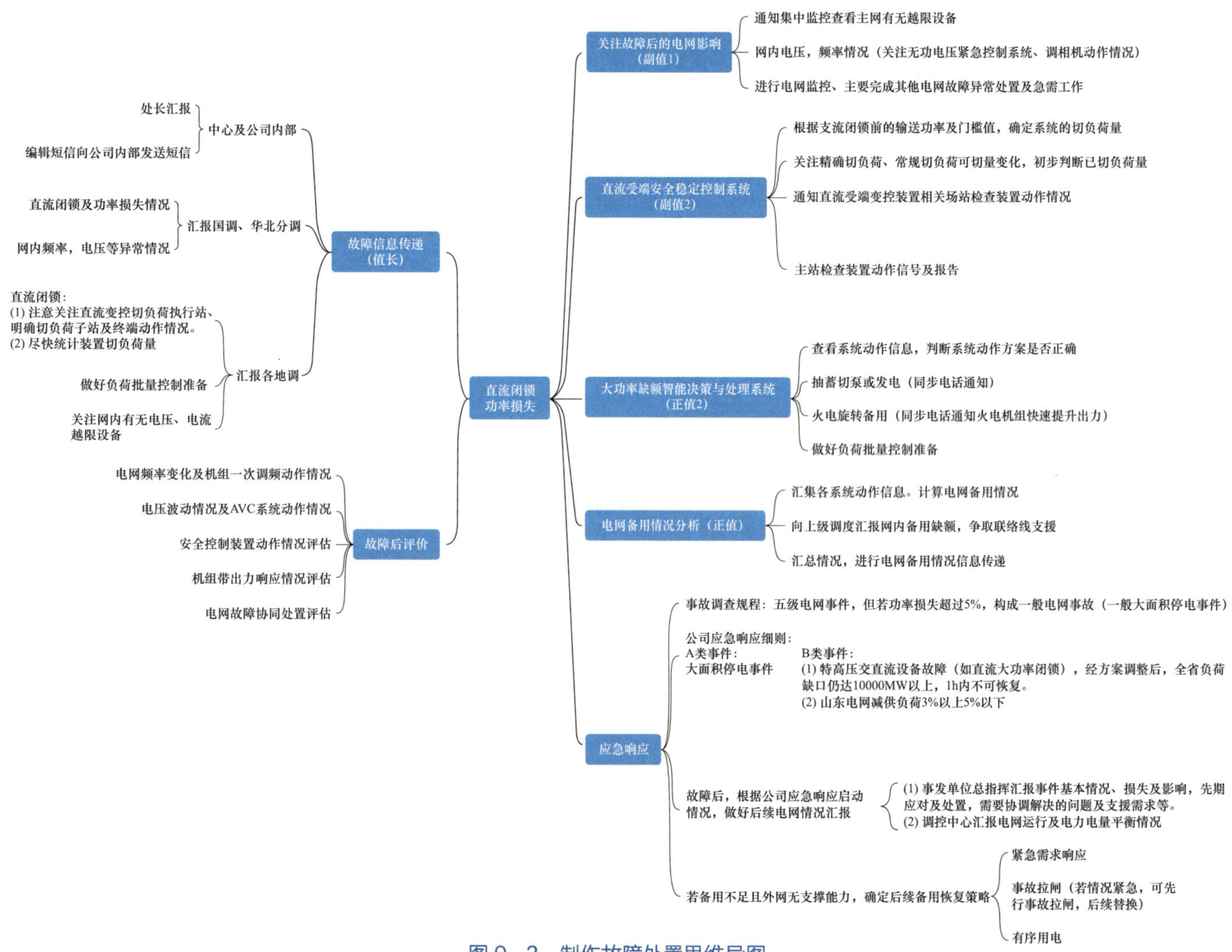

图 9–3　制作故障处置思维导图

第四节　典型故障处置案例

一、电网结构简介

某区域电网接线如图 9－4、图 9－5 所示。当前全网用电负荷为 8800 万 kW，外网联络线 2000 万 kW，电网旋转备用 210 万 kW（不含 Y 抽蓄电站 4 台机）。该地区全网用电负荷 960 万 kW，气温为 35℃。

甲电厂、乙电厂均全机炉运行，总功率分别为 850、1300MW。A 站 1、2 号主变压器下送有功功率约 650MW，重载。A 站 3、4 号主变压器下送有功功率约 510MW。B 站 2、3 号主变压器下送有功功率约 370MW。C 站 3 号主变压器下送有功功率约为 400MW。

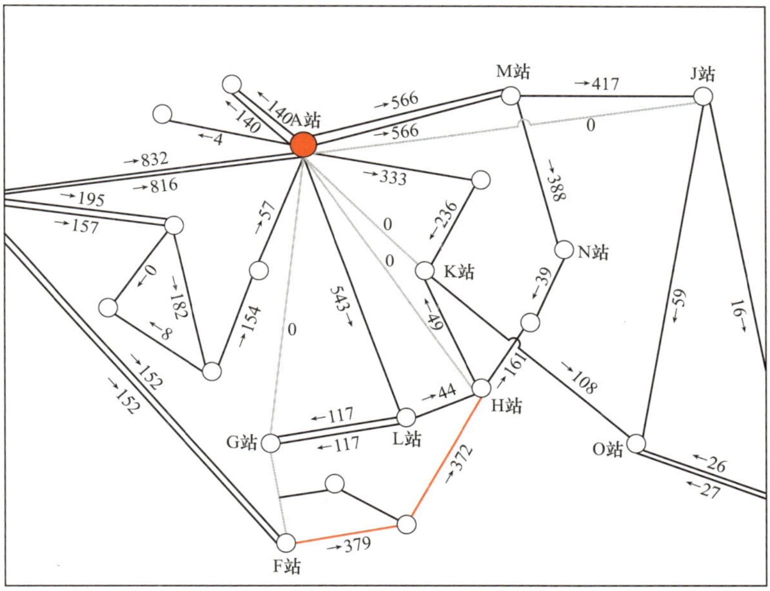

图 9－4　某区域电网接线图 1

二、电网总体方式特点分析

电网总体方式特点分析如下。

（1）负荷水平：夏大方式，温度 35℃（线路允许电流修正系数为 0.88），电网正旋转备用紧张。A 站 1、2 号主变压器重载。

（2）该负荷水平下该供电分区电网的特点（整体特点，电源、负荷的分布特性，分区内输电断面薄弱环节，分区内低允许载流元件等）：

1）整体特点。该地区分区的主要问题是供受电能力不足。

2）电源分布。机组：并于220kV网架的甲电厂、乙电厂机组。高电压等级网架下送通道：A站、B站、C站、D站、E站主变压器。跨供电区通道：有220kV一号线、二号线、三号线、四号线、五号线。

3）负荷的分布特性。围绕电源点A站主变压器、甲电厂周边区域供受电能力不足突出。

4）输电断面薄弱环节。迎峰度夏期间采取的解决受电能力不足的措施：采取F站、G站、H站220kV母线分列运行的措施解决A站主变压器夏季正常运行过载问题；采用六号线与TR线串接，解决正常情况下六号线过电流问题，减少A电厂窝功率。

5）分区内低允许载流元件。低允许载流元件容易过电流、过负荷。

（3）该供电区内的风险点：需了解该地区装设的安全自动装置及近期检修方式下的停电措施，安全自动装置直观地展示了电网存在的风险点，特别是了解近期装设或调整的安全自动装置的目的。220kV FG T线检修，应注意与FG T线同一输电断面FH T线的潮流情况，其次也应注意500kV相应的输电断面。

三、故障设置

故障一：220kV AJ线109号塔刮上异物，A站侧AJ线209开关拒动，AJ线及A站220kV 1A号母线（1号主变压器、AG Ⅰ线、AK线、AH线）跳闸。

（1）分析电网方式、确定存在问题。

1）掌握跳闸后电网运行方式（设备过电流、过负荷，逐一梳理故障元件对电网结构影响：单通道、单线路并网问题、潮流转移问题等）：A站1号主变压器跳闸，同一电源断面上的A站2号主变压器过负荷，落实安全自动装置动作情况；AG Ⅰ线跳闸，FG T线检修，FH线配有安全自动装置，落实安全自动装置动作情况（达到装置动作定值），电网结构FG T线检修、AG Ⅰ线跳闸导致G站单通道；因为GL双线基本变成G站直配线，还应注意HK线、HL线是否同塔，两条线路在H站是否在同一母线上。由于AK线、AH线、AG Ⅰ线跳闸，A站A段母线下送通道减少，潮流转移造成220kV AL线过电流。

2）掌握对直流输变电设备的影响。落实近区远距离直流输电是否换相失败。

3）对电网备用的影响，注意ACE的调整。因为全网没有大的电源、负荷损失，对全网备用影响不大。

（2）平抑故障影响，消除电网风险。

1）消除设备过电流、过负荷：

a. 调整电厂功率。为减轻A站2号主变压器过负荷、AL线过电流问题，乙电厂应增加功率，但会加剧FH T线过电流程度。增加甲电厂功率，可以有效减轻A站2号主变压器过负荷，AL线、FH T线过电流程度，应首先调整甲电厂功率。但增加甲电厂功率又会对六号线潮流产生影响，甲电厂只能快增功率大约 20 万 kW。因此应结合迎峰度夏措施，可采取调整六号线串 TR Ⅰ线运行方式，降低六号线潮流，释放甲电厂功率。（经计算，调整六号线串 TR Ⅰ线运行方式后，甲电厂功率全部带满，A 站 2 号主变压器轻微过负荷，AL 线满载，FH T 线过电流消失）

b. 改变电网结构。A 站分段 22F 开关合环，可以消除 2 号主变压器过负荷。但相应的 A 站主变压器下送潮流增加，加重了 AL 线过电流。因此不宜采用直接合分段开关的措施。在计算合环潮流方向合理的前提下，可将 220kV 一号线、二号线合环，向故障区内输送潮流，减轻 A 站主变压器潮流。

c. 拉路。为尽快处理过电流，结合迎峰度夏方案，需在 H、L、G 等站事故拉路共计约 80MW。采取拉路措施后，再采取 A 站分段 22F 开关合环措施，可在消除 2 号主变压器过负荷风险的同时，也不会引起 AL 线过电流。

d. 注意的问题。AL 线和 FH 接带 G、L、H 等站负荷，两者潮流此消彼长。故障处置过程中还要注意 FH T 线过电流风险。

2）关注电网结构性风险。对于单通道、单电源设备（母线、线路、主变压器等）要加强防护。通知该地区做好 GL 双线、AL 线、HL 线线路防护。

（3）隔离故障设备，恢复正常供电。

1）落实保护动作及开关变位信息。这是故障分析与设备隔离的关键点，AJ 线 A 站侧开关未跳开，应考虑开关或保护拒动问题。

2）故障隔离要彻底。本体中只需将 A 站 AJ 线 209 开关隔离即可，其余设备可恢复送电。

3）尽快恢复电网方式及负荷。隔离故障设备后，尽快恢复 1A 母线及 1 号主变压器、AG Ⅰ线、AK 线、AH 线送电（1 号主变压器合环后可将 A 站分段 22F 开关解环，注意防止 AL 线过电流）。但要注意恢复过程中的设备送电顺序，避免送电过程中出现过电流风险。后续逐步恢复事故拉路及安全自动装置所切负荷。

故障二：J 站 220kV 母联 200 开关偷跳（母联 200 开关端子箱二次电缆绝缘老化导致 B 相跳闸回路导通分闸，本体三相不一致动作跳闸）。

（1）电网特点。由于该市区几个站整体从网内受电，MJ 线、JN 线、AJ 线（已停电）、JO 线是重要受电断面。

（2）对电网结构的影响。J 站母联开关跳闸，母线分列运行，应考虑母线电源、负荷线路分布的合理性。MJ 线、JN 线通过 J 站 1 号母线带 1、3 号主变压器运行并串甲 J 线为 P、O、Q、R、S 站提供一路电源；KO 线为另一路电源（JO 线、JP 线在 2 号母线带 2 号主变压器运行）。

（3）故障对负荷影响。六号线过电流遥切负荷装置动作，切除 S 站约 50MW 负荷后过电流消失。如果六号线串 TR Ⅰ线运行方式下，六号线 – TR Ⅰ线不过电流。

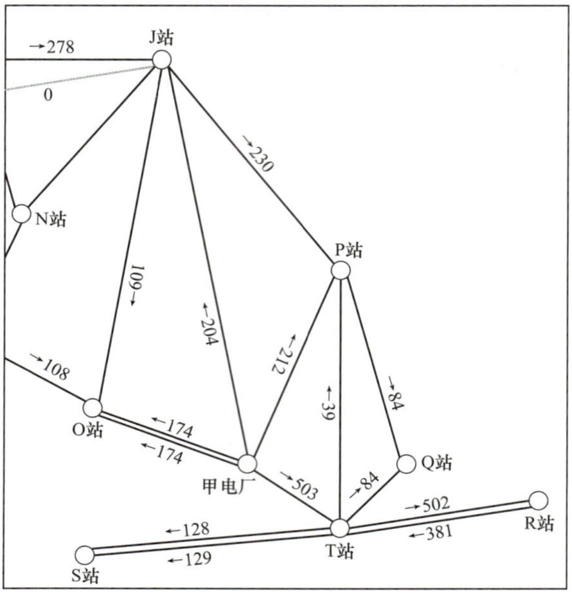

图 9-5　区域电网接线图 2

故障三：巡线发现 220kV AJ 线 109 号塔与 KO 线 25 号塔同塔处刮上塑料薄膜，KO 线存在跳闸风险，已联系输电运维人员处理。

结合故障二分析，若 KO 线故障，MJ 线、JN 线通过 J 站 1 号母线带 1、3 号主变压器运行并串甲 J 线为 P、O、Q、R、S 站提供一路电源；JO 线、JP 线在 J 站 2 号母线带 2 号主变压器运行。此种情况下以上几站仅通过甲 J 线单电源供电，风险较大。为提高电源分布合理性需提前将 J 站 220kV MJ 线停电倒至 2 号母线运行。

编 后 记

“我是谁？我从哪里来？我要到哪里去？”是古希腊著名哲学家苏格拉底提出的哲学终极三问，哪怕风云变幻、沧海桑田，朝代更迭、世纪轮换，人类始终无法准确回答。本书编者所研究内容没那么高深莫测，而是发自内心热爱从事的专业，并为之全力以赴，以期遇见更好的自己，心中有千言万语想与亲爱的读者分享，限于篇幅，凝炼为三个问题：“为何要写书？为何写这本书？这本书写了什么？”。

培根曾说过“书籍是时代波涛中航行的思想之船，它小心翼翼地把珍贵的货物送给一代又一代”。编者作为从事电网运行工作20余年的电力工作者，积累了一定的理论与实践经验，历经多年推敲打磨汇编成书，欣喜万分将这些浅薄的理解认知与同行们共享，期许对读者有一点点帮助和一丝丝启发。

“行之力则知愈进，知之深则行愈达”。电力是现代社会须臾不能离开的动力能源，电力系统调度部门是电网运行控制的“中枢神经”，保障电网安全运行，守护千家万户光明，是我们光荣神圣使命。新型电力系统是新型能源体系的重要组成和实现“双碳”目标的关键载体，当前，我国传统电力系统正加快向清洁低碳、安全可控、灵活高效、开放互动、智能友好的新型电力系统演进。本书旨在助力电网调控运行人员快速从“青铜”到“王者”，提高调度操作的规范性、科学性和故障处置的正确性和快速性，进一步提升大电网驾驭能力。

“知识贵在实用，实践贵在创新”。针对调度运行人员培养周期长的特点，本书编写遵循“知识体系系统化、经验介绍专家化、典型业务标准化”宗旨，突出“实战、实用、实效”，聚焦电网调度运行操作、一二次风险分析预控、故障异常快速处置、电力现货市场调度运行核心业务，深入剖析典型案例，制定16项标准化作业指导卡，全心全力服务读者“知其然，知其所以然”。

“井蛙不知海之阔，拘于虚；夏虫不晓冰之寒，笃于时”。书中不足之处，甚至不妥之处在所难免，敬请读者批评指正。

编者

2023年9月